U0293056

全国化工高级技工教材编审委员会

第八届中国石油和化学工业优秀教材奖

高级技工规划教材

合成氨生产工艺

第二版

林玉波　主编

化学工业出版社

·北京·

本教材从不同原料、不同工艺、不同设备，多层次、多角度地阐述了合成氨生产工艺，特别是结合当前全国煤化工发展及用工单位对毕业生理论与实践技能的要求，着重介绍了多种煤制气的新工艺、新技术。

全书共分四篇，其中包括原料气的制取、原料气的净化、原料气的压缩与合成、合成氨生产综述与基本工艺计算。在各章的理论部分，分别介绍了基本原理、工艺条件的选择、流程配置的原则、主要设备的结构及操作控制要点。为了突出理论与实践的同步教学，在每一篇的篇末增加了同步教学课题，便于组织学员开展以任务引领型的教学活动，结合拓展训练与思考使所学理论与实践进一步融会贯通。在同步教学内容的编写中，注重由设备单元岗位操作、车间工段操作到全厂全系统操作的循序渐进。

由于合成氨既有气固相、气液相非催化反应，又有气固相、气液相催化反应，其生产工艺包括了液体输送、传热、传质、分离、冷冻等典型的化工单元操作，因此本书既可作为化工类及其相关专业的高、中级技工学校的教材，也可用于在职职工培训及专业技术人员自学。

图书在版编目（CIP）数据

合成氨生产工艺/林玉波主编 . —2 版 . —北京：
化学工业出版社，2011.7（2024.8 重印）
高级技工规划教材
ISBN 978-7-122-11242-2

Ⅰ. 合… Ⅱ. 林… Ⅲ. 合成氨生产-生产工艺-
技工学校-教材 Ⅳ. TQ113.2

中国版本图书馆 CIP 数据核字（2011）第 085050 号

责任编辑：于 卉 文字编辑：孙凤英
责任校对：战河红 装帧设计：刘亚婷

出版发行：化学工业出版社（北京市东城区青年湖南街 13 号 邮政编码 100011）
印 装：北京虎彩文化传播有限公司
787mm×1092mm 1/16 印张 19½ 字数 512 千字 2024 年 8 月北京第 2 版第 11 次印刷

购书咨询：010-64518888 售后服务：010-64518899
网 址：http://www.cip.com.cn
凡购买本书，如有缺损质量问题，本社销售中心负责调换。

定 价：48.00 元 版权所有 违者必究

前　言

本书是根据中国化工教育协会批准颁布的《全国化工高级技工教学计划、教学大纲》，由全国化工高级技工（技师）教育教学指导委员会领导组织编写的全国化工高级技工规划教材，《合成氨生产工艺》2005 年出版以来，多次印刷，在全国化工职业院校中广泛使用，得到广大师生及读者的好评。

近年来，由于化工行业迅猛发展，新工艺、新技术、新设备、新操作不断得到广泛应用。为了更好地满足化工行业企业高技能人才培养的教学需求，在听取了有关学校老师和企业技术人员的意见和要求后，决定对该书进行修订。

在修订版中，为了突出职业教育特色，理论联系实际，根据人力资源与社会保障部最新制定的化工专业相关职业标准及全国中等职业学校《化学工艺教学标准》，特别编写了理论与实践同步教学的课题，便于组织学员开展以任务引领型的教学活动，循序渐进地掌握必备的职业能力，并通过相应的拓展训练与思考题目，进一步将理论与实践融会贯通。

本书的计量单位统一使用我国法定计量单位，符号和计量单位执行国家标准。本书为满足不同类型专业的需要，增添了教学大纲中未作要求的一些新知识和新技能。教学中各校可根据需要选用教学内容，以体现灵活性。

本书由甘肃石化技师学院林玉波编写绪论、第一章、第二章、第三章、第十四章、第十六章；太原高级化工技校李聪敏编写第四章、第六章、第八章；宁夏化工高级技校王颖编写第七章、第九章、第十五章；山东高级化工技校刘胜伟编写第十一章、第十二章、第十三章；其中第五章由林玉波、李聪敏合编；第十章由李聪敏、王颖合编。全书由林玉波统稿。

本教材在编写过程中得到中国化工教育协会、全国化工高级技工（技师）教育教学指导委员会、化学工业出版社及相关学校领导和同行们的大力支持和帮助，在此一并表示感谢。

由于编者水平有限，不完善之处在所难免，敬请读者和同行们批评指正。

编　者
2011 年 5 月

第一版前言

本书是根据劳动和社会保障部颁布的《高级技工学校化工工艺专业教学计划》和《合成氨生产工艺教学大纲》，由全国化工高级技工教育教学指导委员会组织编写的全国化工高级技工化工工艺专业的统编教材。

本书从化学工艺的基本原理方面介绍了合成氨的生产原理、工艺条件的选择、工艺流程的配置原则以及基本工艺计算；从化工生产的实践角度分别阐述了以固体、液体和气体为原料生产合成氨的工艺流程、主要设备的结构与作用及生产操作与技能训练。为了突出高级技工教育特色，理论联系实际，力求在编写内容上有所创新。例如：侧重了基本原理、设备结构介绍；侧重了新理论、新技术的对比分析；侧重了生产操作与技能训练内容编写。有利于突出技能实训方面的教与学。

由于合成氨既有气固相、气液相非催化反应，又有气固相、气液相催化反应，其生产工艺包括了液体输送、传热、传质、分离、冷冻等典型的相关单元操作，因此本书既可作为化工类及其相关专业的中、高级技工学校的教材，又可用于在职职工培训及专业技术人员自学。作为教材，各学校可根据毕业生的就业定向，选择性地讲授有关内容。

本书由林玉波担任主编，并编写绪论、第一章、第二章、第三章、第十一章；李聪敏编写第四章、第五章、第七章；王颖编写第六章、第八章、第十二章；刘胜伟编写第九章、第十章。简祁主审。

本书在编写过程中，得到了中国化工教育协会、化学工业出版社、全国化工高级技工教育教学指导委员会及有关学校的大力支持和帮助，在此表示诚挚的谢意。

由于编者的水平有限，书中不足之处恳请各位专家及读者批评指正。

编　者
2005 年 10 月

目　录

第二篇 原料气的净化

第三篇 原料气的压缩与合成

绪　　论

【学习目标】
1. 掌握氨的物理、化学性质及其用途。
2. 了解合成氨工业的发展概况。
3. 掌握合成氨生产的基本过程及生产特点。
4. 了解课程知识结构，掌握正确的学习方法。

氮是自然界里分布较广的一种元素。人们对农作物需要养分的研究发现，碳、氧、氢、氮、磷、钾六种元素是作物生长的主要养分，其中碳、氧、氢可由植物自身的光合作用或通过根部组织所吸收的水分获得，而氮元素则主要从土壤中吸收。因此可以说氮是植物生长的第一需要，从而也就成为动物生存所必需的。由此可见氮素对生命的重要性。

空气中含氮量约为 79%（体积分数）。但是，空气中的氮是呈游离状态存在的，不能供植物吸收。植物只能吸收化合物中固定状态的氮。因而必须把空气中游离的氮转变为氮的化合物。把空气中游离的氮转变为氮的化合物的过程在工业上称为固定氮。

固定氮的方法很多，以氮和氢为原料合成氨，是目前世界上采用最广泛，也是最经济的一种方法。在高温、高压和有催化剂存在的条件下，氮气和氢气可以发生下列反应：

$$N_2 + 3H_2 \rlap{=\joinrel=} 2NH_3 + Q$$

由于采用了合成的方法生产氨，所以习惯上称为合成氨，将生产氨的工厂称为合成氨厂。讲述合成氨生产的基本原理、工艺技术及其生产操作的课程称为合成氨生产工艺。

一、氨的性质及用途

1. 氨的性质

（1）物理性质　在常温常压下，氨是一种具有特殊刺激性气味的无色气体，有强烈的毒性。空气中含有 0.5%（体积分数）的氨，就能使人在几分钟内窒息而死。

在 0.1MPa、-33.5℃，或在常温下加压到 0.7~0.8MPa，就能将氨变成无色的液体，同时放出大量的热量。氨的临界温度为 132.9℃，临界压力为 11.38MPa。液氨的相对密度为 0.667（20℃）。若将液氨在 0.101MPa 压力下冷至 -77.7℃，就凝结成略带臭味的无色结晶。液氨容易气化，降低压力可急剧蒸发，并吸收大量的热。

氨极易溶于水，可制成含氨 15%~30%（质量分数）的商品氨水。氨溶解时放出大量的热。氨的水溶液呈弱碱性，易挥发。

（2）化学性质　氨的化学性质较活泼，能与酸反应生成盐。如与磷酸反应生成磷酸铵；与硝酸反应生成硝酸铵；与二氧化碳反应生成氨基甲酸铵，脱水后成为尿素；与二氧化碳和水反应生成碳酸氢铵等。

在有水的条件下，氨对铜、银、锌等金属有腐蚀作用。

氨自燃点为 630℃。氨与空气或氧按一定比例混合后，遇火能爆炸。常温常压下，氨在空气中的爆炸极限为 15.5%~28%，在氧气中为 13.5%~82%。

2. 氨的用途

（1）制造化学肥料的原料　除液氨本身可作为化学肥料外，农业上使用的所有氮肥、含氮混合肥和复合肥，都以氨为原料。

（2）生产其他化工产品的原料　基本化学工业中的硝酸、纯碱、含氮无机盐，有机化学工业中的含氮中间体，制药工业中的磺胺类药物、维生素、氨基酸，化纤和塑料工业中的己酰胺、己二胺、甲苯二异氰酸酯、人造丝、丙烯腈、酚醛树脂等都需要直接或间接地以氨为原料。

（3）应用于国防工业和尖端技术中　作为制造三硝基甲苯、三硝基苯酚、硝化甘油、硝化纤维等多种炸药的原料；作为生产导弹、火箭的推进剂和氧化剂。

（4）应用于医疗、食品行业中　作为医疗食品行业中冷冻、冷藏系统的制冷剂。

二、合成氨工业的发展概况

1. 合成氨工业化及其产量

自从 1913 年在德国奥堡巴登苯胺纯碱公司建成了世界上第一个日产 30t 的合成氨工厂至今已有 90 多年的历史。90 多年来，随着世界人口的增长，合成氨产量也在迅速增长，如图 0-1 所示。

从图中可以看出，合成氨工业化开始以后三十年，产量增长缓慢。到第二次世界大战结束以后，开始大幅度提高，这是由于 20 世纪 50 年代天然气、石油资源大量开采，氨的需要急剧增长，尤其是 60 年代以后开发了多种活性好的催化剂，反应热的回收与利用更加合理，大型化工程技术等方面的进展，促使合成氨工业高速发展，其产量在化工产品中仅次于硫酸。

2. 我国合成氨工业的发展

我国合成氨工业于 20 世纪 30 年代起步，1941年，最高年产量不过 50kt。新中国成立后，经过数十年的努力，已形成了遍布全国，大、中、小型氨厂并存的氮肥工业布局，1999 年合成氨产量为 34310kt，排名世界第一。

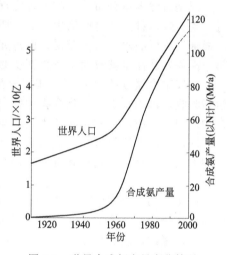

图 0-1　世界合成氨产量变化情况

20 世纪 50 年代初，在恢复与扩建老厂的同时，从苏联引进并建成一批以煤为原料、年产 50kt 的合成氨装置。60 年代，随着石油、天然气资源的开采，分别从英国引进以天然气为原料、年产 100kt 的加压蒸汽转化法合成氨装置；从意大利引进以渣油为原料、年产 50kt 的部分氧化法合成氨装置。从而形成了煤、油、气原料并举的中型氨厂的生产体系。

为了适应农业发展的迫切需要，发挥中央和地方办化肥厂的积极性，从 20 世纪 60 年代开始在全国各地建设了一大批以碳化法合成氨流程制取碳铵为主的小型氨厂，1979 年发展到 1539 座氨厂。目前对这些小型厂的改造重点是抓好规模、品种、技术、产业等方面的结构调整工作。

随着石油、天然气工业的迅速发展，20 世纪 80 年代后期和 90 年代初，我国引进了具有世界先进水平日产 1000t 的节能型合成氨装置。与此同时，我国自行设计的以轻油为原料年产 30 万吨的合成氨装置于 1980 年建成投产，以天然气为原料年产 20 万吨氨的第一套国产化大型装置于 1990 年建成投产。

由于我国人口众多，粮食产量不断提高，化肥需求量逐年增长，在"九五"至"十一五"期间又相继建成投产了以天然气、渣油、轻油、煤为原料的大型合成氨装置，分布在海南东方县、乌鲁木齐、呼和浩特、九江、兰州、南京、吉林和渭南等地。

三、合成氨生产的基本过程

生产合成氨，必须制备含有氢和氮的原料气。

氢气来源于水蒸气和含有碳氢化合物的各种燃料。目前工业上普遍采用焦炭、煤、天然气、轻油、重油等燃料，在高温下与水蒸气反应的方法制氢。

氮气来源于空气，可以在低温下将空气液化分离而得，也可在制氢的过程中加入空气，将空气中的氧与可燃性物质反应而除去，剩下的氮与氢混合，获得氢氮混合气。

除电解水（此法因电能消耗大而受到限制）以外，不论用什么原料制取的氢、氮原料气，都含有硫化物、一氧化碳、二氧化碳等杂质。这些杂质不但能腐蚀设备，而且能使氨合成催化剂中毒。因此，把氢、氮原料气送入合成塔之前，必须进行净化处理，除去各种杂质，获得纯净的氢、氮混合合成气。因此，合成氨的生产过程包括以下三个主要步骤。

第一步，原料气的制取。制备含有氢气、一氧化碳、氮气的粗原料气。一般由造气、空分工序组成。

第二步，原料气的净化。除去粗原料气中氢气、氮气以外的杂质。一般由原料气的脱硫、一氧化碳的变换、二氧化碳的脱除、原料气的精制工序组成。

第三步，原料气的压缩与合成。将符合要求的氢氮混合气压缩到一定的压力后，在高温、高压和有催化剂的条件下，将氢氮气合成为氨。一般由压缩、合成工序组成。

生产合成氨的基本过程可用下列方框图 0-2 表示。

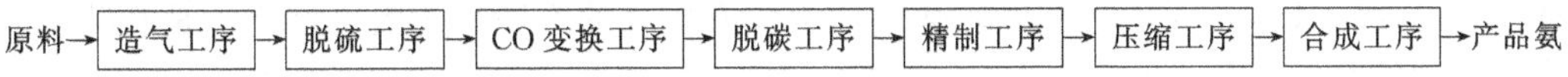

原料→ 造气工序 → 脱硫工序 → CO 变换工序 → 脱碳工序 → 精制工序 → 压缩工序 → 合成工序 →产品氨

图 0-2　生产合成氨基本过程

由于所用原料不同，原料气的制备和净化方法也不相同，因而生产合成氨的过程也有差异。例如，以天然气或轻油为原料制备合成氨原料气时需要先除去硫化物；以重油为原料制备原料气时，一般先经过变换后进行脱硫。

四、合成氨生产原料的种类及技术特点

合成氨生产的原料，按物质状态可分为固体原料、气体原料和液体原料三种。固体原料主要有焦炭、煤及其加工品碳化煤球、水煤浆；气体原料有焦炉气、天然气；液体原料有石脑油、重质油。

1. 固体原料合成氨

合成氨的固体原料主要是焦炭、煤。

焦炭是由原煤干馏而得到的产品，不含挥发分。利用焦炭制取合成氨原料气，主要以空气与水蒸气为气化剂通过间歇交替吹入气化炉中的固定炭层进行气化反应，而获得合成氨生产用的原料气。

煤的品种很多，按其在地下生成时间的长短，大体分为泥煤、褐煤、烟煤、无烟煤等。除烟煤外，其他煤种因含挥发分较多，不适于常压固定炭层间歇气化方法。所选择的造气设备（气化炉）多为流化床（沸腾床）和各类气流床。沸腾床或气流床都必须连续作业且都需使用氧气或富氧空气，这是与固定床间歇造气最大的不同点。

煤的连续气化法唯一使用固定层（移动床）的是德国的鲁奇炉，固定层加压连续气化主要使用无烟煤，或其粉煤经加工处理后的碳化煤球。无烟煤的挥发分含量很低，性能较为接近焦炭，生产能力却高于焦炭。该工艺一开始就使用加压技术，前后经历了三代自我改造，迄今仍有其生命力。

用煤粉与水配制成可泵送的水煤浆，在外热式的蒸发器内，水煤浆经预热、蒸发和过热三阶段，最终形成蒸汽-粉煤悬浮物。以高浓度水煤浆进料，液体排渣的加压纯氧气流床气化是由美国德士古发展公司开发，取名德士古煤气化工艺。该气化工艺由于煤种适应范围宽，工艺灵活，合成气质量高，生产能力强（引进技术的单台炉日处理煤量达 1800t，相当于日产合成氨 1200t），不污染环境而成为当今具有代表性的第二代煤气化技术。

用煤粉直接气化的方法也称干法进料气流床气化技术，与湿法（水煤浆气化）相比，干法进料气化具有原料适应性广、冷煤气效率高、碳转化率高、比氧耗低等特点。

近年来，以粉煤或水煤浆气化制取粗原料气工艺技术得到了进一步发展，不仅应用于合成氨工业，也广泛应用于甲醇合成、联合循环发电等诸多领域。由此，在化工工艺专业之中，又出现了专门研究以煤为原料生产各类产品的新兴学科——煤化学或煤化工工艺学。

2. 气体原料合成氨

适合于合成氨生产的气体来源很多，有天然产生的，也有其他工业副产的。气体原料生产氨的技术很多，如以焦炉气为原料的深冷氢分法、部分氧化法；以天然气或石油加工气为原料的无催化热裂解法、部分氧化法等。其中以天然气为原料的蒸汽转化技术被广泛使用。由于该技术的建设费用少、生产成本低，目前在全世界已成为合成氨厂的主流，在20世纪70年代已达总氨产量的60％，80年代达80％，进入90年代还在继续扩大。

3. 液体原料合成氨

石脑油来自石油馏出的较轻馏分。利用石脑油制取合成氨原料气最先由英国的帝国化学公司（ICI）开发应用，在20世纪50～60年代，一度被一些没有天然气资源的国家所推广。这种原料的使用技术与天然气蒸汽转化本质上没有太大的不同，主要区别之一是在转化反应中需采用耐烯烃的专用催化剂。

由于石脑油价格上扬等因素，以石脑油制取合成氨原料气的合成氨厂正在逐渐地改用以天然气为原料的制氨技术。

重质油包括减压渣油、常压重油甚至原油。作为合成氨原料，要根据各地的原油加工深度而定。制取高热值煤气的工艺技术有热裂解法、加氢裂解法和催化裂解法，适合于氨生产用的工艺技术主要是部分氧化法。

五、学习《合成氨生产工艺》的方法与要求

1. 课程知识结构

《合成氨生产工艺》是一门理论与实践紧密结合的综合性化工专业课程。不仅需要基础化学理论、化工过程与设备等学科的理论建立本课程完整的理论体系，而且还需要应用计算机、化工自动化与仪表、工程与技术经济等知识建立本课程的操作控制体系。因此，它不像基础科学学科那样有明显的学科体系。对初学者应明确这一课程的知识结构，从而运用正确的学习方法取得良好的学习效果。

2. 学习方法

本课程的理论与技能是以合成氨生产为序排列的，各工序虽然有独立的生产目的、生产技术，但从宏观上都包含有基本原理、工艺条件选择、工艺流程、主要设备结构、生产操作与技能训练这六个主要部分。在学习基本原理、工艺条件选择时，要注意运用化学热力学、反应动力学理论以及催化剂理论等去演绎推理；在学习工艺流程、主要设备及生产操作时，要结合生产认识性实习、下厂参观及仿真模拟训练，将理论与实践相结合。

3. 学习要求

就课程体系而言，在学习中要将原料的选择与生产原理；生产方法的选择与设备的作用；催化剂的选择与使用；影响操作的因素与工艺条件的选择等有机地结合起来。

对于典型过程，要求理解并掌握生产原理、工艺条件的选择依据、工艺流程的组织原则、不同反应设备的结构特点等；对于不同原料的不同工艺路线，应从技术特点、能量回收利用等方面分析其各自的优缺点；对于典型设备或生产过程的物料与能量衡算，要求通过课堂讲解与练习，掌握其基本的计算方法与步骤；对于生产实习或仿真模拟操作，要求理论与实践相结合，通过实际操作训练培养分析问题和解决问题的能力。

思考与练习

1. 试从氮与氨的用途说明合成氨对人类生存的意义。

2. 合成氨生产包括哪几个主要步骤？用方框图表示出合成氨生产的基本过程。

3. 合成氨生产的原料有哪几类？并说明不同原料制取合成氨原料气的技术特点。

4. 观看录像片或通过多媒体课件，了解合成氨生产的基本过程及发展状况。

5. 下厂参观，了解当地的合成氨生产的基本过程及生产特点。并画出当地的合成氨生产方框流程图。

6. 通过观看录像片、下厂参观，写出观后感。同时以表格的形式归纳出你对合成氨生产的管线、阀门、仪表的识别。

第一篇
原料气的制取

第一章　固体燃料气化

【学习目标】

1. 了解固体燃料的性质与种类及其对气化反应的影响。
2. 了解固体燃料制气技术，掌握固体燃料气化的基本原理。
3. 能够运用基本原理对工艺条件的选择进行分析。
4. 能够从技术经济的角度对工艺流程进行论证，进而掌握工艺流程的配备原则。
5. 了解主要设备的结构特征，掌握其操作控制要点。

固体燃料气化过程是以焦炭、煤为原料，在一定的高温条件下，通入空气、水蒸气或富氧空气-蒸汽混合气（统称为气化剂），经过一系列反应生成一氧化碳、二氧化碳、氢气、氮气及甲烷等的混合气体（称为煤气）的过程。合成氨生产中将这一过程称为造气，即制造合成氨生产的粗原料气。用于实现气化过程的设备称为煤气发生炉。

气化过程中产生的煤气的组成，随气化时所用的固体燃料的性质、气化剂的类别、气化过程的条件和煤气发生炉的结构而有所不同。对同一品种的固体燃料，采用不同的气化剂，可制出不同组成的煤气；采用相同的气化剂，在不同气化条件下，所得到的煤气的组成亦截然不同。因此，必须针对煤气所需的组成来选择气化剂的类别和气化条件。根据所用气化剂的不同，工业煤气可分为下列四种。

空气煤气：以空气为气化剂制取的煤气。

水煤气：以水蒸气为气化剂制取的煤气。

混合煤气：以空气和适量的水蒸气为气化剂制取的煤气。

半水煤气：以适量的空气（或富氧空气）与水蒸气作为气化剂制取的煤气。

上述四种工业煤气的组成如表 1-1 所示。

表 1-1　四种工业煤气组成（φ）　　　　　　单位：%

组　分	H_2	CO	CO_2	N_2	CH_4	O_2	H_2S
空气煤气	0.5~0.9	32~33	0.5~1.5	64~66	—	—	—
混合煤气	12~15	25~30	5~9	52~56	1.5~3	0.1~0.3	—
水煤气	47~52	35~40	5~7	2~6	0.3~0.6	0.1~0.2	0.2
半水煤气	37~39	28~30	6~12	20~23	0.3~0.5	0.2	0.2

煤气中氢气和氮气是合成氨的原料，一氧化碳通过变换反应可生成氢气，从表中煤气的组成可看出，半水煤气是适宜合成氨生产的粗原料气。水煤气经过净化后得到纯净的氢气，再配入适量氮气，也可成为合成氨的原料气。

一、固体燃料的种类及对气化反应的影响

1. 煤

（1）煤的组成及对气化反应的影响　煤是由古代植物转变而来的大分子有机化合物。煤中除含有碳、氢、氧、氮、硫五种元素之外，还含有水分、灰分及焦油等挥发性物质。如表1-2 所示。

表 1-2　各种煤的成分 w　　　　　单位：％

种类 成分	木材	泥炭	褐煤	低烟煤	烟煤	半烟煤	半无烟煤	无烟煤
水分		56.70	34.55	24.28	3.24	2.03	3.38	2.80
挥发分		26.14	35.34	27.63	27.13	14.47	8.47	1.16
固定碳		11.17	22.91	44.84	62.52	75.31	76.65	88.21
灰分		5.99	7.20	3.25	7.11	8.19	11.50	7.83
硫		0.64	1.10	0.36	0.95	2.26	0.63	0.89
氢	6.25	6.33	6.60	6.14	5.24	4.14	3.58	1.89
碳	49.50	21.03	42.40	55.29	78.00	79.97	78.43	84.36
氮	1.10	1.10	0.57	1.07	1.28	1.26	1.00	0.63
氧	43.15	62.91	42.13	33.90	7.47	4.18	4.85	4.40

① 水分。煤中的水分是指煤所含有的游离水（开采过程中、运输途中、堆放过程中所沾的水）、吸附水（凝胶水、表面吸附水、毛细孔吸附水和矿物质结晶水）和化合水（通过化学键结合的水），它关系煤的热值和煤的实用价值。

原料煤的水分高，有效成分降低，气体产率降低。气化过程水蒸气带出热量增加，煤的消耗定额增加。

② 挥发分。挥发分与煤的变质程度有关，它的含量依下列次序递减：泥煤→褐煤→烟煤→无烟煤。挥发分高，制得煤气的甲烷等碳氢化合物的含量高，挥发分中的焦油等物凝结后，易堵塞管道，使一些阀门关不严，不利于合成氨生产。因此常压固定层煤气炉生产合成氨原料气时，必须使用无烟煤或焦炭，为了降低生产成本，也可用加工煤球代替。

③ 硫分。硫在煤中主要以有机硫、单质硫、硫化物和硫酸盐四种形态存在。在气化时硫变成硫化氢和有机硫存在于煤气中，对设备会产生腐蚀，并会引起合成氨催化剂中毒，故要求原料中硫含量越低越好。

④ 灰分。煤的灰分是指煤中所有可以燃烧以及煤中矿物质在高温下产生分解、化合等复杂反应后剩下来的残渣，其成分主要是金属和非金属的氧化物和盐类。固定床和流化床（沸腾床）煤气炉一般以煤灰的软化温度作为衡量其熔融的主要指标，而气流床煤气炉则以煤灰完全熔化，开始流动并形成薄层的流动温度为主要指标。

（2）煤的性质及对气化反应的影响

① 化学活性。指煤与气化剂反应的活性。与煤的炭化程度和成煤条件有关，同时也与反应温度、煤的物理性质（孔隙度和比表面）有关。化学活性高，有利于气体质量和制气能力的提高。

② 机械强度。机械强度差的原料，在运输、破碎过程中甚至在进入固定层煤气炉后，易于破裂而生成不能用于气化的碎屑，不仅增大原料的消耗和造气成本，而且还会影响气化过程的正常运行。因此固定层气化要求煤具有一定的脆度、抗碎或抗压强度。

③ 热稳定性。指燃料在高温下保持其原来粒度大小的性质。热稳定性差的燃料，在气化过程中易于破碎、产生大量粉末及小颗粒，使燃料层阻力增大，影响制气，煤的热稳定按焦炭→烟煤→无烟煤→褐煤依次减弱。

④ 黏结性。煤的黏结性是指煤粉在隔绝空气条件下加热，产生胶质体，最后黏结成块状焦炭，并能使无黏结性的惰性物料黏结的性能。

煤的黏结性会破坏气化层中气体的分布，生成拱焦，使气化操作无法进行。

⑤ 粒度。要求煤的粒度均匀、大小适当。固定层入炉煤的粒度按 25～100mm、15～25mm、8～15mm 分别划分为块煤、小块煤和碎块煤。

综上所述，固定层气化应选择低水、低灰、高活性、高灰熔点、热稳定性好、机械强度高、不黏结的煤类原料。

2. 加工煤球

随着机械化采煤的发展及煤在储运中的自身破碎，煤的成块率一般只在 40%～70%。将煤末加入适量的黏结剂加工成粒度为 35～55mm 的煤球以代替块煤进行气化是降低原料成本的一项重要措施。

（1）煤球的种类　煤球的种类习惯上以所用黏结剂命名。用熟石灰作黏结剂，经过碳酸化处理的煤球叫石灰碳化煤球；用纸浆黑液和黏土作黏结剂制成的煤球称为纸浆-黏土煤球。用水玻璃（硅酸钠溶液）和黏土作黏结剂制成的煤球称为水玻璃-黏土煤球。此外还有沥青煤球、黏土煤球、水泥煤球、腐殖酸煤球等。其中应用最广的是石灰碳化煤球。

（2）煤球的气化特性　将石灰碳化煤球加入煤气炉后，煤球中的碳酸钙受热分解，逸出的二氧化碳可增加内部的微孔结构。煤球的孔隙率大，反应表面积大，从而提高了煤球的化学活性，加快了气化反应速率。与块状固体燃料相比，煤球大小适宜，粒度一致，炉内燃料层透气性好，流体阻力小。煤球灰渣的软化温度一般高于 1250℃，且具有较高的热稳定性和机械强度，因此石灰碳化煤球可作为固定层间歇气化法的原料。

3. 水煤浆

水煤浆是粉煤分散于水中所形成的固液悬浮体。水煤浆浓度、煤的变质程度、煤的内在水分含量等对气化效率、煤气质量、原料消耗均有很大影响。在水煤浆制备过程中，通过加入木质素磺酸钠、腐植酸钠、硅酸钠或造纸废液等添加剂来调节水煤浆的黏度、流动性和稳定性。

二、固体燃料制气技术简介

以固体燃料为原料，制取合成氨原料气的生产技术主要有以下几种。

1. 固体燃料固定层气化

固体燃料固定层气化是在固定层移动床煤气发生炉中进行的。块状燃料由顶部加入，气化剂自下而上通过燃料层进行气化反应，灰渣不断地由炉底排出炉外。根据气化剂加入的方式不同分为间歇式和连续式两种方法。

（1）间歇制气法　间歇式制气方法是我国中、小型氨厂较为广泛采用的方法，此种方法是在固定层移动床煤气发生炉中蓄热和制气分阶段进行的。从炉底通入空气与燃料燃烧，所放出的热量主要积蓄在燃料层中，这一过程称为吹风阶段，主要目的是利用空气中的氧气与燃料中的炭燃烧后所放出的热量来提高燃料层温度，为蒸汽与炭的吸热反应提供热量，并为合成氨提供氮气，这一过程生产的气体称为吹风气。向燃料层通入蒸汽的过程称为制气阶段，主要目的是通过蒸汽与碳反应生成水煤气。

在稳定气化的条件下，燃料层大致可分为四个区域：干燥区、干馏区、气化区（还原层、氧化层）、灰渣区。燃料的分区见图 1-1。

如图 1-1 所示，燃料的分区和各区的高度，随燃料的种类、性质以及气化条件的不同而不同。在生产中由于燃料颗粒不均匀、气体偏流等原因而导致炉径向温度也不同。因此，实际生产中，煤气发生炉内各区域可能交错，界限不明显。

（2）连续气化法　以富氧空气（或氧气）与蒸汽的混合气为气化剂，连续通过固定的燃料层进行气化的方法称为固定层连续气化法。它克服了间歇气化法吹风与制气间歇进行、操作复杂的缺点，生产能力比间歇法高，但在合成氨生产的后工序需加入纯氮，使氮氢比符合要求，同时，还必须配置制氧设备，为此，工业上使用空分装置进行空气分离来满足合成氨的生产需求。

固定层连续气化法分为常压和加压两种工艺。加压连续气化法的操作压力一般为 2.5～3.2MPa。由于加压连续气化法的反应温度低，可利用灰熔点较低、机械强度与热稳定性较差的燃料，生产强度大等优点而被生产厂家广泛采用。

2. 固体燃料气流层气化

固定层气化只能选用块状燃料，不能直接使用粒度较小的或粉状的固体燃料，即使使用粉煤加工制作煤球，也不是对所有的煤种都适用。为了使各种粉煤均能适应于气化作业，又研究开发出了流化层（沸腾层）、气流层气化粉煤的方法并先后实现工业化生产。

（1）流化层（沸腾层）气化　利用固体流态化原理，用富氧空气或纯氧与蒸汽作气化剂，以 2～3m/s 的气速吹入炉中，使燃料在炉内呈悬浮状态并进行气化反应的过程称为沸腾层气化法。沸腾层气化虽在一定程度上能利用细粒的劣质燃料，且气化强度又较固定层为高，但由于反应温度受灰熔点和煤的黏结性的限制，只能气化活性高的燃料，因此，工业化生产的推广有一定的局限性。

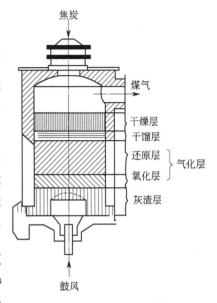

图 1-1　间歇式固定床煤气发生炉燃料层分区示意图

（2）气流层气化

① 科柏斯-托切克气化法。这种方法是在固体燃料气化过程中，气化剂（氧和蒸汽）夹带粉煤入炉进行疏相并流气化。由于反应在高温火焰中进行，因此燃料颗粒及其释放出来的气态烃都将通过一个温度极高的区域，并在此区域中迅速气化和分解，使粒度很细的粉煤在塑性阶段的凝聚无从发生，粉煤中全部碳氢化合物均按其平衡条件转化为 CO、CO_2 和 H_2，有机高级烃都能转化为水煤气，且不含其他易冷凝的高级烃及其衍生物，如焦油、苯、酚等。但采用气流层气化，必须采取强放热的措施，采用更细粒度的煤粉，气化炉必须使用耐高温材料，必须解决熔融状态灰渣的排出问题及气体带出物中难熔物可在废热回收设备或管道内聚积问题而使其进一步推广受到局限。

② 德士古气化法。以高浓度水煤浆进料，液态排渣的加压纯氧气流层气化方法是近年来最为成功的一种气流层煤气化方法，不仅可以使用储量丰富的烟煤、多种劣质煤而且碳转化率高达 90% 以上，因而发展速率较快。水煤浆气化法的关键技术体现在高浓度水煤浆技术，氧气、水煤浆喷嘴技术和熔渣在高压下排出技术。

第一节　固体燃料气化原理

一、气化反应的化学平衡及影响因素

1. 以空气为气化剂

以空气为气化剂时，碳与氧之间的反应。

$$C + O_2 \Longequal CO_2 + 393.7kJ \qquad (1-1)$$

$$2C + O_2 \Longequal 2CO + 220.9kJ \qquad (1-2)$$

$$2CO + O_2 \Longequal 2CO_2 + 566.1kJ \qquad (1-3)$$

$$CO_2 + C \Longleftrightarrow 2CO - 172.4kJ \qquad (1-4)$$

（1）温度的影响 依据化学平衡移动的理论，降低温度有利于式(1-1)、式(1-2)、式(1-3) 反应向右进行，减小压力，有利于式(1-2)、式(1-4) 反应向右进行。在制取半水煤气的生产过程中，我们希望碳与氧的反应按式(1-1) 和式(1-3) 进行，尽量避免发生式(1-2) 和式(1-4) 的反应。其目的是提高燃料层的温度，并尽量减少碳的消耗。

实践证明，在高温燃料层中，当空气不断鼓入时，式(1-1)、式(1-2)、式(1-3) 的正反应速率占绝对优势，反应主要向右进行，而且反应达到平衡时，平衡组成中几乎全是生成物，因此这三个反应可看成是不可逆反应。将式(1-1) 与式(1-4) 两个反应的平衡常数随温度的变化值列于表1-3 中。

表1-3 反应式(1-1) 与式(1-4) 的平衡常数

温度/K	C+O$_2$⇌CO$_2$	C+CO$_2$⇌2CO	温度/K	C+O$_2$⇌CO$_2$	C+CO$_2$⇌2CO
	$K_{p1} = p^*_{CO_2}/p^*_{O_2}$	$K_{p3} = p^{*2}_{CO}/p^*_{CO_2}$		$K_{p1} = p^*_{CO_2}/p^*_{O_2}$	$K_{p3} = p^{*2}_{CO}/p^*_{CO_2}$
298.16	1.233×10^{69}	1.023×10^{-22}	1100	6.345×10^{18}	1.236
600	2.516×10^{34}	1.892×10^{-7}	1200	1.737×10^{17}	5.772
700	3.182×10^{29}	2.709×10^{-5}	1300	8.251×10^{15}	2.111×10
800	6.708×10^{25}	1.509×10^{-3}	1400	6.048×10^{14}	6.285×10
900	9.257×10^{22}	1.951×10^{-2}	1500	6.290×10^{13}	1.644×10^2
1000	4.751×10^{20}	1.923×10^{-1}			

注："*"代表平衡状态。

从表1-3 可以看出，在平衡状态下，式(1-4) 的平衡常数随温度的变化有很大差异，反应具有可逆性。研究表明式(1-4) 决定着整个反应系统的平衡，因此必须着重予以分析。

由图1-2 所示，随着温度的升高，一氧化碳平衡含量增加，二氧化碳平衡含量下降。当温度高于900℃时，气体中二氧化碳平衡含量甚少。因此降低温度可增加二氧化碳平衡含量，减少热量损耗。

（2）压力的影响 式(1-4) 是一个体积增大的反应。压力对 CO 与 CO_2 平衡组成的影响见图1-3。

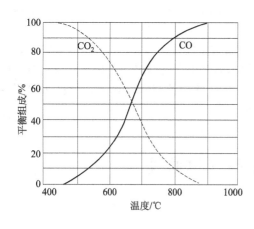

图1-2 CO、CO_2 的平衡组成与温度的关系

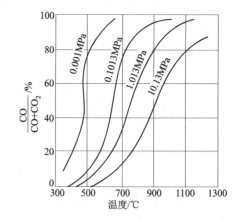

图1-3 压力对 $CO + CO_2$ 物系平衡组成的影响

由图1-3 可见，总压增高，不利于 CO_2 还原为 CO 的反应。

以上指气相中只有 CO 与 CO_2，实际上以空气为气化剂时有氮和氩的存在，由于氮和氩的存在降低了它们的分压，而使平衡向生成一氧化碳的方向移动。

比较表 1-4 和表 1-5，同样在 800℃、总压 0.1MPa 时，无惰气稀释的一氧化碳转化率为 93.0%，而有惰气稀释的为 95.2%。

表 1-4　0.1MPa 时 CO₂＋C ⟶ 2CO 的平衡组成（φ）　　　　　单位：%

温度/℃	由实验求得		由近似式 $\ln K_{p3} = -\dfrac{21000}{T} + 21.4$ 求得	
	CO	CO₂	CO	CO₂
445	0.6	99.4	—	—
550	10.7	89.3	11	89
650	39.8	60.2	39	61
800	93.0	7.0	90	10
925	96.0	4.0	97	3

表 1-5　0.1MPa 时空气煤气的平衡组成（φ）　　　　　单位：%

温度/℃	CO₂	CO	N₂＋Ar	CO/(CO＋CO₂)
650	10.8	16.9	72.3	61.0
800	1.6	31.9	66.5	95.2
900	0.4	34.1	65.5	98.8
1000	0.2	34.4	65.4	99.4

以上从理论的角度分析了温度与压力对化学反应平衡的影响，在实际生产中，以空气为气化剂进行气化时，除了制取空气煤气外，还有一个重要的目的，就是提高固体燃料层的温度、维持燃料层各类反应的自热平衡。为了解决理论（降低温度、减小压力）与实际（提高温度、增大压力）的矛盾，工业上采取的措施是增大空气的压力，增大氧的加入量，提高空气的流速，减少气体与碳量的接触时间，使碳与氧反应生成的二氧化碳来不及进行还原反应就离开燃料层；同时要控制燃料层的高度和燃料层的温度不能过高。

2. 以水蒸气为气化剂

$$C + H_2O(蒸汽) \Longleftrightarrow CO + H_2 - 131.4kJ \tag{1-5}$$

$$C + 2H_2O(蒸汽) \Longleftrightarrow CO_2 + 2H_2 - 90.20kJ \tag{1-6}$$

生成的产物还可发生如下反应：

$$CO_2 + C \Longleftrightarrow 2CO - 172.4kJ \tag{1-7}$$

当温度较低时，还会发生副反应：生成甲烷的和一氧化碳转化为氢的反应：

$$C + 2H_2 \Longleftrightarrow CH_4 + 74.9kJ \tag{1-8}$$

$$CO + H_2O(蒸汽) \Longleftrightarrow CO_2 + H_2 + 41.2kJ \tag{1-9}$$

（1）温度的影响　依据化学平衡移动的理论，提高反应温度可使反应式(1-5)、式(1-6)、式(1-7)向右移动，使反应式(1-8)、式(1-9)向左移动，这说明提高反应的温度，可以提高煤气中一氧化碳和氢的含量，减少二氧化碳和甲烷的含量，这正是工业生产所希望的。

由图 1-4 可知，压力一定时，随着温度的升高，一氧化碳、氢气的含量增加。温度高于 900℃时，其他组分的含量接近于零，所以在高温下进行水蒸气与碳的反应，平衡时残余水蒸气气量少，水煤气中氢气及一氧化碳的含量高。

（2）压力的影响　式(1-4)、式(1-5)、式(1-6)都是体积增大的反应。因此，降低蒸汽压力，可以使反应的平衡向右移动，有利于增加煤气中氢和一氧化碳的含量，减少甲烷和二氧化碳的含量。

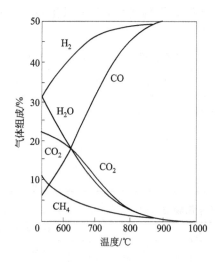

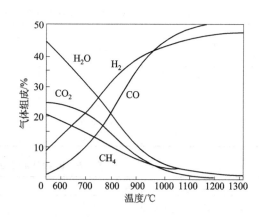

图 1-4　0.1MPa 下碳-蒸汽反应的平衡组成　　　图 1-5　2MPa 下碳-蒸汽反应的平衡组成

比较图 1-4 及图 1-5 可见，在相同温度下，随着压力的提高，气体中水蒸气、二氧化碳及甲烷含量增加，而氢气及一氧化碳的含量减少。所以，在制取煤气时，可根据所需组成，选择蒸汽分解（灼热的碳将氢从水蒸气中还原出来的过程称为蒸汽分解）的压力。

3. 以空气和蒸汽同时为气化剂

以蒸汽与空气同时为气化剂，燃料层中气体组成的变化如下：在灰渣层，气化剂只被预热，不发生化学反应；在氧化层，主要发生碳的氧化反应，氧的含量急剧下降，二氧化碳的含量急速上升，并有一定的一氧化碳开始生成，蒸汽的含量变化不大；在还原层，主要进行水蒸气的分解及二氧化碳的还原反应，因此蒸汽和二氧化碳含量迅速下降，氢和一氧化碳含量迅速增加。

在氧化层里，由于温度最高，所以碳与氧反应的同时，也会发生碳与蒸汽的反应。氧化层上面是还原层，其反应情况与单独通蒸汽时无原则上的区别，只是气体中除氢外，还有相当多的二氧化碳和氮气。二氧化碳反应生成氢和一氧化碳是体积增大的反应，从平衡移动原理可知，压力降低，有利于反应向生成氢和一氧化碳方向移动。从反应的热平衡角度看，水蒸气与空气同时通入燃料层的气化过程，是热效应相互抵消的过程，对维持燃料层温度的恒定有利。

二、气化反应的反应速率及影响因素

气化剂与碳在煤气发生炉中进行的反应属于气-固相非催化多相反应。其反应过程既有物理变化又有化学变化。根据速率模型理论的研究，一般认为气化反应过程是按以下步骤进行：气化剂中的活性组分向碳表面扩散→被碳表面吸附→与碳进行化学反应→生成中间产物→中间产物分解→气体产物解吸→气体产物由碳表面扩散入气流中。

气-固多相反应的速率与每个步骤的速率有关，其中某一步骤的阻滞作用最大，则总的反应速率就取决于这个步骤的速率，该步骤称为控制步骤。如何提高控制步骤的速率是提高总反应速率的关键。

1. 碳与氧的反应速率

图 1-6 为碳燃烧速率与温度、氧含量及流速的关系。

由图 1-6 可见，在较低的温度下，气化反应处于化学反应控制，受温度影响较大，提高温度，可加快反应速率，加大气流速率不能明显提高反应速率。当温度达到一定值后，气化反应处于扩散控制区，提高气流速率是关键，温度对反应速率的影响不再明显。

2. 碳与二氧化碳的反应速率

碳与二氧化碳反应生成一氧化碳的反应速率，比碳的燃烧速率慢得多，在2000℃以下属于化学反应控制。

图1-7为焦炭还原二氧化碳的速率与温度的关系。

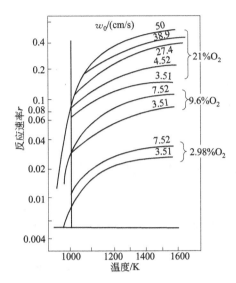

图1-6　碳燃烧速率与温度、氧含量及流速的关系　　　　图1-7　不同温度下焦炭还原CO₂的速率

由图1-7可见，二氧化碳在1000℃与碳接触43s，生成气中含有60%的一氧化碳；当温度升至1100℃时，只需6s就能达到同样的效果。因此，温度愈高，二氧化碳的还原速率愈快。

此外，二氧化碳还原反应的速率，与燃料的化学活性（燃料与气化剂二氧化碳反应能力）、灰分含量等因素有关。燃料的化学活性愈高，灰分含量愈低，二氧化碳被还原为一氧化碳的反应速率愈快。

3. 碳与水蒸气的反应速率

碳与水蒸气反应时，水蒸气分解率与温度、反应时间和燃料性质的关系如图1-8所示。

由图1-8可知，碳与水蒸气的反应速率，主要取决于温度和燃料的化学活性。燃料的化学活性愈高，反应速率愈快。燃料的化学活性一般按无烟煤、焦炭、褐煤、木炭的顺序递增。当燃料的品种一定，温度升高，反应速率加快，蒸汽与碳的接触时间增加，蒸汽的分解率就提高。

三、半水煤气的制造

作为合成氨的原料气半水煤气，要求混合气体的组成符合（H₂＋CO）/N₂＝3.1～3.2（体积）。前面已知，以一定比例的空气和水蒸气为气化剂时，可得合成氨用的半水煤气。通空气是放热的，通水蒸气是吸热的，如使二者的热效应数值上相等，满足系统的热平衡，则气

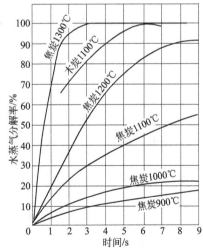

图1-8　水蒸气分解率与温度、
反应时间和燃料性质的关系

体的组成（CO＋H₂）/（N₂＋Ar）＝1.6＜3.1～3.2，不符合合成氨原料气的组成要求，必须减少送入空气量，为此必须外供热。间歇式气化法就是中、小型厂广泛使用的将蓄热与制气

分开进行的一种内部蓄热制气法。间歇式制气一般有两种情况：一种是送入空气燃烧蓄热后，将所产气体（吹风气）放空，水蒸气与适量空气在发生炉内制得半水煤气；另一种是送入空气燃烧蓄热提高炉温，只通入水蒸气产生水煤气送入气柜；将吹风气部分回收后也送入气柜，使二者在气柜混合为半水煤气。其中广泛应用的是第一种。

第二节　块煤固定层间歇式气化

块煤固定层间歇气化是在煤气发生炉中进行的。如图 1-1 所示。块煤由顶部间歇加入，气化剂通过燃料层（主要是干馏区和气化区）进行反应，气化后的灰渣自炉底排出。

一、气化炉中发生的反应

燃料自上而下移动时，发生一系列物理和化学变化。在燃料层的顶部，新补充的燃料与热的煤气接触。自由空间区的作用主要是聚积煤气，以水蒸气为气化剂时，部分一氧化碳与水蒸气会发生下列反应：

$$CO + H_2O \Longleftrightarrow CO_2 + H_2 + Q \tag{1-10}$$

焦炭或煤经过干燥区，利用气体的显热蒸发燃料中的水分后进入干馏区。

1. 干馏区的反应

在干馏区，燃料与热气体换热发生热分解反应，析出醋酸、甲醇、苯酚、树脂、硫化氢、甲烷、乙烯、氨、氮、氢和水分。其化学反应如下。

（1）以空气为气化剂

$$C + O_2 \Longleftrightarrow CO_2 + Q \tag{1-11}$$
$$2C + O_2 \Longleftrightarrow 2CO + Q \tag{1-12}$$
$$H_2 + S \Longleftrightarrow H_2S + Q \tag{1-13}$$
$$C + 2H_2 \Longleftrightarrow CH_4 + Q \tag{1-14}$$

（2）以水蒸气为气化剂

$$C + O_2 \Longleftrightarrow CO_2 + Q \tag{1-15}$$
$$2C + O_2 \Longleftrightarrow 2CO + Q \tag{1-16}$$
$$H_2 + S \Longleftrightarrow H_2S + Q \tag{1-17}$$
$$C + 2H_2 \Longleftrightarrow CH_4 + Q \tag{1-18}$$

2. 气化区的反应

块煤固定层间歇气化的气化反应主要在气化区中进行。

（1）以空气为气化剂　当气化剂为空气时，在气化区的上部又称还原层，主要进行二氧化碳的还原反应：

$$CO_2 + C \Longleftrightarrow 2CO - Q \tag{1-19}$$

在气化区的下部又称氧化层，主要进行的是燃烧反应：

$$C + O_2 + 3.76N_2 \Longleftrightarrow CO_2 + 3.76N_2 + Q \tag{1-20}$$
$$2C + O_2 + 3.76N_2 \Longleftrightarrow 2CO + 3.76N_2 + Q \tag{1-21}$$

（2）以水蒸气为气化剂

$$2H_2O + C \Longleftrightarrow CO_2 + 2H_2 - Q \tag{1-22}$$
$$H_2O + C \Longleftrightarrow CO + H_2 - Q \tag{1-23}$$
$$H_2O + CO \Longleftrightarrow CO_2 + H_2 + Q \tag{1-24}$$
$$CO_2 + C \Longleftrightarrow 2CO - Q \tag{1-25}$$

燃料层底部为灰渣区，借灰渣显热可以预热从炉底部进入的气化剂，同时灰渣被冷却以保护炉箅不致过热而变形。

值得注意的是，燃料的分区和各区的高度，随燃料的种类、性质以及气化条件的不同而不同：当燃料中固定碳含量提高时，气化区也会增高；燃料中挥发分较高时，相应的灰渣区就比较高，干燥区和干馏区会明显存在。总之，在实际生产中，燃料各层之间并没有明显的分界，往往是互相交错的。

二、间歇式制取半水煤气的工作循环

间歇式制造半水煤气，从原则上讲，只需交替进行吹风和制气两个阶段。而实际过程分为吹风、一次上吹制气、下吹制气、二次上吹制气、空气吹净五个阶段进行。

自上一次开始送空气到下一次送空气为止，称为一个工作循环，见表1-6所示。

表1-6　间歇式制取半水煤气的工作循环

工作循环	主要目的	气化剂	气体走向
吹风阶段	提高燃料层温度	空气	空气从炉底吹入,吹风气去余热回收系统或放空
一次上吹制气阶段	制取半水煤气	水蒸气与加氮空气	气化剂从炉底送入,生成的煤气入气柜
下吹制气阶段	(1)稳定气化层位置,避免煤层上移,使气化区恢复到正常位置 (2)制取半水煤气 (3)提高灰层温度燃尽残炭	水蒸气与加氮空气	气化剂从炉顶自上而下通过燃料层,生成的煤气入气柜
二次上吹制气阶段	将炉底及下部管道中煤气排净以防吹入空气时与下行煤气在炉底相遇而导致爆炸	水蒸气与加氮空气	气化剂由炉底送入,生成的煤气入气柜
空气吹净阶段	进一步排除燃料层上部空气及出气管等设备的煤气并予以回收	空气	气化剂由炉底部吹入,生成的空气煤气送入气柜

三、间歇式制取半水煤气的工艺条件

1. 温度

煤气炉内燃料层的温度是沿着燃料层高度而变化的，其中氧化层温度最高。操作温度一般指氧化层温度、简称炉温，实践表明炉温高，蒸汽分解率高，煤气产量高、质量好，制气效率高。

炉温是由吹风阶段决定的，炉温高，吹风气中二氧化碳含量低，吹风气温度高，吹风效率低。

由图 1-9 可见，燃料层温度控制在800℃时，吹风效率为53％。当温度上升至 1700℃ 时，吹风气中二氧化碳含量为零，吹风效率为零，反应放出的热量全部被吹风气带出，不能再为制气阶段积蓄热量。为此，在流程设计中应对吹风气的显热及化学潜热作充分的回收，在工艺条件的选择上加大风速，以降低吹风气中一氧化碳的含量。在上述前提下，以低于燃料的灰熔点 50℃ 左右，维持炉内不结疤为条件，尽量在较高的温度下操作。

2. 吹风速率

吹风阶段应在尽可能短的时间内，将

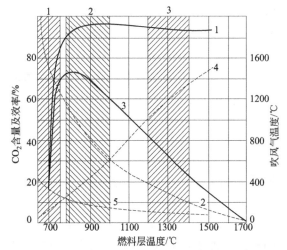

图 1-9　半水煤气制造过程的热工特性曲线
1—制气效率；2—吹风效率；3—总效率；
4—吹风气温度；5—吹风气中二氧化碳含量

炉温升高到气化过程所需的温度，并尽量减少热损失，降低燃料消耗，所以提高吹风速率，给氧化层提供更多的氧，加速碳的燃烧反应，使炉温迅速提高；同时缩短了二氧化碳在还原层的停留时间，降低了吹风气中一氧化碳的含量，减少了热损失。但吹风量过大，容易将小颗粒燃料吹出炉外，损失增大，并易使燃料层出现风洞，气化条件严重恶化，对内径2740mm 的煤气炉，吹风量为 $18000\sim2000m^3/h$，对内径 1980mm 煤气炉，吹风量为 $7000\sim10000m^3/h$（标准状态）。

3. 水蒸气用量

水蒸气用量是提高煤气产量、改善气体成分的重要手段，此量取决于水蒸气流速和延续时间。蒸汽一次上吹时，炉温较高，煤气产量高、质量好。但随着制气的进行，气化区温度迅速下降，气化区上移，造成出口煤气温度升高，热损失加大，所以上吹时间不宜过长。蒸汽下吹时，气化区恢复到正常位置，特别是对某些下吹蒸汽进行预热的流程，由于蒸汽温度较高，制气情况良好，所以下吹时间比上吹长。在上述前提下，对内径 2740mm 的煤气发生炉，蒸汽用量一般为 $5\sim7t/h$，1980mm 的煤气发生炉，蒸汽用量一般为 $2.2\sim2.8t/h$。

当采用加氮空气时，在进行蒸汽分解反应的同时亦有碳的燃烧反应，这样既可缩短吹风时间，还有利于燃料层的稳定。蒸汽上吹时，燃料层温度下降比较迅速，故加氮空气用量上吹时比下吹时大。

4. 燃料层高度

燃料层高度对吹风和制气有着不同的影响。对制气阶段，较高的燃料层将使水蒸气停留时间加长，而且燃料层温度较为稳定，有利于提高蒸汽分解率。但对吹风阶段，由于吹风气与燃料接触时间较长，二氧化碳易被还原为一氧化碳，热损失增大，同时，燃料层阻力增大，使输送空气的动力消耗增加。一般来讲，对粒度较大、热稳定性较好的燃料，采用较高的燃料层；对粒度较小和热稳定性较差的燃料，则燃料层不宜过高。

5. 循环时间的分配

每一工作循环所需要的时间，称为循环时间。一般而言，循环时间长，气化层的温度、煤气的产量和成分波动大。循环时间短，气化层的温度波动小、煤气的产量和成分也较稳定。根据自控水平及维护炉内工作状况稳定的原则，一般循环时间为 2.5~3min。循环时间不宜作随意调整，各阶段的时间分配随着燃料的性质和工艺操作的具体要求而异。吹风阶段的时间以能提供制气所需的热量为限，其长短主要取决于燃料的灰熔点及空气流速。上、下吹制气阶段的时间，以维持气化区稳定、煤气质量好及热能合理利用为原则。不同燃料气化的循环时间分配百分比大致范围如表 1-7 所示。

表 1-7　不同燃料气化的循环时间分配百分比示例

燃 料 品 种	工作循环中各阶段时间分配/%				
	吹风	上吹	下吹	二次上吹	空气吹净
无烟煤,粒度 25~75mm	24.5~25.5	25~26	36.5~37.5	7~9	3~4
无烟煤,粒度 15~25mm	25.5~26.5	26~27	35.5~36.7	7~9	3~4
无烟煤,15~50mm	22.5~23.5	24~26	40.5~42.5	7~9	3~4
石灰碳化煤球	27.5~29.5	25~26	36.5~37.5	7~9	3~4

6. 气体成分

通常采用调节空气吹净及回收时间的方法来控制。由于加氮空气量的多少对燃料层温度影响较大，加氮空气一经确定，就不宜改变。生产中还应尽量降低半水煤气中甲烷、二氧化碳和氧气的含量，特别要求氧气含量小于 0.5%。因为氧气含量过高，不仅有爆炸危险，而且还会给合成氨生产的后工序催化剂带来严重的危害。

7. 燃料品种的变化与工艺条件的调整

气化操作中，燃料的物化性能将直接影响工艺条件的选择。优质的燃料煤一般具有灰熔点高、机械强度大、热稳定性好、化学活性好、粒度均匀等特点。用优质燃料煤气化，可采用高炉温、高风速、高炭层、短循环的操作法（简称三高一短），可使煤气发生炉的气化强度大、气体质量好。而对劣质的燃料，应根据具体情况调整工艺条件。对机械强度大、热稳定性差的燃料，应采用低炭层气化，以减少床层阻力，风速也不宜过高。对固定碳含量低、灰分含量高的燃料，则应勤加煤，勤出灰。如果灰熔点低，则吹风时间不宜过长，应适当提高上吹蒸汽加入量，以防止结疤。

粉煤成型是补充块煤不足、合理利用燃料资源的可行措施，与同种块煤相比，具有机械强度高、热稳定性好、粒度均匀、气化阻力小、化学活性好及灰熔点高等特点，更适于"三高一短"的操作。但因固定碳少、灰分多，一般需勤加煤，勤出灰。

四、工艺流程

间歇式生产半水煤气的工艺流程一般由煤气发生炉、余热回收装置、煤气降温除尘以及煤气储存等部分组成。

1. 中型氨厂生产流程

此流程的主要特点是利用燃烧室回收吹风气中一氧化碳及其他可燃性气体的燃烧热，预热下吹制气阶段的蒸汽和加氮空气，利用废热锅炉回收吹风气和上吹煤气的显热，产生水蒸气；制气阶段给蒸汽中配入加氮空气，可直接得到半水煤气；吹风气全部放空，有利于煤气中氢氮比的调节和稳定燃料层温度。但是由于废热锅炉的上行煤气温度及烟气温度较高，热量损失较大。

如图 1-10 所示，固体燃料由加料机从煤气发生炉 1 顶部间歇加入炉内。吹风时，空气由鼓风机加压自下而上通过煤气发生炉，吹风气经燃烧室 2 及废热锅炉 4 回收热量后由烟囱放空。燃烧室中加入二次空气，将吹风气中可燃气体燃烧，使室内的蓄热砖温度升高。

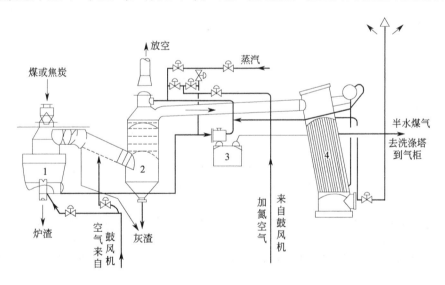

图 1-10　带有燃烧室的煤气化炉系统流程
1—煤气发生炉；2—燃烧室；3—洗气箱；4—废热锅炉

蒸汽上吹制气时，煤气经燃烧室及废热锅炉回收余热后，再经洗气箱 3 及洗涤塔进入气柜。下吹制气时，蒸汽从燃烧室顶部进入，经预热后进入煤气发生炉自上而下流经燃料层。由于煤气温度较低，直接经洗气箱和洗涤塔进入气柜。二次上吹时，气体流向与上吹相同。空气吹净时，气体经燃烧室、废热锅炉、洗气箱和洗涤塔进入气柜。此时燃烧室不能加二次空气。在上、下吹制气时，每当变换上、下吹时，加氮空气阀要比蒸汽阀适当迟开早关一些，避免加氮空气与半水煤气相遇，发生爆炸或半水煤气中氧含量增高。燃料气化后，灰渣经旋转炉算由刮刀刮入灰箱，定期排出炉外。

2. 小型氨厂生产流程

此流程对生产过程中的余热进行了较全面、合理的回收。其特点是回收上下行煤气的显热，用于副产低压蒸汽；对吹风气显热和潜热的回收，主要采用合成放空气和氨储罐弛放。

如图 1-11 所示，由煤气发生炉 1 产生的吹风气经旋风除尘后，送入吹风气总管，进入吹风气余热回收系统。从蒸汽缓冲罐 8 出来的水蒸气加入适量空气后，由煤气发生炉底送入，炉顶出来的上行煤气通过旋风除尘器、安全水封 3 后，进入废热锅炉 4，回收余热，并经过洗涤塔 5 降温后送入气柜。下吹时，蒸汽也配入适量空气从炉顶送入，炉底出来的下行煤气经集尘器 7 及安全水封后也进入废热锅炉，并经洗涤塔降温后送入气柜。二次上吹及空气吹净的气体流向与上吹制气阶段相同。

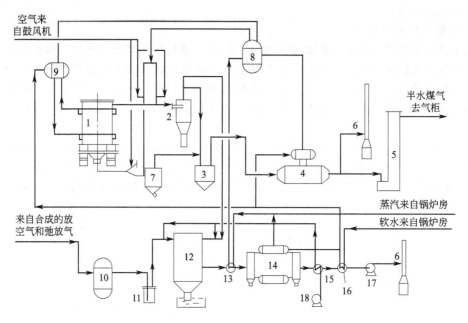

图 1-11 小型合成氨厂节能型工艺流程图

1—煤气发生炉；2—旋风除尘器；3—安全水封；4—废热锅炉；5—洗涤塔；6—烟囱；7—集尘器；
8—蒸汽缓冲罐；9—汽包；10—尾气储槽；11—分离器；12—燃烧室；13—蒸汽过热器；
14—烟气锅炉；15—空气预热器；16—软水加热器；17—引风机；18—二次风机

合成放空气和氨储罐弛放气净氨后，送入尾气储槽 10，并经分离器 11 后与来自空气预热器 15 的二次空气混合，进入燃烧室 12 燃烧。出燃烧室的高温烟气进入蒸汽过热器 13 及烟气锅炉 14 回收热量，烟气锅炉产生 1.3MPa 的饱和蒸汽。降温后的烟气依次通过空气预热器 15、软水加热器 16，由引风机 17 送入烟囱 6 放空。

来自锅炉房的软水经软水加热器提温后，分别送至夹套锅炉、废热锅炉及烟气锅炉的汽包中。

五、主要设备及操作控制要点

块煤固定层间歇式气化的主要设备是煤气发生炉（简称煤气炉）。煤气炉一般由炉体、夹套锅炉、底盘、机械除灰装置和传动装置五个部分组成。现以直径 2.74m 煤气炉为例，介绍煤气炉的结构。

如图 1-12 所示，直径为 2.74m 的煤气炉炉体由钢板焊制的炉壳，上部衬有两层黏土耐火砖及保温砖，外部用石棉灰进行保温，防止热量散失。下部是夹套锅炉，底部焊有保护钢板，以防由于灰渣块的挤碾而磨损。炉口有铸钢制成的护圈，以防加料磨损耐火砖。锥形部分有出气口。夹套锅炉，外壁包覆石棉绒保温层，两侧各有四个试火孔，用以探视火层的分布情况。炉上安装有液位计、水位自动调节器、安全阀等附件。夹套锅炉的主要作用是防止由于燃料层温度过高，使灰渣粘在炉壁上而发生挂炉现象，并副产低压蒸汽。其传热面积约 16m²，容水量约 15t。底盘由两个半圆形铸件组合而成，两侧有灰斗。底盘与炉壳通过大法兰连成一体。底盘中心有吹风管及下吹煤气管。底盘上部有轴承轨道，用以承托灰盘及燃料层的质量。底盘上有溢流排污管和水封桶，用以排泄冷凝水和油污，并防止气体外逸。水封桶内水封高度约 2m，当煤气内压力超过 19.6kPa 时，气体将冲破水封，使炉内压力降低，起安全保护作用。机械除灰装置包括灰盘、炉算、蜗轮、蜗杆以及固定不动的灰型等。灰盘承受灰渣和燃料的重量，由内外两个外缘倾斜的环形铸铁圈组成。在灰盘的倾斜面

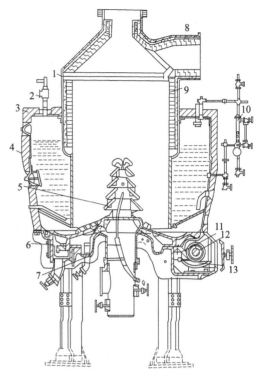

图 1-12　直径为 2.74m 煤气发生炉

1—炉体；2—安全阀；3—保温材料；4—夹套锅炉；5—炉算；6—灰盘接触面；7—底盘；8—保温砖；9—耐火砖；10—液位计；11—蜗轮；12—蜗杆；13—油箱

上固定有四根月牙形灰筋，称为推灰器，作用是将灰渣推出灰盘，并将内外灰盘连成一体。灰盘底下的轴承轨道压在底盘轴承轨道上旋转。宝塔形炉算固定在内灰盘上，随灰盘旋转。外灰盘底部铸有 100 个齿的大蜗轮，被传动装置带动而使灰盘旋转。固定在出灰口上的灰犁，在灰盘旋转过程中将灰渣刮入灰斗，再定期排出。炉算能连续排灰和使气化剂分布均匀。宝塔形炉算共分五层，最上层是半球形炉算帽，帽上有气孔。进入煤气炉的气化剂，自炉算每层间的空隙和帽上的小孔进入炉膛。炉算除了宝塔形外，还有鳞片状偏心圆锥形、螺旋锥形和均布型等。

传动装置是由电动机提供动力，通过变速机、蜗杆、蜗轮带动 100 齿大蜗轮转动而完成的。其连接部件都是密封的，以防气体逸出。传动装置带动注油器，向各加油点输送润滑油。

第三节　碎煤固定层加压连续气化

固定层碎煤加压气化是将粒度为 5～50mm 范围的碎煤，在 1.0～3.0MPa 的压力、900～1200℃温度下与气化剂逆流气化的反应过程。煤自上而下，根据不同煤种，以每分钟 2.6～6.2cm 的速率向下移动，经历预热、干燥、干馏、气化和燃烧等五个区域。最后灰分以固态形式排出炉外。气化剂（氧气和蒸汽或空气和蒸汽）经旋转炉算的缝隙进入炉内。未分解的蒸汽，与煤的干燥、热解产物和煤气一起离开气化炉。

碎煤加压气化是一种自热式气化，在煤气炉中大部分的煤转化成煤气，小部分的煤燃烧提供气化所需的反应热，煤在炉内缓慢下移，形成一个相对的"固定"床层，所以也叫"固定层加压气化"。

碎煤加压气化适用于多煤种，尤其适用于灰熔点较高、不黏结和有一般黏结性的煤，如褐煤、次烟煤、贫煤等。但加压连续气化需要制氧装置，并且所产煤气中甲烷含量达8%～10%，需进一步加工才能成为合成氨原料气。

一、工艺条件的选择

1. 温度

气化炉的操作温度应尽量保持在较高温度上进行。但煤的灰熔点和结渣温度是限制提高炉温的制约因素。为了保证气化炉的顺利排渣，炉内最高温度应控制在灰的软化温度以下。控制炉温的主要手段是调节汽/氧比。汽/氧比增加，炉温下降，反之则炉温上升。由于煤层在炉内移动，大多数气化炉不设温度测量装置，而是根据经验观察炉灰的颜色和灰的形状。如果灰是不规则玻璃状的小球或熔结成小块的渣，说明炉内温度是最佳操作温度；如果排出的灰为黑色颗粒或无烧结现象的细灰，则炉内温度偏低。若排出的灰为熔结现象明显的大块渣，说明炉温太高，汽/氧比太小。一般气化炉出口粗煤气的温度为650～700℃，由炉底排入灰锁的灰渣温度为400～500℃。

2. 压力

提高操作压力，气化反应速率加快。同时也可节省动力，减少煤气的含尘量。但压力愈高，粗煤气中甲烷含量愈高。如果煤气用作燃料，甲烷含量高是有利的。若用作合成氨原料气，则会加大后序甲烷转化的负荷。同时随着压力的增高，对设备材料及制造技术要求提高，设备投资也随之增大。因此，气化压力的选择必须根据工艺和经济两方面综合考虑。目前气化压力一般为2.4～3.1MPa。

3. 蒸汽氧比

蒸汽与氧的比例，对气化温度及煤气的组成有直接影响。蒸汽氧比增大，燃料层温度降低，产生的煤气中甲烷含量、氢与一氧化碳含量比相应提高，煤气的热值增高。当煤气用作合成氨原料气时，蒸汽氧比一般为5～8kg/m³。

二、工艺流程

图1-13所示为我国引进的加压鲁奇炉气化技术的工艺流程示意图。

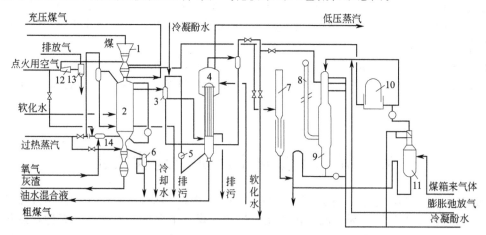

图1-13 固定层加压连续气化工艺流程

1—储煤仓；2—气化炉；3—喷冷器；4—废热锅炉；5—循环泵；6—膨胀冷凝器；7—放空烟囱；8—火炬烟囱；9—洗涤器；10—储气柜；11—煤箱气洗涤器；12—引射器；13—旋风分离器；14—混合器

碎煤固定层连续气化，主要用于气化褐煤、长焰煤、贫瘦煤以生产合成氨原料气。如图1-13所示，将碎煤筛分至4～50mm，由煤斗进入煤锁至气化炉顶部，用粗煤气将煤锁充压至与气化炉平衡时，煤锁打开。煤被加入到气化炉冷圈内，以煤锁中的温度作为监测煤锁信号。当煤锁中的煤冷却加入气化炉后，气化炉内热气流上升，煤锁内温度升高，煤锁关闭下阀；待煤锁泄压后再加煤，由此构成了间歇加煤循环。进入气阀炉冷圈中的煤经转动的布煤器搅拌后均匀分布于炉内，经过干燥、干馏、气化、氧化层与气化剂反应。反应后的灰渣经炉箅排入灰锁。

压力为3.7MPa的过热蒸汽与纯度为88％～92％的氧气混合后，由气化炉底部进入燃料层，进行气化反应。生成的温度为650～700℃的粗煤气，汇集于炉顶部引出，进入文丘里洗涤冷却器被高压喷射煤气洗涤、除尘、降温，被急冷至200℃的粗煤气与煤气水一同进入废热锅炉。在废热锅炉中，粗煤气被壳程的冷却水冷却至180℃，同时产生0.5MPa的饱和蒸汽（绝压）。粗煤气经气液分离后并入总管，进入变换工序。煤气冷凝液及洗涤煤气水汇于废热锅炉底部积水槽中，大部分由煤气水循环泵打至洗涤冷却器循环洗涤粗煤气，多余的煤气水由液位调节阀控制排至煤气水分离工序。

三、主要设备及操作控制要点

1. 主要设备

碎煤加压连续气化的主要设备是煤气发生炉，经过几十年后的发展直径由2.6m发展到5.0m。气化炉的内径扩大，单炉生产能力提高。目前世界上使用最为广泛的是第三代加压气化炉，其内径为3.8m，外径有4.1m，高12.5m。该炉生产能力高，炉内设有搅拌装置，可以气化除强黏结性烟煤外的大部分煤种。

如图1-14所示，气化炉（也称鲁奇炉）的结构主要由炉体、煤锁、灰锁和灰锁膨胀冷凝器组成。

（1）炉体

① 筒体。加压气化炉的炉体是锅炉钢板焊成的立式双层圆管结构炉壁，设有夹套锅炉，在夹套锅炉内通入中压锅炉给水，并设夹套水循环泵进行强制循环。夹套内通有软水。其作用是防止内壳超温，并产生中压蒸汽作为气化剂的一部分通入炉内。夹套内焊有纵向隔板，以增加传热效果。气化炉操作压力为3.05MPa，最高温度达1500℃，生产粗煤气能力为36000～55000m³/h（标准状态）。

② 搅拌与布煤器。炉上部设有煤分布器及搅拌器，下部设有转动炉箅及相应的转动机构，均由炉外液压装置驱动，液压介质为水与二乙醇的混合液。

如图1-14所示，煤分布器与搅拌器在同一转轴上，由炉外的传动电动机带动。分布器、搅拌器及转轴内均通入锅炉水强制冷却。

煤分布器以燕尾槽形成搭接，在圆盘上对称开有扇形孔，煤在刮刀作用下经扇形孔均匀地分布在炉内。搅拌器由一个粗大的锥体及两个桨叶组成，桨叶为变截面钝三角形，

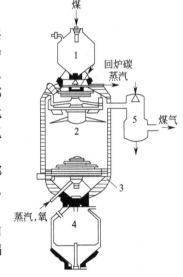

图 1-14　鲁奇炉
1—煤箱；2—分布器；3—水夹槽；
4—灰箱；5—洗涤器

可以将黏结在一起的煤破碎，使煤层具有一定的空隙率，可以气化自由膨胀指数小于7的煤，扩大了鲁奇炉原料煤的范围。

③ 炉箅。炉箅设在气化炉的底部，其作用是维持燃料层的移动，均匀分布气化剂，将灰连续排入灰锁以破碎灰渣，避免灰锁阀门堵塞。

目前大多采用宝塔形炉箅。宝塔形炉箅一般由四层依次重叠成梯锥状的炉箅及顶部风帽组成，共五层炉箅，它们依次用螺栓固定在分布气块上。气化剂由炉底进入空心轴，通过炉箅板的缝隙流出，沿气化炉截面均匀分布，在底层炉箅之下装有 2～4 个刮刀，将灰渣破碎并刮入灰锁，炉箅的排灰能力取决于刮刀的数量及炉箅转数。

（2）煤锁和灰锁 气化炉顶设有煤锁，用于气化炉内间歇加煤，它通过泄压、充压循环，将存于常压煤仓中的原料煤加入高压的气化炉内，以保证气化炉的连续生产。气化炉底设有灰锁，将气化炉炉箅排空的灰渣通过升降压间歇操作排出炉外。灰锁和煤锁都是承受交变载荷的压力容器，所以采用硬质合金与氟橡胶两道密封，为保证阀门的密封效果，在灰锁下阀门阀座上还设有冲洗水，在阀门关闭前先冲掉阀座密封面上的灰渣，然后再关闭阀门，煤锁和灰锁进出口阀采用液压传动，由自动可控电子程序装置控制。

（3）灰锁膨胀冷凝器 灰锁膨胀冷凝器的作用是在灰锁泄压时将含有的灰尘和水蒸气大部分冷凝、洗涤下来，不仅使泄压气量大幅减少，同时也保护了泄压阀门不被含有灰尘的水蒸气冲刷磨损，从而延长了阀门的使用寿命。

2. 操作要点

碎煤加压气化炉的操作控制要点包括气化炉煤层的升温、气化炉点火、气化炉正常操作时生产负荷调整、汽氧比调整及火层位置控制以及灰锁和煤锁的控制。

（1）气化炉煤层升温 气化炉煤层升温是用过热蒸汽。将气化炉出口通往冷火炬管线上的阀门打开，将过热蒸汽通过电动阀门控制引入气化炉。入炉蒸汽流量一般为 5000kg/h。开始时应缓慢调节，气流速度过快会造成炉内小粒粒煤被气流带出，造成废热锅炉及煤气水管线堵塞。蒸汽流是稳定后，通过气化炉出口压力调节阀使升温在 0.3MPa 压力下进行，这样可减少带出物，使煤层均匀加热。在煤层升温过程中要及时排放冷凝液，否则通入空气后煤不能与氧反应而导致点火失败。

（2）气化炉点火 蒸汽升温达到要求后即可进行点火操作。一般采用空气点火，待工况稳定后再切换为氧气操作。气化炉的点火条件是：煤层加热升温约 3h，气化炉出口温度大于 100℃，切断蒸汽，通入少量空气，当气化炉出口气样分析点火成功后，通入少量蒸汽调节出炉气中二氧化碳、氧含量，并逐步增加空气、蒸汽量。当炉内压力升至 0.1MPa、气化剂温度大于 150℃，启动炉箅，以最低转速运行，使炉内布气均匀。在空气运行正常后，气化炉内火层已均匀建立，即可将空气切换为氧气加蒸汽运行。

在整个点火、切氧、提压、提负荷过程中，煤锁、灰锁的操作应密切配合。

（3）气化炉正常操作 维持气化炉的正常操作主要是通过气化炉产生负荷、汽氧比、火层位置、灰锁和煤锁的操作来实现的。

① 生产负荷的调整。气化炉生产负荷的调整主要依据原料煤的粒度、火层位置及温度、灰渣的状态及残炭含量是否正常。

当煤粒过小时，应适量减小负荷，否则会使带出物增加，严重时可使炉内床层变为流化床，气化炉排不出灰，导致工况恶化；当煤粒度一定时，若负荷过低，会造成气化剂分布不均，炉内产生风洞、火层偏斜等问题。气化炉负荷一般应控制在 85%～120%，最低不得低于 50%。

② 汽氧比的调整。汽氧比的调节实际上就是炉内火层温度的调节。汽氧比调节的主要依据是原料煤的灰熔点、煤气中的二氧化碳含量及灰渣的颜色、粒度、含碳量等。

在灰熔点允许的情况下，汽氧比应尽可能低；在煤种相对稳定的情况下，煤气中的 CO_2 含量超标，汽氧比应调高；如果灰中渣块较大，渣量多，说明汽氧比偏低，灰中有大量残炭、细灰较多、无熔渣，说明汽氧比偏高。

③ 气化炉火层位置控制。气化炉火层上移，气化层缩短，煤气中氧含量超标；火层过

低会烧坏炉箅等炉内件。

火层的控制主要通过调整炉箅转速、炉顶温度和炉底温度来实现。

当炉顶温度升高、炉底温度降低时，应加大排灰量，使炉箅转速与气化炉负荷相匹配。

当炉顶温度下降、炉底温度升高时，应减小排灰量。当炉顶与炉底温度同时升高时，说明炉内有沟流现象产生，要按异常现象处理。

④ 灰锁、煤锁的控制。灰锁上下阀的严密性、灰锁膨胀冷凝器的冲洗与充水对气化炉的正常运行影响较大。在灰锁泄压、充压过程中，应按操作程序进行灰锁的严密性试验，试验时灰锁上下阀承受的压差为1.0MPa。发现阀门泄漏要及时处理，以延长上、下阀门的使用寿命。灰锁泄压后，应按规定时间对膨胀冷凝器底部进行冲洗，以防止灰尘堵塞灰锁泄压中心管。冲洗完毕后应将膨胀冷凝器充水，充水时不能过满或过少，过满，水会溢入灰锁造成湿灰影响灰锁容积；过少，则造成灰锁干泄，导致灰锁堵塞泄压中心管，使灰锁泄压困难。

煤锁的上、下阀也需要按规定进行严密性试验，以保证煤锁向气化炉正常供煤。在一个加煤循环中，煤溜槽阀只能开一次，多次开关会使上阀动作空间充满煤后造成上阀无法关严而影响气化炉的运行。

第四节　水煤浆气流层加压气化

一、水煤浆气流层加压气化技术简介

水煤浆气流床气化是指煤或石油焦等固体碳氢化合物以水煤浆或水炭浆的形式与气化剂（高纯度的氧气及空气）一起通过喷嘴，气化剂高速喷出与煤浆并流混合雾化，在气化炉内衬有耐火材料的反应室中进行火焰型非催化部分氧化反应的工艺过程。具有代表性的工艺技术有水煤浆加压气化技术、两段式水煤浆气化技术和多喷嘴煤浆气化技术。它们当中以水煤浆加压气化技术开发最早、在世界范围内的工业化应用最为广泛。

在水煤浆加压气化工艺中，气化炉燃烧室排出物一般通过两种不同的流程进行冷却。

（1）激冷流程　气化炉燃烧室排出物在激冷室中与水直接接触冷却，熔渣迅速固化，工艺气经水激冷、饱和后，湿工艺气再用水进行洗涤，除去残余的飞灰；根据需要，可经过变换炉，将工艺气中所含的一氧化碳和水蒸气变换反应生成氢气和二氧化碳，然后经过低温冷却，进行酸性气体脱除。

生成的灰渣留在水中，迅速沉降，通过水封式锁渣罐系统排出激冷室。激冷室及碳洗塔排出黑水中的细灰（未转化碳）及飞灰通过沉降槽沉降除去。沉降槽回收的细灰排出系统（也可循环使用作为气化炉进料的一部分）。锁渣罐系统排出的灰渣分离成粗渣和细渣（含灰量＞99％的粗渣送出生产系统，部分未转化碳的细渣送往制浆工序）。

沉降槽澄清灰水一部分返回制浆工序，一部分排出系统，以保持系统灰水中可熔固体含量不超过允许标准。

（2）废锅流程　气化炉燃烧室排出物经过辐射锅炉（辐锅，下同），产生高压蒸汽，同时高温工艺气被冷却。辐锅设计要求工艺气及熔渣温度降至煤灰软化温度以下。燃烧室排出的绝大部分灰渣留在辐锅底部水浴中，含有少量飞灰的高温气体再经对流锅炉进一步回收热量。

出对流锅炉的工艺气，经水洗涤，除去残余的飞灰，然后送往下游工段（包括低温气体冷却及酸性气体脱除）进行进一步处理。渣、细灰及灰水的处理方式同激冷流程。

水煤浆加压气化工艺法发展至今已有50多年历史。鉴于在加压连续输送粉煤的难度较大，1948 年美国德士古发展公司受重油气化的启发，首先创建了水煤浆气化工艺，并在加利福尼亚州建成第一套中式装置。这在煤气化发展史上是一个重大的开端。

1973 年联邦德国鲁尔化学公司和鲁尔煤公司开始与美国德士古发展公司合作，根据美国德士古发展公司已取得的水煤浆气化的概念和经验，进一步对该技术进行了工程开发和完善。

二、气化炉内的反应

德士古水煤浆加压气化属气流床气化，浓度为 60%～70% 的水煤浆和 99.6% 的氧气，通过德士古烧嘴混合后喷射雾化进入气化炉发生部分氧化反应，生成以 CO 和 H_2 为有效组分的粗合成气。在气化炉内的反应一般认为是由煤的裂解和挥发分的燃烧及气化反应三部分组成。

当水煤浆及氧气喷入气化炉内后，水煤浆中的水分迅速变为水蒸气，煤粉发生干馏及热裂解，释放出挥发分后，煤粉变为煤焦。

煤的裂解反应如下：

$$C_m H_n S_r =\!=\!= \left(\frac{n}{4}-\frac{r}{2}\right)CH_4 + \left(m-\frac{n}{4}-\frac{r}{2}\right)C + rH_2S - Q \tag{1-26}$$

挥发分与高浓度的氧完全燃烧后，煤气中只含有少量的甲烷（一般在 0.1% 以下），而不含焦油、酚、高级烃等可凝聚产物。

煤裂解后生成的煤焦一方面和剩余的氧气发生燃烧反应，生成 CO、CO_2 等气体，放出反应热；另一方面，煤焦又和水蒸气、CO_2 等发生化学反应，生成 CO、H_2。

煤的燃烧反应：

$$C_m H_n S_r + \left(m+\frac{n}{4}-\frac{r}{2}\right)O_2 =\!=\!= (m-r)CO_2 + \frac{n}{2}H_2O + rCOS + Q \tag{1-27}$$

气化过程的基本反应即部分氧化反应的代表式是：

$$C_m H_n S_r + \frac{m}{2}O_2 =\!=\!= mCO + \left(\frac{n}{2}-r\right)H_2 + rH_2S + Q \tag{1-28}$$

经过前面所述的反应，气化炉中的氧气已完全消耗，这时主要进行的是煤焦、甲烷等与水蒸气、二氧化碳发生的气化反应，生成 CO 和 H_2。

1. 化学热力学——化学平衡分析

煤浆反应在反应系统中放热和吸热的平衡是自动调节的。气化炉内的反应相当复杂，在这些反应中既有气相反应，又有气-固相反应，研究表明其中的变换反应和甲烷化反应是两个独立反应，因此只需讨论两个独立反应即可。

（1）变换反应

$$CO + H_2O =\!=\!= CO_2 + H_2 + 9838kcal❶/kmol \tag{1-29}$$

从化学平衡的角度分析，变换反应是等体积、放热反应，降低温度对平衡有利。实验表明，在高温下，一氧化碳变换容易接近平衡。

（2）甲烷化反应

$$CO + 3H_2 =\!=\!= CH_4 + H_2O + 49.271kcal/kmol \tag{1-30}$$

该反应是体积缩小、放热的反应，从化学平衡的角度分析，提高温度，甲烷浓度会减小，反应有利于向生成一氧化碳和氢气的方向进行。增加压力，甲烷的浓度也将提高，从煤气化总的反应角度来讲，提高压力对平衡不利，但提高压力能增加反应物的浓度，因此可以提高反应速率。

---

❶ 1cal＝4.1840J，下同。

2. 化学动力学——反应速率分析

气化过程随煤种、反应时间的不同而不同。气化反应是气体与焦渣接触而发生的，它的反应历程包括：气体分子自行流向焦渣外壳、灰层，然后再扩散到达未起反应的焦渣表面、内表面进而发生气化反应，生成物由里向外扩散逸出。一般认为属于动力学控制的反应是碳与氧的燃烧反应和碳与二氧化碳的反应。

（1）碳与氧的燃烧反应

碳的还原反应：$\qquad 2C+O_2 \Longrightarrow 2CO+Q \qquad$ (1-31)

碳的完全燃烧反应：$\qquad C+O_2 \Longrightarrow CO_2+Q \qquad$ (1-32)

从反应式可以看出，碳与氧之间的反应产物是一氧化碳和二氧化碳。无论是生成哪种物质，其反应都是不可逆反应。而产物一氧化碳和二氧化碳又可相互转化：

$$H_2+CO_2 \Longrightarrow CO+H_2O-Q \qquad (1-33)$$

从反应式可以看出，一氧化碳与二氧化碳的逆变换反应随着温度的升高，反应速率加快。

氧与碳之间的反应机理是气相中的氧被吸附在固相的碳的表面上进行的。因此，反应速率与氧的覆盖有关。当温度升高，反应速率加快，氧的覆盖度就对反应速率起着决定作用。随着温度的不断提高，表面反应速率就更高，起决定因素的不再是氧的覆盖度而是气液相之间物质的传递速率，此时煤的本身特性对燃烧速率不再产生影响。压力的提高会使 C 的还原反应进行得更为剧烈。

（2）碳与 CO_2 的反应

$$C+CO_2 \Longrightarrow 2CO-Q \qquad (1-34)$$

碳与 CO_2 的反应是由表面反应速率即 CO_2 吸附速率、生成络合物速率、发生热分解速率、解析速率、生成 CO 速率决定的。煤的特性与反应温度有关，是因为煤灰的组成、煤的孔隙率对其自身的表面活化能有影响。

（3）生成甲烷的反应　碳生成甲烷的过程分为两个阶段。首先是煤热解产物中的新生态碳与氢的快速甲烷化阶段，此阶段时间短但速度很快，温度对反应活性有重大影响。当温度高于 815℃时，甲烷化阶段消失，其反应如下：

$$C+2H_2 \Longrightarrow CH_4+Q \qquad (1-35)$$

其次是与水蒸气和碳之间所进行的气化反应同时进行的，可以认为这是高活性碳消失之后所进行的反应，其反应速率要低得多。

在气化炉内甲烷的生成应是热解过程和气化过程两个独立过程的综合效应。

三、主要影响因素及工艺条件的选择

1. 煤质

煤的性质对气化过程有很大的影响。随着气化工艺选取的不同，煤品质的要求也不尽相同。高活性、高挥发分的煤是德士古水煤浆气化工艺的首选煤种。

（1）总水分　总水包括外水和内水。外水对德士古煤气化没有影响，但如果波动太大，对煤浆浓度有一定影响，而且会增加运输成本，应尽量降低。

煤的内水是煤的结合水，以吸附态和化合态形式存在于煤中。内水是影响成浆性能的关键因素，内水越高，成浆性能越差，制备的煤浆浓度越低，对气化时的有效气体含量、氧气的消耗和高负荷运行均不利。

（2）挥发分及固定碳　固定碳与可挥发物之比称为燃料比。当煤化程度增加时，它也显著增加。

煤中的挥发分高有利于煤的气化和碳转化率的提高，但是挥发分太高的煤种容易自燃，给储煤带来一定麻烦。

（3）煤的灰分及灰熔点　由于灰分的升温、熔化及转化要消耗煤在氧化反应中所产生的

反应热，所以灰分含有率越高，煤的总发热量就越低，煤化特性也较差。同时，灰分含量的增高，不仅会增加废渣的外运量，而且会增加渣对耐火砖的侵蚀与磨损，还会使生产系统黑水中的固体含量增高，加重黑水对管道、阀门、设备的磨损，也容易造成结垢堵塞现象，因此应尽量选用低灰分的煤种，以保证气化运行的经济性。

由表1-8可知，在日常煤灰及典型的灰渣中，其SiO_2、Al_2O_3、CaO和Fe_2O_3的组成约占灰分组成的90％～95％，它们含量的相对变化对灰熔点影响极大，因此许多学者常用四元体系SiO_2-Al_2O_3-CaO-Fe_2O_3来研究灰的黏温特性。

表1-8 典型的灰渣组成（质量分数）　　　　单位：％

组分	SiO_2	Al_2O_3	TiO_2	Fe_2O_3	CaO	MgO	K_2O	Na_2O	P_2O_3
组成	37～60	16～33	0.9～1.9	4～25	3～15	1.2～2.9	0.3～3.6	0.2～1.9	0.1～2.4

一般认为，灰分中Fe_2O_3、CaO、MgO的含量越多，灰熔点越低；SiO_2、Al_2O_3含量越高，灰熔点越高。

（4）灰渣黏温特性　灰渣黏温特性是指熔融灰渣的黏度与温度的关系。熔融灰渣的黏度是熔渣的物理特性，一旦煤种（灰分组成）确定，它只与实际操作温度有关。

煤种不同，灰渣的黏温特性差异很大。水煤浆气化采用的液态排渣，操作温度升高，灰渣黏度降低，有利于灰渣的流动，但灰渣黏度太低，炉砖侵蚀剥落较快。温度偏低灰渣黏度升高，渣流动不畅，容易堵塞渣口。液态排渣炉气化最佳操作温度以灰渣的黏温特性而定，一般推荐高于煤灰熔点30～50℃。

最佳灰渣流动黏度对应的温度为最佳操作温度。一般认为最佳黏度应控制在15～40Pa·s之间。

（5）助溶剂　由于材料耐热能力的限制，如果灰熔点高于1400℃的煤还要采用熔渣炉气化，则需要使用助溶剂，以降低煤的灰熔点。

助溶剂的种类及用量要根据煤种的特性确定，一般选用氧化钙（石灰石）或氧化铁作为助溶剂。加入助溶剂后气化温度的降低将使单位产气量和冷煤气效率提高、氧耗明显降低，但同时也会使碳转化率稍有降低，排渣量加大，过量加入石灰石还会使系统结垢加剧。

（6）发热量　发热量即热值，是煤的主要性能指标之一，其值与煤的可燃组分有关，热值越高，每千克煤产有效气量就越大。

（7）煤的有机质含量　煤中有机质主要由碳、氢、氧、氮、硫五种元素组成，碳是其中的主要元素。气化用煤希望有效元素碳和氢的含量越高越好，其他元素含量越低越好。

2. 水煤浆的性质及浓度

煤浆浓度是德士古气化法极为重要的工艺参数。对煤浆的输送来说，因为煤浆泵的启动对煤浆的临界黏度有一定的要求，一般水煤浆黏度控制在1Pa·s左右。煤浆的流变性质，是选用输送煤浆管径的重要依据，同时煤浆的流变性能又与煤种、煤粉的细度、固含量、添加剂种类及浓度等参数有关。图1-15表示了煤浆浓度与黏度之间的关系。

由图1-15可以看出，煤粒度愈小，煤浆浓度愈高，黏度愈大。添加剂是表面活性剂，对相同的固含量而言，黏度随表面活性剂的增大而降低并趋于最低值，该最低值所对应的添加剂浓度与煤种有关。在水煤浆制备过程中，通过加入木质素磺酸钠、腐殖酸钠、硅酸钠或造纸废液等添加剂来调节水煤浆的黏度、流动性和稳定性。因为所加入的添加剂具有提高煤粒的亲水性作用，使煤粒表面形成一层水膜，从而容易引起相对运动，提高煤浆的流动性。但是添加剂的加入往往会影响煤浆的稳定性，在实际制备过程中，有时添加两种添加剂，能同时兼顾降低黏度和保持稳定性的双重目的。由于水煤浆黏度及各种流变特性与煤种有密切的关系，在确定选用何种添加剂前，必须根据具体煤种通过试验方可选定。

图 1-16 表示在不同温度下，煤浆浓度与气化效率的关系。

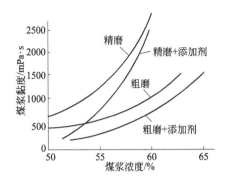 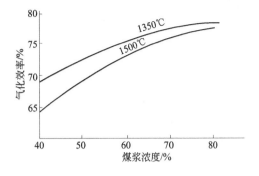

图 1-15　煤浆浓度、黏度之间的关系　　　　　图 1-16　煤浆浓度与气化效率的关系

由图 1-16 可见，在较低的气化温度下，增加煤浆浓度，同样可以提高气化效率。一般煤粒度愈细，煤浆浓度愈高，碳转化率或气化效率愈高，但是也会引起煤浆黏度剧增，给气化炉加料带来困难。因此，不同的煤种都有一个最佳粒度和浓度，需预先进行实验选择。

图 1-17 表示干煤气组成与煤浆浓度的关系。

由图 1-17 可见，增加煤浆浓度有利于一氧化碳和氢气含量的增加，而且一氧化碳和二氧化碳含量的变化和煤浆浓度无关，其值近似为一常数（66%），这是由于煤浆中水受热蒸发而增加了一氧化碳转化生成的二氧化碳含量。

综合以上各种因素，当添加剂选择为木质素磺酸铵时，水煤浆浓度一般控制在 60%～65%。

3. 氧煤比

氧煤比即气化 1kg 干煤所用氧气的体积（标准状态），单位为 m^3/kg 干煤。氧煤比对碳转化率、冷煤气效率、煤气中 CO_2 含量、产气率均有影响。图 1-18 表示了氧煤比与碳转化率的关系。

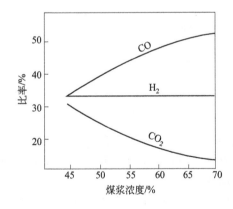 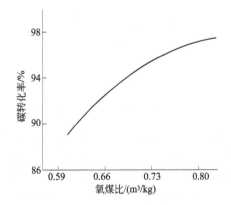

图 1-17　煤浆浓度与煤气组成（干气）的关系　　　图 1-18　氧煤比与碳转化率的关系

从图 1-18 可以看出，随着氧煤比增加，燃烧反应所产生的热量成为吸热反应所必需的热量，碳转化率显著上升，当氧煤比增加到一定值后，曲线趋于平缓。

冷煤气效率是指煤气化后煤气中可燃烧的含碳气体中的碳与煤气中总碳量之比。图 1-19 表示了氧煤比与冷煤气效率的关系。

从图 1-19 可以看出，氧煤比增加，冷煤气效率增加。但当氧煤比高到一定值时，冷煤气效率反而下降，这是因为氧煤比过高，一部分碳完全氧化生成二氧化碳，使煤气中的有效成分降低。

图 1-20 表示的是氧煤比与产气率的关系。

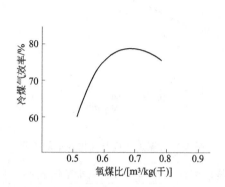

图 1-19　氧煤比与冷煤气效率的关系　　　　图 1-20　氧煤比与产气率的关系

由图 1-20 可见，产气率随氧煤比增加而增加。但当氧煤比高到一定值时，煤气中氢气被燃烧成水后产气率开始下降。

图 1-21 表示的是氧煤比与气化温度的关系。

由图 1-21 可以看出，氧煤比提高，氧化反应剧烈并放出大量热，气化温度升高。

图 1-22 表示的是氧煤比与比煤耗之间的关系。

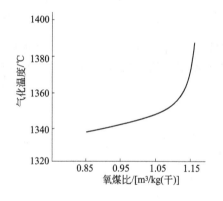

图 1-21　氧煤比与气化温度的关系　　　　图 1-22　氧煤比与比煤耗的关系

从图 1-22 可以看出，氧煤比和比煤耗的关系有一个先降后升的过程。这是因为氧煤比越大，产生有效气就越多，但到一定值后，反而将有效气氧化成无用的组分，因此需要用来生成有效气的氧气和原料煤就越多，于是氧煤比和比煤耗都增加。

根据水煤浆部分氧化反应式(1-28)可知，理论上氧原子数等于碳原子数即氧碳比应该为 1.0。因此，氧碳比为 1.0 左右时，较为合适。

4. 气化压力

水煤浆气化反应是体积增大的反应，提高压力对化学反应的平衡不利，但是，目前工业上普遍采用加压操作，其原因如下。

(1) 提高压力，可以增加反应物浓度，加快反应速率，从而降低生成气中甲烷的含量，提高气化效率。

(2) 采用加压气化、喷嘴雾化效果好，有利于降低气体中甲烷的含量和提高碳的转化率，提高有效的气产率。

（3）加压气化，气体体积缩小，气化炉容积不变时气化炉生产强度提高。

（4）加压气化，生产出的煤气压力高，大大减小压缩煤气时的动力消耗。

（5）加压气化，虽然对碳与水蒸气、碳与二氧化碳、甲烷水蒸气转化等体积增大反应的化学平衡均不利，但对气化影响最大的逆变换反应则无影响。

由于气化压力的提高，对设备的材料及制造要求更严格，因此选择气化压力需从生产的技术经济效果进行综合考虑。目前，水煤浆加压气化依据其不同的工艺流程，所选择的压力范围为 2.7~8.5MPa。

5. 气化温度

煤、甲烷、碳与水蒸气、二氧化碳的气化反应均为吸热反应，气化反应温度高，有利于这些反应的进行。若维持高炉温，则须提高氧煤比。氧用量增加，氧耗增大，冷煤气效率下降。因而，气化反应温度不能过高。气化反应温度过低，则影响液态排渣。气化温度选择的原则是保证液态排渣的前提下，尽可能维持较低的操作温度。最适宜的操作温度是使液态灰渣的黏度低于 250mPa·s 的温度。由于煤灰的熔点和灰渣黏温特性不同，操作温度也不相同，工业生产中，气化温度一般控制在 1300~1500℃。

6. 气化时间

固体的气化速率要比油气化慢得多，因此，煤气化所需时间要比油气化长，一般为油气化时间的 1.5~2 倍。水煤浆在德士古炉内的气化时间一般为 3~10s，它取决于煤的颗粒度、活性以及气化温度和压力。

四、工艺流程

1. 水煤浆加压气化的典型工艺流程

水煤浆流化床加压气化的工艺流程原则上是由煤研磨和煤浆制备、水煤浆气化、合成气洗涤、渣处理、灰水处理、炭渣过滤几部分组成，如图 1-23 所示。

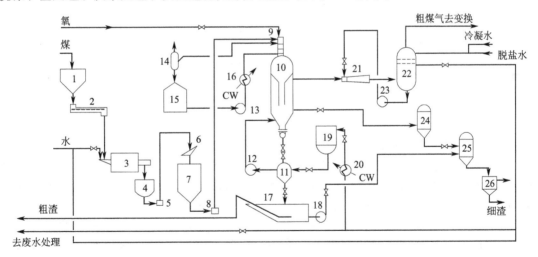

图 1-23　水煤浆加压气化典型工艺流程

1—储煤斗；2—煤称量给料机；3—磨煤机；4—磨煤机出料槽；5—出料槽泵；6—煤浆振动筛；7—煤浆槽；8—给料泵；9—工艺喷嘴；10—气化炉；11—锁斗；12—锁斗循环泵；13—喷嘴冷却水泵；14—喷嘴冷却水罐；15—喷嘴冷却水槽；16—喷嘴冷却水器；17—渣池；18—渣池泵；19—锁斗冲洗水槽；20—锁斗冲洗水冷却器；21—文丘里洗涤器；22—合成气洗涤塔；23—洗涤塔循环泵；24—中压闪蒸器；25—沉降槽；26—储槽

2. 二段式水煤浆气化工艺流程

二段式水煤浆气化工艺是在德士古煤气化工艺基础上发展的，它具有生产能力大、氧耗低及产率高等优点，而且已通过较长时间的工业化运行，是很有前景的新一代水煤浆气化技术。

如图 1-24 所示，煤和水在棒磨机内混合并进行研磨制成煤浆（用次烟煤时，固体浓度通常为 52%～54%，若采用添加剂或精细的研磨工艺，可以提高固体浓度），用正排量泵加压，伴随着氧气送到一段的两个喷嘴以及二段的喷嘴。气化炉内一段产生的熔渣，被水激冷，经破碎机破碎后通过压力降低装置进入常压脱水装置。气化炉出来的粗煤气首先进入高温旋风分离器脱除半焦和灰尘后用水激冷，通过一系列的节流装置降压，然后将半焦浆液浓缩到 15%～25%，掺入一段进料煤浆中。热煤气从旋风分离器出来，进入高温热回收装置，将煤气的温度从 1038℃ 下降到 649℃，再通过过热器和节热器将煤气温度进一步降到 371℃，所产生蒸汽并入蒸汽管网。在高温热回收系统之后，用文丘里洗涤器除去残留的颗粒物。在系统中的水重复使用，固体颗粒连续排放并送回半焦处理工段，然后循环到气化炉第一段。经冷却和除尘后的煤气进入脱硫系统。

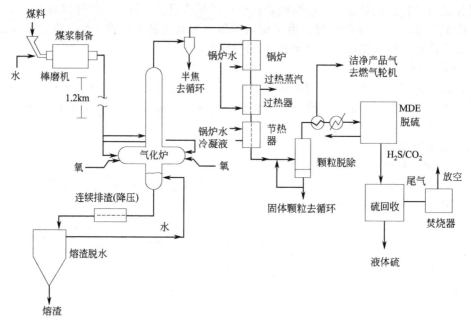

图 1-24　二段式水煤浆气化工艺流程

3. 多喷嘴对喷式水煤浆气化工艺流程

多喷嘴对置水煤浆气化是依据撞击流强化热质传递过程以提高气化效果的一种技术。该工艺的主要操作控制指标是压力为 4.0MPa，气化温度为 1300℃，煤浆浓度（固含量）为 63%～65%，氧气纯度为 99.5%。与德士古气化装置相比，一氧化碳和氢气的含量提高了 2%～3%，氧耗有所下降，碳转化率高达 99%。在多喷嘴对喷水煤浆气化炉内温度分布均匀，炉膛内温差在 50～150℃ 之间，炉膛内犹如一个等温反应器，这为延长耐火砖的寿命创造了条件。图 1-25 为日处理 1000t 煤的水煤浆气化装置示意流程图。

如图 1-25 所示，4 个喷嘴沿气化室周边均匀布置。每一喷嘴的煤浆与氧设置独立控制系统，经三通道喷嘴射出，在炉膛中心形成撞击区，强化热质传递与混合过程，加快反应速率并提高碳转化率，生成的煤气与熔渣并流，沿炉内轴线方向自上而下，经渣口进入激冷室，熔渣淬冷，经锁斗排至炉外。煤气经下降管折返进入上升管，因与激冷水接触，除去大部分灰渣并为水蒸气饱和，经文氏管洗涤器进一步除去煤气中的灰渣，再

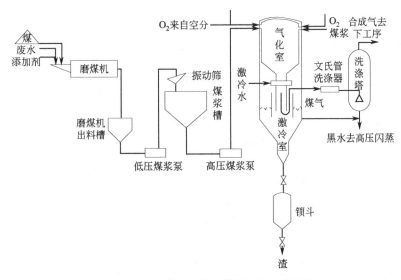

图 1-25　多喷嘴对喷式水煤浆气化工艺流程

进入洗涤塔进一步净化除尘，使煤气中含尘量小于 $5\mathrm{mg/m^3}$。来自气化炉激冷室与洗涤塔的黑水经高压、中压、低压三级闪蒸，所得蒸汽用于加热循环洗涤水；闪蒸器残余黑水在沉降槽中经絮凝剂作用分为淤浆与灰水，前者去压滤机，后者经闪蒸蒸汽加热循环使用。

五、主要设备及操作控制要点

1. 气化炉及其操作要点

气化炉是水煤浆气化工艺的核心设备。气化炉的作用是使水煤浆与氧气在反应室进行气化，生成以氢和一氧化碳为主体的高温煤气。

德士古气化炉分为激冷式气化炉和全热能回收式气化炉两种。

（1）激冷式气化炉　图 1-26 为德士古急冷式加压气化炉结构简图。

如图 1-26 所示，气化炉燃烧室和急冷室外壳是连成一体的。上部燃烧室为一中空圆形筒体，带拱形顶部和锥形下部的反应空间，内衬耐火保温材料。顶部烧嘴口供设置工艺烧嘴用，下部为生成气体出口去下面的急冷室。急冷室内紧接上部气体出口设有急冷环，喷出的水沿下降管流下，形成一下降水膜，这层水膜可避免由燃烧室来的高温气体中夹带的熔融渣粒附着在下降管壁上。急冷室内保持相当高的液位。夹带着大量熔融渣粒的高温气体，通过下降管直接与水汽接触，气体得到冷却，并为水汽所饱和。熔融渣粒淬冷成粒化渣，从气体中分离出来，被收集在急冷室下部，急冷室底部设有旋转式灰渣破碎机将大块灰渣破碎，由锁斗定期排出。饱和了水蒸气的气体，进入上升管到急冷室上部，经挡板除沫后由侧面气体出口管去洗涤塔，进一步冷却除尘。气体中夹带的渣粒约有 95% 从锁斗排出。

由于气化炉是在酸性熔渣条件下操作，所以当渣随烧嘴喷出的气体，冲击到气化炉炉壁上，该区域渣流速很大程度上决定着耐火材料的蚀损率，温度升高 100℃ 可导致蚀损率增高达三倍。在气流床气化炉中，由于反应产物少，温度的冲击特别严重，短时间内在几百度的范围内变化是常有的现象；开停车和事故时的压力冲击也不可避免。故耐火炉衬须承受温差应力、液态煤渣侵蚀、冲刷和磨损以及压力的波动。炉膛圆筒部分衬里由里向外分四层：第一层为向火面砖，要求能抗侵蚀和磨蚀。第二层为支撑砖，主要用作支撑拱顶的衬里，也具有抗渣能力。第三层为隔热砖。第四层为可压缩的塑性耐火材料，其作用是吸收原始烘炉时的热膨胀量及砌筑误差。

从气化炉结构图中可以看出，炉内的气化反应区实为一空间，无任何机械部分，这是并流气化所特有的。在此空间内，反应物瞬间进行气化反应，氧与煤的进料顺序（煤浆先入炉）、用氧量的配比将直接影响气化炉的温度，通过氧煤比来控制炉温，是最直接的一种操作手段。

氧煤比高，则炉温高，对气化反应有利。但氧煤比过高，煤气中二氧化碳含量增加，冷煤气效率下降，如果投料时煤浆未进炉而氧气先入炉，或者因氮气吹除和置换不完全，使炉内可燃性气体与氧混合而发生爆炸。炉温过高，易使耐火衬里及插入炉内的热电偶烧坏；氧煤比过低，则影响液态排渣，因此正常操作时需精心调节氧气流量，保持合适的氧煤比，将炉温控制在规定的范围内，保证气化过程正常进行。经常检查炉渣排放情况，确保气化炉顺利排渣，无堵塞现象。

为了及时掌握炉内衬里的损坏情况，在炉壳外表面装设表面测温系统。这种测温系统，将包括拱顶在内的整个燃烧室外表面分成若干个测温区，在炉壁外表面焊上数以千计的螺钉，来固定测温导线。通过每一小块面积上的温度测量，可以迅速地指出壁外表面上出现的任何一个热点温度，从

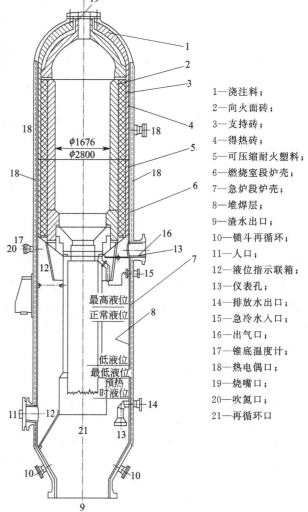

1—浇注料；
2—向火面砖；
3—支持砖；
4—得热砖；
5—可压缩耐火塑料；
6—燃烧室段炉壳；
7—急炉段炉壳；
8—堆焊层；
9—渣水出口；
10—锁斗再循环；
11—人口；
12—液位指示联箱；
13—仪表孔；
14—排放水出口；
15—急冷水入口；
16—出气口；
17—锥底温度计；
18—热电偶口；
19—烧嘴口；
20—吹氮口；
21—再循环口

图 1-26　气化炉结构简图（单位：mm）

而可显示炉内衬的侵蚀情况。在气化炉的操作中要密切注意这些热点温度，及时掌握炉内衬的侵蚀情况。

（2）全热能回收式气化炉　图 1-27 所示的是装有煤气冷却器（热能回收）气化炉。

如图 1-27 所示，装有煤气冷却器的气化炉又称为全热能回收式气化炉，它通过辐射冷却器和对流冷却器，可以把粗煤气的温度从 1370℃ 降到 400℃ 左右。煤气中释放出的热量用以加热锅炉的给水，使之产生相当数量的水蒸气，供蒸汽轮机使用。这样，就能提高热煤气的效率。对于煤价较高的地区，则宜选用装有煤气冷却器的德士古气化炉。

2. 喷嘴及其操作要点

喷嘴也称烧嘴，其作用是将水煤浆充分雾化，使水煤浆与氧气均匀混合。它与气化炉一样也是水煤浆气化工艺的核心设备。

图 1-28 是工业化使用的三流式工艺烧嘴外形示意图。

烧嘴结构如图 1-29 所示。

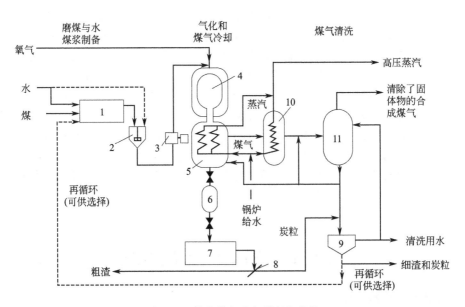

图 1-27　装有煤气冷却器的气化炉

1—湿式磨煤机；2—水煤浆储箱；3—水煤浆泵；4—气化炉；5—辐射冷却器；6—锁气式排渣斗；
7—炉渣储槽；8—炉渣分离器；9—沉降分离器；10—对流冷却器；11—质点洗涤器

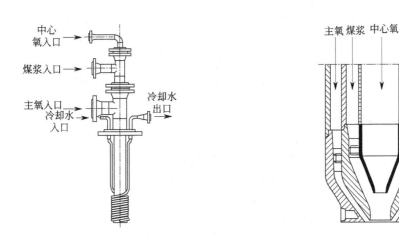

图 1-28　工艺烧嘴外形示意图　　　　图 1-29　三流式工艺烧嘴头部剖面示意图

由图 1-29 可见，工艺烧嘴系三流通道，氧分为两路，一路为中心氧，由中心管喷出，水煤浆由内环道流出，并与中心氧在出烧嘴口前预先混合。另一路为主氧通道，在外环道烧嘴口处与煤浆和中心氧再次混合。

水煤浆未与中心氧接触前，在环隙通道为厚达十余毫米的一圈膜，流速约 2m/s。中心氧占总氧量的 15%～20%，流速约 80m/s。环隙主氧占总氧量的 80%～85%，气速约120m/s，氧气在烧嘴入口处的压力与炉压之比为 1.2～1.4。

烧嘴头部最外侧为水冷夹套。冷却水入口直抵夹套，再由缠绕在烧嘴头部的数圈盘管引出。当喷嘴冷却水供应量不足时，气化炉会自动停车。

烧嘴的材料为 Inconel600，夹套头部材料为 Haynes188，烧嘴头部煤浆通道上都在主材表面堆焊一层 Stellite6 耐磨层。

工艺烧嘴的主要功能是借高速氧气流的动能，将水煤浆雾化并充分混合，在炉内形成一股有一定长度黑区的稳定火焰，为气化创造条件。在生产中要求喷嘴使用寿命长、雾化效果好，特别是要设计好雾化角，防止火焰直接喷射到炉壁上，或者火焰过长，燃烧中心向出渣口方向偏移，使煤燃烧不完全。雾化了的水煤浆与氧气混合的好坏，直接影响气化效果。局部过氧，会导致局部超温，对耐火内衬不利；局部欠氧，会导致碳气化不完全，增加带出物中碳的损失。由于反应在有限的炉内空间进行，因此炉子结构尺寸要与烧嘴的雾化角和火焰长度相匹配，以达到有限炉子空间的充分和有效地利用。在正常运行期间，烧嘴头部煤浆通道出口处的磨损是不可避免的。当氧煤浆通道因磨损而变宽以后，工艺指标变差，就必须更换新的工艺烧嘴，这个运行周期就是工艺烧嘴的连续运行时间（天）。一般每隔 45 天就应定期检查更换。这就是为什么气化炉避免不了定期停车的原因，也就是为什么气化炉一定要设置备用炉的理由。

第五节　粉煤气流层气化

一、粉煤气化技术简介

粉煤气化是气流层以粉煤为原料，由气化剂夹带入炉，煤和气化剂并流进行的部分氧化反应。粉煤气化具有原料适应性广、冷煤气效率高、碳转化率高、比氧耗低等优点。干煤粉气流床气化的炉型有：K-T 炉、Shell、Prenflo 和 GSP 等。

干法进料加压粉煤气化工艺的前身是常压 K-T 炉，起源于德国。随着技术进步，常压 K-T 炉逐步被加压操作的干炉所取代。荷兰 Shell 公司于 1994 年将干煤粉加压气化装置投入运行，德国 Krupp-Koppers 公司在 K-T 炉基础上开发出 Prenflo 干粉煤加压气化工艺，是 K-T 炉的加压气化形式。而 GSP 炉则是德国黑水泵煤气联合企业研制成功的气化炉型。

干法气化技术的关键在于干煤粉的加压进料，1987 年 Shell 工艺问世，开发出了粉煤间断升压和加压下连续进料的半连续式加煤工艺。以后开发的 Prenflo 和 GSP 等加压粉煤气化炉都属此类。原料煤在风动磨煤机内磨制成符合气化要求的粉煤（粒度小于 0.1mm，烟煤含水量 1％、褐煤含水量 10％），借惰性气体送至气化系统，经分离后进入常压料仓而惰性气体经过过滤、除尘后放空。粉煤由常压料斗进入增压料斗（密封料斗），由此被惰性气体吹至气化炉燃烧器。

干法加压粉煤气化的优点主要体现在以下几个方面。

（1）干煤粉进料，气化效率高　与湿法进料相比，气化 1kg 煤至少可以减少蒸发约 0.35kg 的水。如果将这部分水气化并将其加热到 1500℃ 左右，这大约需要 2600kJ 的热量。显然从能量利用的角度来说干法进料是有利的，其冷煤气效率比湿法进料约提高 10 个百分点。

（2）煤种适应性广　从无烟煤、烟煤、褐煤到石油焦均可气化，对煤的活性几乎没有要求，对煤的灰熔点范围比其他气化工艺的宽。对于高灰分、高水分、含硫量高的煤种同样能够气化。对高灰熔点、高灰黏度煤，为了提高气化操作的经济性，可通过添加助溶剂来改善渣的流动性。

（3）气化操作温度高　气化温度在 1400～1700℃，在高的气化温度下碳转化率高达 99％，产品气体相对洁净，不含中烃，甲烷含量很低，煤气品质好，煤气中有效气体 CO＋H_2 高达 90％以上。

（4）氧耗低　与湿法进料水煤浆气化相比，氧气消耗低，与之配套的空分装置投资可相对减少。干法气化与湿法气化主要气化技术指标对比见表 1-9。

表 1-9　干法气化与湿法气化主要气化技术指标对比

项　目	湿　法	干　法	项　目	湿　法	干　法
煤气含 $CO+H_2$/%	$78\sim82$	$92\sim95$	氧耗/[m^3/$1000m^3(CO+H_2)$]	400	300
碳转化率/%	$96\sim98$	$98\sim99$	煤耗/[kg/$1000m^3(CO+H_2)$]	610	520
冷煤气效率/%	72	82	汽耗/[kg/$1000m^3(CO+H_2)$]	0	120

（5）加压操作，单炉生产能力大。

（6）气化炉无耐火砖衬里，维护工作少，气化炉内无转动部件，运转周期长，无需备用炉。

（7）热效率高　采用废锅流程，煤中约 83% 的热量转化为煤气的化学能，另外约有 15% 的热能被收回为高压或中压蒸汽，总的热效率可达 98% 左右。

（8）环保性能好　气化炉熔渣经激冷后成为玻璃状颗粒，性质稳定，对环境几乎没有影响。气化污染含氧化合物少，容易处理，必要时可做到零排放。

（9）生产调幅能力强，连续运转周期长　采用多烧嘴，提高了气化操作的可靠性和生产调幅能力，例如 Shell 公司专利气化烧嘴设计保证寿命为 8000h，为气化装置长期运行提供了基础。

干法加压粉煤气化的主要缺点如下。

（1）进一步提高压力受限　受加压进料的影响，最高气化压力没有湿法气化压力高。湿法气化操作压力一般为 2.8~6.5MPa，最高可达 8.5 MPa，有利于节能。干法气化由于受粉煤加料方式的限制，气化压力一般为 3.0 MPa。

（2）粉煤制备成本高　粉煤制备对原料煤水含量要求比较严格，需进行干燥，能量消耗高。粉煤制备一般采用气流分离，没有水煤浆制备环境好。排放气需要进行洗涤除尘，否则易带来环境污染，这样使制粉系统投资增加。

（3）安全操作标准高　安全操作性能不如湿法气化。主要体现在粉煤的加压进料稳定性不如湿法进料，会对安全操作带来不良影响。湿法气化由于将粉煤制成水浆煤，易于加压、输送。

（4）气化炉结构复杂　气化炉结构复杂，制造难度大，要求高。

二、气化反应

气流床气化是煤炭在高温下发生的多相热化学反应过程。生成的煤气成分主要含一氧化碳、氢气、水、氮气和少量的硫化氢、COS 及甲烷等。

在粉煤气流床气化炉中进行的气化反应如下。

1. 煤的干燥、裂解与挥发物的燃烧气化

在高温下，煤粉中的残余水分瞬间快速蒸发，同时发生快速的热分解脱除挥发分，生成半焦和气体产物（CO、H_2、N_2、CO_2、H_2S、CH_4 和其他碳氢化合物 C_mH_n）。

生成的气体产物中的可燃成分（CO、H_2、CH_4、C_mH_n），在富含氧气的条件下，迅速与 O_2 发生燃烧反应，并放出大量的热。

$$C_mH_n + \left(m+\frac{n}{4}\right)O_2 \longrightarrow mCO_2 + \frac{n}{2}H_2O \tag{1-36}$$

$$C_mH_n + \frac{m}{2}O_2 \longrightarrow mCO + \frac{n}{2}H_2 \tag{1-37}$$

$$2CO + O_2 \longrightarrow 2CO_2 \tag{1-38}$$

$$2H_2 + O_2 \longrightarrow 2H_2O \tag{1-39}$$

$$CH_4 + 3CO_2 \longrightarrow 2H_2O + 4CO \tag{1-40}$$

2. 固体颗粒与气化剂（氧气、水蒸气）间的反应脱除挥发分的粉煤固体颗粒或半焦中的固定碳，在高温条件下，与剩余的氧发生燃烧和气化反应，使氧消耗殆尽。

$$C+O_2 \longrightarrow CO_2 \tag{1-41}$$

$$2C+O_2 \longrightarrow 2CO \tag{1-42}$$

炽热的半焦与水蒸气进行还原反应，生成 CO 和 H_2。

$$C+H_2O \longrightarrow H_2+CO \tag{1-43}$$

$$C+2H_2O \longrightarrow 2H_2+CO_2 \tag{1-44}$$

3. 生成的气体与固体颗粒间的反应

高温的半焦颗粒与反应生成气进行的气化反应：

$$C+CO_2 \longrightarrow 2CO \tag{1-45}$$

$$C+2H_2 \longrightarrow CH_4 \tag{1-46}$$

煤中的硫与 H_2 和 CO 反应生成 H_2S 和 COS。

$$\frac{1}{2}S_2+H_2 \longrightarrow H_2S \tag{1-47}$$

$$\frac{1}{2}S_2+CO \longrightarrow COS \tag{1-48}$$

4. 反应生成气体彼此间进行的反应

$$CO+H_2O \longrightarrow H_2+CO_2 \tag{1-49}$$

$$CO+3H_2 \longrightarrow CH_4+H_2O \tag{1-50}$$

$$CO_2+4H_2 \longrightarrow CH_4+2H_2O \tag{1-51}$$

$$2CO+2H_2 \longrightarrow CH_4+CO_2 \tag{1-52}$$

$$H_2S+CO \longrightarrow COS+H_2 \tag{1-53}$$

上述反应都伴随有热效应发生。热效应分两种形式：一是放热反应，包括 $C\text{-}O_2$ 反应、$CO\text{-}O_2$ 反应、$H_2\text{-}O_2$ 反应、水煤气变换反应和甲烷的生成反应；二是吸热反应，包括 $C\text{-}O_2$ 反应及 $C\text{-}H_2O$ 反应等。

三、主要影响因素及工艺条件的选择

1. 原料煤

（1）煤的活性　入炉煤以粉状喷入炉内，原则上各种煤都可用于气流床气化，但要求炉内气化温度应高于煤的灰熔点，以利于熔渣的形成。灰熔点过高的煤要加助溶剂。

（2）煤的水含量对气化性能的影响　表 1-10 列出了入炉原料煤中水含量对气化性能的影响。

表 1-10　入炉煤中水含量对气化性能的影响

水含量/%			2	16.5	20	40
煤量/kg			1000	1000	1000	1000
耗氧量/kg			700	750	810	880
加入蒸汽量/kg			15	0	0	0
产蒸汽量/kg H_2			1155	1320	1510	1375
气体成分/%		CO	65.6	54.0	41.7	32.5
		CO_2	1.6	7.0	11.8	15.1
		H_2	28.7	27.8	26.0	23.3
		H_2O	1.7	9.0	18.6	27.3
		其他	2.4	2.2	1.9	1.8
冷煤气效率(H_2)/%			77.6	76.3	72.5	68.7

从表 1-10 可以看出，大龄煤中的水分进入气化炉要消耗大量的气化潜热，随着入炉原料煤中水含量的增加，冷煤气效率降低，出气化炉的粗煤气中有效气体一氧化碳和氢气含量较低。在干法粉煤加压气化过程中，蒸汽的消耗量比较低。随着入炉煤中水分含量的增加，气化时甚至可不加蒸汽，蒸汽的加入量过多反而引起能量的浪费。蒸汽的加入量主要为调节气化温度和满足粉煤气化对气化剂的需求即可。

2. 气化温度

在加煤量一定的条件下，气化炉内的温度是由氧气和水蒸气气化剂的加入量所决定的。提高炉内温度有利于加快反应速率，从而使炉中的煤粉在很短的时间内完全气化，获得较高的碳转化率，提高了气化强度和生产能力。同时，温度的提高有利于化学平衡向正方向移动，产生更多的一氧化碳和氢气。

炉温一般较灰熔点高 100～150℃，灰熔点过高、过低或灰的初始变形温度和熔融温度相差过大，对操作不利。

3. 气化压力

提高气化压力既增加了反应物的浓度，又提高了反应速率。同时，提高压力还有利于氢气与一氧化碳之间进行的甲烷化反应，使煤气中甲烷含量显著增加，因而增高了煤气热值。此外，气化压力的选定还取决于产品煤气的用途。当用作化工原料气时，气化压力应考虑与合成压力相适应，可节省动力消耗。

4. 氧煤比

氧煤比是煤气化工艺过程中重要的操作参数。氧煤比对气化过程存在着两方面的影响。一方面，氧煤比的增加使燃烧反应放热量增加，反应温度得以提高，有利于促进二氧化碳还原和水分解反应的进行，使煤气中一氧化碳和氢气的含量增加，从而提高煤气热值和碳转化率。另一方面，燃烧反应由于氧量的增加，将生成二氧化碳和水，增加了煤气中的无效成分。

图 1-30 表明了煤氧比与气化温度的关系。从图中可以看出，对不同的煤种，氧煤比的操作范围不同。煤变质程度高的煤种要保证煤的转化率就应选择比较高的氧煤比。一般随着氧煤比的提高，气化温度也会升高。

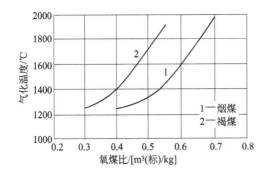

图 1-30　煤氧比与气化温度的关系

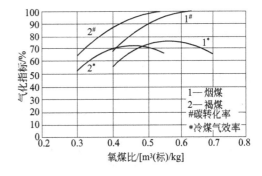

图 1-31　氧煤比与碳转化率和冷煤气效率的关系

图 1-31 表明了氧煤比与碳转化率和冷煤气效率的关系。从图中可以看出，碳的转化率随着氧煤比的提高而提高，氧煤比过低，由于碳的转化率低，而使冷煤气效率降低；煤氧比过高，进入气化炉中氧与碳及有效气（CO 和 H_2）进行燃烧反应，生成了二氧化碳和水，从而使冷煤气效率降低。冷煤气效率则随着氧煤比的变化存在着最佳值。一般情况下，氧煤比在保证冷煤气效率最高范围选择最为有利。

图 1-32 所示的是不同煤种氧煤比与煤气组成的关系。从图中可以看出，随着氧煤比的

提高，煤气中一氧化碳含量增高，氢气含量降低。二氧化碳随着氧煤比的变化存在着最小值。

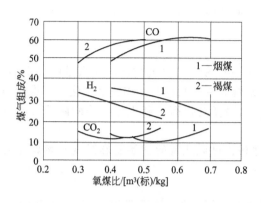

图 1-32　不同煤种氧煤比与煤气组成的关系

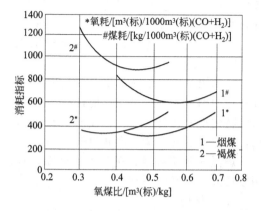

图 1-33　不同煤种氧煤比与氧耗和煤耗的关系

图 1-33 所示的是不同煤种氧煤比与氧耗和煤耗的关系。从图中可以看出，随着氧煤比的变化，每 $1000m^3$（标）/有效气（$CO+H_2$）的氧气和原料煤消耗均存在着最小值。

综合以上因素，烟煤最佳的氧煤比操作范围应在 $0.5\sim0.6m^3$（标）/kg，褐煤最佳的氧煤比操作范围应在 $0.4\sim0.5m^3$（标）/kg。

5. 蒸汽煤比

在气化过程中，增加水蒸气用量，可以提高煤气中氢气、一氧化碳的含量，控制炉温不致过高，同时能降低氧耗量。但蒸汽煤比过高，炉温会降低，阻碍了二氧化碳的还原和水蒸气的分解反应，影响气化过程。

当氧煤比为 $0.5m^3$（标）/kg 时，蒸汽煤比对不同煤种（烟煤、褐煤）气化性能的影响如图 1-34、图 1-35、图 1-36、图 1-37 所示。

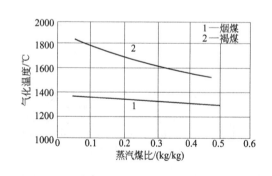

图 1-34　蒸汽煤比与气化温度的关系　　　图 1-35　蒸汽煤比与碳转化率和冷煤气效率的关系

从图中可以看出，在同种条件下，随着蒸汽煤比的提高，气化温度降低，碳的转化率、冷煤气效率降低，产品煤气中一氧化碳和氢气含量降低、二氧化碳含量提高，气化氧耗、煤耗提高。

在常压粉煤气化过程中，应根据煤种的变化，选择适宜的氧煤比，在保证各项气化工艺技术指标取得最佳的条件下，应尽可能降低蒸汽的消耗量。

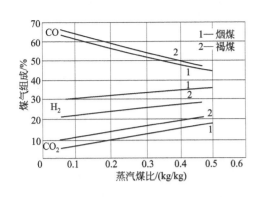

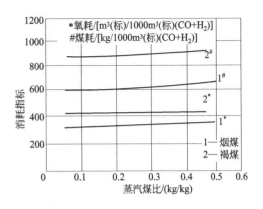

图 1-36　蒸汽煤比与煤气组成的关系　　　　　图 1-37　蒸汽煤比与氧耗和煤耗的关系

四、工艺流程

1. K-T 煤气化工艺

K-T 煤气化工艺是最早工业化的常压气流床粉煤气化方法。K-T 煤气化法的工艺流程如图 1-38 所示。

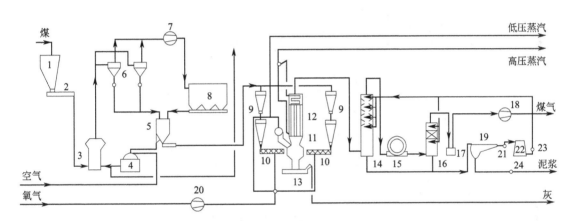

图 1-38　K-T 煤气化法的工艺流程

1—原料煤料仓；2—原煤给料机；3—球磨机；4—热气体发生器；5—旋风分离器；6—粉煤料仓；7—风机；
8—电除尘器；9—粉煤料斗系统；10—螺旋给料机；11—气化炉；12—废热锅炉；13—出灰机；14—冷却洗涤塔；
15—泰生洗涤机；16—最终冷却器；17—气封槽；18—煤气鼓风机；19—洗涤水沉降槽；20—氧气鼓风机；
21,23—洗涤水泵；22—洗涤水冷却塔；24—泥浆泵

经破碎的原料煤在风动磨煤机和干燥的密闭系统内进行细碎和干燥（干燥介质为 427～482℃的烟道气）。干燥后的原料煤进入分级器，小颗粒进入旋风分离器，大颗粒返回磨煤机。合格的粉煤经叶轮给煤机送入粉煤料仓。旋风除尘器出来的气体用轴流式鼓风机送往电除尘器，随后一部分排入大气，一部分循环送入磨煤系统使用。电除尘器回收的粉煤也送入粉煤料仓中。成品粉煤从粉煤仓底部出来，用氮气通过气动输送系统送到气化炉上的粉煤料斗系统。全系统用氮气充压，以防止氧气倒入而产生爆炸。粉煤以均匀的速率被加到螺旋给料机中，通过它将粉煤送至混合器，在混合器中氧和蒸汽流携带粉煤通过短管经烧嘴入炉。粉煤的喷射速率必须大于火焰的扩散速率，以防发生回火。

从烧嘴喷出的氧、蒸汽和粉煤并流进入高温炉头，发生强烈的氧化反应，产生高达 2000℃ 的火焰区。炭的气化反应又使火焰温度下降，火焰末端即炉中部温度为 1500～

1600℃。煤中大部分灰分在高温火焰区被熔化，以熔渣的形式沿气化炉壁下流，进入熔渣水淬槽成粒状，由出灰机移走。激冷槽温度必须利用快速水循环予以严格控制，否则太多的闪蒸蒸汽上升进入气化炉，可能使下流的渣固化。

生成的煤气在气化炉出口处温度为 1400～1500℃，可通过废热锅炉回收显热产生高压蒸汽。高温气体先在废热锅炉下部辐射段被冷却到 1100℃ 以下，然后进入上部对流段。出废热锅炉的气体温度降低到 300℃。出废热锅炉的煤气进入衬有耐火砖的喷射冷却洗涤塔，以除去 90％ 的灰尘，同时被冷却到 35℃。

K-T 气化工艺的主要优点是煤气中一氧化碳和氢气含量高，产物中无焦油、酚及烃类，甲烷含量很低，生产灵活性大，可在较短时间开炉、停炉或改变生产负荷，装置的开工率可达 95％。该工艺的缺点是氧耗高，而且在常压下操作，对于低活性的煤，要达到高转化率还是有困难的。特别是常压下操作带来许多经济上和操作上的问题，诸如为了回收煤气显热，所需的热交换设备大；低压除尘效率低；气体脱硫之前，煤气尚需升压，这又显著地增加了辅助动力的费用等等。

2. Shell 煤气化工艺

Shell 煤气化法的典型流程如图 1-39 所示。

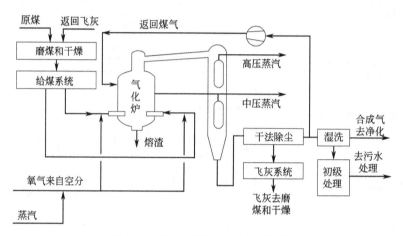

图 1-39　Shell 煤气化法的典型流程

来自制粉系统的干燥粉煤经炉前粉煤储仓及煤锁斗，由加压氮气或二氧化碳气加压将细煤粒由煤锁斗送入两个相对布置的气化烧嘴与氧气和水蒸气混合。通过控制加煤量，调节氧量和蒸汽量，使气化炉在 1400～1700℃ 范围内进行气化反应。气化炉操作压力为 2～4MPa。在气化炉内，煤中的灰分以熔渣的形式排出。绝大部分熔渣从炉底离开气化炉，用水激冷，再经破渣机进入渣锁，最终泄压排出系统。

出气化炉的粗煤气夹带着飞散的熔渣粒子被循环冷却煤气激冷，然后再从煤气中脱除。合成气冷却器采用水管式废热锅炉，用来产生中压饱和蒸汽或过热蒸汽。粗煤气一部分加压循环用于出炉煤气的激冷，另一部分粗煤气去脱硫工序。

在 Shell 煤气化工艺中，充分树立了绿色环保的理念，采用了一系列冷却净化除尘工艺设计，图 1-40 是其典型的除尘净化工艺流程。

如图 1-40 所示，高温煤气在气化炉上部出口处被再循环的冷煤气激冷至 900℃ 左右后，进入合成气冷却器（即废热锅炉）。粗煤气在合成气冷却器中根据合成气的用途被冷却至 250～400℃。从煤气冷却器出来的合成气中所携带的少量灰分颗粒，在组合式陶瓷过滤器中分离除去，干灰进入灰锁斗，然后送往储仓。干法除尘后的合成气再经水洗后含尘为 1mg/m³（标）。在气化过程中生成气态氰化氢及硫氧化碳被催化转化为氨及硫化氢，卤素和氨经水洗塔洗涤除去。水洗过的合成气进入到脱硫装置，将硫脱除后即成为洁净的煤气，供后续系统使用。

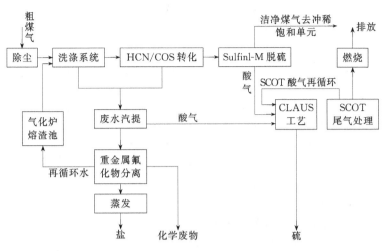

图 1-40　除尘净化工艺

Shell 煤气化的主要优点是可以使用褐煤、烟煤和沥青等多种煤，碳转化率达 98% 以上。由于采用干法进料，既降低了氧耗又增加了冷煤气效率。产品气中一氧化碳和氢气含量达 90% 以上，适宜作合成气，特别是煤气中的二氧化碳含量少，可以大大减少酸性气体处理的费用。

3. GSP 煤气化

图 1-41 为 GSP 煤气化工艺流程。

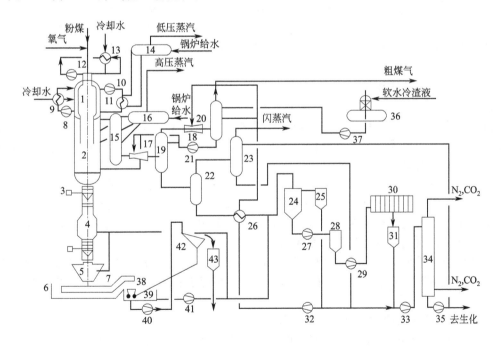

图 1-41　GSP 煤气化工艺流程

1—气化炉；2—辐射锅炉；3—锥体密封阀；4—灰锁；5—灰斗；6—渣池；7—捞渣机；8—夹套水循环泵；9—夹套水循环冷却器；10—冷壁水循环泵；11—废锅；12—循环水泵；13—冷却器；14—低压蒸汽包；15—对流废锅；16—高压蒸汽包；17,18—文丘里洗涤器；19,20—洗涤器；21—循环泵；22—黑水闪蒸罐；23—闪蒸汽洗涤器；24—沉降槽；25,28,43—储槽；26—黑水/灰水换热器；27—黑水泵；29—过滤器；30—过滤机；31—滤液槽；32—高压灰水泵；33—滤液泵；34—汽提塔；35—清水泵；36—脱氧水槽；37—高压软水泵；38—破渣机；39—灰水池；40—渣水泵；41—灰水泵；42—渣水过滤器经过干燥的煤粉在球磨机中磨碎到小于 0.22m 粒级后与除尘器中的煤灰混合，经煤加料系统加到气化炉中，在 2000℃ 条件下与氧气、蒸汽发生气化反应，产生的粗煤气和形成的液渣并流向下离开反应器。在激冷器中，煤气与水形成强的涡流，被水激冷至 200℃ 左右，接着进行粗煤气的变换、冷却、冷凝和脱硫。最后将合成气送入后续工序。气化燃烧室里产生的高压蒸汽可用作动力。反应所需的工艺蒸汽由气化系统内的废热锅炉提供。

GSP 煤气化工艺加料系统如图 1-42 所示。

在 GSP 煤气化工艺中，粉煤的加料采用了风力输送和调节系统，能经济有效地向气化炉投入粉末燃料。如图 1-42 所示，粉末燃料由载气通过输送管送入储仓，输送物料的气体经过滤后排出系统。两个带球阀的加压锁斗交替装入粉煤燃料，并使压力增至 4MPa。

料位由检测装置控制，储仓内的粉末燃料经输送管送入称重加料器和加压星形计量器。压力锁斗交替工作，使称重加料器能连续加料。在称重加料器底部有一气体分配盘，使粉末燃料呈流化状态，借助于风力输送，粉末燃料以很高的密度进入输送管，并加入气化炉的燃料室。

GSP 工艺气化技术的主要优点是气化原料的适应范围广、气化炉开工率高、操作弹性大、负荷调节灵活，而且能够获得较高的气化效率和碳转化率。

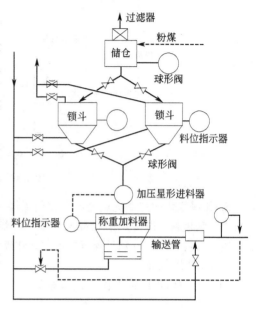

图 1-42　GSP 煤气化工艺加料系统

GSP 炉的应用，可以分为发电、城市煤气、氢气、甲醇、氨和油 6 种主要产业，后四者是典型的合成气化工。

五、主要设备及操作控制要点

1. 气化炉

目前已经工业化的几种干法气化炉无一例外都采用冷壁式结构，其中 GSP 炉从气化炉顶部加煤，其结构形式与水煤浆气化炉类似。而 Shell 气化炉与 K-T 炉的炉型相似，采用对置式烧嘴，两头进煤。

(1) K-T 气化炉　K-T 气化炉是一种两炉头气化炉，它的外形是水平椭球体，两端的两个炉头像截取了头的锥体。气化炉壳体设有夹套，它与汽包构成夹套锅炉，产生低压蒸汽，供气化用。气化炉结构对气流床气化有较大的影响，特别是加料方式以及燃烧器烧嘴造成气流的扰动，对气化过程的影响尤为明显。

炉温控制对维持 K-T 炉正常操作极为重要。控制炉温一般根据煤气中 CO_2 含量及灰渣的颜色和流动情况来进行。正常操作时，燃烧层温度控制在 1930℃，离开气化炉水激冷前 1480℃。

图 1-43 是其气化炉及废热回收系统流程。

(2) Shell 气化炉　Shell 气化炉是膜式水冷壁室的形状。气化炉包括膜式水冷壁室、环形空间和高压容器，如图 1-44 所示。

Shell 公司充分考虑到高温负荷和熔渣不断侵蚀下高强度和长寿命的问题，所以，在高压容器中安装了用沸水冷却的膜式水冷壁（以下简称"膜式壁"）。工艺过程实际发生在膜式壁圈成的空腔里。气化压力是由外部的高压容器承受。膜式壁的设置不仅提高了气化的效率，不需额外加入蒸汽，而且可副产中、高压蒸汽，同时也增强了工艺操作

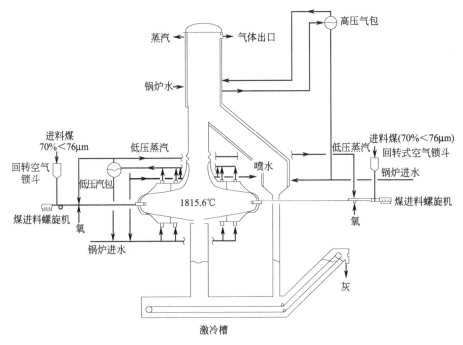

图 1-43 气化炉及废热回收流程示意

强度。

环形空间位于压力容器和膜式壁之间。环形空间的设置是为了容纳水、水蒸气的输出、输入管和集管。另外，环形空间的设置也便于检查和维修。

（3）GSP 气化炉 GSP 气化炉结构如图 1-45 所示。

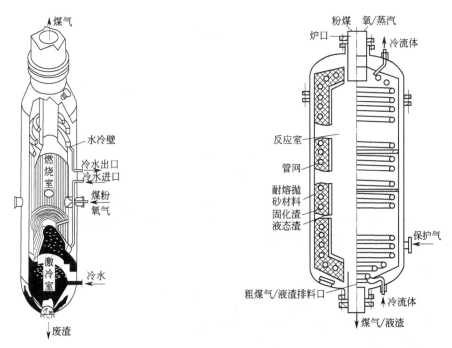

图 1-44 Shell 气化炉   图 1-45 气化炉结构简图

从图 1-45 可以看出，气化炉由一圆柱形反应室组成，其上部有轴向开孔，用于安装燃烧器（或喷嘴）。气化炉底部是液态渣排放口，物料经喷嘴入炉，喷嘴处装有点火及测温装置。粗煤气出口温度比灰渣流动温度（FT）高 100～150℃。煤气和液渣并流向下进入煤气激冷系统。反应器的四周装有水冷壁管，压力为 4MPa，高于反应室压力。水受热沸腾变成蒸汽以降低炉壁温度。在冷却管靠近炉中心侧有密集的抓钉，用于固定碳化硅耐火层。耐火层厚度约 20mm。因有盘管冷却，耐火层表面温度低于液态凝固温度，因而会在耐火层表面凝固一层渣层，最后形成流动渣膜，对耐火层起到保护作用。

在 GSP 气化炉设有光学火焰监控装置，其监控和测量的核心是气化炉的观测镜，它可以传出高负荷反应的光信号，实现对气化炉内部反应情况的连续观察。它还装有传感器和测温探头，经视频连接线将反应室的情况反映在荧光屏上。火焰传感器的信号传给电子监控系统，并与气化炉的安全系统相连接。

2. 烧嘴

（1）K-T 工艺烧嘴 K-T 气化炉的炉头装有相邻的两个烧嘴，并与对面炉头的烧嘴处于同一条直线上。各个烧嘴有各自的螺旋给料机。这种对称设置的优点如下。

① 改善湍流状态。当其中一只烧嘴堵塞时，仍可保证继续操作。

② 保证粉煤的充分燃烧。喷出的粉煤在自己的火焰区内尚未燃尽时，可进入对方的火焰中气化。

③ 有利于保护炉壁。由于烧嘴的火焰是相对喷射的，以使火焰喷不到对面的炉壁。

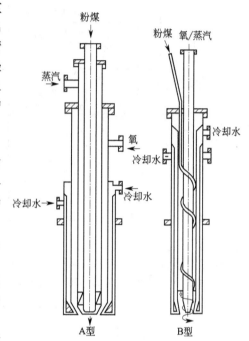

图 1-46 GSP 气化炉喷嘴结构示意

（2）GSP 工艺烧嘴 图 1-46 所示为 GSP 气化工艺中使用的两种不同类型的粉煤气化喷嘴。A 型喷嘴的设计是粉煤沿中心管进料，氧气、蒸汽由侧旁环隙进入。B 型喷嘴的设计则是氧气、蒸汽沿中心进入，粉煤沿绕中心管的螺旋管进料。两种型号的喷嘴都能使粉煤、氧、蒸汽充分混合、运动和发生反应，使火焰形状、位置及稳定性达到最佳。

思考与练习

1. 工业煤气有哪几种？说明其组成情况。哪种煤气适宜作合成氨生产的原料气？
2. 生产合成氨的固体燃料有几类？试从组成与性质方面说明对气化反应的影响。
3. 固体燃料制取合成氨原料气有哪些技术？说明其技术特点。
4. 论述固体燃料固定层气化的原理。
5. 说明固定层间歇式制取半水煤气的工作循环。
6. 固定层、流化层、气流层气化从基本原理上讲有哪些联系与区别？
7. 怎样正确地选择间歇式生产半水煤气的工艺条件？
8. 画出间歇式生产半水煤气的工艺流程图并予以文字说明。
9. 在固定层间歇式造气生产中，你认为应当怎样处理好吹风与制气、上行与下行、加炭与出炭三对制气环节的关系。
10. 在固定层间歇式造气中怎样进行半水煤气成分的调节？

11. 结合下厂实习，说明当地合成氨厂固定层间歇式造气的生产技术特点并画出工艺流程图。

12. 试说明碎煤固定层连续气化工艺条件的选择依据。

13. 画出以半水无烟煤为原料的大型氨厂固定层加压连续气化工艺流程图并用文字加以叙述。

14. 简述碎煤加压连续气化的主要设备鲁奇炉的结构及主要结构单元的作用。

15. 结合下厂实习，写出固定层加压连续气化时气化炉的开、停车步骤与正常的操作控制要点。

16. 结合下厂实习，说明当地合成氨厂连续气化的生产技术特点并画出工艺流程图。

17. 运用气化炉内的反应说明水煤浆加压气化的基本原理。

18. 说明影响加压水煤浆气化的主要因素。

19. 说明水煤浆加压气化工艺条件的选择依据。

20. 画出水煤浆气化的典型工艺流程图并用文字加以叙述。

21. 说明水煤浆气化炉的结构与操作控制要点。

22. 说明水煤浆气化工艺喷嘴的通道结构及其作用。

23. 说明粉煤气化工艺条件的选择依据。

24. 粉煤气化的工艺流程有几种？试分析并说明其技术特点。

25. 粉煤气化炉有几种？分别说明其结构特点。

26. 说明粉煤气化工艺喷嘴的结构及其作用。

第二章　重油氧化制气

【学习目标】

1. 了解重油气化的生产技术。
2. 掌握重油部分氧化法的基本原理。
3. 能够运用部分氧化法的基本原理对工艺条件的选择进行分析。
4. 能够从技术经济的角度对工艺流程进行论证，进而掌握流程的配备原则。
5. 了解主要设备的结构特征，掌握其操作控制要点。

第一节　概　　述

一、重油的组成

重油是石油加工到350℃上所得到的馏分，若将重油继续减压蒸馏到520℃以上所得馏分称为渣油。重油、渣油以及各种深度加工所得残渣油习惯上都称为"重油"，也称重质烃。它是以烷烃、环烷烃及芳香烃为主的混合物。其虚拟分子式写作C_mH_n。由于石油产地和炼制方法的不同，所得重油的化学组分、物理性质也就各有差异。我国合成氨厂所用的几种重油的组分见附录。

二、重油的性质

1. 密度和相对密度

单位体积重油的质量，称为重油的密度，单位为kg/m^3。重油的相对密度是指在一定温度下，单位体积重油的质量与4℃时单位体积水的质量之比。

重油的密度和相对密度随着温度的升高而降低。国产重油的相对密度一般在0.8～0.98之间。由于重油比水轻，工业上通常采用加热静置法除去重油中的水分和机械杂质。

2. 黏度

黏度表示流体相对运动时，分子之间内摩擦力的大小。黏度大的流体，相对运动时内摩擦力大，因而流动性能差。黏度大小可用动力黏度和条件黏度表示。我国重油的黏度常用条件黏度（恩氏黏度）表示。在某一温度下，从恩氏黏度计中流出200mL重油所所需的时间(s)，与20℃从同一黏度计流出同体积纯水所需的时间(s)之比，称为恩氏黏度，用符号°E表示。重油含胶状、沥青状物质多，黏度就大，温度升高，黏度下降。重油黏度大，泵送困难能耗增加，气化生产时雾化效果不好。为此在重油气化生产中，要求重油的恩氏黏度°E小于20。

3. 凝点、流点或倾点

凝点是石油类固态化并丧失流动性的温度。反之开始流动被称为流点或倾点。国产重油的凝固点，一般在20～50℃。凝固点的高低直接关系到重油输送的条件，对凝固点高的重油在输送时要加热保温。

4. 闪点、燃点和自燃点

将重油加热至某一温度，当火苗移近时，在重油表面产生一闪即逝的闪光燃烧，这一温度称为闪点。如果继续加热再遇火苗，闪光不再熄灭而继续燃烧，这时的温度称为燃点。再继续加热，不用火苗接触便能着火，此时的温度称为自燃点。闪点、燃点、自燃点直接反映了重油的着火性能与重油的安全储运有很大关系，加热重油不应加热到闪点内温度。

5. 热值

重油的热值是当 1kg 或 $1m^3$ 重油完全燃烧时所放出的热量。重油热值取决于重油的组分，它是重油中可以燃烧组分在燃烧时的热效应之和。重油的热值分为高热值和低热值。高热值是指燃料燃烧后放出的总热量，包括所生成水的凝缩热。从总量中减去水的凝缩热即为低热值，也称为该燃料的有效热值。在重油气化过程中，由于燃料所生成的水分可以蒸气状态存在，所以只显示其低热值。重油的低热值一般在 $42000 \sim 45000 kJ/kg$。

6. 静电特性

重油是电的不良导体，与钢铁摩擦，很容易产生静电，电荷积聚在油面上能产生很高的电压，一旦放电就会产生火花，引起燃烧或爆炸。因此，输送、贮存重油的设备和管线必须设置接地装置。

三、重油气化制取合成氨原料气技术简介

重油气化制取合成氨原料气共有部分氧化法、热裂解法和蒸汽转化法三种。其中热裂解法有催化和非催化两类，采用常压间歇预热切换生产。因其热利用率和气化效率均不高，且污染环境，采用此法的工厂逐渐减少并淘汰。蒸汽转化法尚在研究开发阶段。国内外普遍采用的是非催化部分氧化法。重油部分氧化是指重质烃类和氧气进行部分燃烧，由于反应放出的热量，使部分碳氢化合物发生热裂化以及裂化产物的重整反应，最终获得了以 H_2 和 CO 为主体，含有少量 CO_2、CH_4、H_2O、H_2S、COS 的合成气的生产过程。

第二节　重油部分氧化法

一、重油部分氧化法的基本原理

1. 重油气化反应

重油（用 $C_m H_n S_z$ 代表）通过烧嘴被蒸汽和氧气雾化，并与它们均匀混合喷入气化炉内，在炉内高温辐射下，几乎同时进行着以下升温蒸发、火焰燃烧、高温裂解及转化等反应。

（1）油滴升温及蒸发

$$C_m H_n S_z (液) \longrightarrow C_m H_n S_z (气) - Q \tag{2-1}$$

（2）火焰燃烧　当氧气充足时，氧气与气态烃的火焰反应式：

$$C_m H_n S_z + \left(m + \frac{n}{4} - \frac{z}{2}\right) O_2 \longrightarrow (m-z) CO_2 + \frac{n}{2} H_2O + z COS + Q \tag{2-2}$$

当氧气不足时，气态烃与氧气进行不完全燃烧，其反应式：

$$C_m H_n S_z + \left(\frac{m}{2} + \frac{n}{4} - \frac{z}{2}\right) O_2 \longrightarrow m CO + \left(\frac{n}{2} - z\right) H_2O + z H_2S + Q \tag{2-3}$$

$$C_m H_n S_z + \frac{m}{2} O_2 \longrightarrow m CO + \left(\frac{n}{2} - z\right) H_2 + z H_2S + Q \tag{2-4}$$

2. 高温裂解反应

在高温下，高级烃裂解为低级烃直至甲烷、氢气和游离碳，其反应式：

$$C_{m+n} H_{2(m+n)+2} \longrightarrow C_n H_{2n} + 2 C_m H_{2m} - Q \tag{2-5}$$

$$C_n H_{2n+2} \longrightarrow C_n H_{2n} + H_2 - Q \tag{2-6}$$

$$C_m H_n S_z \longrightarrow \left(m - \frac{n}{4} + \frac{z}{2}\right) C + \left(\frac{n}{4} - \frac{z}{2}\right) CH_4 + z H_2S - Q \tag{2-7}$$

$$CH_4 \Longrightarrow C + 2H_2 - Q \tag{2-8}$$

3. 转化反应

烃类与加入的水蒸气及燃烧反应时所生成的水蒸气和二氧化碳发生转化反应如下：

$$C_mH_n + mH_2O \longrightarrow mCO + \left(\frac{n}{2} + m\right)H_2 - Q \tag{2-9}$$

$$C_mH_n + 2mH_2O \longrightarrow mCO_2 + \left(\frac{n}{2} + 2m\right)H_2 - Q \tag{2-10}$$

$$C_mH_n + mCO_2 \longrightarrow 2mCO + \frac{n}{2}H_2 - Q \tag{2-11}$$

$$CH_4 + H_2O \Longrightarrow CO + 3H_2 - Q \tag{2-12}$$

$$CH_4 + 2H_2O \Longrightarrow CO_2 + 4H_2 - Q \tag{2-13}$$

$$CH_4 + CO_2 \Longrightarrow 2CO + 2H_2 - Q \tag{2-14}$$

$$CH_4 + 2CO_2 \Longrightarrow 3CO + H_2 + H_2O - Q \tag{2-15}$$

$$CH_4 + 3CO_2 \Longrightarrow 4CO + 2H_2O - Q \tag{2-16}$$

$$C + H_2O \Longrightarrow CO + H_2 - Q \tag{2-17}$$

$$C + CO_2 \Longrightarrow 2CO - Q \tag{2-18}$$

以上反应式中，CO、H_2、CO_2、H_2O 四种主要组分之间存在着下面的可逆反应关系式：

$$CO + H_2O \Longrightarrow CO_2 + H_2 + Q \tag{2-19}$$

除了上述反应外，重质烃中含有的少量硫、氧、氮元素及氧气所带入的氮气，在气化过程中也将发生化学变化。其中可以认为最终以一氧化碳、二氧化碳、水及硫氧化碳的形式存在气体中，硫在气体中以 H_2S、COS 形式存在，它们的含量接近下式达到反应平衡时的分配。

$$COS + H_2 \Longrightarrow H_2S + CO \tag{2-20}$$

从上述可知，重油气化共有 20 个主要反应。研究表明式(2-12)、式(2-19)决定着气化反应的最终平衡，是整个气化过程的控制反应。

鉴于重油部分氧化反应的复杂性，对其反应机理，众多学者作了多方面的不断的研究，提出了不同的尚需进一步研究和生产实践考验的见解。具有代表性的有如下几个。

20 世纪 70 年代以前提出的"两段论"：第一段是一部分烃类进行完全燃烧，主要生成二氧化碳和水；第二段是二氧化碳、水与其余烃类直至甲烷和游离碳进行转化反应，生成一氧化碳和氢气。此论点当时比较流行，但未能将气化反应与气化炉内流体流动形式结合起来。

20 世纪 80 年代提出的气化模式论：运用气体流动原理将烃类气化的气体流动情况分成气流喷射区、回流区和稳定区，并提出在此三区中进行的化学反应类型。此论点已将气化反应与气化炉内流体流动形式相结合，但难以对诸多工程和工业现象作出合理解释。

20 世纪 90 年代，以华东理工大学为首，通过实验室冷态模型试验和短暂工业生产试验，提出区域模型论点：气化过程涉及热力学、化学反应工程学及流体力学等许多学科，是复杂的物理与化学过程相互作用的结果。生产中出现的炉膛结渣、有效气体成分偏低等气化生产中的问题，是上述工程因素综合的结果，必须综合处理。气化炉内存在射流、短路、回流和返混现象，使得出口气体有机会在炉内与周围介质进行二次反应，从而使有效气体增加。该论点还提出影响流场结构的因素主要是烧嘴体的匹配，再是工艺条件。烧嘴与炉体匹配不同，则产生的流场各异，炉内存在流体力学特征各异的三个区，即燃烧区、二次反应区及回流区。燃烧区进行的是燃烧反应，产物主要是炭黑。在二次反应区里，碳、甲烷再次反应，还有逆变换反应。在回流区，主要进行碳、甲烷的转化反应，也存在二氧化碳逆变换反应。烧嘴与炉体匹配形成的流场左右气化反应的结果。

综上所述的重油气化机理理论，可以说是前后继承、认识逐步深化、走向全面发展的过程，是从化学反应过程、流体力学应用到工程热力学等各方面综合分析的成果。

二、重油气化的化学平衡

重油气化过程中，式(2-12)、式(2-19)决定气化反应的最终平衡，是整个气化过程的控制反应。科学实验和生产实践的结果都表明，在气化炉的高温操作条件下，式(2-19)反应易于接近平衡，因此该反应决定着裂解气中各主要组分的相互关系。

1. 温度对化学平衡的影响

反应式(2-12)和式(2-19)的平衡常数与温度的关系，可用下式表示：

$$\lg K_{p12}=\frac{-9864.75}{T}+8.3666\lg T-2.0814\times10^{-3}T+1.8737\times10^{-7}T^2-11.894 \qquad (2-21)$$

$$\lg K_{p19}=\frac{-9864.75}{T}-0.0936\lg T+0.632\times10^{-3}T-1.08\times10^{-7}T^2-2.298 \qquad (2-22)$$

式中　T——温度，K。

通过计算可以得出结论，在一定压力下，温度升高，气化过程的控制反应式(2-12)的平衡常数增大，即提高操作温度可以提高 CH_4 的转化率。

反应式(2-12)和式(2-19)的平衡常数与反应压力、各组分平衡含量的关系可用下式表示：

$$K_{p12}=\frac{p_{CO}p_{H_2}^3}{p_{CH_4}p_{H_2O}} \qquad (2-23)$$

$$K_{p19}=\frac{p_{CO_2}p_{H_2}}{p_{CO}p_{H_2O}} \qquad (2-24)$$

通过上式可计算出不同气化压力、不同温度下，CH_4 平衡含量。

表 2-1 是 200 号重油在不同气化压力、不同温度下 CH_4 的平衡含量。

表 2-1　200 号重油在不同气化压力、不同温度下 CH_4 的平衡含量（干基）　单位：%

压力（绝）/MPa	温度/℃						
	800	1000	1200	1300	1400	1500	1600
0.1	1.464	0.0172	0.000639	0.000168	0.0000517	0.000018	0.000007
3.14	—	8.249	0.585	0.159	0.0495	0.0174	0.0067
6.18	—	6.446	1.998	1.590	0.188	0.066	0.026
			3.1733	0.99713	0.32449	0.1154	0.045
8.21	—	—	3.7898	1.2294	0.40516	0.145	0.057
10.23			4.4137	1.4778	0.49357	0.177	0.069

由表 2-1 可见，在同一压力下，生成气中 CH_4 平衡含量随温度升高而迅速降低。

从图 2-1 可以看出，有效气体（H_2 及 CO）产量随温度增高而增加，到达近 1300℃时，出现一极大值，若温度继续上升，由于增加了碳及氢的化合物与氧的燃烧反应，有效气体的产量反而呈下降趋势。

2. 压力对化学平衡的影响

重油气化大都是体积增加的反应，从热力学角度，提高压力不利于反应平衡的进行。但因气化反应距离平衡很远，主要是反应速度控制而不是化学平衡控制，提高压力可使

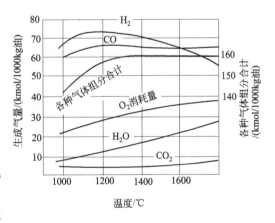

图 2-1　气体产量与温度的关系

反应物及生成物的浓度增加，有利于反应接近平衡。加压对体积增加的反应平衡所带来的不利影响，可以用提高反应温度来补偿。

如图 2-2 所示，加压气化有利于气体中炭黑的脱除。

如图 2-3 所示，洗涤后干气体中炭黑含量随压力增高而降低，原因是在较高压力下，裂解气与水能更好地接触，有利于气体中的蒸汽在炭黑粒子上凝聚，从而增大粒径，提高除炭黑的效率。

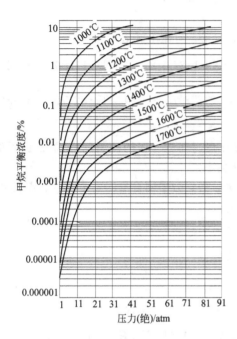

图 2-2　不同温度下气化压力与煤气中
甲烷平衡浓度的关系

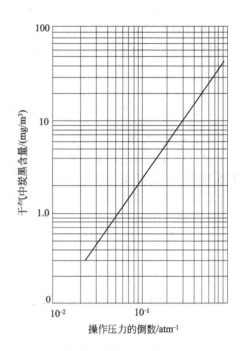

图 2-3　压力与洗涤后干气中
炭黑含量的关系

三、重油气化的反应速率

重油气化是火焰型反应，对反应速率的研究工作难度较大。普遍认为，重质烃和气化剂入炉后，在高温条件下，蒸发、燃烧、裂解、转化等反应几乎同时进行。烃类与氧的反应是飞速的、不可逆反应，而 CO_2、$H_2O(g)$ 与烃类的转化反应则慢得多。CH_4 转化反应最慢，整个气化反应速率由 CH_4 转化反应来控制。重油气化反应，目前尚无公认的动力学方程，一般都是根据对炉内流场动态的研究，选择适宜的烧嘴与炉体的匹配，控制好喷出口速率，以达到最佳气化效果。

四、重油气化反应中的析炭分析

从反应式(2-7)可以看出，重油部分氧化过程中，高温裂解产生游离炭黑是不可避免的。通常生成的炭黑量约占入炉原料烃总碳量的 1%～3%，大都是 0.1mm 左右的游离碳的聚合体。炭黑生成量不仅与化学动力学和化学平衡有关，而且还取决于碳氢化合物的析炭速率以及水蒸气、二氧化碳的除碳速率。

从理论上讲，当重油气化生成的裂解气的温度降至 1000～800℃ 之间时，就会出现热力学析炭的可能性。从除碳反应式(2-17)、式(2-18) 得知，由于它们都是气固两相反应，速率较慢，反应物在气化炉停留时间也不长，不能使残炭与二氧化碳、水蒸气反应殆尽，故在气化炉出口一定有炭黑随裂解气带出炉外。

第三节　工艺条件的选择

一、温度

部分氧化法气化阶段的反应大部分为吸热反应，故提高操作温度对这些反应的平衡、反应的速率均有利，特别是提高操作温度可加快式(2-12)、式(2-17)、式(2-18)三个吸热的控制反应，提高 CH_4 与 C 的平衡转化率，从而降低裂解气中 CH_4 和炭黑含量。

根据理论计算和生产实际经验，炉温一般控制在 $1300 \sim 1350℃$ 之间。

二、压力

从气化原理分析可知，加压对反应平衡的不利影响，可以通过提高反应温度来补偿，因此目前工业上普遍采用加压操作。加压操作不仅有利于气体中炭黑的脱除，还有利于提高喷嘴的雾化效果。同时，对后工序的气体净化特别是物理法脱除 S、CO_2 极为有利，由于加压而多消耗的动力，均可由于加压带来的设备容积减小、热损失减小、后序压缩功率减少而得到补偿，但操作压力过高，对化学平衡所带来的不利影响越显著，生成气中甲烷和炭黑的含量也越高，并且对设备材料及制造要求更严格，因此压力的选择应综合考虑系统的技术经济效果。目前小型氨厂气化压力一般为 $0.7 \sim 1.3MPa$，中型厂为 $2 \sim 3.5MPa$，大型厂则高达 $8.5MPa$。

三、氧油比

增加氧油比，可提高反应温度，减少生成气中甲烷和炭黑的含量，但过高，会使一部分碳原子转变为二氧化碳，一部分氢原子转变为蒸汽，降低了有效生产率。氧油比过低，重油转化不完全，生成气中甲烷和炭黑含量高。如图 2-4 所示，图中气化率和冷煤气效率两条曲线基本对应，随着氧油比的提高，燃烧和转化两个反应互相消长，产气率和冷煤气率由上升变为下降。图中曲线的顶点所对应的氧油比就是最适宜氧油比。

从图 2-5 可见，冷煤气效率达到 84% 的最高值时，氧耗为 $260m^3$(标)$/1000m^3$(标)$(CO+H_2)$。

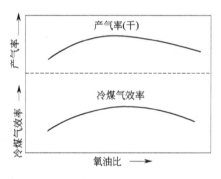

图 2-4　产气率与冷煤气效率的关系曲线

四、蒸汽油比

蒸汽油比是指气化 1kg 重油需加入的蒸汽量，单位为 kg/kg。

由反应式(2-4)可看出，氧的理论用量应该是氧原子数与重油中的碳原子数相等，但如果用理论计算的氧油比（$0.8027m^3 \ O_2/kg$ 油）进行气化时，裂解气温度可高达 $1700℃$ 以上，容易烧坏喷嘴和气化炉的耐火衬里。因此需要加入一定量的水蒸气作为缓冲剂。

重油气化过程中，在火焰反应条件下，加入适量蒸汽可以加快烃类转化，降低生成气甲烷和炭黑含量，降低氧耗，增加氢的产量，并且可以调节炉温，有利于重油雾化。

工业生产中蒸汽油比的限度取决于烧嘴雾化的需要，一般说来，常压气化的蒸汽油比在 0.5 以下，加压气化的蒸汽油比为 $0.3 \sim 0.4$。

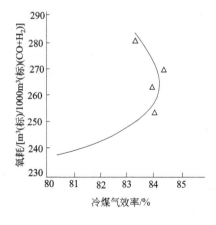

图 2-5　氧气消耗与冷煤气效率的关系

五、原料的预热

对入炉物料（重油、蒸汽、氧气）进行预热，可减少入炉后将物料提高至反应温度所消耗的热量，降低油耗和氧耗，提高气体质量和产率。

1. 重油的预热

重油的黏度、表面张力均随温度的升高而减小，因此，重油预热有利于雾化。预热温度过高，会使重油分馏、结焦，并会使重油中轻馏分气化产生大量油蒸气，出现泵抽空中断输送，还可能发生重馏分的裂解脱碳。因此重油的预热温度须慎重选定，一般根据油品的来源与闪点不同而定。国产 200 号重油控制在 120～150℃，高压气化时，可预热到 230℃，有的达到 260℃。

2. 氧气的预热

氧气的热容小、预热后获得的热量有限，且氧在高温下对钢材腐蚀加剧。因此中、小型重油制氢厂对氧气一般不预热，但高压渣油气化装置倾向氧气预热，实践证明，当氧气预热到 130℃以后，有效气体含量增加，油耗、氧耗降低。

3. 蒸汽的预热

蒸汽的预热视热源而定，一般可预热到 400℃，也可以不预热。

六、气体的停留时间

停留时间是指生成的煤气在炉内停留的时间，也是气化反应所需时间的一种表示方法。

甲烷与蒸汽的转化反应是整个气化反应过程的控制步骤，因此甲烷转化所需时间即为整个气化反应所需的停留时间。在温度、压力一定的条件下，停留时间长，生成气中甲烷含量低，但气化炉生产强度低。在生产中停留时间一般为 4～12s。

七、炭黑生成的抑制

1. 影响炭黑生成的因素

影响炭黑生成的因素主要有原料性质、氧油比、蒸汽油比、操作温度和压力。

重油气化所用原料的油品愈重，炭黑生成量愈多。氧油比和蒸汽油比的提高将降低炭黑生成量。尤其是蒸汽对物料雾化的优劣与生成炭黑量有直接关系。雾化好，炭黑生成量就少。但蒸汽油比过高，会使炉温降低，反而增加炭黑生成量，蒸汽油比要适宜。

从式（2-17）和式（2-18）可看出，提高温度既可使平衡向着降低炭量方向移动，又可加快反应速率；而加压操作会增加析炭，但加压又有利于清除炭黑。

2. 抑制灰黑生成的措施

（1）在重油预热过程中，温度不能升得过高、过急，以免重油在预热器内过热而发生裂解析炭现象。

（2）设计雾化效果好的喷嘴，加入适量的水蒸气，使重油充分雾化后与水蒸气等均匀混合使重油来不及裂解就进行气化反应。

（3）向原料油中加入微量的硝酸钙等添加剂，在气化反应过程中可以减少炭黑的生成。

第四节　工 艺 流 程

重油部分氧化法按清除合成气中炭黑工艺的不同可分为水洗，油洗和石脑油、重油萃取等多种流程；按照高温水煤气废热回收方式的不同，重油部分氧化法的工艺流程可分为直接回收热量的激冷流程和间接回收热量的废热锅炉流程。重油部分氧化法工艺流程的配备原则应包括原料的加压及预热、重油气化、废热回收、水煤气的洗涤和炭黑回收五个部分。

一、激冷流程

如图 2-6 所示，原料重油、氧气、水蒸气经预热后一并进入气化炉内燃烧室，通过喷嘴雾化后，在燃烧室内剧烈反应（火焰中心温度高达 1600～1700℃）。当燃烧室的气体夹带有未转化的碳和原料油的灰分，在气化炉底部激冷室与一定温度的炭黑水相遇，达到激冷和洗涤的双重作用，当气化炉的合成气体经洗涤器（水洗塔）进一步清除微量的炭黑（要求炭黑含量＜1mg/kg）后，直接去一氧化碳变换工序。洗涤用的炭黑水送石油萃取工序，使未转化的碳得到进一步回收，由于热水在激冷室迅速蒸发产生大量饱和蒸汽，并用于一氧化碳变换所需，在激冷工艺中，如果重油中含硫量较高，则变换工序就必须采用耐硫变换催化剂。换言之，激冷工艺要求原料油为低硫重油，同时不允许因脱硫而在变换前继续降温，否则在激冷室中以蒸汽状态回收大量热能，将在降温过程中转化为冷凝水，降低气化效率。

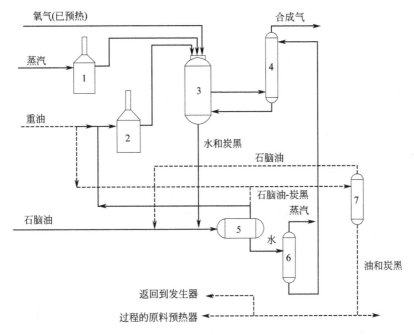

图 2-6　德士古激冷工艺流程

1—蒸汽预热器；2—重油预热器；3—气化炉；4—水洗塔；5—石脑油分离器；6—汽提塔；7—油分离器

激冷流程具有流程简单、设备紧凑、热能利用完全等优点。不足之处是高温热能不能产生高压蒸汽、原料油含硫量低，否则需用耐硫变换催化剂。

二、废热锅炉流程

废热锅炉流程为荷兰谢尔石油公司所开发，也称谢尔流程。

气化压力为 7MPa 的废热锅炉流程如图 2-7 所示，氧气经预热至 230℃与 7MPa、380℃工艺蒸汽混合，一部分进入烧嘴中心管外的一环隙，此为氧-蒸汽内环隙，此环隙外的二环隙为 254℃原料-油-炭黑-浆环隙，再外又是氧-蒸汽外环隙，另有 38%（质量分数）的蒸汽量作为保护蒸汽进入最外环隙。为保护烧嘴，设置烧嘴头密闭的循环冷却水系统，水压高于炉压，以防事故时，炉内高温气体烧穿冷却设施而窜出。

油、氧、蒸汽在烧嘴出口剪切交叉充分雾化混合喷入气化炉，在压力为 6.0MPa、温度为 1300～1400℃的条件下，进行部分氧化反应。生成含有效气体成分（CO＋H₂）高达 96% 的裂解气，进入与气化炉直接相连的废热锅炉，副产 10.3MPa 高压饱和蒸汽。温度降至 350℃的裂解气，再到节能器冷至 200℃后，进入激冷管洗涤炭黑，经炭黑水分离器、脱

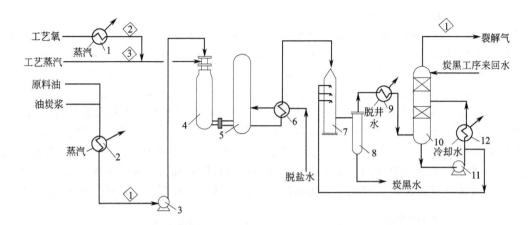

图 2-7　气化压力为 7MPa 的废热锅炉流程

1—氧预热器；2—油预热器；3—油泵；4—气化炉；5—废热锅炉；6—节能器；7—急冷室；8—炭黑水分离器；
9—脱盐水预热器；10—炭黑洗涤器；11—炭黑洗涤塔循环泵；12—炭黑洗涤塔循环水冷却器

盐水预热器冷却至 120℃ 的裂解气，进入炭黑洗涤塔进一步洗涤冷却至 45℃，含炭黑约 1mg/m³（标）的裂解气送往脱硫工序。

从炭黑水分离器排出的炭黑水送往炭黑回收工序。

废热锅炉流程的主要工艺技术特点是：利用废热锅炉间接回收高温水煤气的热能；生产的水煤气已降至常温，可先经脱硫后再送至变换工序，故可使用含硫高的原料油；副产的高压蒸汽可供动力装置和工艺过程使用，废热利用比较合理。但与急冷流程相比，废热锅炉结构比较复杂，对制造要求高，维修工作量大，生产控制较复杂。

三、炭黑处理

重油气化过程，炭黑的处理分为两个部分。一是煤气中炭黑的清除，二是炭黑污水的处理。煤气中炭黑的清除方法有水洗法和重油萃取法。其中水洗法应用比较广泛。水洗法是用水除去煤气中的炭黑，生成炭黑污水，再利用炭黑亲水性较弱而亲油性较强的特点，用重油或轻油萃取炭黑污水的炭黑。用重油或轻油萃取得到的轻油炭黑浆再与重油混合后进行蒸馏，低沸点的轻油被蒸馏出来，冷凝后循环使用，含炭黑的重油作为原料返回气化炉。萃取后得到的净化水循环使用。

如图 2-8 所示，从气化炉出来的炭黑水经换热冷却后，与石脑油混合进入萃取分离器。

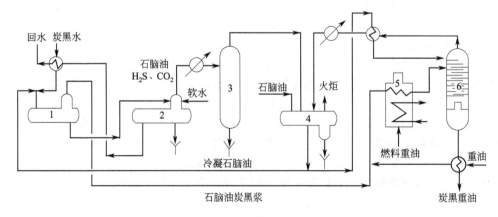

图 2-8　石脑油萃取炭黑流程

1—萃取分离器；2—脱气器；3—分离器；4—混合器；5—加热器；6—石脑油蒸馏塔

萃取分离器底部出来的水去脱气器减压闪蒸，而得到纯净清水。含水石脑油由脱气器顶部出来，经分离器分出石脑油，送混合器作循环萃取用。石脑油在萃取分离器中将炭黑从炭黑水中萃取出来。生成石脑油炭黑浆，加入适量的原料重油，经加热后，使其轻质烃及夹带的水分气化，然后送入石脑油蒸馏塔进行分离。炭黑随重质油返回气化炉，石脑油由塔顶出来，经冷却、冷凝后进行循环萃取。

第五节　主要设备及操作控制要点

一、气化炉

气化炉为重油部分氧化法的核心设备。按用途分为带激冷室的气化炉和连接废热锅炉的气化炉。

1. 带激冷室的气化炉

如图 2-9 所示，带激冷室的气化炉，顶部设置喷嘴孔，上部为燃烧室，下部为激冷室。

（1）燃烧室　燃烧室的外壳设计温度 427℃，由于氢有腐蚀性，所以选用 Cr-Mo 合金钢材料，内部砌有四层耐火材料的保温衬里。与高温气体火焰接触的最内层采用纯刚玉砖，第二层采用高铝空心球隔热砖，第三层采用黏土保温砖，最外层与钢层结合处一层氧化铝纤维毡以作为热膨胀余量。

（2）激冷室　1200～1350℃的高温气体从燃烧室喉部以 4.8～6m/s 的速度进入激冷室下降管内，在激冷冻（下降管的水分配器）的作用下，与水分充分换热，气体在水中以鼓包形式上升，被冷却到蒸汽饱和温度，而水则被加热蒸发为高压蒸汽与合成气一起从上部引出，同时气体中所含有的大部分炭黑被水洗下，引出后送炭黑回收系统。

2. 与废热锅炉连接的气化炉

如图 2-10 所示，谢尔气化炉与废热锅炉组成一体。气化炉内衬有两层耐火材料，为防止气化炉在耐火衬里一旦被烧穿时受到损坏，一般在壳中的上部设置水夹套，用水循环冷却炉壁，同时在炉外壳设置一定数量的表面温度

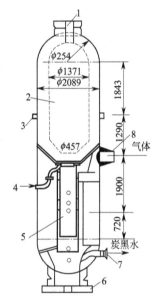

图 2-9　德士古气化炉（单位：mm）
1—喷嘴装入口；2—燃烧室；3—热电偶插入孔；4—激冷室水入口；5—激冷室；6—底部导淋；7—炭黑水出口；8—气体出口

计，一旦超温度自动报警。废热锅炉一般有螺旋管式和列管式两种。螺旋管式的废热锅炉结构简单，维修方便，气体分配均匀，能自由伸缩，而被广泛采用。

二、烧嘴（喷嘴）

喷嘴一般由三部分组成：原料重油和气化剂（氧和蒸汽）的流动通道，控制流体流速和方向的喷出口，防止喷嘴被高温辐射而熔化的水冷装置。

1. 烧嘴作用

烧嘴是部分氧化法制气的关键设备之一，它具有将重质烃充分雾化并使油雾、蒸汽、氧气均匀混合以及与炉体匹配形成合适流场的双重功能。

重油雾化就是利用外加能量减小重油的分子内聚力使油自身产生高速运动并与周围介质产生激烈的相对运动，从而产生剧烈的摩擦和撞击使油破碎的过程。喷嘴的雾化性能好坏将直接影响气化工艺的优劣。雾化性能好，操作平稳，生产负荷的调节范围宽，气化效率高。

重油雾化方式通常根据外加能量方法的不同分为机械雾化、气流雾化和混合式雾化。机械雾化是用泵将重油加压后，通入喷嘴前后形成的压差，使重油由喷嘴高速喷出而雾化。气流雾化是利用高速气流与重油之间的摩擦力以及高速气流的冲击力，使重油雾化的方法。

单独采用机械雾化满足不了重油气化的要求，一般先进行机械雾化，再进行气流雾化，以获得较好的雾化效果。

除了以上两个方面之外，还要考虑喷嘴在生产中能够形成一定的雾化角、足够长的火焰黑区、良好的火焰刚度和适宜的火焰长度，只有这样，才能确保生产中不烧坏炉衬和喷嘴。

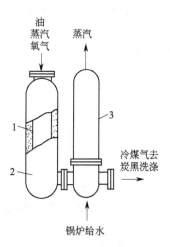

图 2-10　谢尔气化炉简图
1—耐火材料衬里；2—燃烧室；3—废热锅炉

2. 喷嘴的结构

喷嘴一般由原料重油和气化剂通道、内外喷头及调节机构、冷却水套三部分组成。

（1）三套管喷嘴　重油经中心管端部喷出，被中心管来的蒸汽旋转切割，在端部喷口处再经外环管的氧气反向旋转而雾化。这种喷嘴一般适用于低压操作。

（2）二次气流管雾化双套管喷嘴　重油在前部文氏管经蒸汽初步雾化，流经中心管再经环隙喷出的氧气在喷口处进一步雾化。这种喷嘴，重油和蒸汽走一个通道，氧气走环隙通道。适用于较高压力下的工艺操作。

（3）双套管喷嘴　如图 2-11 所示，是一次机械雾化和二次气流雾化的双水冷、外温式双套管喷嘴。既适用于高压又适用于低压工艺的操作。

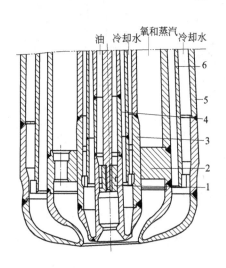

图 2-11　外混式双水冷双套管喷嘴头部示意图
1—油雾化器；2—氧和蒸汽分布器；3—内喷嘴；4—内部冷却水折流筒；5—外喷嘴；6—外部冷却水折流筒

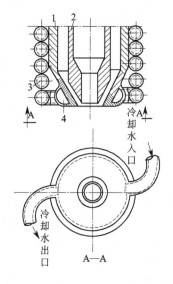

图 2-12　蒸汽-油外混式双套管喷嘴
1—外套管；2—内套管；3—冷却水管；4—冷却室

双套管喷嘴还有一种改型喷嘴，如图 2-12 所示。这种改型喷嘴是一种去掉了内水冷的单水冷外混式的双套管喷嘴。它与一个特殊的预热炉相配合，中心管通氧气，套管内走油和蒸汽的混合物。

（4）谢尔喷嘴　谢尔新型烧嘴结构如图 2-13 和图 2-14 所示。

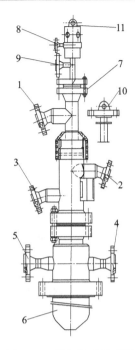

图 2-13　谢尔烧嘴外形图

1—氧气入口；2—渣油入口；3—蒸汽入口；
4—冷却水入口；5—冷却水出口；6—物
料喷射口；7—升温烧嘴接口；8—燃料气
入口；9—空气入口；10—主烧嘴提升
杆；11—升温烧嘴提升杆

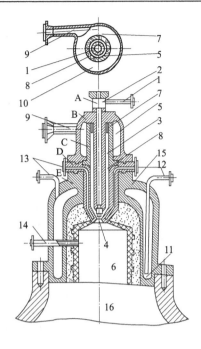

图 2-14　谢尔烧嘴结构图

1—重油入口管；2—供油端部；3—喷嘴内管；4—油喷口；
5—衬环；6—反应室；7—斜挟形槽；8—蜗旋槽；9—氧
气、蒸汽入口管；10—蜗状环形空间；11—炉头冷却夹套；
12—冷却水进口管；13—冷却水出口管；14—热电偶插口；
15—喷嘴冷却水夹套；16—气化炉顶部；A—喷嘴的供油
端部；B—油的通道、氧-蒸汽混合物通道和蜗壳室外
壁；C—蜗壳室的内衬环；D—喷嘴下部的环形水
夹套；E—带有水夹套的反应室

图 2-13 所示是谢尔新型同心多环烧嘴外形示意图，图 2-14 所示的是其结构图。图中的中心管在开车时为升温喷嘴，转入正常生产时更换为主烧嘴带空管的提升杆，一部分氧-蒸汽进入此中心管外的一环隙，此为氧-蒸汽内环隙，此环隙外的二环隙为原料渣油-油炭浆的环隙，再外是氧-蒸汽外环隙，另有 38% 的蒸汽量作为保护蒸汽进入最外环隙，为了保护烧嘴，设置烧嘴密闭循环的冷却水系统，水压高于炉压，以防事故时炉内的火焰及热气烧穿水冷设施而窜出。

谢尔烧嘴的雾化原理是以油、氧、蒸汽在烧嘴出口湍流形成旋涡相互剪切交叉，再靠速率差，使三种物流充分混合并渣油均匀雾化。具体而言，多环物流湍流、剪切作用的结果，有利于渣油与氧-蒸汽均匀混合。且氧-蒸汽流速比油速高，利用此速度差，使微薄油膜受氧-蒸汽混合搅动，达到均匀雾化。

谢尔原型烧嘴为油压与气流相结合的雾化式，以压力雾化为主。烧嘴中心为油枪，外侧为氧-蒸汽，气化炉操作压力为 6.0MPa，而进烧嘴的氧压和油压达 14.0MPa，因而压差损失太大，功率消耗高，对烧嘴的冲蚀性也大，须定期维修。新型烧嘴的物流压力降低，压差损失小，可节省动力，且物流速率低，对烧嘴的磨蚀减轻。因油烧嘴头被内外两层氧-蒸汽夹住，再加有保护蒸汽，降低了受辐射热的影响，有利于烧嘴寿命的延长，增长了维修间隔期。同时对降低氧油比、蒸汽油比和增加有效气体（CO+H_2）的产率起到很大作用。

思考与练习

1. 试说明重油的组成及重油气化制取合成氨原料气的生产技术。

2. 论述重油气化的基本原理。

3. 试从化学反应平衡与反应速率两方面说明影响重油气化的主要因素。

4. 说明重油气化工艺条件选择的依据。

5. 说明重油气化生产中炭黑生成的原因及抑制炭黑生成的措施。

6. 分别画出重油部分氧化法的激冷流程和废热锅炉流程图并对两种流程进行技术经济方面的比较。

7. 分别画出重油和轻油萃取法处理炭黑污水的工艺流程图，并用文字进行表述。

8. 简述重油部分氧化法主要生产设备——气化炉的结构与操作控制要点。

9. 比较说明谢尔新型同心多环烧嘴的工艺技术特点。

10. 在一定范围内，分别使用机械、气流两种雾化方式进行喷嘴冷调实验，掌握外加能量消耗、油温与雾化效果的关系，具体要求是：（1）先进行机械雾化实验再进行气流雾化实验，最后将二者联合进行实验；（2）记录实验数据，并绘制出能耗、油温与雾化效果的曲线图。

11. 通过下厂实习或观摩教学，掌握当地合成氨厂气化炉、喷嘴的类型、结构特点及生产操作控制要点。具体要求是：分别画出气化炉、喷嘴的结构示意图并说明各部分名称及作用。

12. 结合下厂实习，说明当地合成氨厂重油部分氧化法生产技术特点，并画出带控制点的生产流程图。

第三章　烃类转化制气

【学习目标】
1. 了解烃类制气的原料性质，掌握气态烃转化制气与轻油转化制气的技术特点。
2. 掌握烃类蒸汽转化法的基本原理。
3. 能够运用基本原理对工艺条件的选择进行分析。
4. 掌握工艺流程的配备原则，并能够从技术经济的角度加以论证。
5. 掌握主要设备的结构与作用。

第一节　概　　述

一、烃类制气的原料

利用烃类转化技术制取合成气的原料，主要是气态烃和轻质液态烃。气态烃主要是天然气，此外还有炼厂尾气等。天然气是蕴藏在地下可燃气体的统称，根据天然气矿藏情况，可分为气田气和油田气。油田气是开采石油时伴生的气体，含高碳烃（乙烷、丙烷、丁烷等）较多。气田气以甲烷含量为主（＞90％），高碳烃含量低于3％。炼厂尾气是石油化工过程的副产品，其组成见表3-1。

表 3-1　几种气态烃的典型组成

原料名称	气体组成 φ/%								
	甲烷	乙烷	丙烷以上	氢	二氧化碳	一氧化碳	氮	氧	硫化氢
气田气	9565	1.15	0.4	0.2	0.5	—	2.0	—	0.09
油田气	83.2	5.8	8.9	—	0.5	—	1.6	—	—
炼厂尾气	65	1.1	6.6	25.9	—	—	1.0	0.4	—

轻质液态烃是指原油蒸馏所得220℃以下的馏分，亦称轻油或石脑油。它是多种烃类的混合物，属于高分子量的液态烃，其组成因原油的品种和蒸馏方法不同而有差异。几种轻油的组成与性质见表3-2。

表 3-2　几种轻油的组成与性质

项　　目	A	B	C	D
相对密度(15℃)	0.6765	0.6735	0.6998	0.73
含硫量(质量分数)/%	0.026	0.018	0.02	0.05
组分(φ)/%				
石蜡烃	89.4	90.7	82.0	31
环烷烃	8.4	7.5	13.7	54.3
芳香烃	2.1	1.7	4.0	14.7
烯烃	0.1	0.1	0.1	—
馏程/℃				
初馏点	38.6	42.0	37.5	60
终馏点	132.0	114.5	144.0	180
平均分子式	$C_5H_{13.2}$	C_6H_{13}	$C_{6.5}H_{13.5}$	C_9H_{19}

二、烃类转化制气技术简介

1. 气态烃转化制气

气态烃转化制气是一个强烈的吸热过程。按热量供给方式的不同，工业生产方法可分为间歇转化法和连续转化法。

（1）间歇转化法（或称蓄热转化法） 此法同固体原料的间歇制气法相类似。但只进行吹风和制气两个阶段，且属于气-固催化反应。吹风阶段是利用空气与气态烃间的强烈放热反应使催化剂床层温度升高，在床层中积蓄热量。制气阶段是用蒸汽与甲烷进行转化反应制得一氧化碳和氢气。两个阶段交替进行，催化剂被反复地氧化与还原。催化剂不仅能加速烃类的转化反应，而且是有效的蓄热体。同时金属镍氧化时将放出大量热量，可供制气阶段之需。因此，间歇制气法对催化剂的机械强度、热稳定性、化学活性有较高的要求。此法不需要制氧装置，也不需要昂贵的合金钢材，投资省、建厂快。但由于热能利用率低、原料烃消耗高、操作复杂而受到局限。

（2）连续转化法 连续转化法根据供热方式不同分为部分氧化法和蒸汽转化法。

部分氧化法是把富氧空气、天然气以及水蒸气一起通入装有催化剂的转化炉中，在转化炉中同时进行燃烧和转化反应。此法的优点是能连续制气，且操作稳定，但需另设制氧设备，以供给氧气。

蒸汽转化过程是分段进行的。先在一段装有催化剂的转化炉管中发生蒸汽与气态烃的吸热转化反应（所需热量由管外供给）。气态烃转化到一定程度后，再送入装有催化剂的二段转化炉，加入适量空气（利用燃烧反应提供热量及提供合成氨的氮气），使气态烃进一步转化，达到合成氨所需的粗原料气组成。此法不用纯氧，不需空气分离装置，投资省，能耗低，是生产合成氨最经济的方法，在国内外得到广泛应用。

2. 轻油转化制气

以轻油为原料制取原料气的方法，一般是将轻油加热转变为气体，再采用蒸汽转化法。轻油蒸汽转化的原理和生产过程，与气态烃基本相同。

第二节　烃类蒸汽转化的基本原理

在蒸汽转化过程中，各类烃主要进行如下反应。

烷烃：

$$C_nH_{2n+2} + \frac{n-1}{2}H_2O === \frac{3n+1}{4}CH_4 + \frac{n-1}{4}CO_2$$

$$CH_4 + H_2O === CO + 3H_2$$

烯烃：

$$C_nH_{2n} + \frac{n}{2}H_2O === \frac{3n}{4}CH_4 + \frac{n}{4}CO_2$$

或

$$C_nH_{2n} + 2nH_2O === nCO + 3nH_2$$

$$CH_4 + 2H_2O === CO_2 + 4H_2$$

由此看出，不论何种烃类与水蒸气都需经过甲烷转化这一阶段。因此烃类蒸汽转化可用甲烷蒸汽转化代表。

一、甲烷蒸汽转化反应的基本原理

甲烷蒸汽转化是一复杂的反应系统，一般我们将其转化反应作如下概括。

主反应：

$$CH_4 + H_2O === CO + 3H_2 - 206.4kJ \tag{3-1}$$

$$CH_4 + 2H_2O === CO_2 + 4H_2 - 165.4kJ \tag{3-2}$$

$$CO + H_2O \rightleftharpoons CO_2 + H_2 + 41kJ \tag{3-3}$$

$$CO_2 + CH_4 \rightleftharpoons 2CO + 2H_2 - 247.3kJ \tag{3-4}$$

副反应：

$$CH_4 \rightleftharpoons C + 2H_2 - 74kJ \tag{3-5}$$

$$2CO \rightleftharpoons CO_2 + C + 172.5kJ \tag{3-6}$$

$$CO + H_2 \rightleftharpoons C + H_2O + 131.5kJ \tag{3-7}$$

轻质烃转化反应可用下列通式表示：

$$C_nH_m + nH_2O \rightleftharpoons nCO + \left(n + \frac{m}{2}\right)H_2 \tag{3-8}$$

在上述复杂反应体系中，独立反应只有 3 个（独立反应决定平衡组成）。研究和实践证明，这 3 个独立反应分别是式(3-1)、式(3-3) 和式(3-5)。

从以上反应可以看出，气态烃蒸汽转化反应是体积增大的反应，因此降低压力有利于反应向正反应方向进行。同时从反应式中也可看出，气态烃蒸汽转化总反应过程是强吸热的。因此需要通过外部供热的转化设备进行反应，反应温度愈高，甲烷转化愈完全。

由于甲烷转化速率极慢，为了加快其反应速率，获得工业生产意义的反应速率，必须使用催化剂，因此甲烷蒸汽转化反应，实际上是一个气固相催化反应。

二、化学平衡及影响因素

1. 平衡常数

在一定的温度、压力条件下，当反应达到平衡时，反应式(3-1) 的平衡常数 K_{p1} 和反应式(3-3) 的平衡常数 K_{p3} 分别为：

$$K_{p1} = \frac{p(CO) p^3(H_2)}{p(CH_4) p(H_2O)} \tag{3-9}$$

$$K_{p3} = \frac{p(CO_2) p(H_2)}{p(CO) p(H_2O)} \tag{3-10}$$

式中，$p(CO)$、$p(H_2)$、$p(CH_4)$、$p(CO_2)$ 和 $p(H_2O)$ 分别为一氧化碳、氢、甲烷、二氧化碳和水蒸气的平衡分压。虽然液态烃蒸汽转化是一个先进行一系列裂解过程，然后是二次产物进一步反应的复杂过程，但最终仍然是在 H_2、CO、CO_2 和残余甲烷的体系中达到反应平衡，因此其平衡常数表达式是相似的。

在压力不太高的条件下，化学反应的平衡常数随温度的变化情况见表 3-3。

表 3-3　甲烷蒸汽转化和变换反应的平衡常数

温度/℃	$K_{p1} = \dfrac{p_{CO}^* p_{H_2}^{*3}}{p_{CH_4}^* p_{H_2O}^*}/MPa^2$	$K_{p3} = \dfrac{p_{CO_2}^* p_{H_2}^*}{p_{CO}^* p_{H_2O}^*}$	温度/℃	$K_{p1} = \dfrac{p_{CO}^* p_{H_2}^{*3}}{p_{CH_4}^* p_{H_2O}^*}/MPa^2$	$K_{p3} = \dfrac{p_{CO_2}^* p_{H_2}^*}{p_{CO}^* p_{H_2O}^*}$
200	4.735×10^{-14}	2.279×10^2	650	2.756×10^{-2}	1.923
250	8.617×10^{-12}	8.651×10	700	1.246×10^{-1}	1.519
300	6.545×10^{-10}	3.922×10	750	4.877×10^{-1}	1.228
350	2.548×10^{-8}	2.034×10	800	1.687	1.015
400	5.882×10^{-7}	1.170×10	850	5.234	8.552×10^{-1}
450	8.942×10^{-6}	7.311	900	1.478×10	7.328×10^{-1}
500	9.689×10^{-5}	4.878	950	3.834×10	6.372×10^{-1}
550	7.944×10^{-4}	3.434	1000	9.233×10	5.750×10^{-1}
600	5.161×10^{-3}	2.527			

由表 3-3 所示，平衡常数 K_{p1} 随温度的升高而急剧增大，即温度愈高，平衡时一氧化碳和氢的含量愈高，甲烷的残余量愈少。平衡常数 K_{p3} 则随温度的升高而减小，即温度愈高，平衡时二氧化碳和氢的含量愈少。因此，具有可逆吸热特征的甲烷蒸汽转化反应与具有可逆放热特征的一氧化碳变换反应是不能在同一工序完成的，生产中必须先在转化炉内使甲烷在

较高温度下完全转化，生成一氧化碳和氢，然后在变换炉内使一氧化碳在较低温度下变换为氢气和二氧化碳。

2. 影响转化反应平衡的因素

影响转化反应平衡的因素主要是温度、压力和水碳比。不同温度、压力和水碳比下，平衡时甲烷的干基含量见图 3-1。

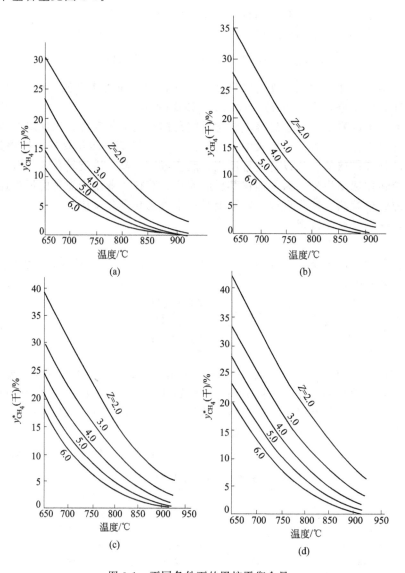

图 3-1 不同条件下的甲烷平衡含量

(a) 1.418MPa；(b) 2.127 MPa；(c) 2.836 MPa；(d) 3.546MPa

(1) 水碳比　水碳比是指转化炉进口气体中，水蒸气与烃类原料中碳物质的量之比，它表示转化操作所用的工艺蒸汽量。在温度、压力一定的条件下，水碳比越高，甲烷平衡含量越低。由图 3-1 可见，3.546MPa、800℃时，水碳比由 2 增加到 4，甲烷平衡含量由 18% 降低至 8%。但是水碳比直接关系到蒸汽消耗，不宜过大。

(2) 温度　甲烷蒸汽转化是可逆的吸热反应。温度增加，甲烷平衡含量下降。转化温度每提高 10℃，甲烷平衡含量降低 1.0%～1.3%。如图 3-1 所示，压力为 3.546MPa，水碳比为 4 时，温度从 750℃增加到 800℃，甲烷平衡含量从 13% 降到 8%。

（3）压力 甲烷蒸汽转化为体积增大的可逆反应。压力增加，甲烷平衡含量也随之增大。由图 3-1 可见，水碳比为 4，温度为 800℃时，当压力从 1.418MPa 增加到 3.546MPa，甲烷平衡含量从 3.5% 增加到 8%。

总之，提高转化温度、降低转化压力和增加水碳比有利于化学平衡向着所需要的方向——降低残余甲烷含量转移。

三、反应速率及影响因素

1. 反应速率

研究表明，甲烷蒸汽转化反应速率很慢，即使是在相当高的温度下，其反应速率也很缓慢，为了提高甲烷蒸汽转化速率以实现工业化生产，必须使用催化剂。当有转化催化剂存在时，转化反应的速率将大大增加，在 700～800℃时就可以获得很高的反应速率。

甲烷蒸汽催化转化反应，属气-固催化反应。因此，在进行化学反应的同时，还存在着气体的扩散过程。计算与实践表明，在工业生产条件下，转化反应管内气体流速较大，外扩散对甲烷转化的影响较小，可以忽略，但内扩散的影响很大，是甲烷催化转化反应的控制步骤。

2. 影响甲烷蒸汽转化反应速率的因素

研究表明，提高温度，反应速率加快。反应气体中氢气对反应有阻碍作用（动力学分析所得结论）。因此反应初期速率快，随着反应的进行，氢含量增加，反应速率会逐渐下降。由于甲烷催化转化反应为内扩散控制，也就是说反应物由催化剂表面通过毛细孔扩散到内表面的内扩散过程，对甲烷蒸汽转化反应速率有显著的影响。表 3-4 为不同粒度催化剂对甲烷蒸汽转化反应速率的影响。

表 3-4 900℃及 0.101MPa 下催化剂粒度对甲烷蒸汽转化反应的影响

粒度 /mm	外表面积 /(cm²/g)	混合气组成/kPa					反应速度常数 /MPa⁻¹·h⁻¹·g⁻¹	内表面利用率 η
		p_{CO_2}	p_{CO}	p_{H_2}	p_{CH_4}	p_{H_2O}		
5.4	7.8	3.900	12.87	54.09	4.933	25.02	59.1	0.07
5.3	8.0	4.052	11.65	51.46	6.027	27.65	51.6	0.08
2.85	14.5	3.596	15.20	59.97	2.715	19.45	132	0.10
1.86	22.5	3.242	14.79	57.74	5.387	19.85	133	0.23
1.20	34.5	4.285	13.57	57.84	2.462	22.69	245	0.29
1.20	34.5	4.569	11.75	53.49	3.718	27.45	214	0.32
1.20	34.5	4.153	12.97	55.21	4.224	24.41	223	0.30

从表 3-4 可以看出，为了提高内表面利用率，工业催化剂应采用粒度较小的催化剂且应具有合适的孔结构。同时采用环形、带沟槽的柱状以及车轮状催化剂，这样，既可减少扩散的影响，又不增加床层阻力，且保持了催化剂较高的强度。

四、影响析炭反应的因素

甲烷催化转化反应中的副反应式(3-5)、式(3-6)、式(3-7) 对转化过程是十分有害的。因为炭黑覆盖在催化剂表面，会堵塞微孔，降低催化剂活性，甚至还会使催化剂破碎而增大床层阻力，从而影响生产能力。

表 3-5 是反应式(3-5)、式(3-6)、式(3-7) 的平衡常数随温度的变化值。

由表可看出，温度的变化对它们有着不同的影响。提高温度，式(3-5) 析炭的可能性增加，而式(3-6)、式(3-7) 析炭的可能性减少。因此，究竟能否析炭，取决于复杂反应系统的平衡、转化反应设备中不同的高度和所使用催化剂的种类。

1. 水碳比的影响

增加水碳比，有利于反应式(3-1) 和式(3-3) 向右移动，使系统中甲烷、一氧化碳含量降低，氢气、二氧化碳含量升高，其结果会抑制析炭反应。反之，则易于发生析炭反应。因

表 3-5 式(3-5)、式(3-6) 和式(3-7) 的平衡常数

温度/K	$K_{p5}=\dfrac{p_{H_2}^{*2}}{p_{CH_4}^{*}}/MPa$	$K_{p6}=\dfrac{p_{CO_2}^{*}}{p_{CO}^{*2}}/MPa^{-1}$	$K_{p7}=\dfrac{p_{H_2O}^{*}}{p_{CO}^{*}P_{H_2}^{*}}/MPa$
298	1.279×10^{-10}	9.752×10^{21}	1.015×10^{-17}
500	3.793×10^{-5}	5.582×10^{9}	2.258×10^{-8}
600	1.013×10^{-3}	5.283×10^{6}	5.126×10^{-6}
700	1.130×10^{-2}	3.697×10^{4}	2.439×10^{-4}
800	7.181×10^{-2}	8.989×10^{2}	4.457×10^{-3}
900	3.118×10^{-1}	5.124×10^{1}	4.300×10^{-2}
1000	1.030	5.195	2.644×10^{-1}
1100	2.755	8.009×10^{-1}	1.173
1200	6.301	1.727×10^{-1}	4.030
1300	12.78	4.745×10^{-2}	11.50
1400	23.44	1.576×10^{-2}	28.07
1500	39.67	6.524×10^{-3}	60.93

而，水碳比的控制对抑制析炭至关重要。通过理论计算，可求出防止析炭所需的最小水碳比，称之为热力学最小水碳比。烃类原料不同，蒸汽转化条件不同，热力学最小水碳比不同。

图 3-2 给出了甲烷、石脑油在各温度和压力下的最小水碳比。

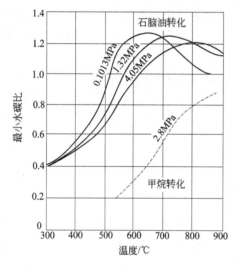

图 3-2 甲烷和石脑油转化
热力学最小水碳比

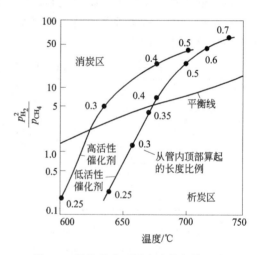

图 3-3 转化管内不同高度的气体组成
与反应式(3-5) 的平衡关系

2. 转化反应设备中不同高度的气体组成的影响

转化反应设备中不同高度气体组成是不同的，如图 3-3、图 3-4、图 3-5 所示。

图 3-3、图 3-4、图 3-5 分别表示转化管内不同高度的气体组成与反应式(3-5)、式(3-6)、式(3-7) 平衡的关系，从图中可分别找出发生析炭的可能性区域。

由图 3-3 可知，在转化反应管进口处，由于甲烷浓度高，有析炭反应式(3-5) 发生的可能，尤以低活性催化剂析炭范围为宽。由图 3-4、图 3-5 可见，析炭反应式(3-6) 和式(3-7)，在使用不同活性催化剂时，转化管的任何部位都处于消炭区，均不会有炭析出。由此可见，只有甲烷裂解反应式(3-5) 可能在转化管进口处析炭。因为甲烷裂解所生成的炭黑会被过量蒸汽所气化而消炭，所以甲烷裂解反应所生成的炭黑取决于炭的沉积速率和炭的脱除速率。

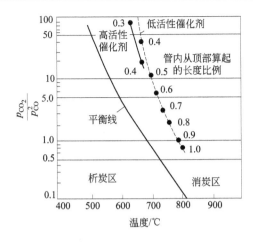

图 3-4　转化管不同高度的气体组成
与反应式(3-6)的平衡关系

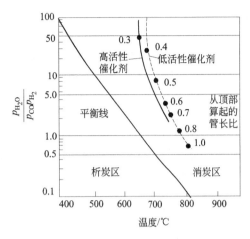

图 3-5　转化管内不同高度的气体组成
与反应式(3-7)的平衡关系

3. 催化剂的影响

不同的转化工艺、不同的转化设备对转化催化剂均有不同的要求。应当从其具体的条件来选择相应性能的催化剂。

如图 3-6 所示，曲线 A、B 分别代表高活性和低活性催化剂在转化管不同高度的气体组成线，曲线 C 为甲烷裂解的平衡线，曲线 D 为炭的沉积速率和脱除速率相等时的气体组成线。

图中等速线 D 右侧 r_1 大于 r_2，属于析炭区；而左侧 r_1 小于 r_2，属于消炭区。

从图中可以得出以下结论。

用高活性的催化剂时，从动力学上不存在析炭问题。

用低活性的催化剂时，存在动力学析炭问题。需要指出的是析炭部位不在转化管进口处，而是在距离进口 30%～40%间的一段。因为进口处虽然气体中甲烷含量高，但温度较低，这时炭的沉积速度 r_1 小于脱除速度 r_2。只是到距进口 30%～40%这一段，由于温度升高，析炭反应速率大于除炭反应速率，因而有炭析出。由于炭沉积在催化剂表面对传热不利，阻滞甲烷蒸汽转化反应的进行，因此在管壁会出现高温区或称为热带。

五、炭黑生成的抑制及除炭方法

1. 抑制炭黑生成的方法

（1）保证实际水碳比大于理论最小水碳比　选择适宜的操作条件，如原料烃的预热温度不宜太高，当催化剂活性下降或出现中毒现象时，适当加大水碳比或减小原料烃的流量等。

（2）选用活性好、热稳定性好的催化剂　避免进入动力学可能的析炭区。

（3）防止原料气和水蒸气带入有害物质　保

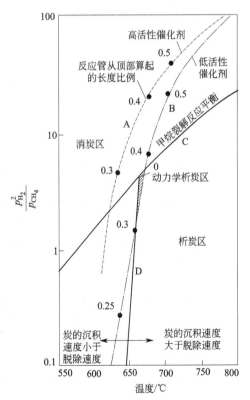

图 3-6　转化管内析炭区范围

证催化剂具有良好的活性。

2. 除炭的方法

（1）当析炭较轻时，采用降压、减少原料烃流量、提高水碳比的办法除炭。

（2）当析炭较严重时，采用蒸汽除炭，即利用式（3-7）的逆反应。

$$C+H_2O \Longleftrightarrow CO+H_2-131.5kJ \tag{3-11}$$

使炭气化。在蒸汽除炭过程中首先停止送入原料轻，继续通入蒸汽，温度控制在750～800℃，经过12～24h即可将炭除去。由于除炭过程中催化剂被氧化，所以必须重新还原。

（3）采用空气与蒸汽的混合物烧炭　其步骤是先将出口温度降至200℃以下，停止通入原料烃，在蒸汽中加入少量空气，送入催化剂床层进行烧炭，催化剂层温度控制在700℃以下，大约经过8h即可。

第三节　烃类转化催化剂

只有在有烃类转化催化剂存在时，在500～1000℃烃类蒸汽转化才能获得工业上满足的速率，才有可能实现工业化生产。所以转化催化剂的研制长期以来是备受关注的技术关键之一。

一、催化剂的组成

催化剂又叫触媒，是一种能改变某一化学反应途径，加快反应速率，但不能改变反应的化学平衡，在反应前后其本身的化学状态不发生变化的物质。催化剂加快化学反应速率的能力称为催化剂的活性。催化剂一般由活性组分、承载活性组分的耐热载体和少量助催化剂，也称促进剂组成。

1. 活性组分

在元素周期表上第Ⅷ族的过渡元素对烃类蒸汽转化都有活性，但从性能和经济上考虑，以镍为最佳。在镍催化剂中，镍以氧化镍形式存在，含量约为4%～30%，使用时必须将氧化态的镍还原为金属镍，因为金属镍是转化反应的活性组分。一般而言，镍含量高，催化剂的活性高。

2. 载体

载体是催化剂活性组分的骨架和黏合剂。对于蒸汽转化催化剂，由于操作温度很高，镍微晶易于熔解而长大。金属镍的熔点为1445℃，烃类蒸汽转化温度都在熔点温度的一半以上，分散的镍微晶在这样高的温度下很容易互相靠近而熔结。这就要求载体能耐高温，并且有较高的机械强度。所以转化催化剂的载体都是熔点在2000℃以上的难熔的金属氧化物或耐火材料。常用的载体有铝酸钙黏结型和耐火氧化铝烧结型。由于耐火氧化铝烧结型载体具有比表面积小、孔结构稳定、耐热性能好、机械强度高的特点而被广泛应用。

3. 助催化剂

助催化剂本身无催化剂活性，但能提高催化剂的活性、稳定性和选择性。助催化剂为铝、铬、镁、钛、钙等金属的氧化物。一般载体都有助催化剂的作用，所以载体和助催化剂难以截然分开，通常含量少的叫助催化剂。表3-6为国产转化催化剂的主要组成和性能。

二、催化剂的还原与钝化

1. 催化剂的还原

转化催化剂大都以氧化镍形式存在，使用前必须还原为具有活性的金属镍，其反应为

$$NiO+H_2 \Longleftrightarrow Ni+H_2O(g)+1.3kJ \tag{3-12}$$

还原反应式（3-12）不同温度的K_p值可由表3-7查出。

表 3-6　国产转化催化剂的主要组成和性能

型号	形状及尺寸（外径×高×内径）/mm	堆密度/(kg/L)	主要组成/%	操作条件 温度/℃	操作条件 压力/MPa	用　途
Z_{107}	短环 16×8×6 长环 16×16×6	1.2 1.17	NiO 14～16，Al_2O_3 84	400～850	约 3.6	天然气一段转化
$Z_{110}Y$	五筋车轮状 短环 16×9 长环 16×16	1.16～1.22 1.14～1.18	NiO≥14，Al_2O_3 84	450～1000	4.5	天然气一段转化
Z_{111}	短环 16×8×6 长环 16×16×6	1.22 1.21	NiO≤14	450～1000	4.5	天然气低水碳比一段转化
Z_{203}	环状 19×19×19	1	NiO 8～9，Al_2O_3 69～70	450～1300	≤4	二段转化
Z_{204}	环状 16×16×16	1.1～1.2	NiO≤14，Al_2O_3 约55，CaO 约10	500～1250	～3.6	二段转化
Z_{205}	环状 25×17×10	1.1～1.2	NiO 约17，Al_2O_3 约90，CaO 约3.5			二段转化热保护剂
Z_{402}	环状 16×6×16	1.1～1.2	NiO 约17，Al_2O_3 约30，CaO 7，MgO 11.85，SiO_2 12.88			石脑油一段转化管上半部用
Z_{405}	环状 16×16×6	1～1.1	NiO 约11，Al_2O_3 约76，CaO 13			石脑油一段转化管下半部用

表 3-7　反应式(3-12) 的平衡常数

温度/K	500	600	700	800	900	1000	1100	1200
$K_p = \dfrac{p_{H_2O}}{p_{H_2}}$	309	282	278	256	251	245	240	235

还原反应式(3-12) 的平衡常数 K_p 与温度 T 的关系为

$$\lg K_p = \frac{98.3}{T} + 2.29 \tag{3-13}$$

由表 3-7 可见，当还原温度为 900K 时，K_p 值为 251。由式(3-13) 计算可得若氢气含量高于 0.4% 以上时，就能使氧化镍还原为金属镍。但工业生产中一般不采用纯氢气进行还原，而是通入水蒸气和天然气的混合物，只要催化剂局部地方有微弱活性并产生极少量的氢，就可进行还原反应，还原的镍立即具有催化能力而产生更多的氢。为了使顶部催化剂得到充分还原，也可以在天然气中配入一些氢气。

2. 催化剂的钝化

经过还原后的镍催化剂，遇空气急剧氧化，放出的热量能使催化剂失去活性，甚至熔化。因此，在卸出催化剂之前，应先缓慢地降温，然后通入蒸汽或蒸汽加空气，使催化剂表面缓慢氧化，形成一层氧化镍保护膜，这一过程称为钝化，其反应式为

$$2Ni + O_2 \Longrightarrow 2NiO + 485.7kJ \tag{3-14}$$

$$Ni + H_2O \Longrightarrow NiO + H_2 - 1.3kJ \tag{3-15}$$

钝化后的催化剂遇空气时不再发生氧化反应。

钝化温度不能超过 550℃，因为在 600℃ 时镍催化剂能生成铝酸镍（$NiAl_2O_4$）温度愈高，铝酸镍生成量愈多。由于铝酸镍在还原时不容易还原成金属镍，故应当尽量避免催化剂钝化时生成铝酸镍。

三、催化剂的中毒与再生

当原料气中含有硫化物、砷化物、氯化物等杂质时，都会使催化剂中毒而失去活性。催化剂中毒分为可逆中毒和不可逆中毒。所谓可逆中毒，即催化剂中毒后经适当处理仍能恢复其活性，也称为暂时中毒。不可逆中毒是指中毒后的催化剂再不能恢复活性，也称为永久性中毒。

砷化物可使催化剂产生永久性中毒，硫化物、氯化物则使催化剂产生暂时中毒，原料气中的有机硫能与氢气或水蒸气作用生成硫化氢，而使镍催化剂中毒。中毒后的催化剂可以用过量蒸汽处理，并使硫化氢含量降到规定标准以下，催化剂的活性就可以逐渐恢复，这种使中毒的催化剂又重新恢复其活性的过程叫催化剂的再生。

第四节　烃类蒸汽转化的工业方法

气态烃类转化是一个吸热过程。按供热方式不同可分为部分氧化法和二段转化法。对合成氨生产而言，多采用二段转化流程。

甲烷作为氨合成过程的惰性气体，它在合成循环气中逐渐积累，不利于氨的合成反应。理论上，转化气中甲烷含量越低越好，但甲烷含量越低，水碳比及转化温度越高，蒸汽消耗量就越大，设备材质要求也越高。兼顾设备材质和工艺要求，工业上采用了分段转化流程。

蒸汽和天然气在装有催化剂的一段管式炉内转化到一定深度后，再在二段转化炉中通入适量空气进一步转化。在一段转化炉内，其反应所需热量由天然气在管外燃烧供给（外热式）。而二段转化炉所需的反应热则由空气和一段转化气中部分可燃气体反应获得（自热式）。

在二段转化炉顶部，主要进行的是燃烧反应：

$$2H_2 + O_2 \rightleftharpoons 2H_2O(g) + 484kJ \tag{3-16}$$

$$2CO + O_2 \rightleftharpoons 2CO_2 + 566.5kJ \tag{3-17}$$

$$CH_4 + 2O_2 \rightleftharpoons CO_2 + 2H_2O + 802.5kJ \tag{3-18}$$

$$2CH_4 + O_2 \rightleftharpoons 2CO + 4H_2 + 71kJ \tag{3-19}$$

反应放出的热量，使气体温度升至 $1200 \sim 1300℃$，高温气体进入催化剂层的中部主要进行的是甲烷转化和变换反应：

$$CH_4 + H_2O \rightleftharpoons CO + 3H_2 - 206.4kJ \tag{3-20}$$

$$CO + H_2O \rightleftharpoons CO_2 + H_2 + 41.2kJ \tag{3-21}$$

转化炉内的温度沿着催化剂床层自上而下逐渐降低，到二段转化炉的出口处降至 $1000℃$ 左右。

由以上反应可以看出，二段转化的目的有两个，一是将一段转化气中的甲烷进一步转化，二是通过加入空气以提供氨合成所需要的氮气，同时燃烧一部分转化气（主要是氢）而实现内部换热。

一般情况下，一、二段转化气中残余甲烷量分别按 10%、0.5% 设计。典型的二段体转化炉进、出口气体组成如表 3-8 所示。

表 3-8　二段转化炉进、出口转化气组成 (φ)　　　　　　　　　单位：%

组　分	H_2	CO	CO_2	CH_4	N_2	Ar	合计
进口	69.0	10.12	10.33	9.68	0.87	—	100
出口	56.4	12.95	7.78	0.33	22.26	0.28	100

第五节　工艺条件的选择

烃类蒸汽转化的工艺条件包括压力、温度和水碳比。

一、压力

尽管提高操作压力对转化反应的平衡不利，但由于提高压力使反应速率、传热速率和传热系数都有所改善；气体压缩后体积缩小，原料气制备设备、净化设备与热回收设备尺寸可减小，因而可减少设备投资；由于氨的合成反应是在高压下进行的，制取的氢、氮气最终需加压到 14.7～31.4MPa，而烃类蒸汽转化反应是体积膨胀的反应，气体压缩功与气体的体积成正比，因此压缩原料烃的压缩功低于压缩转化气的压缩功，为了节约压缩功，提高蒸汽转化的操作压力是合理的；此外，转化后原料气的变换、脱碳、甲烷化等处于几乎相同的压力下操作，提高压力可消除原流程中因升降压而造成的冷热病，从而降低生产成本；提高操作压力，使反应后剩余的水蒸气分压提高，冷凝温度（即露点温度）也提高，过量蒸汽在较高温度下冷凝为液体，并放出冷凝热（即潜热），余热的利用价值提高，有利于热量的回收。

综上所述，提高压力后会带来一系列好处，因此工业生产采用加压操作。由于转化压力提高到一定数值后，总能耗的减少量也呈下降趋势，所以转化压力不宜过高。目前生产中转化操作压力一般为 1.4～4MPa。

需要指出的是加压操作需要采用提高转化温度和水碳比来弥补压力提高对转化反应平衡的不利影响。当水碳比一定时，提高转化温度是唯一可行的办法。

二、温度

无论从化学平衡还是从反应速率角度来考虑，提高温度均有利于转化反应。但温度的提高又受到转化设备管材耐温性能的限制。

1. 一段转化炉出口温度

一段转化炉出口温度是决定转化气出口组成的主要因素。提高出口温度及水碳比，可降低残余甲烷含量。为降低工艺蒸汽的消耗，希望降低一段转化的水碳比，在残余甲烷含量不变的情况下，只有提高温度。但温度对转化管的使用寿命有着至关重要的影响。以 HK-40 的耐热合金钢制转化管为例，当管壁温度为 950℃时，管子的寿命为 84000h，若温度提高 10℃，则其寿命就会缩短为 6000h。所以，在可能的条件下，转化管出口温度不要太高，需视转化压力不同而有所区别。大型合成氨厂转化操作压力为 3.2MPa 时，出口温度为 800℃。

2. 二段转化炉的出口温度

二段转化炉的出口温度在二段压力、水碳比和出口残余甲烷含量确定后，即可确定下来，例如压力为 3.0MPa，水碳比为 3.5，二段出口转化气残余甲烷含量小于 0.5% 时，出口温度控制在 1000℃左右。

工业生产表明，一、二段转化炉的实际出口温度都比出口气体组成相对应的平衡温度高，这两个温度之差称为平衡温距。

平衡温距与催化剂的活性和操作条件有关，一般其值越低，说明催化剂的活性越好。工业设计中，一、二段转化炉的平衡温距通常分别在 10～15℃ 与 13～30℃ 之间。

三、水碳比

水碳比是原料气的组成因素，是操作变量中最容易改变的一个。提高进入转化系统的水碳比，不仅有利于降低甲烷平衡含量，也有利于提高反应速率，更重要的是有利于防止析炭。但水碳比过高，一段转化炉蒸汽用量会增加，系统的阻力也会增大，能耗增加，同时还会使二段转化炉的工艺空气量加大，并且还将增加后系统蒸汽冷凝的负荷。因此水碳比的选用应当综合考虑。经核算可知，同一氨厂在不同负荷运行下，其最经济的水碳比是不相同的。例如，20 世纪 70 年代引进的凯洛格型氨厂，在 100% 负荷时水碳比控制在 3.1～3.3 是合适的，而 80 年代推出的节能型工艺中水碳比控制在 2.5～2.7。

四、空间速率

空间速率简称"空速"，一般是指每立方米催化剂每小时通过原料气的体积（标准立方米），单位是 $m^3/(m^3 \cdot h)$，也可写成 h^{-1}。

工业装置中合适的空速的选择是受多方面因素制约的，不同的转化催化剂所允许采用的空速不相同，改变催化剂外形、改善供热条件均可促使提高许用的空速。

空速提高时，转化管内阻力增加，对一定的转化装置允许的最大阻力往往也成为提高空速的制约因素。

不同的炉型、不同的工艺条件下，允许采用的空速也不相同。目前工业转化炉采用的空速（甲烷计）范围一般在 800～1800h^{-1}。

第六节　工　艺　流　程

由烃类制取合成氨原料气，目前采用的蒸汽转化法有美国凯洛格（Kellogg）法、丹麦托普索（Topsфe）法、英国帝国化学公司（ICI）法等。但是，除一般转化炉炉型、烧嘴结构是否与燃气透平匹配等方面各具特点外，在工艺流程上均大同小异，都包括一、二段转化炉，原料气预热，余热回收与利用等。图 3-7 是日产 1000t 氨的两段转化的凯洛格传统工艺流程。

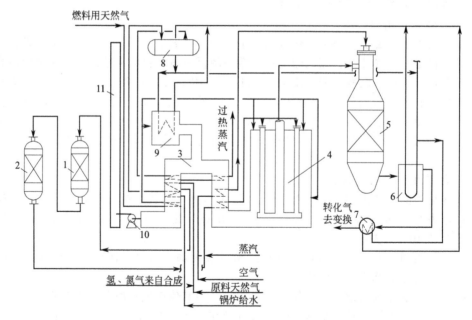

图 3-7　天然气蒸汽转化工艺流程

1—钴钼加氢反应器；2—氧化锌脱硫槽；3——对流段（一段炉）；4——辐射段（一段炉）；5—二段转化炉；
6—第一废热锅炉；7—第二废热锅炉；8—汽包；9—辅助锅炉；10—排风机；11—烟囱

如图 3-7 所示，原料天然气经压缩机加压到 4.15MPa 后，配入 3.5%～5.5% 的氢（氨合成新鲜气），在一段转化炉对流段 3 的盘管中被加热至 400℃，进入钴钼加氢反应器 1 进行加氢反应。将有机硫转化为硫化氢，然后进入氧化锌脱硫槽 2，脱除硫化氢。出口气体中硫的体积分数低于 0.5×10^{-6}，压力为 3.65MPa，温度为 380℃左右，然后配入中压蒸汽，水碳比约达到 3.5，进入对流段盘管，加热到 500~520℃，送到辐射段 4 顶部原料气总管，再分配进入各转化管。气体自上而下流经催化床，边吸热边反应，离开转化管的转化气温度为 800~820℃，压力为 3.14MPa，甲烷含量约为 9.5%，汇合于集气管，再沿着集气管中间的上升管上升，继续吸收热量，使温度达到 850~860℃，经输气总管送往二段转化炉 5。

工艺空气经压缩机加压到 3.34~3.55MPa，配入少量水蒸气进入对流段空气加热盘管，预热到 450℃左右，进入二段炉顶部与一段转化气汇合，在顶部燃烧区燃烧，温度升到 1200℃左右，再通过催化剂床层反应。离开二段炉的气体温度约为 1000℃，压力为 3.04MPa，残余甲烷含量 0.3%左右。

为了回收转化气的高温热能，二段转化气通过两台并联的第一废热锅炉 6 后，接着又进入第二废热锅炉 7，这三台废热锅炉都产生高压水蒸气。从第二废热锅炉出来的气体温度约 3700℃，送往变换工段。

燃料天然气在对流段预热到 190℃，与氨合成弛放气混合，然后分为两路。一路进入辐射段顶部烧嘴燃烧，为转化反应提供热量，出辐射段的烟气温度为 1005℃左右，再进入对流段，依次通过混合气预热器、空气预热器、蒸汽过热器、原料天然气预热器、锅炉给水预热器和燃料天然气预热器，回收热量后温度降至 250℃，用排风机 10 送入烟囱 11 排放。另一路进对流段入口烧嘴，燃烧产物与辐射段来的烟气汇合。该处设置烧嘴的目的是保证对流段各预热物料的温度指标。此外还有少量天然气进辅助锅炉 9 燃烧，其烟气在对流段中部并入，于一段炉共用一对流段。

为了平衡全厂蒸汽用量，设置了一台辅助锅炉，和其他几台锅炉共用一个汽包 8，产生 10.5MPa 的高压蒸汽。

第七节　主要设备及操作控制要点

一、一段转化炉

一段转化炉是烃类蒸汽法制氨的关键设备，它由包括若干根反应管与加热室的辐射段以及回收热量的对流段两个主要部分组成。由于反应管长期处于高压、高温和气体腐蚀的苛刻条件下，需采用耐热合金钢管，因此费用昂贵，整个转化炉的投资约占全厂的 30%，而反应管的投资则为一段转化炉的一半。

1. 炉型

各种不同炉型的一段转化炉反应管都竖排在辐射段内，管内装催化剂，含烃气体和水蒸气的混合物都由炉顶自上而下进入，并进行反应。管外加热室有若干烧嘴，燃烧气体或液体燃料，产生的热量以辐射方式传给管壁。因烧嘴位置不同而分为顶部烧嘴炉、侧壁烧嘴炉、梯台炉和圆筒炉等。现将几种炉型的特点介绍如下。

（1）顶部烧嘴炉　外形成方箱形，炉膛内有若干排转化管，烧嘴安装在炉顶，每排炉管两侧有一排烧嘴，烟道气从下烟道排出。该炉的优点是炉管少，操作管理方便，炉管排数可按需要增减。缺点是轴向烟雾道气温变化较大，温度调节较困难。如图 3-8 所示。

（2）侧壁烧嘴炉　外形呈长条形，炉管在炉膛内呈锯齿形排成两行或直线单行排列。烧嘴分成多排，水平布置在辐射段两侧的墙上。其优点是烧嘴可沿辐射段两侧的墙上下任意布置，因此沿炉管轴向受热情况良好，周边受热均匀，可以得到比较均匀的炉管外壁温度分布，这种炉型的最大特点是可以根据需要调节温度。为了避免火焰对炉管的冲击，可采用无

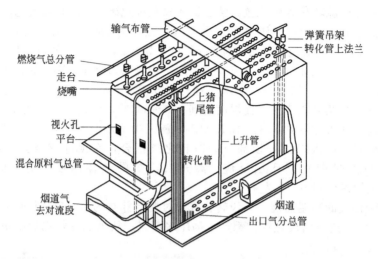

图 3-8　顶部烧嘴转化炉（凯洛格）

焰烧嘴或碗式烧嘴。缺点是转化炉占地面积较大，烧嘴数量多，管线复杂，操作和维修比较困难。如图 3-9 所示。

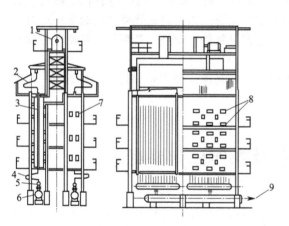

图 3-9　侧壁烧嘴转化炉（托普索）

1—引风机；2—上猪尾管；3—转化管；4—下猪尾管；
5—总分管；6—衬里总管；7—视孔；
8—烧嘴；9—去二段转化炉总管

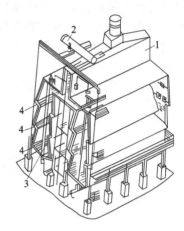

图 3-10　梯台炉

1—对流段；2—汽包；3—转化管；4—烧嘴

（3）梯台炉　是改进的侧烧炉，具有热流分布合理、温度易于控制和调节、可充分利用炉管面积的优点，但结构比较复杂。炉体为狭长形，辐射段内设有单排或双排炉管，并有一个重叠于另一个之上的 2～3 个梯台，烧嘴布置在每个台阶上，火焰从烧嘴砖的沟槽内喷射出来，先将倾斜壁面加热，然后壁面将热量以辐射的形式传给炉管，故受热均匀。对流段位于辐射段顶，烟气出对流段后，从顶部到底部，经引风机由烟囱排出。如图 3-10 所示。

2. 转化管

目前，工业上采用的转化管为 HK-40 的高合金管材。管子内径 71～140mm，壁厚 11～18mm，总长 10～12m，一般由三、四段焊接而成。国外大型氨厂为了强化传热，减少燃料消耗，降低单位成本，采用了薄管壁，用机械强度较高的 HP-Nb 作为高温管材。

转化管的结构分为冷底式、热底式和套管式三种，如图 3-11 所示。

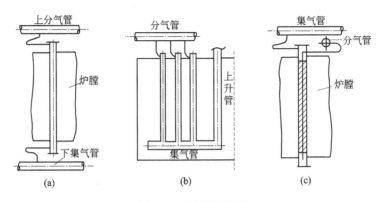

图 3-11　炉管的形式
(a) 冷底式；(b) 热底式；(c) 套管式

（1）冷底式　指转化管伸出辐射段，有下法兰，便于装卸催化剂，国内设计的炉管都采用这种结构。

（2）热底式　指炉管不伸出辐射段，无下法兰。

（3）套管式　为冷底，烃类和蒸汽由套管内管流下，折回上升，通过催化剂层进行转化反应，然后流出管外。

（4）排管式　通常采用弯成S形或半圆形的细管将转化管与集气管连接起来，这种细管又称"猪尾管"。有些炉型只有上猪尾管，炉管下端直接焊在一根水平的下集气管上，若干根炉管排成一排，整个这排都放在炉膛内，这种炉型称为排管式。凯洛格公司的炉型就是这种排管式，如图 3-12 所示。

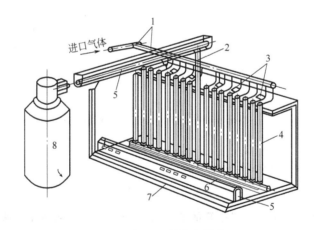

图 3-12　凯洛格排管式转化炉
1—进气总管；2—升气管；3—顶部烧嘴；4—炉管；5—烟道气出口；
6—下集气管；7—耐火砖炉体；8—二段转化炉

排管式用上猪尾管连接上集气管和炉管，每根炉管用弹簧悬挂于钢架上，受热后可以自由向下延伸，但是上升管下部与集气管连接，上部则焊在输气总管上，而炉管底部又焊在下集气管上，都是属于刚性连接，下集气管的热膨胀会使炉管平等移动，输气总管的热膨胀会使升气管倾斜。

二、二段转化炉

二段转化炉为一立式圆筒，壳体材质是碳钢，内衬耐火材料，炉外有水夹套。

图 3-13 为凯洛格型二段转化炉的结构。一段转化气从顶部的侧壁进入炉内，空气从炉顶进入空气分布器。空气分布器为夹层式，空气先通过夹层，从内层底部的中心孔进入里层，再由喷头上的三排 50 个小管喷出，空气流过夹层对喷头表面和小管有冷却作用。空气从小管喷出后，立即与一段转化气混合燃烧，温度可高达 1200℃，然后高温气体自上而下经过催化剂床层，在床层之上铺一层六角形砖，中间的 37 块砖无孔，其余每块砖上开有 $\phi 9.5mm$ 小孔 9 个。

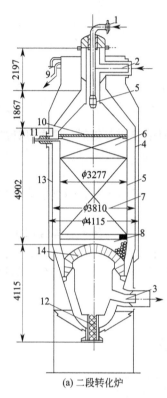

(a) 二段转化炉

1—空气、蒸汽入口；2—一段
转化气入口；3—二段
转化气入口；4—壳体；5—耐
火材料衬里；6—耐
高温铬基催化剂；7—转化催化剂；8—耐火球；
9—夹套溢流水出口；10—六角形砖；11—温度计
套管；12—人孔；13—水夹套；14—拱形砌体

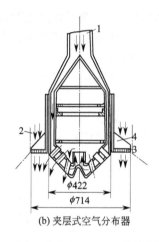

(b) 夹层式空气分布器

1—空气、蒸汽入口；2——段转化气
入口；3—多孔型环板；4—筋板

图 3-13　凯洛格型二段转化炉（单位：mm）

为了保证气体通过空气分布器小管的流速（大于 30m/s）和防止外表面温度过高，在空气中还配入 10％的水蒸气。

由于含硅化合物在高温下易挥发，并随转化气进入后系统，沉积在废热锅炉等设备内，既降低传热效率，又增加了阻力，因此，要求二段转化炉的耐火衬里及床层上部的六角砖中二氧化硅含量都应小于 0.5％。

凯洛格型二段转化炉，添加的空气量是按氨合成所需氢氮比加入的。对采用过量空气的 Bralln 型 ICIAMV 型流程，理论燃烧温度可达 1350℃，为防止局部温度过高，导致镍催化剂烧毁和损坏设备，其二段转化炉采用如图 3-14 的结构。

如图 3-14 所示，一段转化气从炉底部进入，经中心管上升，由气体分布器入炉顶部空间；然后与从空气分布器出来的空气相混合以进行燃烧反应。

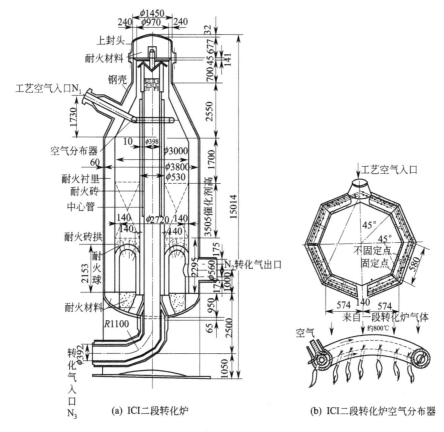

图 3-14　ICI 二段转化炉（单位：mm）

第八节　气态烃蒸汽转化的新技术

在以烃类蒸汽转化制取原料气的合成氨厂中，能耗主要在两个方面，一是原料烃类的消耗，二是燃料烃类的消耗。就工厂现状分析，原料烃消耗已接近理论值。燃料烃消耗则远远超过理论值。因此，在烃类蒸汽转化法生产合成氨的工厂中，节能的主攻方向是降低燃料烃类的消耗。目前已开发应用的主要节能技术有：降低烟气排放温度；采用低水碳比操作；调整一、二段转化炉负荷；采用热交换型转化炉等。

调整一、二段转化炉，减少燃料天然气的用量，降低一段转化炉的负荷，残余甲烷含量由传统流程的 10%提高到 30%左右，使较多的甲烷转移到二段炉转化。在二段转化炉中加入过量空气或富氧空气，过剩的氮采用深冷分离法在合成工段前（布朗流程）或合成回路中（ICIAMV）除去。这样使一段转化炉操作温度降低，燃料气消耗减少。

降低烟道气排放温度。传统转化流程中，烟道气排放温度为 250℃，为回收烟道气的显热，可采用旋转蓄热换热器或热管换热器来加热助燃空气，把烟道气的排放温度降到 140℃。

采用低水碳比操作。通过使用高活性及抗析炭的新型催化剂，使进料气中的水碳比由传统流程的 3.5 降到 2.75 或更低，有效地降低了一段转化炉的热负荷，燃料气的消耗大大降低。

采用换热型转化器。换热型转化器是取消传统的一段炉，而将一段转化在立式的管式换

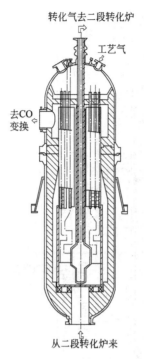

图 3-15 热交换型转化炉

热器中进行，如图 3-15 所示。

管内充填催化剂，管外热源由二段炉高温出口气提供，从而降低燃料烃的消耗，并取消了现有分为辐射段和对流段、结构复杂、造价昂贵的一段炉。

第九节 轻质油蒸汽转化

一、反应过程

轻油中的烷烃和芳香烃的转化反应过程是不相同的。烷烃在温度低于 650℃时发生催化裂解，生成甲烷和不饱和烃；温度高于 65℃时发生热裂解，生成低级烃和不饱和烃。然后，甲烷、低级烃与水蒸气反应，生成氢、一氧化碳和二氧化碳。芳香烃则直接催化裂解成氢、一氧化碳和二氧化碳。反应物的最终组成是由一氧化碳的变换反应所决定的。

轻油转化反应总结果可用下式表示（C_nH_m 代表轻油）：

$$C_nH_m + nH_2O \Longrightarrow nCO + \left(n + \frac{m}{2}\right)H_2 - Q \tag{3-22}$$

$$CO + H_2O \Longrightarrow CO_2 + H_2 + 41kJ \tag{3-23}$$

轻油转化过程的副反应如下：

$$C_nH_m \Longrightarrow nCH_x + \frac{m - nx}{2}H_2 - Q \tag{3-24}$$

$$CH_x \Longrightarrow C + \frac{x}{2}H_2 - Q \tag{3-25}$$

由以上反应可以看出，轻油蒸汽转化反应的最终产物与天然气蒸汽转化反应一样，仍然是一氧化碳、氢、二氧化碳、水蒸气及甲烷。由于轻油中高碳烃含量多，而且还含不饱和烃，因此析炭是一个突出的问题。

二、防止石脑油析炭的方法

如前所述，提高水碳比是防止析炭的一个方法。但过高的水碳比不仅使蒸汽耗量增加，而且仍然不能彻底解决石脑油析炭的问题。防止析炭的有效办法是改进催化剂。研究表明，催化剂中的酸性载体对析炭有利，若改用碱性载体和加碱中和，就可达到不会有炭析出的目的。目前工业上采用的方法有以下几个。

1. 用氧化钾作促进剂

在镍催化剂中加入氧化钾，就可以在低水碳比下实现石脑油蒸汽转化，原因有两点。

（1）氧化钾与酸性载体中和　可以防止石脑油裂解为烯烃，以防止烯烃脱氢生成炭黑。

（2）有除炭的作用　若催化剂表面已有炭黑生成，氧化钾具有促进炭和水蒸气反应的能力。

由于钾在高温下挥发，流失的钾在以后的设备中析出会降低传热效率，增加系统阻力等。为解决钾转移问题，可将催化剂中的钾合成为 $KAlSO_4$（钾霞石）形式以储存钾，在石脑油蒸汽转化过程中，钾又以一定速率释放出来。

考虑到炭黑是在 $625\sim650℃$、距转化管进口 1/3 处生成，可以采用分段装填不同钾含量的催化剂，即上部装含钾的，下部装不含钾的催化剂。

2. 用氧化镁作载体

虽然用钾霞石储存钾来减少流失，但不能根本解决钾的转移问题，于是采用氧化镁作载体，但又因氧化镁与水蒸气产生水合作用，会影响催化剂的强度。为弥补这一不足之处，再加入少量氧化铝，在高温下烧结成镁铝尖晶石来解决。

三、工艺流程

1. 石脑油与天然气蒸汽转化工艺的区别

石脑油是轻油的一种，其组成随原油的类型、产地以及馏分分割范围不同而有差异。石脑油属于高分子量的液态烃，碳氢比高于甲烷，一般含有烷烃、环烷烃、芳香烃和少量烯烃。石脑油蒸汽转化法的要害是析炭，必须选择抗析炭性能较强的催化剂。石脑油虽然与天然气成分差别很大，但它们蒸汽转化的工艺流程大同小异，其区别主要有以下三点。

（1）石脑油需先气化，再以气态形式与水蒸气在镍催化剂作用下，进行转化反应。

（2）石脑油中硫含量一般比气态烃类原料要高，在蒸汽转化之前需严格脱硫。

（3）石脑油中所含烃类的碳原子数多，除烷烃外，还有芳香烃，除饱和烃外，还有不饱和烃，转化过程更易析炭，必须采用抗析炭的催化剂。

2. 石脑油蒸汽转化工艺流程

如图 3-16 所示，原料油中配入一定量的含氢气体，并满足氢油比为 0.65（摩尔比），在气化器 1 中预热 400℃并气化后进入脱硫槽 2，脱除硫化物后进一段转化炉 4。出一段炉的转化气，压力约为 3.34MPa，温度在 $790\sim800℃$ 之间，其典型组成如表 3-9 所示。

表 3-9　出一段炉转化气气体的组成

组　分	CO	CO_2	CH_4	H_2	N_2
$y_i/\%$	11.05	15.91	8.15	64.11	0.78

往二段转化炉 5 中加入适量空气，出口气体压力约为 3.1MPa，温度约 960℃，其典型组成如表 3-10 所示。

表 3-10　出二段炉转化气气体的组成

组　分	CO	CO_2	CH_4	H_2	N_2	Ar
$y_i/\%$	13.45	11.90	0.306	52.75	21.35	0.244

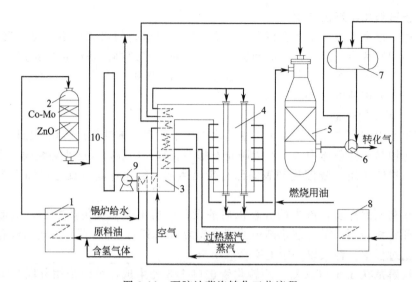

图 3-16　石脑油蒸汽转化工艺流程

1—气化器；2—脱硫槽；3—对流段；4——段转化炉；5—二段转化炉；6—废热锅炉；
7—汽包；8—辅助蒸汽预热器；9—引风机；10—烟囱

经废热锅炉 6 回收热量后，转化气温度降到 370℃左右，进中温变换炉。

思考与练习

1. 合成氨生产所用的原料烃有哪些？分别说明其来源情况。
2. 烃类制气的生产技术有哪些？通过分析比较哪种被广泛采用的原因何在？
3. 简述烃类蒸汽转化的基本原理。
4. 分析说明影响烃类蒸汽转化化学反应平衡及速率的主要因素。
5. 分析说明影响析炭反应的主要因素，并简述抑制炭黑生成的方法。
6. 什么是催化剂？催化剂的组成？说明催化剂在化工生产中的作用。
7. 说明烃类蒸汽转化催化剂的活性组分、载体和助催化剂。
8. 为何要进行催化剂的还原？怎样进行催化剂的还原与钝化操作？
9. 什么叫催化剂的中毒、再生？
10. 烃类转化的工业方法有哪些？为什么在转化过程中要进行分段？
11. 说明烃类转化工艺条件的选择依据。
12. 画出天然气蒸汽转化的凯洛格工艺的生产流程图并从技术与经济两方面加以分析比较。
13. 说明天然气蒸汽一段转化炉的种类与结构特点。
14. 结合下厂实习或校内观摩教学，说明当地合成氨厂蒸汽转化炉的结构特点，画出结构示意图。
15. 目前天然气蒸汽转化有哪些新技术？
16. 说明天然气蒸汽转化炉的生产操作控制要点是什么。
17. 通过中试装置，对甲烷催化反应在不同温度、水碳比和空速条件下进行转化率的测定进行实验操作，进一步掌握气固相催化反应的特点。具体要求是：（1）做好记录。（2）绘制出催化剂升温还原曲线，并进行分析。（3）绘制出温度、水碳比和空速与转化率之间的关系曲线图，说明结论并与理论学习内容进行对比。
18. 结合下厂实习画出当地合成氨厂天然气蒸汽转化生产工艺带控制点的流程图，并说明其技术经济特点。

第四章　空气的分离与惰性气体的制备

【学习目标】

1. 了解空气分离与惰性气体制备在合成氨生产中的意义，掌握空气液化分离、惰性气体制备的基本原理。

2. 掌握空气液化分离、惰性气体制备的工艺流程及主要设备的结构与作用。

第一节　概　　述

以固体燃料为原料的加压连续气化及重质烃类部分氧化制取合成氨原料气时都需要设置空气分离装置，一方面为气化过程提供氧气，另一方面可以为合成氨提供原料气氮气。由于氮气性质稳定，在合成氨生产中是最理想的惰性气体。因此，氮气常用于工艺管道及设备的吹扫与置换。所以空气分离技术在合成氨工业中占有重要的位置。

空气分离的方法有液化精馏及分子筛吸附两种类型。由于分子筛吸附能耗较高，仅适用于小气量的独立用户。而合成氨生产所需 O_2、N_2 量较大，并且纯度较高，多用液化精馏方法分离空气。其分离过程中可具体分为空气的净化、空气的液化和空气的分离。

一、空气的净化

空气是一种由多种气体组成的混合物。其组成如表 4-1 所示。

表 4-1　空气的组成与各组分的物化参数

名称	分子式	相对分子质量	组成(体积分数)/%	沸点(0.1MPa)/℃	临界参数	
					临界温度/℃	临界压力/MPa
空气		28.95	100	-194.36	-140.6	3.78
氮气	N_2	28	78.09	-195.8	-146.9	3.40
氧气	O_2	32	20.95	-183	-118.4	5.08
氩	Ar	39.9	0.93	-185.9	-122.5	4.86
氖	Ne	20	1.8×10^{-3}	-246.1	-228.7	2.72
氦	He	4.0	5.2×10^{-4}	-268.9	-267.9	0.23
氪	Kr	83.7	1.08×10^{-4}	-153.4	-63.8	5.47
氙	Xe	131	0.86×10^{-5}	-108.1	-16.6	5.9
氢气	H_2	2	5×10^{-5}	-252.8	-240	4.86

由表 4-1 可知，空气中除了氮、氧、氩外，其余组分含量甚微，因此常把空气看作是氮-氧-氩三元混合物，为了进一步简化，将空气中的氩并入氮中，空气可近似看作氮-氧二元混合物。

空气中除氮、氧、氩及稀有气体外，还含有水蒸气、二氧化碳及乙炔等有害气体及灰尘。灰尘能磨损压缩机；水蒸气、二氧化碳在低温下会凝固成冰与干冰，堵塞管道与设备；碳氢化合物特别是乙炔在含氧介质中受到摩擦、冲击或静电作用，会引起爆炸。为了保证空分过程安全及长周期运行，这些杂质必须加以清除。大中型空分装置对原料空气的要求如表 4-2 所示。

表 4-2　大中型空分装置对原料空气的要求

杂质	机械杂质(标)	二氧化碳	乙炔	C_nH_m
允许含量	$<30mg/m^3$	$350mL/m^3$	$0.5mL/m^3$	$\leqslant30mL/m^3$

1. 机械杂质的脱除

机械杂质会影响空气压缩机的正常运转。当使用离心式压缩机时，较粗大的干性杂质会造成叶片的磨损，而黏性的含炭细灰会沉积在叶片上，导致压缩机效率降低，转子叶片积灰多时还会产生震动，严重时被迫停车处理。因此，压缩机进气前的灰尘必须进行清除。

空气中灰尘大多以过滤为主，并辅之以惯性或离心式来处理，大中型空分均使用无油的干式除尘器。目前国内外空分装置使用的空气过滤器有惯性除尘器、电动卷帘式干带过滤器、脉冲袋式过滤器、动环袋式过滤器和脉冲"纸"筒式过滤器。惯性除尘器和电动卷帘式干带过滤器一般用于空气的初步除尘，脉冲袋式过滤器是一种高效的自动清灰精滤器，脉冲"纸"筒式过滤器是精滤器的一种。脉冲"纸"纤维素混合物制成厚约 0.5mm 的滤"纸"作为基材，将这种滤纸反复折叠成 50mm 的带状，然后再将此带围成类似于白褶裙状的圆筒，如图 4-1 所示。筒分直形和锥形两种，其内外壁均用金属网加以保护，每两种圆筒合在一起组成一个完整的过滤单元。用金属构架将两筒紧密连接并固定在垂直安装的钢花板上，而过滤筒则呈水平放置，其工作原理是空气自滤筒外部进入通过筒壁的过滤作用将灰尘留在筒外，而清净的空气则自筒内流出。当筒外灰尘积聚到一定程度时，将一小部分滤筒与主气流隔离，同时用反吹空气自内向外反吹，将滤筒外表面所积灰尘吹落以使滤筒可以重新工作。此种过滤器过滤效率高，对 $5\mu m$ 以上的灰尘其效率可达 100%，对 $2\mu m$ 灰尘的过滤效率 $>93\%$。

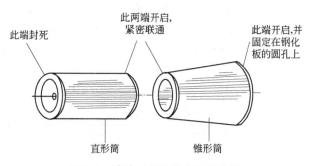

图 4-1　脉冲"纸"筒式过滤单元

2. 水分及 CO_2 的脱除

空气中的水分及 CO_2 在低温下均呈固态冰和干冰析出，造成设备和管道的堵塞，因此在空气进入冷箱之前必须加以脱除。脱除 CO_2、水蒸气一般有吸附法和冻结法。吸附法是空气通过装有分子筛或硅胶的吸附器，二氧化碳和水蒸气被分子筛或硅胶吸附，达到清除的目的。冻结法是在低温下，水分、二氧化碳以固态形式冻结在切换式换热器的通道内而被除去，经过一段时间间隔后，自动将通道切换，让干燥的返流气体通过该通道，使前一阶段冻结的水分和二氧化碳在该气流中蒸发、升华而被带出装置，另外也可用 $8\%\sim10\%$ 的氢氧化钠溶液洗涤空气中的二氧化碳。

3. 乙炔和碳氢化合物的脱除

碳氢化合物特别是乙炔进入空分装置并积累到一定程度时易造成爆炸事故，因而必须脱除。各种烃类化合物在液氧中的爆炸敏感性顺序为：乙炔、丙烯、丁烯、丁烷、丙烷、甲烷。清除空气中的乙炔采用吸附法。在低温下乙炔呈固体微粒状浮在液体空气或液体氧中，当通过装有硅胶的吸附器时，乙炔被硅胶吸附而除去。

4. 冷箱前端净化

空气经除尘、压缩、水冷后，水分、CO_2 及烃类物质还存留在其中，为了保证冷箱内设备不受堵塞并消除爆炸的危险，早期的空分采用碱洗脱 CO_2、水分，但对乙炔等烃类物质只能在冷箱内设置硅胶吸附器除去。自从分子筛吸附法被成功运用到空分净化系统后，空气进入冷箱之前的净化（前端净化）采用分子筛吸附为主的方法使各种有害气体杂质清除干净。

分子筛即人工合成沸石，为强极性吸附剂，对极性分子有很大的亲和力，并且热稳定性和化学稳定性高；分子筛具有微孔尺寸大小一致的特点，凡被处理的流体分子大于其微孔尺寸都不能进入微孔，可以起到筛分的作用，所以称之为分子筛，可分为 A 型、X 型、Y 型分子筛晶体。常用分子筛的组成及孔径如表 4-3 所示。

表 4-3 常用分子筛的组成及孔径

型　　号	SiO_2/Al_2O_3 分子比	孔径/Å	典型化学组成
3A(钾 A 型)	2	3～3.3	$\frac{2}{3}K_2O \cdot \frac{1}{3}Na_2O \cdot Al_2O_3 \cdot 2SiO_2 \cdot 4.5H_2O$
4A(钠 A 型)	2	4.2～4.7	$Na_2O \cdot Al_2O_3 \cdot 2SiO_2 \cdot 4.5H_2O$
5A(钙 A 型)	2	4.9～5.6	$0.7CaO \cdot 0.3Na_2O \cdot Al_2O_3 \cdot 2SiO_2 \cdot 4.5H_2O$
10X(钙 X 型)	2.3～3.3	8～9	$0.8CaO \cdot 0.2Na_2O \cdot Al_2O_3 \cdot 2.5SiO_2 \cdot 6H_2O$
13X(钠 X 型)	2.3～3.5	9～10	$Na_2O \cdot Al_2O_3 \cdot 2.5SiO_2 \cdot 6H_2O$
Y(钠 Y 型)	3.3～5	9～10	$Na_2O \cdot Al_2O_3 \cdot 5SiO_2 \cdot 6H_2O$
纳丝光沸石	3.3～6	约 5	$Na_2O \cdot Al_2O_3 \cdot 10SiO_2 \cdot 6～7H_2O$

注：1Å=10^{-10}m，下同。

分子筛对被吸附气体具有高的选择性。由有关吸附平衡的研究证明，气体的吸附多为放热效应。温度愈低，压力愈高，对吸附愈有利，一般认为分子筛吸附过程分两步，一是膜扩散，一是孔扩散（内扩散），晶体内扩散在吸附过程中起控制作用，要提高吸附速度，即提高孔扩散速度。国际上从 20 世纪 70 年代后期开发出 13X（NaX）型分子筛并用以取代原先使用的 5A（CaX）型，由于对吸附技术的不断改进和提高，现在大型空分已完全应用 13X 型进行空气净化处理。如图 4-2 为 13X 分子筛气体杂质穿透顺序图。由图 4-2 可见，空气中的水分、CO_2 及最具爆炸危险的乙炔都被 13X 型分子筛吸附，从而使空气进入冷箱之前彻底净化。

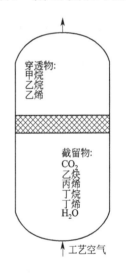

图 4-2 13X 分子筛气体杂质穿透顺序图

二、空气的液化

常温常压下，氧、氮为气体物质，在标准大气压下氧被冷却到 -183℃，氮被冷却到 -196℃时，将被液化为液体。由于氧、氮的沸点相差约 13℃，因此能够采用精馏的方法将氧、氮分离成较纯的组分。要进行精馏，首先必须将空气液化。当空气的温度降至临界温度 -140.6℃以下时，才能液化。工业上通常将获得 -100℃以下温度的方法称为深度冷冻法，简称深冷法。空气的液化必须采用深冷技术。

工业上深度冷冻一般是利用高压气体进行绝热膨胀来获得低温的。有对外不做功的等焓节流膨胀和对外做功的等熵膨胀。

1. 节流膨胀（焦耳-汤姆逊效应）

在绝热和对外不做功的条件下，高压流体通过节流阀膨胀到低压的过程称为节流膨胀。节流时由于压力降低而引起的温度变化称为节流效应（焦耳-汤姆逊效应）。由于节流过程中绝热且对外不做功，所以焓变等于零，即节流膨胀为等焓膨胀。导致节流后气体温度降低的原因是由于节流后气体的压力降低，引起气体分子间的位能增加，而动能相应减少。

由于在节流过程中的摩擦等原因产生的热量不可能完全转换成其他形式的能，所以节流过程是不可逆过程，为熵值增加的过程。

2. 等熵膨胀

等熵膨胀是在绝热条件下将被压缩介质由高压膨胀到低压并同时输出外功的过程。等熵膨胀过程由于对外做功，使膨胀后的气体不仅温度降低，同时还产生冷量。等熵膨胀的降温效果比节流膨胀的降温效果更好。只是膨胀机的结构要比节流阀复杂。

以节流膨胀为基础的深度冷冻循环称为一次节流循环。一次节流循环流程简单但效率较低。利用气体做外功的等熵膨胀所产生的冷量使空气液化，再与节流阀配合构成深度冷冻循环系统，这个系统就是法国工程师克劳德提出的带膨胀机的低压循环法。克劳德当时使用的是效率只有 60％的往复式膨胀机，后来前苏联科学院院士卡皮查使用高效率的透平膨胀机（效率达到 80％～82％）代替往复式膨胀机，在低压（0.6～0.7MPa）下使空气液化获得成功，这使得实际膨胀过程更接近于等熵膨胀过程。

三、空气的分离

空气经低温液化后，送入双级精馏塔内利用液体精馏原理将液态的氧-氮混合物进行分离。

第二节　空气分离的工艺流程

根据操作压力的不同，空分流程可分为高压（7.1～20.3MPa）、中压（1.5～2.5MPa）和低压（＜1MPa，一般为 0.6MPa 左右）型。目前大中型空分装置普遍采用低压流程。

低压空气膨胀型空分流程采用外压式供氧、氮，以分子筛吸附净化作为冷箱的前端净化，使各种有害气体杂质在进入冷箱之前清除干净。其全过程可用框图 4-3 表示。

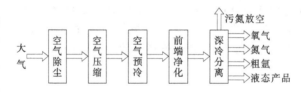

图 4-3　空分装置全过程框图

图 4-4 所示是中国杭州制氧机厂生产的定型产品流程。空气除尘采用脉冲袋式过滤器，空气压缩为离心式等温压缩机，空气预冷采用直接接触型配液氨制冷，常温分子筛前端净化，深冷精馏系统采用低压透平式膨胀机和提取高纯度氧和高纯度氮的空气膨胀式双级精馏塔。这种装置只能提供常压氧、氮产品，还可同时生产液氧和液氮及粗氩。氧（＞99.6％）产量最高（标）10000m³，氮产量相应为（标）18000m³。

图 4-5 所示为 KDON-6000/13000Ⅱ型空分工艺流程。

空气经空气吸入塔和空气过滤器过滤后，经空气透平压缩机加压到 0.5～0.6MPa 后，由空气冷却塔底部进入，经塔顶喷淋下来的冷却水洗涤降温后，从塔顶引出进入分子筛纯化器，水分和二氧化碳被分子筛所吸附，空气经主换热器进入精馏塔下塔，初步精馏。一部分空气从主换热器抽出与旁通阀来的空气汇合经透平膨胀机进入空气精馏上塔进行精馏。

空气经精馏下塔的液体过冷器过冷，节流入空气精馏上塔中部。空气精馏下塔的顶部的纯氮进入主冷凝器被液氧冷凝成液氮。纯氧从空气精馏上塔下部引出，在主换热器中复热后送往塔外和主冷凝器部分液氧喷射器蒸发的氧气一起送往氧气总管。纯氮从空气精馏上塔顶部引出在液氮过冷器与主换热器中复热后，送出塔外到氮气主管。

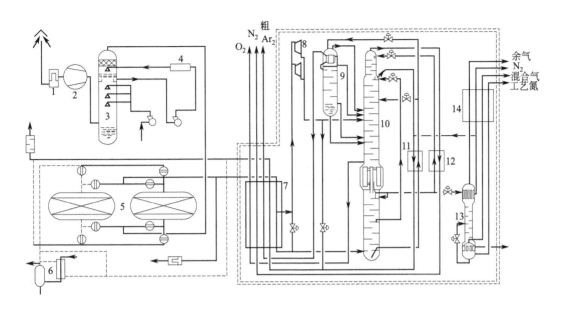

图 4-4 低压空气膨胀型空分流程

1—空气过滤器；2—空气透平压缩机；3—喷淋冷却器；4—氨冷却器；5—分子筛吸附器；
6—蒸汽加热器；7—主热交换器；8—透平膨胀机组；9—粗氩塔；10—双级精馏塔；
11—液体过滤器；12—液氮过滤器；13—精氩塔；14—氩热交换器

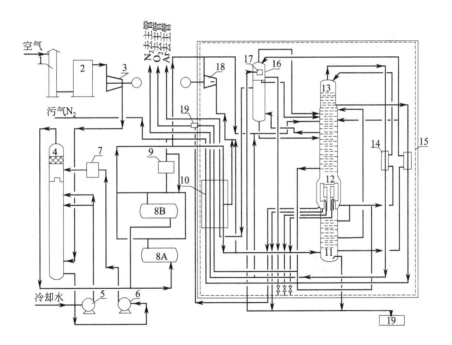

图 4-5 KDON-6000/13000 Ⅱ型空分工艺流程

1—空气吸入塔；2—空气过滤器；3—空气透平压缩机；4—空气冷却塔；5—空气冷却塔水泵；
6—冷冻水泵；7—氟里昂冷却机组；8A,8B—分子筛纯化器；9—蒸汽加热器；10—主换热器；
11—空气精馏下塔；12—主冷凝器；13—空气精馏上塔；14—液氮过冷器；
15—液体过冷器；16—粗氩塔；17—粗氩冷凝器；
18—透平膨胀机；19—液氧喷射器

第三节　主要设备及其操作控制

空气分离的主要设备之一为双级精馏塔，其结构如图 4-6 所示。由常压操作的上塔、加压操作的下塔和连接上下塔的冷凝蒸发器组成。下塔的作用是将空气初步分离，得到纯液氮和富氧液空；上塔的作用是对富氧液空进行最后的分离，得到合格产品。为保证产品纯度，在适当位置抽取污氮，实际是抽氩，使氮的纯度提高；冷凝蒸发器的作用是联系上、下塔的换热设备，为列管式换热器，管内与下塔相通，管间与上塔相通。在冷凝蒸发器中，管间的液氧吸收热量而蒸发，管内气体氮放出热量而冷凝。因此，冷凝蒸发器是上塔的蒸发器，又是下塔的冷凝器。为了将上塔分离得到的产品氮进一步精馏提纯得到合格氮，在上塔顶部设有辅塔。

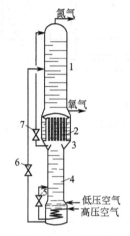

图 4-6　双级精馏塔

1—上塔；2—冷凝蒸发器；3—液氮储槽；

4—下塔；5～7—节流阀

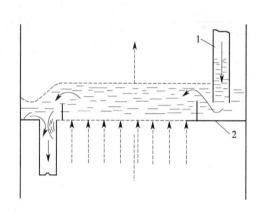

图 4-7　筛板结构示意图

1—溢流管；2—筛板

精馏塔的内件可采用板式塔或填料塔。一般多用筛板塔，在上下塔内均设有若干块筛板，上塔有 70 块塔板，下塔有 36 块塔板，全塔由铝合金制成。筛板的结构如图 4-7 所示。

筛板由带有许多小孔（孔径）的平板构成，其上设有溢流管。蒸气通过小孔时呈鼓泡形式穿过液体层，并进行热量交换和质量交换。筛板上的液体通过溢流管排到一塔板。正常生产中，只要通过小孔的气流速度足够大，液体就不会从小孔漏下来。液体在塔板上的流向有三种形式。一般小型塔采用单溢流，中型以上塔采用双溢流。目前国内外的大型空分已改为使用径向流动式塔板，克服了液体双溢流时由于环形流动产生的离心力导致液层薄厚不均。

塔板须根据气体的气液相平衡数据来计算出所需的理论塔板数。实际使用的塔板数一般为理论塔板数的 3～4 倍。大中型合成氨厂空分主塔板数目如表 4-4 所示。

下塔板数与氮纯度有关，当不产纯氮时，下塔板数 25 块即可。上塔板数取决于氧的纯度，当氧纯度≤98.5%，上塔板数大于 50 块即可；当氧纯度≥99.5%时，板数须大于 76 块。

空气在精馏塔内的精馏过程如下。

已被预冷的高压空气进入下塔底部的蛇管冷凝成液体，经节流阀减压后进入下塔中部，节流后产生的蒸气向上升，液体沿塔板向下流。在下塔内，上升的蒸气中氧含量逐渐减少，在下塔的顶部得到纯 N_2，N_2 进入冷凝蒸发器管内被冷凝成液氮，一部分作为下塔的回流液，自上而下沿塔板逐块流下，至下塔塔釜得到含氧 36%～40%的液体富氧空气；另一部

表 4-4 大中型合成氨厂空分主塔板数目

序号	产品纯度		产品比例	塔板数目		备注
	$O_2/\%$	N_2	纯 N_2/纯 O_2	下塔	上塔	
1	98.0	含 $O_2<10mL/m^3$	1.32	40	62	
2	98.5	含 $O_2<10mL/m^3$	1.29	54	51	
3	99.5	含 $O_2<10mL/m^3$	1.1	36	76	
4	99.5	含 $O_2<10mL/m^3$	1.08	54	85	钢厂引进装置,同时提取
5	99.6	含 $O_2<10mL/m^3$	1.25	40	82	Ar,Ne,He,Kr,Xe
6	99.7	含 $O_2<10mL/m^3$	1.31	54	96	
7	99.6	含 $O_2<100mL/m^3$	1.1	36	70	
8	98.5	不产纯氮	—	25	50	

分液体氮集聚在液氮储槽,经节流减压后送入上塔顶部,作为上塔的回流液。因此,下塔的作用是将空气进行初步分离,得到液体氮和液体富氧空气。

下塔底部的液体富氧空气经节流阀减压后送入上塔中部,液体顺塔板向下流,与上升的蒸气接触,液体中氧含量增加,在上塔底部得到纯的液氧,纯液氧在冷凝蒸发器的管间蒸发,导出部分氧气作为产品,其余在上塔内上升,在上塔顶得到纯氮气。因此,上塔的作用是将空气进一步分离,得到纯氧和纯氮。

第四节 惰性气体的制备

大型合成氨厂在开停车及正常生产时,需要氮含量大于 99.5% 的惰性气体。如在开车时需用惰性气体置换系统内的空气,停车时需置换系统内的工艺气,用惰性气体对催化剂进行保护等。对于以煤、重油为原料的大型合成氨厂设有空分装置,可提供生产过程所需要的惰性气体。而以气态烃、轻油为原料的合成氨厂无空分装置,所以需要制备惰性气体。

一、惰性气体的制备原理

以氨和空气为原料,在催化剂作用下,氨在空气中发生以下反应:

$$4NH_3+3O_2 \Longrightarrow 2N_2+6H_2O+Q$$

氨燃烧所用的催化剂有铜催化剂、钯催化剂和镍催化剂等。反应温度控制在 800℃,反应压力为常压,氨与空气之比为 1:3.57,生成的水蒸气被冷凝分离后,得到惰性气体,其组成(干基)为:$N_2>99.5\%$,$H_2≤0.5\%$,$O_2≤0.05\%$。

二、工艺流程

惰性气体制备的工艺流程如图 4-8 所示。

空气由空气鼓风机加压、冷却器冷却后,经流量调节阀进入反应器。液氨首先进入液氨蒸发器的蛇管内,被管外的热水加热后蒸发为气氨,经油分离器、缓冲器、流量调节阀后进入反应器。鼓风来的空气与氨气的比例在 3.55~3.57。氨与空气中的氧气在催化剂的作用下进行燃烧反应生成氮气和水蒸气。二者经高温气体冷却器冷却后,进入氮气洗涤塔,被水冷却至常温,并除去氮气中残余的氨而得到产品氮气。

在惰性气体制备中需要注意的事项有以下几个。

1. 反应温度的调节

反应温度的调节,一般是使一部分经循环气鼓风机、冷却器、循环气储槽后的氮气,再返回反应器。

2. 生产负荷的确定

停车时需要惰性气体(N_2)多,可按 100% 负荷生产,而正常生产时可以适当地减少生产负荷,一般按 25% 负荷生产。

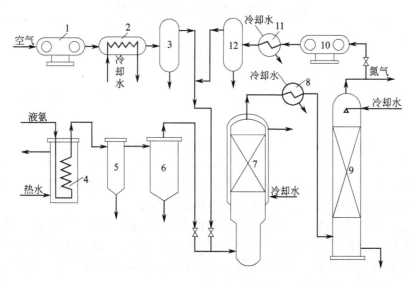

图 4-8 惰性气体制备工艺流程

1—空气鼓风机；2—空气冷却器；3—空气储槽；4—液氨蒸发器；5—油分离器；6—缓冲器；7—反应器；

8—高温气体冷却器；9—氮气洗涤塔；10—循环气鼓风机；11—循环气冷却器；12—循环气储罐

3. 惰性气体制备的新技术

采用碳分子筛分离工艺将空气中的氮气与氧气分离制氮气的技术得到了广泛的应用，基本原理是根据氧、氮的分子直径不同，大多数氧分子被吸附在碳分子筛表面，余下的氮气由吸附塔顶流出而得到氮气。

思考与练习

1. 什么是深度冷冻？深度冷冻的方法有哪几种？

2. 什么是节流膨胀？空气经过节流膨胀后温度为什么会降低？

3. 什么是等熵膨胀？等熵膨胀有哪些特点？

4. 空气中的杂质有哪些？空气为什么要进行净化？

5. 空气液化的方法有哪两大类？空气液化分离为什么要采用双塔精馏？

6. 什么叫裸冷？为什么要进行裸冷？如何操作？

7. 在空分操作中，对冷箱吹除的要求是什么？

8. 在空分操作中，氧气的纯度如何调节？

9. 空分操作时要注意哪些问题？

10. 惰性气体的制备原理是什么？工艺过程是怎样的？

11. 通过多媒体课件教学，画出精馏塔的结构简图并说明精馏塔的精馏原理。

第五章 原料气制取的理论与实践同步教学

【学习目标】

1. 通过精馏单元仿真操作训练，掌握精馏设备的操作控制要点，并写出工艺指标控制的最佳方案。

2. 通过下厂实习与同步教学，掌握空分设备的结构特点。

3. 通过理论和实践的同步教学，掌握空气分离生产的开、停车操作，异常现象的判断及故障的排除方法。

4. 分析比较空气液化分离生产操作的异同点。其主要设备的结构。

5. 通过理论和实践的同步教学，掌握气流层水煤浆加压气化工段生产的开、停车步骤及正常操作要点，异常现象及故障处理方法。

课题一 气流层水煤浆加压气化的生产操作

任务 1 气化装置启动操作

项目一 预启动准备工作

（1）工厂水、饮料水、消防水、焦炉煤气、气体油、化学试剂、低压氮气（来自空气分离装置）工艺水、闪蒸水、处理后的水、软化水、高压锅炉给水、低压和中压蒸汽、仪表空气、工厂空气、冷却水供给准备就绪。

（2）液氮储存器和蒸发器中低压氮气和中压氮气供给准备就绪。

（3）空分装置的氧气和储煤仓中的煤准备就绪。

（4）高位火炬和排放系统处于运行中。

（5）所有的设备和管道已经冲洗和进行压力试验。

（6）移去所有与生产无关的建筑设备和废料。

（7）所有的仪表已安装并校准；所有的控制和截止阀安装方向正确，操作灵敏。

（8）所有装置已彻底检查。

项目二 气化炉耐火材料养护/预加热

新安装的耐火材料应根据工厂说明书烘干和养护。

烘干和预加热步骤如下。

（1）在预加热烧嘴点火之前和养护工作初期，至少在环境温度下自然干燥 48h。

（2）根据厂家说明，进行气化炉养护/预加热。

（3）根据升温曲线升温加热并达到投料条件。

项目三 装置启动

（1）准备工作

① 低压锅炉给水，使冷凝液收集罐保持正常的液位，将低压蒸汽送至冷凝液收集罐，并将压力控制器 PIC 的值设定在运行值上。

② 使相关设备保持正常的液位，它们是磨机排放罐、球磨机、合成器洗涤器、辐射合成器冷却器、一级闪蒸罐、二级闪蒸罐、重力沉淀器、灰锁闪蒸罐、渣池、固体循环罐、开工抽引器分离器、真空闪蒸分离罐、真空泵分离器。

③ 检查用于本工段泵机械密封的锅炉给水是否达标。

（2）启动煤浆制备系统，使灰收集系统运行正常。

（3）锅炉预热

① 点火条件　辐射合成气冷却器和对流合成气冷却器的所有观察门和入口处的门必须关闭；接通动力电（包括高压和低压）；压缩空气系统处于运行状态；水处理系统处于运行状态；中心控制（DCS）系统、测量和控制系统、报警和安全装置已处于备用状态；安全阀已经调校，为运行作好准备。

② 启动条件　煤气侧填充空气（1Pa，20℃），蒸汽罐侧和中间罐侧排空（1Pa，20℃）；打开蒸汽罐的排气阀；打开中间蒸汽罐的排气阀；用110℃的锅炉给水填充蒸汽罐和蒸发器（辐射合成气冷却器、对流合成气冷却器）；填充中间回路蒸汽罐至所需液位；保证辐射合成气冷却器的正常液位；开启高压灰水罐，对辐射合成气冷却器液位进行控制。

③ 预热步骤　用附属蒸汽（$p=15Pa$）注入装置，以预热水系统；用DCS上的辐射合成气冷却器、对流合成气冷却器注入装置调节中压蒸汽（$p=15Pa$），送至中间回路启动加热器，以加热中间回路，调节中压蒸汽的流量；将蒸汽罐与大气联通，设定压力控制值（不低于3Pa表压），将中压蒸汽罐与大气联通；开启锅炉供给水阀旁路，使较多的水流过对流合成气冷却的废热器，直到温度达到100℃，以避免冷凝；所有预热操作必须慢慢进行（超过12h），以保持温度均匀；在预热过程中，检查等温分配装置的立管温度，特别是蒸汽鼓和中间循环汽包之间的中间罐的高压温度；当蒸汽鼓和中间循环汽包的水温超过130℃时，开始进行气化炉的升温。

（4）气化炉预热升温。

（5）锁渣罐系统和水循环正常。

（6）启动氮气吹扫系统（用中压氮气进行吹扫）。

（7）吹灰机系统的清扫，在气化炉启动之前必须用高温氮气对吹灰机系统进行吹扫。

（8）启动烧嘴冷却水系统。

（9）建立煤浆泵循环系统（具备系统使用条件）　确定煤浆槽中的液位达标，当液位正常后，启动煤浆槽搅拌器；启动磨机再循环分料器；在DCS上对气化炉安全系统复位，并打开煤浆循环阀；经检查确认后，启动煤浆泵（煤浆流量为正常运行流量的50%）。

（10）炭渣处理系统运行正常。

（11）火炬排放系统移去升温烧嘴，并立即安装工艺烧嘴，接好烧嘴的冷却水管线，并将烧嘴冷却水从高压软管接至硬管。

关闭或隔离开工抽引器。

（12）启动气化炉

① 初始条件　烧嘴高压氮气罐内充满高压氮气；启动氮气吹扫系统，对辐射、对流煤气冷却器上安装的压差传感器进行吹扫；启动煤浆泵，建立煤浆循环系统；已对吹灰系统进行吹扫，用中压氮气吹扫辐射、对流煤气冷却器的供给管线；预热蒸汽/水系统（主要部分和附属部分）操作前的准备工作已完成，汽包压力在15Pa，锅炉供水温度值为150℃；停止向对流冷却器、中间循环加热器管路提供蒸汽/水；建立循环水系统；建立烧嘴冷却水系统；投用开工抽引器对气化炉进行升温（1000℃以上）；打开氧气、煤浆、工艺烧嘴冷却水管线上的手动切断阀；打开高压氮气和高压蒸汽管线上的手动切断阀。

② 预启动操作　手动开启控制阀及压力控制器，使燃烧后的煤气送至火炬；用低压氮气吹扫置换烧嘴和气化炉，吹扫完毕后，关闭低压氮气阀，并用盲板进行分隔；将辐射冷却器底部的液位降至边沿下20mm，打开低液位排放，仔细观察液位；将氧气选择器设定在"放空"状态；检查启动时的流量（煤浆、氧气）和报警指示装置（为满负荷正常运行时的

50%）。清扫所有的气化炉专用结构件并进入气化炉启动状态。

③ 气化炉启动 检查气化炉温度不低于1000℃（气化炉最低投料温度）；在控制室内的操作员应观察控制盘阀位指示器，指示器表明煤浆切断和再循环阀已完成的行程；检查气化炉的煤浆流量处于正常工艺控制指标；将氧气送至烧嘴内；当氧气进入气化炉，立即点火，点火成功后，确认炉内的温度急剧上升（如果在立即启动或启动时，出现问题，应使用事故停车开关，将氧气和煤浆与气化炉分开）；把吹扫氮气转换为吹扫煤气；完成氮气与煤气吹扫的转换后，与吹灰机喷嘴的吹扫蒸汽接通，启用DCS使吹灰机自动运行；切换灰水排放，当气化炉已经处于运行状态时，洗涤器运行压力与气化炉相同；在气化炉安全系统的控制下，使阀门复位；提高蒸汽压力，当运行压力达到53Pa表压时，如果压力控制为手动，应转为自动。

（13）建立黑水循环 当辐射合成气冷却器中的压力达到规定值时，将黑水供至一级闪蒸罐（压力20Pa表压），用DCS启动渣运输机；在启动初期，一级闪蒸罐进行排气；调节所有的循环水流量在正常运行值。

（14）煤气的冷却 在启炉初期，一旦产出符合要求的煤气时，就用煤气代替氮气，作为吹灰煤气。

（15）启动过滤系统 保证过滤机给料罐的正常液位（在黑水开始循环之前可以使用清洁水），保证滤液接收罐和过滤机真空分离器中的正常液位。

任务2 正常停车操作

正常停车是根据工艺需要对气化炉的操作。正常停车后，相关的气化炉处于"热备用"状态，为下次投料做准备。以单台气化炉停车为例，说明正常停车的生产操作如下。

（1）通知空分装置和净化即将停车。

（2）减少氧气和煤浆流量，以减少产量。

（3）使气化炉温度从正常操作温度升高50℃以上，高于正常运行时温度30min，以便气化炉排渣。

（4）慢慢降低气化炉系统压力控制器设定值略低于运行压力，洗涤后的合成气将排至火炬系统。

（5）检查合成气是否送至火炬系统。当气化炉压力控制器设定值低于膨胀机进口的设定值，则所有的合成气将送至火炬系统。

（6）停合成气洗涤器的冷凝液。

（7）启动气化炉停车开关。

气化炉停车的措施：当气化炉安全系统需要停车时，氧气截止阀将关闭，氧气流量控制阀将关闭；煤浆排放泵将关闭，煤浆切断阀、合成气手动阀门和旁路阀将关闭。

气化炉停车后，高压吹灰程序将自动启动。吹灰的时间已编入安全系统的程序当中。

气化炉一旦停车，高压蒸汽氧气吹扫阀门、高压氮气氧气吹扫阀、高压蒸汽煤浆吹灰阀门、高压氮气煤浆吹扫阀将依次开启一段时间。

（8）关闭至火炬系统的系统压力控制阀，保证气化系统的压力。

（9）将氧气流量控制器设定在"手动"状态，并将产量降至零。

（10）当洗涤器系统中的水冷却时，降低系统压力控制器设定值。

（11）将至一级闪蒸罐的水分流至渣池。

（12）降低至火炬管道的洗涤器和气化炉的压力。

（13）气化炉停车后，根据操作说明对高压和中压蒸汽停车。

（14）根据操作手册，对吹灰机系统进行停车。

（15）停吹灰机压缩机。

（16）关闭氧气、煤浆和产品合成气手动截止阀。

（17）用低压氮气对气化炉、辐射合成气冷却器、对流合成气冷却器和合成气洗涤器进行低压氮气吹扫。

（18）对煤气冷却系统进行冷却并用低压氮气吹扫。

（19）停制浆系统。

（20）停渣破碎机。

（21）启动吸引系统，以提供最小风量。

（22）移走工艺烧嘴。

（23）安装预加热器烧嘴，为点火和操作做好准备。

（24）停水循环。

（25）停刮板输送机。

（26）停过滤系统。

任务3　事故停车操作

事故停车的原因一般是：单体停车、氧气事故、仪表空气事故、电力事故、冷却水事故、氮气事故及其他事故停车。当发生单体故障时，使用气化装备安全系统可以自动启动停车程序。

项目一　单个事故

启动器动作时将自动停车，停车点由预先停车报警器执行，该报警器将提示操作者采取正确的操作。

项目二　氧气事故

氧气通过管道送至燃烧器。当主要系统发生故障时，低低氧气停车启动器将使每个单元自动停车。

项目三　仪表空气事故

仪表空气发生故障时，将自动停车。

项目四　电力事故

如果外部电力系统发生事故时，工厂可以自己提供所需电力。以使下列负载保持运行：含炭渣过滤机鼓风机、吹灰气压缩机、氮气压缩机、酸气真空泵、煤浆供给泵、烧嘴冷却水泵、渣池泵、锁斗循环泵、高压灰水泵、絮凝剂供给泵、过滤机供给泵、滤液泵、洗涤器冷凝液返回泵、低压锅炉供水泵、冷凝液泵、润滑油附属泵、煤浆槽搅拌器、渣破碎机、刮板运输机、B-126的螺杆鼓风机、重力沉淀池、过滤机给料搅拌机、渣过滤器池、含炭渣过滤机。

项目五　冷却水事故

当总电力发生事故时，将造成冷却水系统停车，此时应采取的措施有以下几个。

（1）主燃烧器的事故冷却水系统立即自动启动。

（2）提高锁斗内水温至灰水温度（80℃）。

（3）增加锁斗循环水温度和辐射合成气冷却器渣池温度。

（4）增加主泵机械密封的锅炉给水温度。当达到温度最大允许值时，停相关泵，以避免对密封造成损害。

（5）增加球磨机主要驱动部位的润滑油温度，当达到最大温度允许值后，球磨机将停止运行。

（6）增加渣破碎机液压系统的油温度。当达到温度允许最大值时，渣破碎机停止运行。

（7）增加吹灰机压缩机冷却系统温度，增加润滑油温度。当温度达到最大允许值时，吹灰机压缩机将停止运行。

（8）增加高压氮气压缩机油温度，增加内冷却器和后冷却器的氮气出口温度，当温度达到最大允许值后，压缩机停止运行。

（9）由于轴承系统温度升高，高压锅炉给水主泵将停止运行，将启动备用泵。

项目六　氮气事故

低压氮气发生事故时，备用系统可在有限的时间内投运。在这段时间后，如果当氮气还没得到供应，液氮罐还没有得到充填，将停车。

项目七　其他事故停车条件

事故停车程序由"事故停车"手动开关启动事故停车程序。

任务 4　异常现象及故障处理

见表 5-1。

表 5-1　水煤浆气化生产操作的异常现象的原因分析及处理

项　　目	原因分析	处理方法
气化炉炉膛温度高	O_2 流量高	逐渐降低 O_2 流量 确认 O_2 压力 确认烧嘴压差 确认工艺气中的甲烷含量
	煤浆流量低	O_2 流量降低后逐渐增加煤浆流量 确认烧嘴压差指示值 确认工艺气中甲烷含量
	煤浆浓度降低	降低 O_2 流量 分析煤浆浓度 调整原料量（降低水量，增加煤量），保持煤浆浓度
气化炉炉膛温度低	O_2 流量低	逐渐增加 O_2 流量 确认 O_2 压力 确认烧嘴压差指示值 确认工艺气中甲烷含量
	煤浆流量大	O_2 流量增加后，逐渐降低煤浆流量 检查运行情况 确认烧嘴压差指示值（偏小） 确认工艺气中甲烷含量
	煤浆浓度升高	增加 O_2 流量 检查煤浆浓度 调整进料量
气化炉炉壁温度高	O_2 纯度降低	通知空分，做必要处理
	热电偶元件损坏	检查其他热电偶 用甲烷量估测气化炉温度，做适当调整
	耐火砖局部脱落	测量气化炉壁温度，若温度不正常，停车
	炉砖断裂、砖缝扩大等造成窜气严重	测量炉壁温度，若不正常，停车处理
	长时间运行，耐火砖变薄	视情况停车换砖
	烧嘴偏喷，火焰严重冲刷壁砖	烧嘴每次换下后仔细检查
合成气洗涤器出口温度高		视情况倒泵 检查洗涤器液位 确认运行状况及洗涤水量 确认黑水排出流量是否正常，做相应调整 停车后检查洗涤器塔盘及浸没式套管是否损坏

续表

项　目	原因分析	处 理 方 法
气化炉压差高	渣口可能被大块渣或炉砖熔渣堵塞引起压差升高	适当增加氧气流量,提高反应温度,约50~100℃,适当降低操作压力,加长火焰,使大块熔渣熔化,使气体恢复畅通
	积灰多及合成气出口堵引起压差升高	待压力正常后,恢复氧气流量,控制炉温至正常值,恢复炉压
烧嘴冷却水出口温度高	烧嘴冷却水流量低烧嘴压差高	增加进气化炉冷却水流量,检查,若气体分离器中CO超标,应停车 运行状况及法兰泄漏情况,适当处理
	烧嘴冷却水冷却器换热效率下降	增加冷却水量,必要时停车处理
	烧嘴损坏	检查烧嘴压差、气化炉温度、氧气流量、煤浆流量、甲烷含量,确认气化炉无法正常运行时停车,检修烧嘴
	烧嘴冷却水盘管破裂,引起气体泄漏	若气体分离器中CO超标,应停车
烧嘴压差高	烧嘴堵塞或损坏	减负荷运行。必要时停车更换烧嘴
	煤浆流量增加	减少煤浆量,调节氧气量
	煤浆流动性差	调整煤浆性能
	炉头煤浆管线堵	待停车后处理
	气化炉压力骤降	维持炉内温度稳定,调整工况
烧嘴压差低	烧嘴损坏	必要时气化炉停车,更换工艺烧嘴
	煤浆流量减少	增加煤浆量,调节氧气量
	气化炉压力骤升	检查气化炉压差,确认燃烧室排渣口、导气管和气体出口是否堵塞,检查气化炉和洗涤塔出口压力是否正常,必要时停车
煤浆流量低	煤浆泵打量不正常	检查煤浆泵,提高煤浆泵转速,控制炉温,若必要,停车处理
	进口管线堵塞	减负荷,若必要,停车处理
	煤浆管线或循环阀泄漏	检查煤浆管线,若必要,停车
	煤浆特性不正常	减负荷后检查调整煤浆浓度、黏度、粒度分布
	流量计故障	联系仪表检查电磁流量计
氧气流量不正常	烧嘴压差变化不正常	调节氧气、煤浆流量,调节负荷
	氧气压力不正常	联系空分,检查氧气管线是否有泄漏,调节O₂流量,维持正常操作温度
	下游合成气压力突变	检查下游操作情况,调节氧煤比
	调节阀故障	检查调节阀
合成气中CH₄含量高	气化炉温度太低	应提高O₂流量,降低煤浆流量,提高气化炉温度
	烧嘴雾化不正常	严重时停车,更换烧嘴
	中心氧量调节机构坏	停车检修
泵故障	煤浆给料泵	相应的气化炉将由联锁系统停车
	烧嘴冷却水泵	该泵设计有自启动系统,并挂接在发电机上,保证其连续运行
	锁斗循环泵	煤浆给料泵停,短期内能够检修好,相应气化炉可低负荷维持生产
	高压灰水泵	自动启动备用泵。如果没有可能,给出低报警时,停车
	低压灰水泵	迅速启动备用泵
	磨机出料槽泵跳	若磨机出料槽液位高高,磨煤系统停车,立即联系检修。如果不能重新启动,当煤浆槽液位降低时,气化炉停车

课题二　空气分离生产操作

任务 1　空气分离装置的启动

项目一　原始开车

1. 开车前的准备工作

(1) 检查　按图纸检查所有设备、管道、阀门、分析取样点、电器、仪表等，必须正常完好。自动阀、安全阀和仪表，全部校对调试合格，并且灵活好用。

(2) 单体试车　膨胀机、空气压缩机、液氧泵及水泵单体试车合格。

(3) 气密试验　目的是检查设备、管道、法兰、焊接处是否有泄漏。气密试验的方法是向中压系统导入 0.6MPa 的压缩空气，然后逐渐向低压系统导入空气，使上塔压力保持在 0.06MPa。用肥皂水检查所有法兰、焊缝及填料函等密封点。发现泄漏时，卸压处理，直到完全消除泄漏为止。同时对自动阀门进行试漏检查。

2. 冷箱的吹除干燥和解冻

冷箱的吹除干燥和解冻的目的是排除安装、检修过程中残留在设备内的灰尘污物和水分等杂质，为了防止二氧化碳、水分低温冻结堵塞装置，应解冻处理。

对冷箱的吹除要求如下。

(1) 要有足够的气量　吹除时各排放口要有足够的气量，以保证吹除干净。

(2) 拆除吹除　吹除回路中的安全阀、孔板必须拆除，各压力表、液位计等表头必须拆下，表头与设备一起进行吹除。

(3) 冷箱外碳钢管线必须经吹除合格后才能进冷箱。

3. 空分装置的裸冷

在冷箱未装保温材料之前，进行开车冷冻的过程，称为裸冷。裸冷的方法是在空分设备安装完毕或检修之后，未装珠光砂之前，按正式开车程序启动膨胀机，使冷箱内低温设备及管道温度降至 -100℃ 以下，并保持 2~3h，考验设备在低温下的工作性能。即在冷态下检验有无变形、设备的制造质量以及法兰接头、焊缝等安装质量。在低温下查漏，处理泄漏，并把紧所有螺钉。裸冷的目的就是使设备在低温下的缺陷充分暴露出来，以得到及时处理。

4. 试压试漏

在没有装保冷材料前，再对系统进行一次试压试漏。

5. 装填硅胶和珠光砂

在吸附器和液氧吸附器加入球形硅胶，装满后封住加入口，并用干燥空气吹除。打开冷箱顶部的人孔，将保温材料珠光砂装入冷箱。装填时要严防出现漏装、死角和空洞等现象，要防止各种杂物掉入保冷箱内。

项目二　空分装置的启动

空分装置的启动是指空分装置自膨胀机启动到转入正常运转的整个过程。在启动过程中，主要利用膨胀机所获得的冷量，逐渐将所有设备及管道冷却到正常生产所要求的低温，并在精馏塔内积累起足够数量的液体，从而转入正常生产。

1. 启动前的准备工作

(1) 吸附器已运转正常，并送出合格的干燥空气。

(2) 冷箱内的各设备、管道及阀门必须完全干燥、清洁。

(3) 仪表系统已投运，各测量仪表灵敏可靠。

2. 启动操作

(1) 冷却阶段　从透平膨胀机启动到主热交换器冷端接近液化，在这阶段透平膨胀机产冷量应保持最大，出口温度越低越好，但不能低于液化温度，如发现液化，应及时调整。

（2）液化阶段　在这阶段透平膨胀机出口温度越低越好，但出口温度不能低于－183℃，主换热器冷端温度要达到该点，其他部分温度应达到正常生产时规定温度。

（3）调整阶段　纯度的调整原则是先调下塔液空氮气、污液氮，再调上塔氧气、氮气、污气氮，至后调粗氩。

任务 2　正常操作

空气分离装置的正常操作主要是空分精馏工况的调节。空分精馏工况的调节主要是对塔内物流量的分配，即对回流比的调节、液面的控制以及产品产量和纯度的调节。

项目一　下塔精馏工况的调节

下塔精馏是上塔精馏的基础，调整下塔精馏工况就是为上塔提供纯度符合要求的、一定数量的液空、液 N_2 和污液氮，控制液空、液氮纯度的目的在于提高氧、氮的纯度和产量。

液空、液氮的纯度主要取决于下塔的回流比，下塔回流比的大小与氮节流阀和污氮节流阀的开度有关。

1. 液空、液氮纯度的调节

液空、液氮纯度的调节与下塔回流比有关。下塔回流比增大，精馏过程中蒸气中高沸点组分氧液化充分，下塔上部蒸气中的含氧量减小，所以液氮纯度提高，而液空的纯度降低。反之当下塔回流比减小时，蒸气中高沸点组分氧液化不充分，下塔上部蒸气中氧量增多，液氮纯度下降，而液空纯度由于液氮回流液的减小而升高。下塔回流比的大小与氮节流阀和污氮的开度有关。液氮节流阀开大，送到上塔的液氮量增多，下塔回流液减小，回流比减小；反之，关小液氮节流阀，送到上塔的液氮量减小，下塔回流液多，回流比增大，污液氮的纯度下降，液空纯度提高。在操作中，要妥善控制液氮和污液氮节流阀开度，将液空、液氮的纯度控制在规定的范围内。一般要求液空含氧为 36%～40%，液氮纯度为 99.9%，污液氮的纯度为 94.6%左右。

2. 下塔液空液面的调节

液空节流阀不能调节下塔回流比，只能控制液空液面的高度。若液空液面控制过低，经过液空节流阀的液体夹带气体时，则使下塔的上升气量减少，回流比增大，液空中氧含量降低，并对上塔氧气浓度带来较大影响。因此要控制好液空液面，确保精馏过程的正常进行。

项目二　上塔精馏工况的调节

上塔精馏工况的调节主要是对氧氮产量、纯度的调节及主冷液位的调节。

1. 氧纯度的调节

（1）氧取出量的影响　当产品氧浓度不变而取出量过大时，氧纯度就会降低。由于氧取出量过大，使得上塔精馏段上升蒸气量减小，回流比增大，液体中氮蒸发不充分，使氧纯度下降。可适当关小氧取出阀，减少送氧量，同时开大污氮取出阀。

（2）液空氧含量变化的影响　决定氧气纯度的最重要部位是上塔提馏段。液空中氧纯度低，必然是液空量大，一方面使上段提馏段的分离负荷加大，另一方面由于回流液多，难于使氮组分蒸发充分，从而造成氧纯度降低。这时应对下塔精馏工况进行调节，适当提高液空含氧量。

（3）膨胀空气量的影响　当进上塔的膨胀空气量过大时，破坏上塔的正常精馏工况，使氧纯度下降。这时如果塔内冷量过剩，应对膨胀机减量。

（4）加入空气量波动的影响　当空气量增加或减少，相应地要增加或减少氧、氮的取出量，否则发生液泛或液漏等情况，破坏了精馏塔的工况，造成氧纯度下降。这时要根据具体情况，防止液泛或液漏现象的产生。

（5）冷凝蒸发器液氧液位高低的影响　当冷凝蒸发器液氧液面上升时，说明下流流量大于蒸发量，提馏段的回流比增大，回流入冷凝蒸发器的液体含氮量增加，造成氧纯度下降。

这时应对膨胀机进行减量。

2. 氮纯度的调节

（1）辅塔回流比的影响　当辅塔回流比减小时，产品氮纯度降低。这时应适当关小送氮阀或减少液氮取出量以增加辅塔的回流比。

（2）液氮纯度低　首先要从下塔调起，待下塔液氮纯度提高后，再调整上塔氮的纯度。一般地应当把氮的取出量略降一些。

3. 冷凝蒸发器液位的调节

冷凝蒸发器液氧液位是空分装置冷量平衡的重要标志。液位波动的原因一般是由于膨胀机制冷量和系统冷损失不能平衡。若冷损失大于制冷量，液位下降，这时应增加膨胀机制冷量。反之，当液位上升时，则降低膨胀机的制冷量。

当节流阀开度不当，也可引起冷凝蒸发器液位与下塔液位向相反方向偏离。当冷凝蒸发器液位下降，而下塔液空液位上升时，应适当开大液空节流阀，增加送入上塔的液空量，达到规定液位时使其稳定。反之，则用关小液空节流阀的办法调整。

任务3　异常现象及处理

见表 5-2。

表 5-2　空气分离生产操作的异常现象原因分析及处理

项目	异常现象	常见原因	处理方法
1	空分装置跳车	(1) 空压机跳车 (2) 总空气控制阀失灵 (3) 切换程序断电 (4) 分子筛阻力过大	(1) 查明原因后重新启动 (2) 找仪表工处理 (3) 查切换程序 (4) 查明原因后重新启动
2	氧气纯度下降	(1) 氧气取出量过大 (2) 冷凝蒸发器液面过高 (3) 空气量不足 (4) 纯氮气取出量过小 (5) 上塔压力过高,主冷凝器做功不好	(1) 减少氧气取出量 (2) 减少膨胀机量 (3) 增加空气量 (4) 适当开大阀门 (5) 适当降低上塔压力,开大惰性气体排放阀
3	氮气纯度下降	(1) 纯氮取出量过大 (2) 下塔回流氮少,下塔氮纯度下降 (3) 上塔悬液	(1) 减少氮气取出量 (2) 关小液氮进上塔节流阀 (3) 减少进上塔气量
4	上塔超压	(1) 冷凝蒸发器漏 (2) 自动阀吹翻 (3) 产品强制阀打不开 (4) 节流阀带气	(1) 停车处理 (2) 停车处理 (3) 检查升压器、码盘及阀门是否卡住,并及时修理 (4) 关小节流阀
5	膨胀机异常	(1) 跳车 (2) 机械故障 (3) 操作不当 (4) 水或二氧化碳堵塞	(1) 查明原因重新启动 (2) 立即换车 (3) 及时纠正 (4) 停机加热
6	上、下塔阻力增大	(1) 上升气量过大,产生液悬 (2) 塔板被二氧化碳堵塞	(1) 减少空气加入量 (2) 停车后重新启动,若不见效,停车加热
7	仪表气源断	(1) 过滤网堵塞 (2) 切换气源失误	(1) 清洗过滤网 (2) 先接通后切换
8	液氧泵启动后不排液	(1) 泵反转 (2) 泵未预冷好 (3) 泵进口堵塞	(1) 检查电机旋转方向 (2) 检查进口阀开度 (3) 拆泵检查
9	液氧泵输送液量减少,压力下降	(1) 电机转速降低 (2) 密封损坏 (3) 进口压力过低 (4) 泵进口阀冻结 (5) 叶轮损坏	(1) 检查电机转速及电压 (2) 检查密封口 (3) 检查进口压力表 (4) 多次开关阀门 (5) 停车拆泵检查

拓展训练与思考

1. 通过精馏单元仿真操作训练，掌握精馏设备的操作控制要点，并写出工艺指标控制的最佳方案。

2. 通过下厂实习与同步教学，掌握空分设备的结构特点。

3. 分析比较精馏单元仿真操作与空气液化分离生产操作的异同点。

4. 结合化工仿真操作训练，说明什么是淹塔？淹塔的原因有哪些？如何处理？

5. 结合下厂实习，说明当地合成氨厂造气工序的生产技术特点，并画出带控制点的工艺流程图。

6. 结合下厂实习或学校组织的观摩教学，画出当地合成氨厂造气炉的结构简图并说明其结构单元的作用。

7. 结合校内模拟生产的操作训练或下厂实习，写出造气工段开停车步骤、正常操作控制要点、异常现象的判断依据及常见事故的处理方法。

8. 结合校内模拟生产的操作训练或下厂实习，写出空分岗位的开停车步骤、正常操作要点、异常现象的判断依据及常见事故的处理方法。

9. 低压空分装置启动过程分哪几个阶段？

10. 通过理论和实践的同步教学，掌握气流层水煤浆加压气化工段生产的开停车步骤及正常操作要点、异常现象及故障处理方法。

第二篇

原料气的净化

第六章　原料气的脱硫

【学习目标】

1. 了解原料气脱硫在合成氨生产中的意义。
2. 掌握典型的原料气脱硫方法的工艺条件的选择、工艺流程的组织原则。
3. 了解原料气脱硫的方法及分类。
4. 掌握典型的原料气脱硫的基本原理。

以煤、天然气或重油为原料制取的合成氨原料气中，都含有一定量的硫化物。主要包括两大类，即无机硫：硫化氢（H_2S）；有机硫：二硫化碳（CS_2）、硫醇（RSH）、硫氧化碳

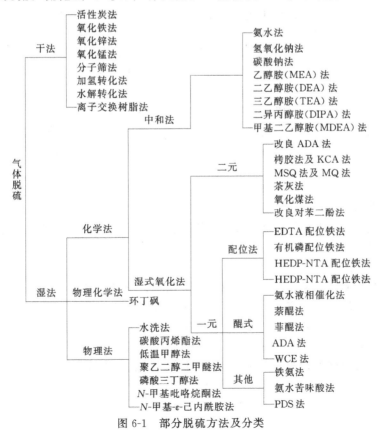

图 6-1　部分脱硫方法及分类

（COS）、硫醚（R—S—R'）和噻吩（C_4H_4S）等。原料气中硫化物的成分和含量取决于气化所用燃料中硫的含量及其加工方法。以煤为原料制得的煤气中，一般含 H_2S 为 1～6g/m³，有机硫为 0.1～0.8g/m³。若用高硫煤作原料时，煤气中的 H_2S 高达 20～30g/m³。以天然气、油田气、轻油、重油为原料时，因原料产地不同，制出的煤气中硫含量差别很大。硫化物的存在不仅能腐蚀设备和管道，而且能使合成氨生产所用的催化剂中毒。此外，硫是一种重要的化工原料，应当予以回收。因此，原料气中的硫化物必须脱除干净。脱除原料气中的硫化物的过程称为脱硫。

脱硫的方法很多，按脱硫剂的物理形态可分为干法脱硫和湿法脱硫两大类。如图 6-1 所示。

第一节　湿法脱硫

湿法脱硫的脱硫剂为溶液，用脱硫液吸收原料气中的 H_2S。根据脱硫液吸收过程不同，可分为物理吸收法、化学吸收法和物理化学吸收法三种。

物理吸收法是利用吸收剂对硫化物的物理溶解作用进行脱硫的。如低温甲醇法、聚乙二醇二甲醚法等。

化学吸收法是利用脱硫液与 H_2S 发生化学反应从而达到除去 H_2S 的目的。按反应不同，可分为中和法和湿式氧化法。中和法是用弱碱性溶液与原料气中的酸性气体 H_2S 进行中和反应，生成硫氢化物而被除去，溶液在减压加热的条件下可以得到再生，但放出的 H_2S 再生气不能直接放空，通常采用克劳斯法或斯科特法进一步回收 H_2S；湿式氧化法（主要有 ADA 法、栲胶法等）是用弱碱性溶液吸收原料气中的酸性气体 H_2S，再借助于载氧体的氧化作用，将硫氢化物氧化成单质硫，同时副产硫磺。其再生过程为：载氧体（氧化态）+HS⁻——→载氧体（还原态）+S↓，载氧体（还原态）+O₂——→载氧体（氧化态）+H_2O。湿式氧化法脱硫的优点是反应速率快，净化度高，能直接回收硫磺。

物理化学吸收法在吸收过程中既有物理吸收，又发生化学反应。如环丁砜法，溶液中的环丁砜是物理吸收剂，烷基醇胺为化学吸收剂。

湿法脱硫的缺点是只能脱除无机硫，不能脱除有机硫。

湿法脱硫主要脱除原料气中的硫化氢。由于湿式氧化法反应速率快，净化度高，能直接回收硫磺，所以在湿法脱硫中用的较多的是湿式氧化法。目前国内用的较多的是改良 ADA 法和栲胶法。

一、栲胶法

栲胶法是中国广西化工研究所等单位于 1977 年研究成功的，是目前国内使用较多的一种脱硫方法。该法的优点是气体净化度高，溶液硫容量大，硫回收率高，并且栲胶价廉，无硫磺堵塞脱硫塔的问题。

1. 基本原理

栲胶是由植物的皮、果、叶和杆等水的萃取液熬制而成，主要成分是单宁，约占 66%。其中以橡碗栲胶配制的脱硫液最佳，橡碗栲胶的主要成分是多种水解单宁。单宁的分子结构十分复杂，但大多具有酚式结构（THQ 酚态）和醌式结构（TQ 醌态）的多羟基化合物。在脱硫工艺中，酚态栲胶氧化为醌态栲胶，可将溶液中的 HS⁻ 氧化，析出单质硫，起载氧体的作用。由于高浓度的栲胶水溶液是典型的胶体溶液，尤其在低温下，其中的 $NaVO_3$、$NaHCO_3$ 等盐类易沉淀，所以在配制前要进行预处理。

栲胶法脱硫是利用碱性栲胶水溶液脱除 H_2S。其反应过程如下。

脱硫塔中，碳酸钠水溶液吸收原料气中的 H_2S。

$$Na_2CO_3 + H_2S === NaHS + NaHCO_3 \tag{6-1}$$

液相中，硫氢化钠与偏钒酸钠反应生成焦钒酸钠，并析出单质硫。

$$2NaHS + 4NaVO_3 + H_2O === Na_2V_4O_9 + 4NaOH + 2S \tag{6-2}$$

醌态栲胶在析出单质硫时被还原为酚态，而焦钒酸钠被氧化为偏钒酸钠。

$$Na_2V_4O_9 + 2TQ(醌态) + 2NaOH + H_2O === 4NaVO_3 + 2THQ(酚态) \tag{6-3}$$

酚态栲胶被空气中的 O_2 氧化。

$$THQ(酚态) + O_2 === TQ(醌态) + 2H_2O \tag{6-4}$$

再生后的溶液送入脱硫塔循环使用。反应所消耗的碳酸钠由生成的氢氧化钠得到补偿：

$$NaOH + NaHCO_3 === Na_2CO_3 + H_2O \tag{6-5}$$

当气体中含有 O_2、CO_2、HCN 时，会发生下列副反应：

$$2NaHS + 2O_2 === Na_2S_2O_3 + H_2O \tag{6-6}$$

$$Na_2CO_3 + CO_2 + H_2O === 2NaHCO_3 \tag{6-7}$$

$$Na_2CO_3 + 2HCN === 2NaCN + CO_2 + H_2O \tag{6-8}$$

$$NaCN + S === NaCNS \tag{6-9}$$

$$2NaCNS + 5O_2 === Na_2SO_4 + 2CO_2 + SO_2 + N_2 \tag{6-10}$$

副反应消耗 Na_2CO_3 溶液，应尽量减少气体中的 CO_2、O_2 等。当副反应进行到一定程度后，必须废掉一部分脱硫液，再补充新鲜的脱硫液以维持正常生产。再生后的脱硫液循环使用。

2. 工艺操作条件的选择

(1) 溶液的组成　溶液的组成包括溶液的 pH 值、$NaVO_3$ 的含量和栲胶的浓度。

① 溶液的 pH 值。溶液的 pH 值与总碱度有关。总碱度为溶液中 Na_2CO_3 与 $NaHCO_3$ 的浓度之和。提高总碱度是提高溶液硫容量的有效手段。总碱度提高，溶液的 pH 值增大，对吸收有利，但对再生不利。所以栲胶法脱硫液的 pH 值在 8.5～9.2 较合适。

② $NaVO_3$ 的含量。$NaVO_3$ 的含量取决于脱硫液的操作硫容，即富液中 HS^- 的浓度。符合化学计量关系，但配制溶液时常过量，过量系数为 1.3～1.5。

③ 栲胶的浓度。要求栲胶浓度与钒浓度保持一定的比例，根据实际经验，适宜的栲胶与钒的比例为 1.1～1.3。工业上典型的栲胶溶液的组成如表 6-1 所示。

表 6-1　工业上典型的栲胶溶液的组成

项目	总碱度/mol	Na_2CO_3/(g/L)	栲胶/(g/L)	$NaVO_3$(g/L)
稀溶液	0.4	3～4	1.8	1.5
浓溶液	0.8	6～8	8.4	7

(2) 温度　通常吸收与再生在同一温度下进行，一般不超过 45℃。温度升高，吸收和再生速率都加快，但超过 45℃，生成 $Na_2S_2O_3$ 副反应也加快。

(3) 压力　在常压～3MPa 范围内，提高吸收压力，气体净化度提高；加压操作可提高设备生产强度，减小设备的容积。但吸收压力增加，氧在溶液中的溶解度增大，加快了副反应速率，并且 CO_2 分压增大，溶液吸收 CO_2 量增加，生成 $NaHCO_3$ 量增大，溶液中 Na_2CO_3 量减少，影响对 H_2S 的吸收。因此吸收压力不宜太高，实际生产中吸收压力取决于原料气本身的压力。

(4) 氧化停留时间　再生塔内通入空气主要是将还原态栲胶氧化为氧化态，并使溶液中的悬浮硫以泡沫状浮在溶液表面，以便捕集回收。氧化反应速率除受 pH 值和温度影响外，还受再生停留时间的影响。再生时间长，对氧化反应有利，但时间过长会使设备庞大；时间太短，硫磺分离不完全，溶液中悬浮硫增多，形成硫堵，使溶液再生不完全。高塔再生氧化停留时间一般控制在 25～30min，喷射再生一般为 5～10min。

（5）CO_2 的影响 气体中 CO_2 与溶液中的 Na_2CO_3 反应生成 $NaHCO_3$。当气体中 CO_2 含量高时，溶液中的 $NaHCO_3$ 量增大，而 Na_2CO_3 量减小，影响对 H_2S 的吸收。因此一般可将溶液（1%～2%）引出塔外加热至 90℃ 脱除 CO_2 后再返回系统。栲胶法脱硫工艺操作指标如表 6-2 所示。

表 6-2 栲胶法脱硫工艺操作指标

项　　目		半水煤气	变换气
操作压力（表）/10^5Pa		<0.2	18
入塔气量（标）/(m³/h)		50000	31500
溶液循环量/(m³/h)		700～800	70～80
吸收过程液气比		15.6～16	—
进口 H_2S/[g/m³(标)]		2～2.3	11
出口 H_2S/[g/m³(标)]		0.005～0.010	0.16
再生空气量/(m³/h)		2200	
溶液成分	Na_2CO_3/(g/L)	5～6	总碱 0.24mol
	$NaVO_3$/(g/L)	3～1.5	7～2.1
	栲胶/(g/L)	2～2.5	0.8～2.3
硫回收率/%		85	—

3. 栲胶法脱硫的工艺流程

栲胶法脱硫的工艺流程包括脱硫、溶液的再生和硫磺回收三部分。根据溶液再生方法不同，流程分为高塔鼓泡再生、喷射氧化再生和自吸式喷射再生三种。

（1）高塔鼓泡再生脱硫工艺流程 高塔再生法脱硫工艺流程如图 6-2 所示。

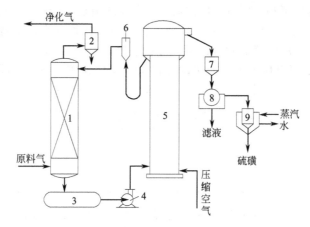

图 6-2 常压高塔再生法脱硫工艺流程
1—脱硫塔；2—分离器；3—反应槽；4—循环泵；5—再生塔；6—液位调节器；
7—硫泡沫槽；8—真空过滤机；9—熔硫釜

含有 3～5g/m³ H_2S 的煤气从脱硫塔下部进入，与从塔顶喷淋下来的栲胶脱硫液逆流接触，煤气中的 H_2S 被吸收，从塔顶引出的净化气中 H_2S 含量<20mg/m³，经分离器除去液滴后去后工序。

脱硫后的溶液（富液）由塔底进入反应槽，溶液中的 HS^- 被偏钒酸钠氧化为单质硫，随之焦钒酸钠被氧化，由反应槽出来的脱硫液用循环泵送入再生塔底部，由塔底鼓入空气，使还原态栲胶被氧化，溶液得到再生。再生后的脱硫液由再生塔顶引出，经液位调节器流入脱硫塔循环使用。尾气由塔顶放空。

溶液中的单质硫呈泡沫状浮在溶液表面，溢流到硫泡沫槽，经真空过滤机分离得到硫磺滤饼送至熔硫釜，用蒸汽加热熔融后注入模子内，冷凝后得到固体硫磺。

（2）喷射再生法脱硫工艺流程　喷射再生法脱硫工艺流程如图6-3所示。

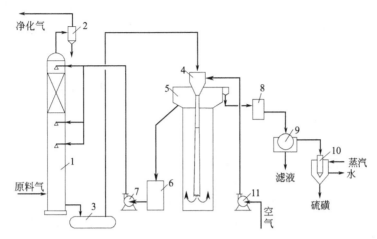

图6-3　加压喷射再生法脱硫工艺流程

1—脱硫塔；2—分离器；3—反应槽；4—喷射器；5—浮选槽；6—溶液循环槽；

7—循环泵；8—硫泡沫槽；9—真空过滤机；10—熔硫釜；11—空气压缩机

本流程所采用的脱硫塔下部为空塔，为了防止生成的硫磺堵塔；上部为填料，提高气液接触面积。从电除尘器来的半水煤气经加压后进入脱硫塔的底部，在塔内与从塔顶喷淋下来的栲胶脱硫液进行逆流接触，吸收并脱除原料气中的 H_2S，净化后的气体经分离器分离出液滴后去下一工序。

吸收了 H_2S 的脱硫液（富液）由塔底出来进入反应槽，富液中的 HS^- 被偏钒酸钠氧化为单质硫，随之焦钒酸钠被氧化态栲胶氧化。由反应槽出来的脱硫液依靠自身的压力高速通过喷射器的喷嘴，与吸入的空气充分地混合，使溶液得到再生，然后由喷射器下部进入浮选槽。再生的脱硫液由浮选槽上部进入循环槽，用循环泵送往脱硫塔，循环使用。在浮选槽内硫磺泡沫浮在溶液的表面，溢流到硫泡沫槽经过滤、熔硫得到副产硫磺。

（3）自吸式喷射再生流程　目前多采用自吸式空气喷射再生，自吸式喷射再生流程如图6-4所示。

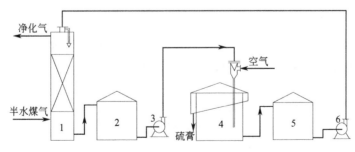

图6-4　自吸式喷射再生流程

1—脱硫塔；2—富液槽；3—富液泵；4—再生槽；5—贫液槽；6—贫液泵

该法的特点是再生槽顶安装有多组喷射器，而且采用双级喷射器，可通过调节喷射器组数以确保再生时溶液流速和吹风强度。采用喷射再生可以在短时间内使溶液充分氧化，有效地抑制副反应的进行，快速把悬浮硫从溶液中分离出来。

目前用的较多的是自吸式喷射再生流程。栲胶法可用于年产（10～15）万吨合成氨工厂半水煤气中 H_2S 的脱除和变换气的脱硫。脱硫塔内装填聚丙烯鲍尔环和木格填料。

4. 工艺特点

栲胶资源丰富，价格低廉，费用低；栲胶脱硫液组成简单，而且不存在硫磺堵塔问题；栲胶水溶液在空气中易被氧化。酚态栲胶易被空气氧化生成醌态栲胶，当 pH 值大于 9 时，单宁的氧化能力特别显著；在碱性溶液中单宁能与铜、铁反应并在材料表面上形成单宁酸盐的薄膜，从而具有防腐作用；栲胶脱硫液特别是高浓度的栲胶溶液是典型的胶体溶液。

栲胶组分中含有相当数量的表面活性物质，导致溶液表面张力下降，发泡性增强。所以栲胶溶液在使用前要进行预处理，否则会造成溶液严重发泡。

二、其他湿法脱硫方法

1. 氨水对苯二酚催化法

氨水对苯二酚催化法又称为氨水液相催化法，是用含有少量对苯二酚（载氧体）的稀氨水溶液脱除原料气中的 H_2S。其脱硫反应为：

$$NH_3 \cdot H_2O + H_2S = NH_4HS + H_2O + Q \tag{6-11}$$

当溶液的 pH 值小于 12 时，被吸收的 H_2S 主要以 HS^- 形式存在，S^{2-} 可忽略不计。因此用稀氨水脱硫时，只生成 NH_4HS。

当原料气中含有 CO_2、HCN 时，也被氨水吸收，其反应如下：

$$NH_3 \cdot H_2O + CO_2 = NH_4HCO_3 \tag{6-12}$$

$$2NH_3 \cdot H_2O + CO_2 = (NH_4)_2CO_3 + H_2O \tag{6-13}$$

$$NH_3 \cdot H_2O + HCN = NH_4CN + H_2O \tag{6-14}$$

再生时，在再生塔内，对苯二酚在碱液中被空气氧化为苯醌：

$$\tag{6-15}$$

脱硫过程生成的 NH_4HS 在苯醌作用下氧化为单质硫：

$$\tag{6-16}$$

再生过程的总反应为：

$$NH_4HS + 1/2O_2 \xrightarrow{\text{对苯二酚}} NH_4^+ + OH^- + S \tag{6-17}$$

生成的单质硫以泡沫状态浮于液面，使溶液得到再生。

同时发生下列副反应：

$$2NH_4HS + 2O_2 = (NH_4)_2S_2O_3 + H_2O \tag{6-18}$$

$$2NH_3 \cdot H_2O + 2S + O_2 = (NH_4)_2S_2O_3 + H_2O \tag{6-19}$$

$$NH_4CN + S = NH_4CNS \tag{6-20}$$

2. PDS 法

PDS 的主要成分是双核酞菁钴磺酸盐，称为 TS-8505 高效脱硫剂。酞菁钴为蓝色，酞菁钴对 H_2S 的催化作用是作为载氧体加入到 Na_2CO_3 溶液中，加入催化剂后水溶液的吸氧速率是衡量其活性的重要标志。酞菁钴四磺酸钠的活性最好。

此法是用高活性的 PDS 催化剂代替 ADA。PDS 催化剂既能高效催化脱硫，同时又能催化再生，是一种多功能催化剂。PDS 法的反应原理为：

（1）碱性水溶液吸收 H_2S

$$Na_2CO_3 + H_2S =\!\!=\!\!= NaHCO_3 + NaHS \tag{6-21}$$

$$2NaHS + (x-1)S =\!\!=\!\!= Na_2S_x + NaHCO_3 \tag{6-22}$$

$$RSH + Na_2CO_3 =\!\!=\!\!= RSNa + NaHCO_3 \tag{6-23}$$

$$COS + 2NaOH =\!\!=\!\!= Na_2CO_2S + H_2O \tag{6-24}$$

（2）再生反应

$$2NaHS + O_2 =\!\!=\!\!= 2S + 2NaOH \tag{6-25}$$

$$2Na_2S_x + O_2 + 2H_2O =\!\!=\!\!= 2S_x + 4NaOH \tag{6-26}$$

$$4RSNa + O_2 + 2H_2O =\!\!=\!\!= 2RSSR + 4NaOH \tag{6-27}$$

$$2Na_2CO_2S + O_2 =\!\!=\!\!= 2Na_2CO_3 + 2S \tag{6-28}$$

PDS 法的优点是脱硫效率高，在脱除 H_2S 的同时，还能脱除 60％左右的有机硫，再生的硫磺颗粒大，便于分离，硫回收率高，不堵塔，成本低。PDS 无毒，脱硫液对设备无腐蚀。目前我国中型氨厂使用较多。工业上，PDS 可单独使用，也可与 ADA 或栲胶配合使用。当 ADA 脱硫液中 ADA 降至 0.1g/L 以下时，加入 3～5mg/kg 的 PDS，脱硫效果显著增大。在栲胶溶液中加入 1～3mg/kg 的 PDS，脱硫效果良好。

3. KCA 法

KCA 法是我国广西化工研究所于 1988 年开发成功的，并已用于工业生产。KCA 是一种脱硫催化剂，将其溶于碱性水溶液中即为脱硫液。

KCA 来源于野生植物，其主要成分为焦性没食子酸和焦性萘酚的衍生物，是一种活泼的载氧体。其中有酚羟基和羧基，对钒等金属有较好的络合能力。在 KCA 脱硫液中加入 $NaVO_3$，其脱硫性能更强。

KCA 法脱硫操作条件为：当原料气中含硫较高时，Na_2CO_3 0.4～0.5mol/L 或氨水 0.8～1.0mol/L，pH=8.5～9.2，KCA 2～4g/L，$NaVO_3$ 1.5～2.0g/L，再生温度 35～45℃，吸收压力为常压或加压。

其工艺特点：原料易得，价格低廉，脱硫效率高，脱硫液稳定，不存在堵塔问题，且腐蚀性小。

第二节　干法脱硫

干法脱硫的脱硫剂为固体，即用固体脱硫剂吸附原料气中的硫化物。该法的优点是既能脱除硫化氢，又能除去有机硫，缺点是再生比较麻烦或难以再生，回收硫磺困难。由于干法脱硫的脱硫剂较昂贵，又再生困难，所以一般串在湿法脱硫之后，作为精细脱硫，主要脱除原料气中的有机硫。由于甲烷化、联醇催化剂对原料气中要求总硫（标）<0.2mg/m³，只有用干法脱硫将有机硫转化成 H_2S 再脱除，才能将有机硫脱除干净。如用钴-钼加氢可将有机硫转化为无机硫，水解法可将硫氧化碳转化为硫化氢，然后再用氧化锌法脱除。所以干法脱硫在有机硫脱除中显得十分重要。

一、钴钼加氢转化法

在钴钼催化剂作用下，将所有有机硫加氢转化成容易脱除的 H_2S，然后用 ZnO 脱硫剂除去。此法为脱除有机硫化物十分有效的预处理方法。常与 ZnO 脱硫剂配合使用。

1. 钴钼催化剂

其主要成分是 MoO_3 和 CoO，Mo 含量一般为 5％～13％。Co 含量一般为 1％～6％。

以 Al_2O_3 为载体。

由于钴钼催化剂经过硫化后才具有较大的活性，所以在高温下通入含有硫化物（H_2S 或 CS_2）和 H_2 的气体，进行硫化反应。

$$MoO_3 + 2H_2S + H_2 =\!=\!= MoS_2 + 3H_2O \qquad (6\text{-}29)$$
$$9CoO + 8H_2S + H_2 =\!=\!= Co_9S_8 + 9H_2O \qquad (6\text{-}30)$$

硫化后催化剂的活性组分是 MoS_2 和 Co_9S_8。通常认为 MoS_2 起催化作用，Co_9S_8 主要是保持 MoS_2 具有活性的微晶结构，以防止 MoS_2 微晶集聚长大。

2. 基本原理

在钴钼催化剂作用下，有机硫加氢转化为 H_2S，然后用 ZnO 脱硫剂除去。反应式为：

$$R\!-\!SH + H_2 =\!=\!= RH + H_2S \qquad (6\text{-}31)$$
$$COS + H_2 =\!=\!= CO + H_2S \qquad (6\text{-}32)$$
$$CS_2 + 4H_2 =\!=\!= CH_4 + 2H_2S \qquad (6\text{-}33)$$
$$C_4H_4S + 4H_2 =\!=\!= C_4H_{10} + H_2S \qquad (6\text{-}34)$$
$$R\!-\!S\!-\!R' + 2H_2 =\!=\!= RH + R'H + H_2S \qquad (6\text{-}35)$$

其中噻吩加氢转化反应速率最慢，因此有机硫加氢反应速率取决于噻吩加氢转化的反应速率。当温度升高，氢分压增大，加氢反应速率加快。

工业上钴钼加氢转化操作条件为：温度 $350 \sim 430℃$，压力 $0.7 \sim 7.0MPa$，入口空间速率 $500 \sim 1500h^{-1}$，所需加氢量一般相当于原料气中含氢量的 $5\% \sim 10\%$。

钴钼加氢先将有机硫转化为 H_2S，然后再用 ZnO 吸收脱除 H_2S，使 H_2S 含量小于 $0.1mg/m^3$（标）。但其主要缺点是需要高温热源，能耗高，开车时间较长。目前一些常温精细脱硫工艺正在开发应用，如硫氧化碳水解催化剂 T504 型由我国湖北化工研究所生产，已通过前化工部正式鉴定，并广泛用于中、小型氨厂。

二、氧化锌法

氧化锌是一种内表面积大、硫容量高的固体脱硫剂，能以极快的速率脱除原料气中的硫化氢和部分有机硫（噻吩除外）。净化后的原料气中硫含量可降至 $0.1cm^3/m^3$ 以下。

1. 氧化锌脱硫剂

氧化锌脱硫剂以 ZnO 为主体（约为 68% 左右），加入少量 MnO_2、CuO 或 MgO 等助剂。氧化锌脱硫剂中含有氧化锰时，为了提高活性，在使用前须经还原处理，还原介质为原料气中的 H_2 或 CO。反应方程为：

$$MnO_2 + H_2 =\!=\!= MnO + H_2O \qquad (6\text{-}36)$$
$$MnO_2 + CO =\!=\!= MnO + CO_2 \qquad (6\text{-}37)$$

由于脱硫剂中 MnO_2 很少，因而放出的热量也很少。还原结束即可投入生产。停车时，氧化锌脱硫剂不需进行钝化处理，只需降至常温、常压后卸出即可。氧化锌脱硫剂的性能见表 6-3 所示。

表 6-3　氧化锌脱硫剂的性能

型号		T302Q	T304	T305	ICI324
外观		深灰色球	白色条	浅蓝色条	球
堆密度/(kg/L)		$0.8 \sim 1.0$	$1.15 \sim 1.35$	$1.1 \sim 1.3$	1.1
化学组成/%	MnO_2	$80 \sim 85$	$\geqslant 90$	$\geqslant 95$	—
	ZnO	$6 \sim 8$	$6 \sim 8$	—	—
	MgO	$3 \sim 5$	—	—	—
操作条件	温度/℃	$200 \sim 350$	$350 \sim 380$	$200 \sim 400$	$350 \sim 450$
	压力/MPa	2.8	4.0	$0.1 \sim 4.0$	$0.1 \sim 5.0$
备注		保护低变催化剂	用于液态烃高温脱硫	用于氨、甲醇厂脱硫	大型氨厂脱硫

2. 基本原理

（1）脱硫反应　　氧化锌脱硫剂能直接吸收 H_2S 和 RSH。反应方程为：

$$H_2S + ZnO \Longrightarrow ZnS + H_2O \tag{6-38}$$

$$C_2H_5SH + ZnO \Longrightarrow ZnS + C_2H_5OH \tag{6-39}$$

$$C_2H_5SH + ZnO \Longrightarrow ZnS + C_2H_4 + H_2O \tag{6-40}$$

当气体中有 H_2 存在时，CS_2、COS 等有机硫化物先转化成 H_2S，然后再被氧化锌吸收。反应方程为：

$$COS + H_2 \Longrightarrow H_2S + CO \tag{6-41}$$

$$CS_2 + 4H_2 \Longrightarrow 2H_2S + CH_4 \tag{6-42}$$

氧化锌不能脱除噻吩，所以氧化锌法能全部脱除 H_2S，脱除部分有机硫。

（2）脱硫反应的平衡与反应速率

① 化学平衡。氧化锌脱硫反应的平衡常数如表 6-4 所示。

表 6-4　不同温度下氧化锌脱除硫化氢反应平衡常数

温度/℃	平衡常数	温度/℃	平衡常数
200	2.08×10^8	360	1.569×10^6
240	4.605×10^7	400	6.648×10^5
280	1.268×10^7	440	3.101×10^5
320	4.157×10^6	480	1.568×10^5

由表 6-4 可知，温度降低，平衡常数增大，对脱硫反应有利；水蒸气浓度和温度对 H_2S 浓度的影响如表 6-5 所示。

表 6-5　水蒸气浓度和温度对 H_2S 平衡浓度的影响　　　　　　单位：cm^3/m^3

水蒸气	温度/℃			
	200	300	350	400
0.5	0.000025	0.0008	0.0029	0.009
5	0.00027	0.008	0.030	0.095
10	0.00055	0.018	0.065	0.22
30	0.0021	0.070	0.250	0.77
50	0.005	0.160	0.580	1.80

由表 6-5 可知，温度越低，水蒸气含量越少，硫化氢平衡浓度越低，对脱硫反应越有利。所以吸收硫化氢的反应在常温下就可进行，但吸收有机硫的反应要在较高温度下才能进行。

② 反应速率。随着温度的升高，反应速率显著加快；压力提高也可加快脱硫反应的反应速率。由于硫化物在脱硫剂的外表面通过毛细孔达到脱硫剂内表面的内扩散为反应的控制步骤，因此脱硫剂粒度越小，孔隙率越大，越有利于脱硫反应的进行。

3. 工艺操作条件的选择

（1）硫容量　　工业生产中评价氧化锌脱硫剂的一个重要指标是"硫容量"。常用质量硫容和体积硫容来表示。质量硫容是指单位质量脱硫剂吸收硫的量。如 15% 硫容量是指 100kg 新的氧化锌可吸收 15kg 的硫。体积硫容是指单位体积脱硫剂可吸收硫的量，单位为 kg/m^3 或 g/L。硫容量不仅与脱硫剂本身的性能有关，而且与操作温度、空速、汽气比和氧含量有关。

① 空速、汽气比对硫容的影响。空速、汽气比对 C_{7-2} 型脱硫剂硫容的影响见图 6-5、图 6-6 所示。

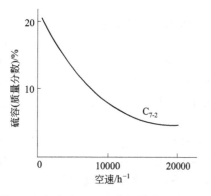

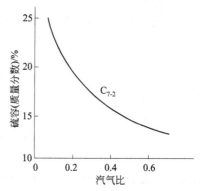

图 6-5　空速对 ZnO 硫容的影响（427℃）　　　　图 6-6　汽气比对 ZnO 硫容的影响
　　　　　　　　　　　　　　　　　　　　　　　　　　　　　（空速 900h^{-1}，316℃）

由图 6-5、图 6-6 可知，原料气的空速和汽气比增大，硫容量降低。

氧含量对 T302 型脱硫剂硫容的影响见表 6-6。

表 6-6　氧含量对 T302 型脱硫剂硫容的影响

氧含量/%	<0.1	0.2～0.25	0.4～0.5
硫容（质量分数）/%	27.37	16.04	12.08

由表 6-6 可知，氧含量升高，硫容减小。

② 温度对硫容的影响。温度升高，反应速率加快，脱硫剂硫容量增大。温度与硫容量关系见图 6-7 所示。从图中可以看出，温度过高，氧化锌脱硫能力下降。在工业生产中，脱除 H$_2$S 可在 200℃左右进行，脱除有机硫必须在 350～400℃。

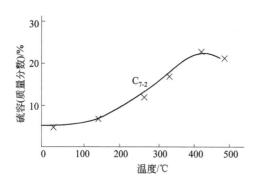

图 6-7　温度对 ZnO 硫容的影响
（空速 900h^{-1}，0.1MPa）

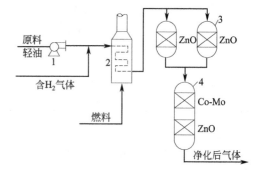

图 6-8　钴钼加氢-氧化锌脱硫工艺流程
1—轻油泵；2—预热炉；3—第一段脱硫槽（ZnO）；
4—第二段脱硫槽（Co-Mn、ZnO）

（2）压力　提高压力可加快反应速率，但操作压力取决于所采用的工艺流程。一般操作压力为 0.7～6.0MPa。

4. 工艺流程

（1）钴钼加氢-氧化锌脱硫工艺流程　当原料气中硫含量较高时，原料气与 H$_2$ 混合后进入预热炉，预热至 350～400℃进入第一段氧化锌脱硫槽，将 H$_2$S 及一些易分解的有机硫化物除去，然后进入第二段脱硫槽。第二段脱硫槽上层装钴钼催化剂，下层装氧化锌脱硫剂。难被氧化锌脱除的噻吩等有机硫在钴钼催化剂层中加氢转化为硫化氢，然后被第二段氧化锌吸收。其流程见图 6-8 所示。

（2）加氢串氧化锌脱硫流程　当硫含量较低时，可以不设第一段 ZnO 脱硫槽。含有

$40mg/m^3$ 有机硫的原料气预热到 $350\sim400℃$ 与 H_2 混合后，先通过一个钴钼加氢转化器，有机硫在催化剂上加氢转化为硫化氢，然后气体进入两个串联的 ZnO 脱硫槽将硫化氢吸收脱除。氧化锌脱硫主要在第一脱硫槽内进行，第二脱硫槽起保护作用，即采用双床串联倒换操作法。其工艺流程如图 6-9 所示。

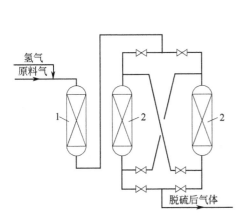

图 6-9　加氢串氧化锌脱硫流程
1—钴钼加氢脱硫槽；2—氧化锌槽

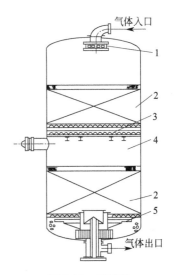

图 6-10　脱硫槽
1—气体分布器；2—催化剂层；
3—算子板；4—筒体；5—集气器

5. 主要设备

氧化锌脱硫过程所用主要设备为脱硫槽。其结构如图 6-10 所示。

脱硫槽为钢板制成的圆筒形设备，高径比约为 3∶1。脱硫剂分两层装填，上层铺设在由支架支承的算子板上，下层装在耐火球和镀锌钢丝网上。为使气体分布均匀，槽上部设有气体分布器，下部有集气器。氧化锌在脱硫槽内的脱硫过程如图 6-11 所示。

原料气经换热器加热到 $210℃$ 左右后进入氧化锌脱硫槽，靠近入口的氧化锌先被硫饱和，随着时间增长，饱和层逐渐扩大，当饱和层临近出口处时，就开始漏硫。评价 ZnO 性能的一个重要指标是硫容，氧化锌的平均硫容为 $15\%\sim20\%$，最高可达 30%，接近入口的饱和层硫容一般为 $20\%\sim$

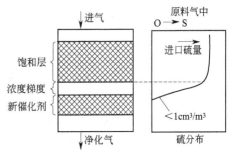

图 6-11　氧化锌脱硫示意图

30%。通常 ZnO 装在两个双层的串联设备里，每年更换一次入口侧的 ZnO，而将出口侧的 ZnO 移装于入口侧，新的 ZnO 用作保护层，确保净化气中硫含量达到指标要求。

第三节　硫磺的回收

除湿式氧化法可以直接回收硫磺以外，其他方法脱硫都要在减压加热条件下，解吸出溶解在溶液中的硫化氢。目前工业上回收硫磺的方法有：克劳斯硫磺回收法、超级克劳斯法、斯科特法等。其中克劳斯硫磺回收法应用较多。

克劳斯硫磺回收有三种不同的流程，即部分燃烧法、分流法和直接氧化法。部分燃烧法适用于进料酸气中 H_2S 含量在 50％以上场合。当进料酸气中 H_2S 含量在 15％～50％时，可采用分流法工艺；当进料酸气中 H_2S 含量小于 15％时，可采用直接氧化法。部分燃烧法如图 6-12 所示。

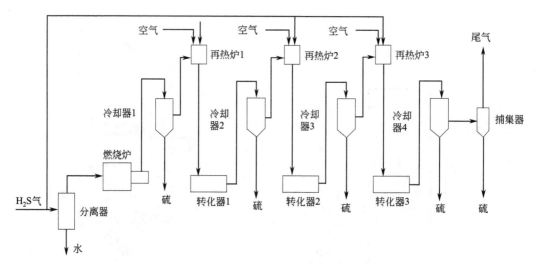

图 6-12　部分燃烧法工艺流程图

该法将大部分酸性气体送入燃烧炉，控制空气加入量使燃烧炉的温度控制在 1200～1250℃范围内。在燃烧炉内燃烧时的化学反应：

$$2H_2S+3O_2 \rule[-0.5ex]{2.5em}{0.4pt} 2SO_2+2H_2O+Q \tag{6-43}$$

出燃烧炉的反应气体经冷却冷凝除硫后进入转化器，少量未送入燃烧炉的酸性气体与适量的空气在各级再热炉中继续发生燃烧反应：

$$2H_2S+SO_2 \rule[-0.5ex]{2.5em}{0.4pt} 3S+2H_2O+Q \tag{6-44}$$

反应所放出的热量可以提供和维持转化器的温度为 200～350℃。

第四节　脱硫方法的选择与比较

脱硫方法应根据原料气中硫化物的含量、气体净化度的要求、脱硫剂的来源、本厂流程、操作压力和环保要求等来选择，通过技术经济比较后，选定适宜的脱硫方法。

一、湿法脱硫的比较

湿法脱硫的化学吸收中，由于湿式氧化法不但能脱除原料气中的 H_2S，同时也可副产硫磺，并且反应速率快，净化度高，而被国内以煤为原料的合成氨厂广泛采用。湿式氧化法用得较多的有改良 ADA 法、栲胶法和氨水液相催化法等，这几种方法技术成熟，过程完善，特别是栲胶法不但运行费用低，而且不存在脱硫塔堵塔问题，在国内用得较多。氨水液相催化法较适合用于焦炉气脱硫，可利用焦炉气本身含有的氨作吸收剂，并能同时脱除HCN，比较经济。在一些以天然气为原料的合成氨厂应用最多的脱硫方法是烷基醇胺法和甲基二乙醇胺脱硫法。对于原料气中 H_2S 和 CO_2 酸性气体含量较高的合成氨原料气，为了避免 H_2S 对环境造成污染，用物理吸收法或物理化学混合溶剂吸收法更为合适。如低温甲醇法、NHD 法。脱硫液再生时放出的 H_2S 气体用克劳斯法回收硫磺。几种湿式氧化法技术经济指标比较如表 6-7 所示。

表 6-7　几种湿式氧化法技术经济指标比较

项　目	改良 ADA 法	TV 法（栲胶法）	MSQ 法	KCA 法	PDS 法	CTSI 法
气体处理量/(m³/h³)	36000	5000	36000	10000~12000	27000	27000
入口 H_2S/(mg/m³)	2~4	2.35	2~4	5~8	1.3~2.2	3.0
出口 H_2S/(mg/m³)	<50	5~10	10.8	≤70	≤43.3	<70
脱硫温度/℃	30~40	35~50	35~42	30~40	30~40	20~60
再生温度/℃	—	—	40~42	30~45	30~40	20~60
溶液循环量(m³/h)	480	780	480	400	200~300	200~300
脱硫效率/%	96	97	94~97	99	93~99	<98
硫磺回收率/%	79	85~90	约 60	—	>90	>90
有机硫脱除率/%	—	—	—	—	50~60	30~40
硫容/(kg/m³)	<0.36	0.15~0.2	0.375	约 0.2	0.3~0.5	0.75~1.15
堵塔情况	常堵	不堵	不易堵	不堵	不堵	不堵
腐蚀情况/(mm/a)	0.6	0.46	0.32	不	不	不
脱硫剂成本比较	1.0	0.89	1.64	0.45	0.61	—

二、干法脱硫的比较

干法脱硫主要用于精细脱硫。精细脱硫可分为高温和常温两种，高温精细脱硫采用钴钼加氢和 ZnO 工艺，脱除原料气中的有机硫。其主要缺点是能耗高，开车时间长。常温精细脱硫采用硫氧化碳水解催化剂，使 COS 在常温下水解成 H_2S，然后用 ZnO 脱除 H_2S，ZnO 常温精脱可使 $H_2S<0.05mg/m³$（标）。与高温精细脱硫相比，常温精细脱硫能耗低，开车时间短，但 ZnO 硫容小，费用较高。我国湖北化工研究所采用各种特制的脱硫剂组分来实现精细脱硫。用 T101 活性炭代替常温 ZnO。这样精脱硫硫容大，价格便宜。常用干法脱硫方法比较如表 6-8 所示。

表 6-8　常用干法脱硫方法比较

方法	加氢转化		活性炭法	氧化铁法	氧化锌法	锰矿法	
脱硫剂	钴钼	铁钼	活性炭	氧化铁	氧化锌	氧化锰	铁锰
可处理的硫化物	RSH,CS₂, COS,C₄H₄S	RSH,CS₂, COS	H_2S,RSH, CS₂,COS	H_2S,RSH, COS	H_2S,RSH, COS	H_2S,RSH, CS₂,COS	H_2S,RSH, CS₂,COS
脱硫方式	转化	转化	转化吸收	转化吸收	吸收	吸收	转化吸收
操作压力/MPa	0.69~6.86	1.77~2.06	常压~2.94	常压~2.94	常压~4.9	常压~1.96	1.67~1.96
操作压力/℃	350~430	380~450	室温	20~550	常温~450	400	350~400
空速/h⁻¹	500~1000	700	400	200~300	400	1000	600~1000
出口总硫/[mg/m³(标)]	—	—	<1	<1	<0.3	<3	<1
硫容(质量分数)/%			10	30	10~25	10~14	14~18
再生性能	结炭后再生		蒸汽再生	蒸汽再生	不再生	不再生	不再生
备注	因 CO、CO₂ 甲烷化强放热会降低转化活性		>C₂ 烷烃及烯烃会降低脱硫效率	水汽对平衡影响很大，氢也有影响	水汽对平衡及硫容有一定影响	CO 会导致甲烷化反应而放热	>5% 烯烃加氢放热影响效率

精细脱硫可根据原料气中的硫含量成分、对净化度的要求等选择不同的脱硫方法。对含有少量 H_2S 和 RSH 的原料气，用 ZnO 脱除即可；对含硫较高的原料气，可用活性炭和 ZnO 串联。若原料气中 COS 较多，先用 COS 水解催化剂进行水解转化为 H_2S 后，再用 ZnO 或活性炭脱除；若含有少量 RSH 和 C₄H₄S，可直接用分子筛吸附脱除。当原料气中含有硫醚、噻吩时，先用 Co-Mn 加氢转化成 H_2S 后，再用 ZnO 或活性炭进行脱除。如以煤为原料的合成氨厂原料气的精脱，当后工序采用联醇工艺时，由于甲醇催化剂对总硫含量要求高，可采用 COS 水解-常温 ZnO 串联的脱硫工艺，可使总硫含量降至 0.1mg/m³（标）以下。

思考与练习

1. 合成氨原料气中的硫化物有哪些？为什么要进行脱硫？

2. 脱硫的方法有哪些？目前常用的方法有哪些？

3. 简述湿式氧化法脱硫的特点。

4. 画出高塔再生和喷射再生脱硫工艺流程图，并指出各设备的名称。

5. 简述栲胶法脱硫的基本原理，其工艺有何特点？

6. 影响栲胶法脱硫的工艺条件有哪些？

7. 氧化锌脱硫的原理是什么？其硫容的大小受哪些因素的影响？

8. 简述克劳斯硫磺回收法的基本原理，其工艺流程是怎样的？

9. 通过观摩教学，画出当地合成氨厂脱硫工序所用填料塔的结构简图，并说明所用填料的类型及特点。

10. 结合下厂实习，说明当地合成氨厂脱硫工序的生产技术特点，并画出该工序带控制点的工艺流程图。

第七章 一氧化碳变换

【学习目标】

1. 了解原料气变换在合成氨生产中的意义。

2. 掌握变换反应原理，能对工艺条件的选择进行分析。

3. 掌握中温变换、中温变换串低温变换、全低温变换、中低低变换工艺流程的组织原则、流程特点以及主要设备的结构与作用。

4. 掌握低温变换和耐硫变换催化剂的组成、使用条件，还原、硫化、钝化、失活、再生原理。

无论采用固体、液体或气体原料，所制成的合成氨原料气中均含有一氧化碳，其体积分数为12%～40%。一氧化碳不是合成氨的直接原料，而且能使氨合成催化剂中毒，因此，在送往合成工序之前，必须将一氧化碳脱除。一氧化碳的脱除分为两步，首先，利用一氧化碳与水蒸气作用生成二氧化碳和氢的变换反应，将大部分一氧化碳除去，这一过程称为一氧化碳变换，反应后的气体称为变换气，经变换反应既能把一氧化碳变为易除去的二氧化碳，同时又可制得等体积的氢，然后，再采用其他方法脱除变换气中残余的少量一氧化碳。

工业生产中，一氧化碳变换反应均在催化剂存在的条件下进行。根据反应温度不同，变换过程分为中温变换和低温变换。中温变换催化剂以三氧化二铁为主，反应温度为350～550℃，反应后气体中仍含有3%左右的一氧化碳。低温变换以铜（或硫化钴-硫化钼）为催化剂主体，操作温度为180～280℃，反应后气体中残余一氧化碳可降到0.3%左右。

近年来，随着高活性耐硫变换催化剂的开发和使用，变换工艺发生了很大变化，由过去单纯的中温变换、中低温变换，发展到目前的中变串低变、全低低、中低低变换等多种新工艺。

第一节 一氧化碳变换原理

一、变换反应的特点

变换反应可用下式表示：

$$CO + H_2O(g) = CO_2 + H_2 + 41.2kJ \tag{7-1}$$

变换反应的特点是可逆、放热、反应前后体积不变，并且反应速率比较慢，只有在催化剂的作用下才具有较快的反应速率。

变换反应是放热反应，反应热随温度升高而有所减少，不同温度下变换反应的反应热见表7-1。在生产中，应充分回收利用变换反应热，以便降低能耗。

表 7-1 变换反应的反应热

温度/℃	25	200	250	300	350	400	450	500
反应热/(kJ/mol)	−41.19	−40.07	−39.67	−39.25	−37.78	−38.32	−37.86	−37.30

二、变换反应的化学平衡

1. 平衡常数

在一定条件下，当变换反应达到平衡状态时，其平衡常数为：

$$K_p = \frac{p_{CO_2} p_{H_2}}{p_{CO} p_{H_2O}} = \frac{y_{CO_2} y_{H_2}}{y_{CO} y_{H_2O}} \tag{7-2}$$

式中 p_{CO_2}，p_{H_2}，p_{CO}，p_{H_2O}——各组分的平衡分压，Pa；

           y_{CO_2}，y_{H_2}，y_{CO}，y_{H_2O}——各组分的平衡组成，%。

不同温度下，一氧化碳变换反应的平衡常数见表 7-2。

表 7-2   变换反应的平衡常数

温度/℃	200	250	300	350	400	450	500
$K_p = \dfrac{p_{CO_2} p_{H_2}}{p_{CO} p_{H_2O}}$	2.279×10^2	8.651×10	3.922×10	2.034×10	1.170×10	7.311	4.878

变换反应的平衡常数随温度的升高而降低，因而降低温度有利于变换反应向右进行，使变换气中残余 CO 的含量降低。在工业生产范围内，平衡常数可用下面简化式计算：

$$\lg K_p = \frac{1914}{T} - 1.782 \tag{7-3}$$

式中 T——温度，K。

2. 变换率及影响平衡变换率的因素

变换反应进行的程度常用变换率表示，其定义是变换反应已转化的一氧化碳量与变换前一氧化碳量之比。表达式为：

$$x = \frac{n_{CO} - n'_{CO}}{n_{CO}} \tag{7-4}$$

式中 x——一氧化碳变换率；

n_{CO}，n'_{CO}——变换前后 CO 的物质的量。

生产中，只要测定原料气及变换气中一氧化碳干基含量，就可确定反应的变换率。以 1mol 干原料气为基准（不含氧），则原料气中 CO 量等于反应了的 CO 量与变换气中 CO 量之和：

$$y_a = y_a x + (1 + y_a x) y'_a \tag{7-5}$$

由此可得 $$x = \frac{y_a - y'_a}{y_a (1 + y'_a)} \tag{7-6}$$

式中 y_a，y'_a——原料气和变换气中 CO 的摩尔分数（干基），%。

在一定条件下，当变换反应达到平衡时，其变换率为平衡变换率 x^*，它是在该条件下变换率的最大值，体现了变换反应进行的最大限度。现将计算式推导如下。

以 1mol 湿原料气为基准，y_a、y_b、y_c、y_d 分别为原料气初始组成中 CO、H_2O、CO_2 及 H_2 的摩尔分数，$y_a - y_a x^*$、$y_b - y_a x^*$ 和 $y_c + y_a x^*$、$y_d + y_a x^*$ 分别为各组分的平衡含量。

则 $$K_p = \frac{p_{CO_2} p_{H_2}}{p_{CO} p_{H_2O}} = \frac{(y_c + y_a x^*)(y_d + y_a x^*)}{(y_a - y_a x^*)(y_b - y_a x^*)} \tag{7-7}$$

当变换前气体组成一定时，则可根据式(7-3)、式(7-7)求得一定温度下平衡变换率及平衡组成。

在工业生产条件下，由于反应不可能达到平衡，实际变换率总是小于平衡变换率，为此需控制适宜的生产条件，使实际变换率尽可能接近平衡变换率。

下面讨论影响平衡变换率的因素。

(1) 温度   由表 7-2 可知，温度降低，K_p 值增大，有利于变换反应向右进行。当变换前气体组成一定时，由式(7-3)、式(7-7) 可计算不同温度下对应的平衡变换率 x^*。以温度为横坐标，以变换率为纵坐标，将温度与平衡变换率的关系绘在 $T\text{-}x$ 图上，得图 7-1，曲线 T_e 称为平衡曲线。根据平衡曲线可明显看出，随温度升高，平衡变换率降低。若要得到较高的变换率，应选择较低的温度。

（2）压力　变换反应是等摩尔反应，目前工业条件下，压力对变换反应化学平衡无明显影响。

（3）汽气比　汽气比指水蒸气与原料气中 CO 的物质的量比，实际生产中用汽气比表示水蒸气用量，汽气比指入变换炉水蒸气与干原料气的体积之比。从图 7-2 可以看出，汽气比愈大，平衡变换率愈高，变换气中 CO 含量愈低。达到同一变换率，当温度降低时，可减小汽气比。在同一温度下，汽气比增大，平衡变换率随之增大，增大的趋势先快后慢。因此，提高汽气比也有一个限度，因为汽气比过大，变换率增加不明显，却增加了水蒸气消耗量。生产中从节能角度考虑，在确保一氧化碳变换率前提下，选择低的汽气比，并在低温下变换，以减少蒸汽消耗量。

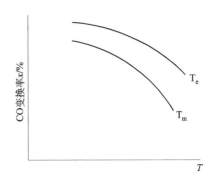

图 7-1　CO 变换过程 $T\text{-}x$ 图

三、变换反应速率

1. 催化变换机理

催化变换反应属于气-固相催化反应，关于一氧化碳在催化剂表面上进行的变换反应机理，目前未取得一致意见。比较普遍的说法是：水蒸气分子首先被催化剂的活性表面所吸附，并分解为氢及吸附状态的氧原子，氢进入气相，吸附态的氧则在催化剂表面形成氧原子吸附层，当一氧化碳分子撞击到氧原子吸附层时，即被氧化为二氧化碳，并离开催化剂表面进入气相。然后催化剂又与水分子作用，重新生成氧原子的吸附层，如此反应重复进行。

若用 [K] 表示催化剂，则上述过程可用下式表示：

$$[K]+H_2O(g)\Longrightarrow[K]O+H_2$$
$$[K]O+CO\Longrightarrow[K]+CO_2$$

实验证明，在这两个步骤中，第二步比第一步慢，因此，第二步是一氧化碳变换化学反应过程的控制步骤。

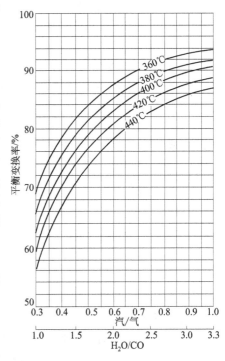

图 7-2　汽气比与 CO 平衡变换率的关系

2. 影响反应速率的因素

（1）温度　变换反应是放热反应，反应速率可用下式表示：

$$-r_{CO}=k\left(y_{CO}y_{H_2O}-\frac{y_{CO_2}y_{H_2}}{K_p}\right) \tag{7-8}$$

式中，$-r_{CO}$ 为反应速率，m^3（CO，标准状态）/[m^3（催化剂）• h]；K_p 为平衡常数；y_{CO_2}、y_{H_2}、y_{CO}、y_{H_2O} 分别为 CO_2、H_2、CO、$H_2O(g)$ 的摩尔分数；k 为反应速率常数，

它是温度的函数。

由式(7-8)可见，温度对反应速率的影响体现在 k 与 K_p 随温度的变化中。温度升高时，k 值增加的影响大于 K_p 降低的影响，使反应速率随温度升高而增大。继续增加温度，二者的影响互相抵消，反应速率随温度的增值为零。再提高温度时，温度对 K_p 的不利影响大于 k 值的增加影响，又会使反应速率随温度的升高而降低。因此，随反应温度的升高，反应速率从上升到下降出现一最大值，在气体组成和催化剂一定的情况下，对应最大反应速率时的温度称为该条件下最佳温度或最适宜温度。图 7-3 中 T_m 为该条件下的最适宜温度。由上述讨论可见，最适宜温度的存在是由于可逆放热反应的速率常数随温度升高而增大，平衡常数随温度升高而下降这一矛盾因素造成的。

最适宜温度可由下式计算：

$$T_m = \frac{T_e}{1 + \dfrac{RT_e}{E_2 - E_1}\ln(E_2/E_1)} \tag{7-9}$$

式中　T_m，T_e——最适宜温度及平衡温度，K；

　　　　R——气体常数，kJ/(kmol·K)；

　　　　E_1，E_2——正、逆反应活化能，kJ/(kmol·K)。

对于不同气体组成有不同的平衡温度，而且不同催化剂其活化能也不相同。由公式(7-9)计算的最适宜温度随气体组成与催化剂的不同而变化，由对应于各个气体组成（变换率）下的最适宜温度连接的曲线称为最适宜温度曲线。如图 7-1 所示，T_m 为最适宜温度曲线，在一定

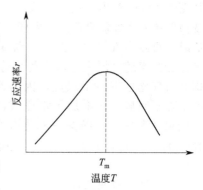

图 7-3　最适宜温度示意图

初始气体组成条件下，最适宜温度和平衡温度都随着变换率的上升而逐渐下降，对应同一变换率的最适宜温度总是比平衡温度低几十度。

（2）压力　提高压力，反应物体积缩小，单位体积中反应物分子数增多，反应分子被催化剂吸附速率增大、反应物分子与被催化剂吸附原子碰撞的机会增多，因而可以加快反应速率。

第二节　一氧化碳变换催化剂

一、中温变换催化剂

1. 组成和性能

中温变换催化剂的性能和使用条件见表 7-3。

表 7-3　中温变换催化剂的性能和使用条件

国别		中　　国						美国(ICI)	英国(ICI)	德国(BASF)
型号		B109	B110-2	B111	B113	B117	B121	C12-1	115-4	K6-10
化学组成/%	Fe_2O_3			67~69	78±2	67~75	Fe_2O_3 主要添加有 K_2O、Al_2O_3	89±2		
	Cr_2O_3	≥75	≥79	7.6~9				9±2		
	K_2O	≥9	≥8	0.3~0.4	9±2	3~6				
	SO_4^{2-}							S<0.05	0.1	0.1
	MoO_3	≤0.7	S<0.06	5	1~200cm³/m³	<1				
	Al_2O_3							<1		

续表

国别	中 国						美国(ICI)	英国(ICI)	德国(BASF)
型号	B109	B110-2	B111	B113	B117	B121	C12-1	115-4	K6-10
物理性质 外观	棕褐片剂	棕褐片剂	棕褐片剂	棕褐片剂	棕褐片剂	棕褐片剂			
尺寸/mm	$\phi(9\sim9.5)\times$ $(5\sim7)$	$\phi(9\sim9.5)\times$ $(5\sim7)$	$\phi9\times(5\sim7)$	$\phi9\times5$	$\phi(9\sim9.5)\times$ $(7\sim9)$	$\phi9\times(5\sim7)$	$\phi9.5\times6$	$\phi8.5\times10.5$	$\phi6\times6$
堆密度/(kg/L)	$1.3\sim1.5$	$1.4\sim1.6$	$1.5\sim1.6$	$1.3\sim1.4$		$1.35\sim1.55$	1.13	1.1	$1.0\sim1.5$
比表面/(m²/g)	36	35	50	74					
孔隙率/%	40			45					
备注	低温活性好,蒸汽消耗低	还原后强度好,放硫快,活性高,适用于凯洛格型氨厂	耐硫性能好,适用于重油制氨流程	广泛应用于大、中、小型氨厂	低铬	无铬	在无硫条件下,高变串低变流程中使用	高变串低变流程中使用	还原态强度好

中温变换催化剂含 Fe_2O_3 $80\%\sim90\%$，Cr_2O_3 $7\%\sim11\%$，并有少量的 K_2O、MgO 和 Al_2O_3 等成分。活性组分是 Fe_2O_3，使用前需将 Fe_2O_3 还原为 Fe_3O_4。Cr_2O_3 为促进剂，可与 Fe_3O_4 形成固溶体，高度分散于活性组分 Fe_3O_4 晶粒之间，使催化剂具有更细的微孔结构和更大的比表面积，从而提高催化剂的活性和耐热性，延长使用寿命。添加剂 K_2O 可提高催化剂的活性，MgO 和 Al_2O_3 能增加催化剂的耐热性，MgO 还具有良好的耐硫性能。

2. 还原与氧化

中温变换催化剂中 Fe_2O_3 需经还原成 Fe_3O_4 才具有活性，通常用 H_2 或 CO 在一定温度下进行还原，其主要反应为：

$$3Fe_2O_3 + H_2 \rightleftharpoons 2Fe_3O_4 + H_2O + 9.6kJ \tag{7-10}$$

$$3Fe_2O_3 + CO \rightleftharpoons 2Fe_3O_4 + CO_2 + 50.8kJ \tag{7-11}$$

由于还原反应为放热反应，还原时要严格控制 H_2 和 CO 的加入量，以避免温度急剧升高，而影响催化剂的活性。同时要加入适量水蒸气，以防 Fe_3O_4 被一步还原成 Fe，发生过度还原现象。当催化剂中含有硫酸根时，会被还原成硫化氢（放硫），使中温变换串低温变换流程中后面的低变催化剂中毒。因此在中变催化剂的还原过程，应严防硫化氢进入低变催化剂。

活性组分 Fe_3O_4 在 $50\sim60℃$ 以上十分不稳定，遇氧即被氧化，且是剧烈放热反应。

$$4Fe_3O_4 + O_2 \rightleftharpoons 6Fe_2O_3 + 466kJ \tag{7-12}$$

因此，在生产中要严格控制原料气中的氧含量。在系统停车检修时，先用水蒸气或氮气降低催化剂温度，同时，通入少量空气使催化剂缓慢氧化，在表面形成一层 Fe_2O_3 保护膜后，才能与空气接触，这一过程称为催化剂的钝化。

3. 催化剂的中毒与衰老

在变换生产中，主要是原料气中的硫化物引起催化剂的中毒，使其活性下降，其反应如下：

$$Fe_3O_4 + 3H_2S + H_2 \rightleftharpoons 3FeS + 4H_2O + Q \tag{7-13}$$

由于 CO 变换时将大部分的有机硫转化为硫化氢，从而使催化剂受大量 H_2S 毒害，然而，反应是一个可逆放热反应，属于暂时性中毒，当增大水蒸气用量、降低原料气中 H_2S

含量，催化剂的活性即能逐渐恢复。但是，这种暂时中毒如果反复进行，也会引起催化剂微晶结构发生变化，而导致活性下降。原料气的灰尘及水蒸气中的无机盐等物质，均会使催化剂的活性显著下降造成永久性中毒。

促使催化剂活性下降的另一个重要因素是催化剂的衰老。所谓衰老，是指催化剂经过长期使用后活性逐渐下降的现象。使催化剂衰老的原因有：长期处于高温下，逐渐变质；温度波动，使催化剂过热或熔融；气流不断冲刷，破坏了催化剂表面状态；操作不当，半水煤气中氧含量高和带水等。

二、低温变换催化剂

1. 组成和性能

目前工业上应用的低温变换催化剂均以氧化铜为主，经过还原后具有活性的组分是细小的铜微晶。但单纯的铜微晶在操作温度下极易烧结，导致微晶增大，比表面积减小，活性下降和寿命缩短。为此，在催化剂中加入氧化锌、氧化铝、氧化铬等添加物。作用是将铜微晶有效地分隔开来，提高其稳定性。根据添加物不同，低温变换催化剂可分为铜锌、铜锌铝和铜锌铬三种。其中，铜锌铝型性能好，生产成本低，且无毒。低温变换催化剂的组成范围为 CuO 15%～32%（高铜催化剂可达 42%）、ZnO 32%～62.2%、Al_2O_3 30%～40.5%。国产低变催化剂的主要性能见表7-4。

表 7-4　国产低变催化剂的主要性能

型号组分		B201	B202	B203	B204	B205	B206
		Cu、Zn、Cr	Cu、Zn、Al	Cu、Zn、Cr	Cu、Zn、Al	Cu、Zn、Al	Cu、Zn、Al
物理性能	粒度/mm	5×5	5×(5±0.5)	4.5×4.5	5×(4.5±0.5)	5.6×(3.5～4.0)	5×(4.5±0.5)、6×(3.5±0.5)
	堆密度/(kg/L)	1.5～1.7	1.4～1.5	1.05～1.10	1.5±0.1	1.1～1.2	1.4～1.6
	比表面/(m²/g)	60	60～80	50～70	76±10	85	75±10
操作条件	温度/℃	180～230	180～230	180～240	200～240	180～260	180～260
	压力/MPa	2.0	≤3.0	≤5.0	约4.0	≤5.0	≤4.0
	空速/h⁻¹	1000～2000	1000～2000	约4000	1000～2500	1000～4000	2000～4000
生产厂地			南京、四川、甘肃	辽河	南京、四川	辽河	南京

2. 还原和氧化

低温变换催化剂用 H_2 或 CO 进行还原，其反应如下：

$$CuO + H_2 = Cu + H_2O(g) + 86.7kJ \qquad (7\text{-}14)$$

$$CuO + CO = Cu + CO_2 + 127.7kJ \qquad (7\text{-}15)$$

氧化铜的还原反应是强放热反应，而低温变换催化剂对热比较敏感，因此，必须严格控制还原条件，将催化剂层的温度控制在230℃以下。

还原后的催化剂与空气接触，产生如下反应：

$$Cu_2O + \frac{1}{2}O_2 = 2CuO + 322.2kJ \qquad (7\text{-}16)$$

如果与大量空气接触，放出的反应热将使催化剂超温烧结，因此，停车取出催化剂前，应先通入少量氧气逐渐将其氧化，在催化剂表面形成一层氧化铜保护膜，才能与空气接触。这一过程称为催化剂的钝化。钝化方法用氮气或蒸汽将催化剂层的温度降至150℃，然后在氮气或蒸汽中配入0.2%的氧，在温升不大于50℃的情况下逐渐提高氧的浓度，直到全部切换为空气时，钝化结束。

3. 催化剂的中毒

低温变换催化剂对毒物十分敏感。引起催化剂中毒或活性降低的物质有冷凝水、硫化物和氯化物。变换系统气体中，含有大量水蒸气，为避免冷凝水的出现，低变温度一定要高于该条件下气体的露点温度。

硫化物主要来自原料气和中变催化剂的"放硫"，它使低温变换催化剂永久中毒。当催化剂硫含量达 1.1%，催化剂就基本失去了活性。所以必须对原料气精细脱硫，使 H_2S 含量小于 $1cm^3/m^3$，并保证"放硫"安全。一般低变炉上部装有 ZnO，用来进一步脱硫。

氯化物是对低变催化剂危害最大的毒物，当催化剂中氯含量达 0.01% 时，就明显中毒；当氯含量为 0.1% 时，催化剂的活性基本丧失。氯主要来源于水蒸气，为了保护催化剂，要求水蒸气中氯含量小于 $0.01cm^3/m^3$。

三、耐硫变换催化剂

1. 组成与性能

由于铁铬系中变催化剂活性温度高、抗硫性差，铜锌系低变催化剂低温性能虽然好，但活性温区窄，对硫、氯十分敏感，20 世纪 70 年代初期针对重油和煤气化制得的原料气含硫较高，铁铬催化剂不能适应耐高硫的要求，开发了钴钼系耐硫变换催化剂，其主要成分为 CoO 和 MoO_3，载体为 Al_2O_3 等，加入少量碱金属，以降低催化剂的活性温度。常用几种耐硫变换催化剂的性能见表 7-5。

表 7-5　耐硫变换催化剂性能

国别		中国			德国	丹麦	美国
型号		B301	QCS-04	B303Q	K8-11	SSK	C25-4-02
化学成分/%	CoO	2~5	1.8±0.3	>1	约 1.5	约 3.0	约 3.0
	MoO	6~11	8.0±1.0	8~13	约 10.0	约 10.0	约 12.0
	K_2O	适量	适量		适量	适量	适量
	Al_2O_3	余量	余量		余量	余量	余量
	其他	—	—		—	—	加有稀土元素
物理性能	颜色	蓝灰色	浅绿色	浅蓝色	绿色	墨绿色	黑色
	尺寸/mm	$\phi5\times5$ 条	长 8~12, $\phi3.5~4.5$	$\phi3~5$ 球	$\phi4\times10$ 条	$\phi3~5$ 球	$\phi3\times10$ 条
	堆密度/(kg/L)	1.2~1.3	0.75~0.88	0.9~1.1	0.75	1.0	0.70
	比表面/(m^2/g)	148	≥60		150	79	122
	比孔容/(mL/g)	0.18	0.25		0.5	0.27	0.5
使用温度/℃		210~500		160~470	280~500	200~475	270~500

2. 硫化

钴钼系耐硫催化剂其主要活性组分氧化钴和氧化钼在使用前，需将其转化为硫化钴、硫化钼才具有变换活性，这一过程称为硫化。对催化剂进行硫化，可用含氢的二硫化碳，也可直接用硫化氢或用未脱硫的原料气。为了缩短硫化时间，保证活化得好，工业上一般都采用在干半水煤气中加 CS_2 为硫化剂。其硫化反应如下：

$$CS_2+4H_2 \Longrightarrow 2H_2S+CH_4+240.6kJ \tag{7-17}$$

$$MoO_3+2H_2S+H_2 \Longrightarrow MoS_2+3H_2O+48.1kJ \tag{7-18}$$

$$CoO+H_2S \Longrightarrow CoS+H_2O+13.4kJ \tag{7-19}$$

催化剂硫化前需升温，可用氮气或天然气及干半水煤气（干变换气）作为热载体，通过电加热器加热后，进入床层，但不能使用水蒸气，否则会降低催化剂的活性。当催化剂的温度升到 200℃时，向系统通入 CS_2（或 H_2S）使其发生氢解产生 H_2S，进行硫化，并在床层低于 250℃时需升温至硫化完全，直到入口和出口气体中的硫化氢含量基本相同时即为硫化终点。硫化反应是放热反应，因此气体中硫化物的浓度不宜过高，以免催化剂超温。硫化时一般 CS_2 用量按 $1m^3$ 催化剂 150kg 准备。

硫化反应是可逆的，在一定反应温度、蒸汽量和 H_2S 浓度下，活性组分 CoS 和 MoS_2 将会发生水解，转化为氧化态并放出硫化氢，即反硫化反应，使催化剂活性下降。因此，正常操作时原料气中应有一最低的硫化氢含量。最低硫化氢含量受反应温度及汽气比的影响。温度及汽气比越低，最低硫化氢含量越低，催化剂不易反硫化。

3. 催化剂中毒

在变换过程中半水煤气中的氧会使耐硫变换催化剂缓慢发生硫酸盐化，使 CoS 和 MoS_2 中的硫离子氧化成硫酸根，继而硫酸根与催化剂中的钾离子反应生成 K_2SO_4，从而导致催化剂低温活性的丧失。所以用于低变的耐硫催化剂前一定要设置一层保护剂及除氧剂（抗毒剂），以避免氧等杂质进入低变催化剂，使催化剂活性下降。

半水煤气中油污，在高温下炭化，沉积在催化剂颗粒中，也会降低催化剂活性。而水可以溶解催化剂中活性组分钾盐，使催化剂永久性失活。其次当催化剂层温度过高，汽气比高，H_2S 浓度低时，造成催化剂出现反硫化也会使催化剂失活。

当催化剂由于硫酸盐化和反硫化失活时，可在一定温度和 H_2S 浓度下，重新硫化后复活。当耐硫变换催化剂上沉积高分子物时，可用空气与惰性气体或水蒸气的混合物将催化剂氧化，然后再重新硫化使用。

4. 耐硫变换催化剂的特点

(1) 有很好的低温活性 使用温度比铁铬系催化剂低 130℃以上，而且有较宽的活性温度范围（180～500℃），因此被称为宽温变换催化剂。

(2) 有突出的耐硫和抗毒性 可使有机硫转化为硫化氢，并且可耐原料气总硫到每立方米（标）几十克。在以重油、煤为原料制取合成氨原料气时，使用耐硫变换催化剂可以将含硫气体直接进行变换，再经脱硫、脱碳（亦可采用"一次法"同时脱硫、脱碳），使流程简化，降低了蒸汽消耗。

(3) 强度高 遇水不粉化，使用寿命一般为 5 年左右。

目前耐硫变换催化剂主要用于大、中、小型合成氨厂的中串低流程，也可代替铁铬系中变催化剂用于全低变流程。

第三节 工艺条件的选择

一、中温变换工艺条件

1. 温度

变换反应存在最适宜温度，如果整个反应过程按最适宜温度曲线进行，则反应速率最大，在相同的生产能力下所需催化剂用量最小，但实际生产完全按最适宜温度曲线操作是不现实的。首先，反应开始（$x=0\%$）时，最适宜温度很高，已超过了中温变换催化剂允许使用的温度范围。其次，随着反应进行，要不断移出反应热，使最适宜温度逐渐降低是极困难的。因此，变换过程的操作温度应综合各方面因素来确定。其主要原则如下。

(1) 在活性温度范围内操作 应在催化剂活性温度范围内操作，反应开始温度一般应高于催化剂起始活性温度约 20℃，不同型号中变催化剂，反应开始温度为 320～380℃，热点温度为 450～500℃。

(2) 尽可能接近最适宜温度曲线进行反应 根据原料气中 CO 的含量，将催化剂分为一段、二段或多段，段间进行冷却。主要是采用中间间接换热式（用原料气或蒸汽间接换热）或中间直接冷激式（即在段间加入冷激水、水蒸气、冷煤气降温）的冷却方式来降低反应系统的温度，使变换过程操作线接近最适宜温度曲线。图 7-4、图 7-5 为二段中间间接换热式和二段中间直接冷激式变换过程示意图。

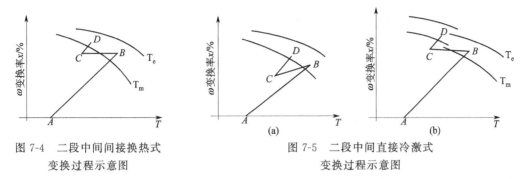

图 7-4 二段中间间接换热式
变换过程示意图

图 7-5 二段中间直接冷激式
变换过程示意图

$ABCD$ 线为操作线，表示反应过程随 CO 变换率的增加，系统温度的变化情况。AB、CD 分别一、二段绝热反应线，BC 为段间降温线。段间间接换热时（如图 7-4），气体变换率不变，BC 呈水平直线，因汽气比不变，平衡曲线和最适宜温度曲线不做移动，段间换热用煤气冷激时〔如图 7-5(a)〕，因组成与原始煤气组成一致，一、二段平衡温度和最适宜温度曲线相同，但冷煤气的加入使混合气体温度降低，变换率下降。段间用喷水（蒸汽）冷激〔图 7-5(b)〕时，混合气体温度不断降低，但变换率不变，由于汽气比增大，平衡温度和最适宜温度曲线发生上移。实际生产中，几种冷却方式混合使用，一般尽可能不用煤气冷激和蒸汽冷激，而是用喷水冷激，以利于降低蒸汽的消耗。在一些较新的设计中，喷水冷却方式已被废热锅炉所取代，这样可以获得高压或低压蒸汽供氨厂其他用途。

2. 压力

压力对变换反应的平衡几乎没有影响，但加压可提高反应速率和催化剂的生产能力，可采用较大的空间速度，使设备紧凑，有利于过热蒸汽回收。由于干原料气的物质的量小于干变换气的物质的量，所以，先压缩原料气进行加压变换的能耗比常压变换后再压缩变换气的能耗低 15%～30%，但加压变换需用压力较高的蒸汽，对设备材质要求高，所以一般小型合成氨厂操作压力为 0.8～1.2MPa，中型厂为 1.2～1.8MPa、大型厂为 3.0～8.0MPa。

3. 汽气比

增加水蒸气量，有利于提高 CO 的平衡变换率，降低 CO 残余含量，加快反应速率，为此生产上均采用过量水蒸气。过量水蒸气的存在，抑制了析炭及甲烷化的副反应发生，保证了催化剂活性组分 Fe_3O_4 的稳定而不被过度还原，同时还起到载热体的作用，使催化剂床层温升减小。所以，改变水蒸气用量是调节床层温度的有效手段。

但是水蒸气用量是变换过程中最主要的消耗定额，为了达到节能降耗的目的，工业生产中应在满足变换工艺要求的前提下，尽量降低水蒸气消耗。降低水蒸气用量，一方面要采用新型低温活性催化剂，使反应在低温下进行，降低反应的汽气比。另一方面要合理地确定 CO 最终变换率或残余 CO 量，催化剂层段数要合适，段间要冷却良好。加强余热的回收利用均可降低蒸汽消耗。中温变换操作适宜的汽气比为 $H_2O/CO=1.5～3$，经中温变换后气体中 H_2O/CO 可达 15 以上，不必再加蒸汽即可直接进行低温变换。

4. 空间速度

空间速度大小，既决定催化剂的生产能力，又关系到变换率的高低，空速的确定与催化剂活性有关。催化剂活性好，反应速率快，可以采用较大的空速，充分发挥设备的生产能力。但空速太大，CO 来不及反应就离开了催化剂床层，造成出口 CO 含量高，变换率低。降低空速可提高变换率，但反应放热量减少，催化剂床层温度难以维持，同时生产能力下降。一般空速为 600～1500h^{-1}。

二、低温变换工艺条件

1. 温度

变换反应在低温下进行是为了提高变换率,使变换气体中 CO 含量降到 0.3% 以下。但在低温变换过程中,湿原料气有可能达到该条件下的露点温度析出液滴,使催化剂粉碎失活。所以低温变换操作温度必须较该条件下的露点温度高 30℃,一般控制在 180～260℃。

2. 压力和空间速率

提高压力,可增加反应速率,也可提高气体的露点,从而操作温度下限值得到提高。低温变换操作压力一般是随中温变换而定,一般为 1～3MPa,空间速率则随压力升高而增大,当压力为 2MPa 左右时,空间速率为 1000～1500h^{-1},压力在 3MPa 左右时,空间速率则增大到 2500h^{-1} 左右。

3. 入口气体中 CO 含量

低温变换催化剂虽然活性高,但操作温度范围窄,对热敏感,价格高。如果原料气中 CO 含量高,反应放出热量多,容易使催化剂超温,使催化剂使用寿命缩短,并且加大催化剂的用量,费用较高。因此低温变换入口气体中 CO 含量一般为 3%～6%。

三、耐硫低温变换工艺条件

1. 温度

耐硫低温变换是在低温下,利用耐硫低变催化剂的低温活性,将变换气中 CO 含量降到 1% 以下。为了保证低变出口 CO 的变换率,催化剂须分段。其温度的控制除了必须在催化剂活性温度范围,各段低变催化剂温度应按最适宜温度分布。同时为了防止油污和水蒸气冷凝在催化剂上引起活性下降,床层阻力上升,还应根据气体中水蒸气含量以高于露点 30℃ 来确定低变过程温度下限。因此耐硫低温变换操作一般入口温度为 180～220℃,热点温度为 330～400℃,并且随着催化剂使用时间延长,催化剂活性降低,操作温度应适当提高。

2. 压力和空间速率

耐硫低温变换的压力由进入低变系统的原料气压力决定,一般为 0.8～3MPa。空间速率与催化剂的型号和压力相关,不同型号的催化剂确定不同的空速,且空速随压力上升而增大。低变催化剂空速一般控制在 1000～2000h^{-1},B303Q 低变催化剂用于全低变流程其空速可控制在 2500h^{-1}。

3. 入口气体中氧含量

如果进入低变系统原料气中氧含量高,会引起耐硫低变催化剂床层温度上涨,活性组分不同程度硫酸盐化造成催化剂活性下降,所以耐硫低温变换入口气体中氧含量应小于 0.5%。

4. 半水煤气中硫化氢含量

在 CO 变换过程中,如果半水煤气中 H_2S 含量高,耐硫低温催化剂中的钴和钼以硫化物形式存在,催化剂维持高活性。当反应温度高、汽气比大而气体中 H_2S 含量不足时,易使低变催化剂出现反硫化现象,造成催化剂失活。所以半水煤气中应维持一定的 H_2S 含量,为避免 H_2S 含量过高使变换系统腐蚀加剧和增加后工段二次脱硫的压力,全低变流程一般控制 H_2S 含量 150mg/m^3(标)左右,而中低低流程由于中变催化剂不耐硫,半水煤气中的 H_2S 含量为 100mg/m^3(标)左右,中串低流程的 H_2S 含量为 50mg/m^3(标)左右。

第四节 生 产 流 程

变换工艺流程设置,主要根据合成氨生产中的原料种类及各项工艺指标的要求、催化剂特性和热能的利用及脱除残余一氧化碳方法等综合考虑。

第一应依据原料气中 CO 含量高低来加以确定，CO 含量高，应采用中温变换，这是因为中温变换催化剂操作温度范围较宽，而且价廉易得，使用寿命长。当 CO 含量高于 15％时，须考虑反应器分为两段或三段。第二，是根据进入系统的原料气温度和湿含量，考虑气体的预热和增湿，合理利用余热。第三是将 CO 变换和脱除残余 CO 的方法结合考虑。如果 CO 脱除方法允许 CO 残余量较高，则仅用中变即可，否则，采用中变与低变串联，以降低变换气中 CO 含量。现对几种典型流程分述如下。

一、中温变换流程

中温变换工艺早期均采用常压，经节能改造，现在大都采用加压变换。加压中温变换工艺的主要特点是：采用低温高活性的中变催化剂，降低了工艺上对过量蒸汽的要求；采用段间喷水冷激降温，减少了系统的热负荷和阻力，减小外供蒸汽量；合成与变换、铜洗构成第二换热网络，合理利用热能。其中有两种模式，一是"水流程"模式，二是"汽流程"模式。前者指在合成塔后设置水加热器以热水形式向变换系统补充热能，并通过变换工段设置的两个饱和热水塔使自产蒸汽达到变换反应所需的汽气比。后者在合成塔设后置式锅炉或中置式锅炉产生蒸汽供变换用，变换工段则设置第二热水塔回收系统余热供精炼铜液再生用；采用电炉升温，革新了变换工段燃烧炉升温方法，使之达到操作简单、平稳、省时、节能的效果。

三段加压中温变换工艺流程如图 7-6 所示。

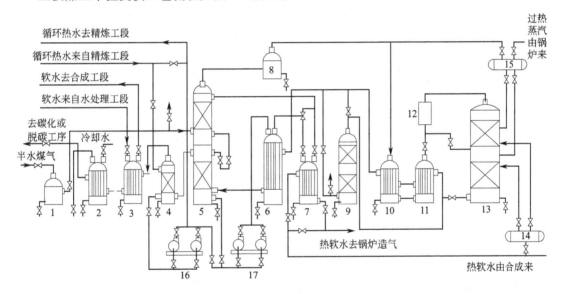

图 7-6 加压中温变换工艺流程

1—焦油过滤器；2—冷凝塔；3—第二水加热器；4—第二热水塔；5—饱和热水塔；
6—第一水加热器；7—热水换热器；8—气水分离器（预腐蚀器）；9—低温变换炉；10—第一热交换器；
11—第二热交换器；12—电加热器；13—中温变换炉；14—热软水分配缸；
15—蒸汽分配缸；16—第二循环热水泵；17—第一循环热水泵

半水煤气经脱硫后由压缩机加压至 1.35MPa（表压）进入焦油过滤器除去半水煤气中的煤焦油等杂质，送入饱和塔下部，与自上而下的热水逆流接触，气体被加热，并被水蒸气饱和从塔顶出来，经蒸汽混合器，补加部分蒸汽，温度达 150℃，依次进入第一、第二热交换器，与反应后变换气换热，温度达 380℃左右，进入变换炉一段进行 CO 变换反应，再依次经过第二、第三段进行变换反应，使出变换炉的变换气中 CO 含量降至 3％以下。在各段催化剂床层之间，装有冷激水喷头，以降低各段反应后气体的温度。出变换炉的变换气，依次进入第一、第二交换器，经第一水加热器加热由热水泵来的水，温度降至100℃左右，进入热水塔，在塔内变换气与自上而下的热水逆流接触，气体温度降至75℃左右，第二水加热器，加热送锅炉软水，最后经冷激塔，气体温度降至常温送碳化或脱碳工段。

系统中的热水在饱和塔、热水塔及第一水加热器中循环，定期排污及加水，保持循环水的质量和水平衡。

目前一般采用1.2～1.8MPa和3MPa的加压变换，以渣油为原料的大型氨厂变换压力高达约8.6MPa。

如果合成气最终精制采用铜洗和液氮洗流程，只须采用中温变换即可；若最后精制采用甲烷化流程，则经中温变换的气体脱除CO_2后，还须精脱硫，使气体中总硫降至$1mL/m^3$以下，再进行低温变换，使低变气中CO含量降至0.3%～0.5%，然后经过第二脱碳进入甲烷化炉，将残余CO和CO_2除去。若中温变换串耐硫低温变换，就不需脱硫，可省去二次脱碳，并且高变气经过耐硫低温变换最终使CO降至0.3%～1%。

二、中温变换串低温变换流程

中温变换串低温变换流程，就是采用铁铬系中温变换催化剂后串铜锌系低温变换催化剂。由于铜锌催化剂对硫敏感，所以以煤或重油为原料制取的原料气在进行中温变换后，一般要经过湿法脱硫、一次脱碳、氧化锌脱硫后，才能进行低温变换，最后还要二次脱碳，流程长、设备多、能耗大。对于以天然气为原料制气氨厂，由于在蒸汽转化前脱硫已很彻底，而且加入了大量蒸汽，所以中温变换后可直接进行低温变换，流程比较简单。

天然气蒸汽转化制氨变换系统采用中温变换串低温变换工艺流程如图7-7所示。

含CO 13%～15%的原料气经废热锅炉降温，在压力为3MPa、温度370℃下进入中变炉，因原料气中水蒸气含量较高，一般不需补加蒸汽，经反应后气体中CO降到3%左右，温度为420～440℃，进入中变废热锅炉，被冷却到330℃，使锅炉产生10MPa的饱和蒸汽，再经甲烷化炉进气预热器，冷却到230℃后进入低变炉，低变气残余CO降到0.3%～0.5%。该反应余热还可经脱碳贫液再沸器进一步回收利用。为了提高传热效果，可向气体中喷入少量水，使其达到饱和状态，这样，当气体进入脱碳贫液再沸器时，水蒸气很快冷凝，使传热系数增大。气体出变换系统后送往脱碳工段脱除CO_2。

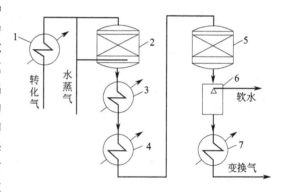

图7-7　中温变换串低温变换工艺流程
1—废热锅炉；2—中变炉；3—中变废热锅炉；
4—甲烷化炉进气预热器；5—低变炉；
6—饱和器；7—脱碳贫液再沸器

目前，这种流程主要差别在于中变废热锅炉的不同。大型合成氨厂可产生高压蒸汽，而中、小型合成氨厂产生中压蒸汽或预热锅炉给水。由于铜锌系催化剂对气体纯度要求高，总硫体积分数$<0.1×10^{-6}$，氯体积分数$<0.01×10^{-6}$，因而限制了使用范围。

20世纪80年代，为适用含硫较高的重油、煤、焦油制气的要求，科技人员在研制成功钴钼耐硫变换催化剂的基础上，开发了中变串低变工艺流程。所谓中变串低变流程，即在铁铬催化剂后串一段钴钼耐硫变换催化剂，耐硫变换催化剂被用作低变催化剂放在中变炉最后一段，或者另设一低变炉串在中变炉后。

图7-6中，在中变炉后增加一个低变炉，就成为一个中变串低变流程。从中变三段出口的变换气含有5%～7%的CO，经第一、二热交换器降温回收热量后进入低变炉继续反应，

使气体中 CO 降至 1.5%，进入第一水加热器。其他流程相同。

与传统的中温变换流程相比，由于串入耐硫低变催化剂，使操作条件有所改变，主要是入炉半水煤气汽气比有较大幅度降低，为实现蒸汽自给提供了有力保证。另一方面变换气中 CO 含量由单一中变流程的 3.0%~3.5% 降至 1.0%~1.5%，减轻了铜洗和压缩的负荷，降低了合成氨半水煤气消耗，提高了原料的利用率。但存在设备腐蚀和低变催化剂反硫化问题。

三、全低变流程

全低变流程是指不用中变催化剂而全部采用宽温区的钴钼系耐硫变换催化剂，进行一氧化碳变换的工艺过程。国内从 1990 年实现工业生产，经过多年的实践已获成功，并在中、小型氨厂推广使用。

全低变流程的优点是：变换炉入口温度及床层内的热点温度均比中变炉入口及热点温度下降 100~200℃，使变换系统在较低的温度范围内操作，有利于提高 CO 平衡变换率，在满足出口变换气中 CO 含量的前提下，可降低入炉蒸汽量，使全低变流程比中变及中变串低变流程蒸汽消耗降低。催化剂用量减少一半，使床层阻力下降。由于钴钼系催化剂耐高硫，对半水煤气脱硫指标放宽，但因氧化，反硫化及硫酸根、氯根、油等污染，使催化剂活性下降快，使用寿命相对较短，一般需在一段入口前装填脱氧、脱水保护层，以保护低变催化剂。另外饱和塔酸腐蚀严重。

全低变生产流程如图 7-8 所示。

半水煤气首先进入系统的饱和热水塔，在饱和塔内与塔顶流下的热水逆流接触，两相间进行传热、传质，使半水煤气提温增湿。出饱和塔气体进入气体分离器分离夹带的液滴，并补充从主热交换器来的蒸汽，使汽气比达到要求，温度升至 180℃ 进入变换炉一段，经一段催化剂层反应，温度升至 350℃ 左右引出，在段间换热器与热水换热，降温后进入二段催化剂层反应，反应后的气体在主热交换器与半水煤气换热，并经水加热器降温后进入三段催化剂层，反应后气体中

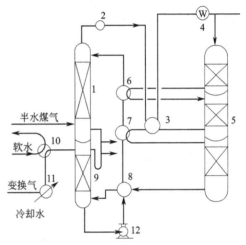

图 7-8　全低变工艺流程

1—饱和热水塔；2—分离器；3—主热交换器；
4—电加热器；5—变换炉；6—段间换热器；
7—第二水加热器；8—第一水加热器；9—热水塔；
10—软水加热器；11—冷凝器；12—热水器

CO 含量降至 1%~1.5% 离开变换炉。变换气依次经第一水加热器、热水塔、软水加热器回收热量后进入冷凝器冷却至常温。

四、中低低流程

中低低流程是在一段铁铬系中温变换催化剂后直接串两段钴钼系耐硫变换催化剂，利用中温变换的高温来提高反应速率，脱除有毒杂质，利用两段低温变换提高变化率，实现节能降耗。这样充分发挥了中变催化剂和低变催化剂的特点，实现了最佳组合，达到了能耗低、阻力小、操作方便的理想效果。该流程与中变串低变相比，关键是增加了第一低变，填补了 280~250℃ 这一中变串低变所没有的反应温区，充分利用了低变催化剂在这一温区的高活性。比全低变工艺操作稳定在于中低低工艺以铁铬系中变催化剂为净化剂，过滤煤气中氧和油污，起到了保护钴钼系耐硫催化剂的作用。

中低低流程如图 7-9 所示。

由压缩机来的约 2.1MPa、温度为 30~40℃ 的半水煤气先进入系统的饱和塔，在塔内与

塔顶流下的热水逆流接触进行热量与质量的传递，提高半水煤气的温度和湿度后进入蒸汽混合器，使汽气比达到0.40～0.45，经热交换器升温至300℃左右，进入一段中变催化剂床层进行反应（为调节一段中变入口温度，热交换器上应设置副线），气体温度升至460～480℃，CO含量为5%～15%，再依次进入热交换器、调温水箱1，温度降至180～240℃，进入二段耐硫低变催化剂，反应后温度为260～300℃，再经调温水箱2，降温至180～220℃，进入第三段耐硫低变催化剂，反应后温度为210～220℃，CO含量降至0.5%左右，再经水加热器、热水塔回收热量后，送

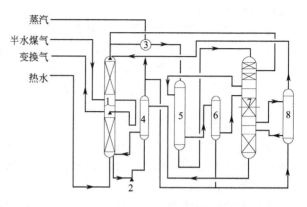

图7-9　中低低工艺流程
1—饱和热水塔；2—泵；3—蒸汽混合器；
4—水加热器；5—热交换器；
6—调温水箱1；7—变换炉；8—调温水箱2

入后工段。从热水塔底出来的热水由热水泵送入水加热器换热后，一部分直接进入饱和塔，另一部分经调温水箱1、调温水箱2换热后，再进入饱和塔与半水煤气进行换热。

第五节　主要设备及操作控制要点

一、主要设备

1. 变换炉

变换炉随工艺流程不同而异，但都应满足以下要求：变换炉的处理气量尽可能大；气流阻力小；气流在炉内分布均匀；热损失小，温度易控制；结构简单，便于制造和维修，并能实现最适宜温度的分布。变换炉主要有绝热型和冷管型，最广泛的是绝热型。现介绍生产中常用的两种不同结构的绝热型变换炉。

（1）中间间接冷却式变换炉　中间间接冷却式变换炉结构如图7-10所示，外壳是由钢板制成的圆筒体，内壁砌有耐混凝土衬里，再砌一层硅薄土砖和一层轻质黏土砖，以降低炉壁温度和防止热损失。内用钢板隔成上、下两段，每层催化剂靠支架支撑，支架上铺箅子板、钢丝网及耐火球，上部再装一层耐火球。为了测量炉内各处温度，炉壁多处装有热电偶，炉体上还配置了人孔与装卸催化剂口。

（2）轴径向变换炉　轴径向变换炉结构如图7-11所示。半水煤气和蒸汽由进气口进入，经过分布器后，70%的气体从壳体外集气器进入，径向通过催化剂，30%气体从底部轴向进入催化剂层，两股气体反应后一起进入中心内集气器而出反应器，底部用Al_2O_3球并用钢丝网固定。外集气器上开孔面积为0.5%，气流速率为6.7m/s，中心内集气器开孔面积为1.5%，气流速率为22m/s，大大高于传统轴向线速0.5m/s，因此，要求使用强度较高的小颗粒催化剂。轴径向变换炉的优点是催化剂床层阻力小，催化剂不易烧结失活，是目前广泛推广的一项新技术。

2. 饱和热水塔

饱和塔的作用是提高原料气的温度，增加其水蒸气含量，以节省补充蒸汽量。热水塔的作用主要是回收变换气中的蒸汽和显热，提高热水温度，以供饱和塔使用。工业上将饱和塔和热水塔组成一套装置的目的是使上塔底部的热水可自动流入下塔，省去一台热水泵。

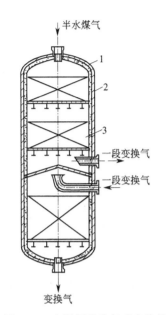

图 7-10 中间间接冷却式变换炉
1—外壳；2—耐热混凝土；
3—催化剂层

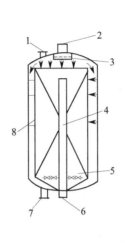

图 7-11 轴径向变换炉
1—塑料口（人孔）；2—进气口；
3—分布器；4—内集气器；
5,8—外集气器；6—出气口；
7—卸料口

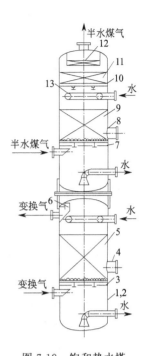

图 7-12 饱和热水塔
1—塔体；2—不锈钢衬里；
3,7,10—填料支撑装置；
4,8—人孔；5,9,11—填料；6—分
液槽；12—除沫器；13—热水喷管

加压变换饱和热水塔结构如图 7-12 所示。

塔体由钢板卷焊成圆筒体，中间有隔板分开，上部为饱和塔，下部为热水塔，两塔结构基本相同，塔内装有填料，主要使用瓷环或规整填料，有较好的传热、传质效果。塔顶设有气水分离段和不锈钢除沫器，以防止塔出口气体夹带水滴。饱和塔底部的热水经过水封流入热水塔，塔体上设有人孔和卸料口，塔底设有液位计。

生产中常用的饱和塔和热水塔除填料塔外，还有波纹板塔和旋流板塔。波纹板是将冲有筛孔的薄金属板压成波纹状而制成，用它代替填料，分层装在塔内即构成波纹板塔。在波纹板塔内，上塔板波谷之液体流至下一塔板的泡沫层，气体则通过波峰之孔及波纹侧面之斜孔以喷射状喷入液体中。因而气液接触好，传热效率高。旋流板塔与 ADA 法脱硫所用相同。

目前饱和塔用新型垂直筛板塔，可提高传质效率 20% 左右，气体处理量可提高 50% 以上，具有低压降、抗结垢抗堵塞能力强的特点。

二、操作控制要点

1. 变换炉的操作

（1）装填催化剂及其升温、还原　催化剂装填的好与坏将直接影响床层阻力和气体的分布，影响催化剂作用的发挥。装填前，应先把催化剂过筛，去除粉尘碎粒，首先自下而上分层进行装填。在集气器处铺好耐火球，按预装催化剂的型号和预装高度，充装催化剂耙平后，再装上层催化剂，装好工字梁，铺好栅板和耐火球，可按预装线把规定的催化剂型号装入炉内，装好后耙平，上面再覆盖一层铁丝网和耐火球。装填时，绝不能倒置成堆，以免床层松紧程度不一，生产中影响气流均匀分布。装填人员进炉时，严禁踩踏催化剂，应站在木板上操作，催化剂装填完毕，立即封上人孔和炉盖，准备试压升温还原。若不立即开车，应用盲板将变换炉与系统隔开。

做好催化剂的升温还原工作，是中变开车的关键，升温还原的好坏，直接影响催化剂的活性、机械强度和使用寿命，必须高度重视。在升温还原前，要根据催化剂的特性和现场具体情况制定出合理的升温还原指标及曲线，详细标明升温还原的阶段和升温速率，何时恒温及恒温时间长短等。

① 中温变换催化剂的升温还原。以 B113 型中温变换催化剂为例，其升温还原控制指标见表 7-6。

表 7-6　B113 型中温变换催化剂升温还原控制指标

阶段	温度/℃	升温速率/(℃/h)	所需时间/h	阶段	温度/℃	升温速率/(℃/h)	所需时间/h
初期升温	常温~120	25	8	还原	250~350	10	10
恒温	120	—	4	恒温	350	10	4
升温	120~200	25~30	4	还原	350~420		8
恒温	200	—	4	恒温	420		4
升温	200~250	25~30	2	总计			48

催化剂升温还原过程应注意以下事项：升温还原过程应防止温差过大，温差大于 100℃ 时应及时恒温；过热蒸汽必须在床层温度升到比该压力下的露点温度高 20℃ 以上才能使用。对于常压系统，则必须在床层温度升高到 150℃ 以上时，才能使用过热蒸汽；升温气体的温度不准超过催化剂的最高允许温度。

有纯氮气的大、中型氨厂，一般采用经过加热炉加热后的氮气升温，然后配入还原性气体进行还原。此法操作简单，催化剂还原度高，温度易于控制。

② 低温变换催化剂的升温还原。对中变串低变工艺，当中温变换催化剂升温还原结束、精脱硫剂升温和预处理完毕后，即可进行低温变换催化剂的升温还原。

低温变换催化剂在还原过程中放热较多，且对热很敏感，因此应严格控制催化剂温度和还原条件。还原时用氮气作载气，配氢气进行还原，可使操作稳定，催化剂活性高。

低温变换催化剂升温还原操作指标如表 7-7 所示。催化剂升温至 120℃ 恒温，是为了彻底除去催化剂中的吸附水，防止催化剂破裂。当催化剂床层温度升至 180℃，且轴向温差 <30℃ 时，认为升温结束。还原时要求氮气中 O_2<0.3%，还原工艺气中 CO<2%，总硫 <1cm³/m³，低温变换系统压力≤0.15MPa，催化剂层入口温度保持在 180℃。配氢开始浓度≤0.3%，对催化剂进行还原，随着还原反应的进行，逐渐提高氢气浓度。在整个还原过程中催化剂温度不得超过 230℃。当氢气浓度达到 25% 以上，进出口 （CO+H_2） 浓度差 ≤0.2%，催化剂床层无明显温升时，认为还原结束。

表 7-7　低温变换催化剂升温还原操作指标

升温区间	配氢浓度	升温速率	所用时间/h	累计时间/h	阶段
室温~120℃	0	10~15℃/h	10	10	升温开始
120℃	0	恒温	8	18	
120~180℃	0	20℃/h	3	21	
180℃	0	恒温	8	29	升温结束
入口 180℃	0.2%~2%	≤30℃/h	8	37	还原开始
入口 180℃	≤2%		22	59	还原主期
入口 180~190℃	≤2%	≤2℃/h	6	65	
190℃	2%~25%		35	100	还原结束

低温变换催化剂还原结束后，将合格原料气导入低温变换系统，充压到正常操作压力，当出口气体中 CO≤0.3% 时，即可转入正常生产。

没有纯氮气的工厂，可先用空气升温，再用蒸汽置换，用蒸汽作为载体进行还原。有天然气的工厂也可以用天然气作为还原载体。

（2）正常操作

① 中温变换的正常操作　中温变换的正常操作主要是将催化剂床层温度控制在适宜的范围内，合理调节汽气比，严格控制气体中硫化氢和氧含量，提高设备的生产能力和一氧化碳的变换率，同时尽量降低水蒸气消耗。

催化剂床层温度的变化可以根据"灵敏点"温度的升降来判断。并以"灵敏点"温度为操作依据，及时发现催化剂层温度的变化趋势，预先采取措施。催化剂温度指标的控制则以"热点"为准，而热点温度的控制，随催化剂使用时间长短而变化，催化剂使用初期活性好，控制热点温度可低一点，使用后期为保证转化率，必须将热点温度控制高一点。

在实际生产中，造成催化剂床层温度变化的主要因素有以下几个方面。

生产负荷变动。即进入变换系统的煤气流量发生变化，气量增加，反应热增加，催化剂床层的温度升高；半水煤气中一氧化碳、硫化氢、氧含量变化均会造成炉温的变化；一氧化碳含量升高，参加反应的一氧化碳增多，放热量增加，导致床层温度上升；硫化氢含量高时会使催化剂中毒，活性降低，一氧化碳反应量减少，床层温度下降；氧含量增大，催化剂将被剧烈氧化放出大量热量，使催化剂温度猛增，严重时会烧坏催化剂；蒸汽压力或变换系统压力发生变动时，进入变换系统的蒸汽量也会发生变化，从而影响床层温度。

上述各种原因导致催化剂床层温度发生波动时，在以往的操作习惯中，调温的手段主要是调节蒸汽用量，用蒸汽作载热体把过多的热量移走。但过多加入蒸汽，不仅消耗定额增加，而且加大蒸汽回收设备的负荷，热能利用率下降，不利于节能。因此，现在多使用副线调节床层温度，尽量少用蒸汽，使蒸汽消耗降到最低。

在控制炉温时，必须细心观察催化剂床层温度变化，正确分析原因，注意参照"灵敏点"预见炉温的变化趋势，及时采取调节措施，使床层温度波动控制在指标范围内。

② 低温变换的正常操作　低温变换的正常操作，主要是将温度控制在适宜的范围内，防止催化剂中毒和出现冷凝液。低温变换催化剂的正常使用温度是 $180\sim260℃$。使用初期，在满足工艺指标的前提下，应尽量降低操作温度，但不得低于露点温度，否则蒸汽冷凝析水会使催化剂表面粉化。使用后期可适当提高操作温度，幅度以每次 $5℃$ 为宜。催化剂床层温度主要靠入口气体温度来调节（可通过淬冷器用软水来调节），应根据床层温度及时调节原料气温度。由于低温变换催化剂对温度很敏感，应避免发生超温和温度剧烈波动的情况。原料气中一氧化碳含量一般控制在 $3\%\sim6\%$，当其增加时，反应热增加，温度上升，这时应及时调节蒸汽添加量，以保证床层温度稳定和出口一氧化碳含量符合要求。

微量的硫和氯，都能使催化剂发生永久中毒，使活性严重降低。硫是由原料气带入，氯是由蒸汽和冷激水带入，因此原料气要经过精脱硫，要求总硫 $\leqslant1cm^3/m^3$，所以一般在低温变换炉前设置氧化锌脱硫槽或在低变炉上部设置一层氧化锌脱硫剂，避免催化剂硫中毒；锅炉用水和冷激用水都必须是除盐除氯水，要求蒸汽中氯 $<0.03cm^3/m^3$。

（3）异常现象及处理　以中温变换生产为例对生产中的异常现象的处理方法说明如下（表7-8）。

2. 饱和塔和热水塔的操作

（1）填瓷环　饱和塔和热水塔的瓷环分别进行安装，先将瓷环洗净。在算子板上铺一层铁丝网，在网上整齐排列十层较大的瓷环，然后向塔内加水。加水前在热水塔气体进口上插盲板，并关闭相关阀门，以免将水灌入变换炉内。当水加至人孔处时，用斜槽把瓷环滑入塔内。装瓷环时要轻拿轻放，以防瓷环破碎，装填到规定高度时，要将塔内水面上漂浮的杂物捞出，把水放净，将瓷环扒平，抽掉盲板，封好人孔。

表 7-8　异常现象及处理

序号	异常现象	常见原因	处理方法
1	催化剂层温度急剧上升	(1)半水煤气中一氧化碳或氧含量升高 (2)蒸汽加入量少 (3)热水泵跳闸或抽空 (4)煤气副线关得太小 (5)罗茨鼓风机和压缩机抽负,将空气吸入系统	(1)如一氧化碳升高,可加大蒸汽用量,开大煤气副线,或减负荷生产;如氧含量超过 1.0%,应采取紧急措施,迅速联系减量,同时加大蒸汽降温 (2)测定蒸汽比例,适当加大蒸汽用量 (3)检查热水泵,开启备用泵 (4)调整煤气副线 (5)与脱硫和压缩工段联系,防止罗茨鼓风机抽负
2	催化剂层温度下降	(1)蒸汽或冷激水添加过多 (2)蒸汽中带水 (3)热水泵出口阀开启过大,造成饱和塔液位过高,湿半水煤气温度下降带水进入热交换器,使催化剂层入口处温度下降 (4)系统负荷减轻或半水煤气中一氧化碳含量下降,反应热减少 (5)煤气副线阀开启过大 (6)饱和塔假液位串气,半水煤气串入变换气中,造成一氧化碳超标	(1)适当减少蒸汽及冷激水添加量 (2)减少蒸汽用量,打开蒸汽混合器排污阀,放出积水 (3)关小热水泵出口阀,调节热水循环量 (4)联系前工段,正常调节半水煤气气量 (5)适当关小煤气副线阀 (6)查验饱和塔液位
3	变换气中一氧化碳含量突然升高	(1)蒸汽用量少 (2)饱和塔液位低,半水煤气走短路 (3)热水泵抽空 (4)热交换器内漏	(1)适当加大蒸汽用量 (2)适当提高饱和塔液位 (3)加大蒸汽用量,并倒泵处理 (4)停车更换热交换器
4	变换系统压差大	(1)设备堵塞 (2)催化剂表面结块或粉化 (3)饱和塔、热水塔或冷凝塔液位过高 (4)蒸汽带水或系统内积水	(1)停车处理疏通 (2)停车过筛或局部调换催化剂 (3)适当降低有关塔液位 (4)排净系统积水
5	热水泵打不上液位	(1)进口管堵塞 (2)热水塔产生假液位或液位低 (3)泵内带气 (4)电机反转 (5)泵叶轮脱落	(1)倒泵疏通进口管 (2)检查处理假液位,或提高液位 (3)关闭泵出口阀排气 (4)倒泵联系电工处理 (5)停泵检修

(2) 饱和塔和热水塔的操作　饱和塔和热水塔的操作主要是控制适宜热水循环量,提高饱和塔出口气体温度以稳定两个塔的正常液位。

① 饱和塔出口气体温度控制。饱和塔出口气体中回收蒸气量的多少主要取决于气体温度。饱和塔出口气体温度越高,气体中所含的水蒸气越多,消耗的外供蒸汽量就越少,所以,在生产中总是尽量提高饱和塔出口半水煤气的温度。

循环热水量是决定饱和塔出口气体温度的主要因素。因此需控制适宜的循环热水量,以提高气体出口温度。一般热水循环量控制在 $10\sim20m^3/t\ NH_3$ 为宜,并根据不同的变换流程选择不同的循环水量。

② 饱和塔和热水塔液位控制。饱和塔和热水塔液位过高,塔阻力增大,使气体带液。过低,两塔容易发生串气现象,半水煤气不经过变换炉直接串入变换气中被带到后系统,还会使热水泵抽空,所以,饱和热水塔液位一般控制在液位计高度的 $1/2\sim2/3$。

③ 水质的控制。热水在循环使用中,各种无机盐等固体含量逐渐增加,将随半水煤气带入变换炉内,沉积在催化剂颗粒表面,降低催化剂活性。同时,由于酸性气体溶于水,pH 值下降会对设备产生腐蚀。因此要经常从热水塔底排放一部分污水,并补充新鲜软水或

脱盐水。

思考与练习

1. 变换工序的任务是什么？

2. 影响平衡变换率的因素有哪些？如何提高 CO 变换率？

3. CO 变换反应为什么存在最适宜温度？最适宜温度随变换率如何变化？生产中为什么要求变换反应尽可能按最适宜温度曲线进行？

4. 中温变换过程中选择中温变换操作温度的原则是什么？汽气比、空间速度选择的依据是什么？工业上通常采用哪些方式使变换反应温度接近最适宜温度？它们在 $T\text{-}x$ 图上表现出的特征是什么？

5. 加压变换有哪些优点？

6. 铁铬系、铜锌系变换催化剂的主要成分是什么？各组分的作用是什么？在使用之前为什么要还原？还原后催化剂与空气接触之前为什么要钝化？

7. 耐硫变换催化剂的主要成分是什么？使用前为什么要硫化？

8. 什么叫耐硫变换催化剂的反硫化？反硫化的条件是什么？

9. 中温变换原始开车的步骤有哪些？催化剂的升温还原应注意哪些事项？

10. 钴钼系耐硫低变催化剂的升温硫化如何进行？有哪些注意事项？

11. 铜锌系低温变换催化剂的升温还原如何进行？

12. "中变串低变"生产流程与传统的中温变换工艺流程主要有什么不同？有何优点？画出中温变换工艺流程图。

13. "中-低-低"工艺流程有什么特点？画出其流程图。

14. 全低变工艺流程的主要特点是什么？画出其流程图。

15. 中温变换炉正常操作主要内容有哪些？何谓灵敏点？何谓热点？它们对变换炉操作有何意义？

16. 叙述中温变换常见异常现象及处理方法。

17. 工业生产对变换炉有哪些要求？绝热型变换炉分哪两类？构造如何？

18. 饱和塔液位如何控制？过高、过低有何害处？

19. 饱和塔为何要补充软水？循环水总固体是从何而来？

20. 降低变换系统蒸汽消耗的措施有哪些？

21. 通过下厂实习或观摩教学，画出本地合成氨厂变换炉的结构简图，并说明其结构的作用。

22. 结合下厂实习，说明本地合成氨厂变换工序生产技术的特点，画出该工序带控制点的工艺流程图。

23. 通过多媒体教学，了解工业生产对催化剂的要求，说明中、低温变换催化剂的组成、性能特点及使用条件。

24. 通过下厂实习，了解化工生产的安全技术及人身安全防护知识，说明当地合成氨厂变换工序安全装置的设置及正确使用方法。

第八章 原料气中二氧化碳的脱除

【学习目标】
  1. 了解原料气的脱碳在合成氨生产中的意义。
  2. 掌握典型的原料气脱碳方法、工艺条件的选择、工艺流程的组织原则及主要设备的结构与作用。
  3. 掌握典型脱碳方法的基本原理，能够对工艺条件的选择进行分析。
  4. 掌握脱碳方法中吸收剂的组成与再生原理。
  5. 通过理论与实践的同步教学，掌握原料气脱碳的主要设备的结构及操作控制要点。

  在以各种燃料为原料制得的合成氨原料气中，都含有一定量的 CO_2，尤其经 CO 变换以后气体中 CO_2 达到 18%～35%。CO_2 的存在不仅能使氨合成催化剂中毒，而且低温下 CO_2 容易固化为干冰，堵塞管道和设备。因此，合成氨原料气中的 CO_2 必须除去。此外，CO_2 又是制造尿素、干冰、纯碱、碳酸氢铵等产品的原料，所以应加以回收利用。脱除气体中 CO_2 的过程习惯上简称为脱碳。

  脱碳的方法很多，可分为溶液吸收法和变压吸附法。溶液吸收法根据吸收剂性质的不同，可分为物理吸收法、化学吸收法和物理化学吸收法三大类。

  物理吸收法一般用水和有机溶剂为吸收剂，利用 CO_2 比 H_2、N_2 在吸收剂中溶解度大的特性而除去 CO_2。吸收后溶液的再生依靠简单的闪蒸解吸和汽提放出 CO_2。常用的方法有加压水洗法、低温甲醇法、聚乙二醇二甲醚法（NHD 法）等。

  化学吸收法大多是用碱性溶液为吸收剂中和酸性气体 CO_2，采用加热再生，释放出溶液中的 CO_2。常用的方法有氨水法、本菲尔法等。

  物理化学吸收法兼有物理吸收和化学吸收的特点，方法有环丁砜法、甲基二乙醇胺法（MDEA 法）等。

  近年来，变压吸附法（PSA 法）在我国许多厂得到推广使用。变压吸附技术是利用固体吸附剂在加压下吸附 CO_2，使气体得到净化。吸附剂再生是减压脱附吸出 CO_2。一般在常温下进行，能耗低，操作简便，对环境无污染。PSA 法还可用于分离提纯 H_2、N_2、CH_4 和 CO 等气体。我国已有国产化 PSA 装置，其规模和技术均达到国际先进水平。

  原料气中大量的 CO_2 脱除以后，还残留有少量的 CO_2 需要进一步脱除。通常在下一工序脱除少量 CO 的同时将少量 CO_2 脱掉。

第一节 物理吸收法

一、聚乙二醇二甲醚法（NHD 法）

  聚乙二醇二甲醚溶剂是一种物理溶剂，称为 Selexol 溶剂，能选择性脱除原料气中的 CO_2 和 H_2S。该溶剂本身无毒，对碳钢等金属无腐蚀性，并且不起泡，吸收 CO_2、H_2S、COS 等酸性气体的吸收能力强。美国于 20 世纪 80 年代初将此法用于以天然气为原料的大型合成氨厂，至今世界上已有许多厂采用。我国南京化学工业集团公司研究院对各种溶剂进行筛选，得出用于脱硫和脱碳的聚乙二醇二甲醚较佳组分，即 NHD 溶剂，并成功地用于以煤为原料制得的合成气的脱硫和脱碳的工业生产装置。NHD溶剂吸收CO_2和H_2S的能力优于国外的聚乙二醇二甲醚溶剂，价格较为便宜。NHD净化技术与设备已全部国产化，目前正在国内推广应用。

1. 基本原理

聚乙二醇二甲醚溶剂的分子结构式为：CH_3—O—$(C_2H_4O)_n$—CH_3。该溶剂是$n=2\sim9$的混合物，相对分子质量$250\sim280$。主要物理性质：凝固点$-22\sim-29℃$，闪点$151℃$，蒸气压（25℃）$<1.33Pa$，密度（25℃）$<1.031g/L$，黏度（25℃）$5.8\times10^{-3}Pa\cdot s$。

聚乙二醇二甲醚法为纯物理吸收法。根据CO_2等酸性气体在聚乙二醇二甲醚溶剂中有较大的溶解度来吸收的。几种气体在聚乙二醇二甲醚溶剂中的溶解度见图8-1所示。

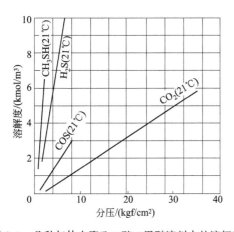

图8-1　几种气体在聚乙二醇二甲醚溶剂中的溶解度　　图8-2　CO_2在聚乙二醇二甲醚溶剂中的溶解度

　　　　　　$1kgf=9.80665N$，下同

由图8-1可知：由于H_2S、COS、CH_3SH在聚乙二醇二甲醚中的溶解度高于CO_2，所以用聚乙二醇二甲醚溶剂吸收CO_2时，可同时吸收原料气中的H_2S、COS、CH_3SH。不同温度下，CO_2在聚乙二醇二甲醚溶剂中的溶解度如图8-2所示。

由图8-2可知：低温有利于CO_2的吸收。

聚乙二醇二甲醚溶剂被CO_2饱和后要进行再生，通常采用减压、加热或汽提的方法。

2. 工艺条件的选择

（1）操作压力　以吸收温度为5℃、变换气中CO_2含量为28%为例。在不同压力下，聚乙二醇二甲醚溶剂中CO_2平衡溶解度如表8-1所示。

表8-1　不同压力下聚乙二醇二甲醚溶剂中CO_2平衡溶解度（温度为5℃）

CO_2分压/MPa	0.2	0.4	0.6	0.8	1.0
平衡溶解度	10.1	21.1	33.4	46.2	60.2

注：CO_2平衡溶解度的单位为$m^3 CO_2/m^3$溶剂。

由表8-1可见，相同条件下，随着吸收压力升高，CO_2在聚乙二醇二甲醚溶剂中的溶解量增大，溶剂吸收CO_2的能力提高。吸收压力升高，变换气中饱和水蒸气含量减少，变换气带入系统的水量减少，有利于CO_2的吸收，可以提高气体的净化度。因此选择较高压力对脱碳有利。但压力过高，设备投资、压缩机能耗都将增加。工业上一般选择的吸收压力为$1.6\sim7.0MPa$。

脱碳后的富液采用分级减压再生。高压闪蒸压力控制在$0.8\sim1.0MPa$，有利于氢、氮气的回收。低压闪蒸压力控制在$0.03\sim0.05MPa$，使解吸出的CO_2含量达98%，作为尿素的原料气。

（2）操作温度   由图 8-2 可知，降低温度，CO_2 在聚乙二醇二甲醚中的溶解度增大。以 CO_2 分压为 0.5MPa 为例，不同温度下 CO_2 在聚乙二醇二甲醚溶剂中平衡溶解度如表 8-2 所示。

表 8-2   不同温度下 CO_2 在聚乙二醇二甲醚溶剂中平衡溶解度   单位：$m^3 CO_2/m^3$ 溶剂

温度/℃	−10	−5	5	20	40
平衡溶解度	37	28	21	16	10.5

由表 8-2 可见，当 CO_2 分压一定时，随着吸收温度的降低，CO_2 在聚乙二醇二甲醚中的平衡溶解度增大；吸收温度降低，又可减少 H_2、N_2 等气体的溶解损失。反之，温度高，气体中饱和水蒸气多，带入脱碳系统的水分增加，溶剂脱碳能力和气体的净化度降低。所以降低温度对吸收操作有利。生产中变换气温度为 6～8℃，NHD 溶剂温度为 −2～−5℃。

（3）溶剂的饱和度   当聚乙二醇二甲醚溶剂与原料气中的 CO_2 达到平衡时，该溶剂中 CO_2 的浓度可用亨利定律表示：

$$C^* = HP_{CO_2} \tag{8-1}$$

因为

$$P_{CO_2} = PY_{CO_2}$$

代入上式，得：

$$C^* = HPY_{CO_2} \tag{8-2}$$

式中 C^*——平衡时溶剂中 CO_2 浓度，m^3（标）$/m^3$；

H——亨利系数，$m^3/(0.1MPa \cdot m^3)$；

P——气体总压，MPa；

Y_{CO_2}——气体中 CO_2 的摩尔分数；

P_{CO_2}——气体中 CO_2 的分压。

实际上，吸收塔底富液中 CO_2 的浓度不可能达到平衡时溶剂中 CO_2 的浓度 C^*，而是富液中 CO_2 的实际浓度 C°。将富液中 CO_2 的实际浓度（C°）与达到平衡时溶剂中 CO_2 的浓度（C^*）的比值称为饱和度（R）。则：

$$R = C^\circ/C^* \leqslant 1 \tag{8-3}$$

饱和度的大小对溶剂循环量和吸收塔高度都有较大的影响。对填料塔而言，增大气液两相的接触面积，可以提高吸收饱和度。要增大气液两相的接触面积，一方面可选用适当的填料，另一方面主要是通过增大填料体积，即提高塔的高度来实现，但塔高增大，投资增大，而且输送溶剂和气体的能耗增大。所以工业上吸收饱和度一般在 75%～85% 之间。

（4）气液比   吸收的气液比是指单位时间内进吸收塔的原料气体积（标态）与进塔溶剂体积之比。当处理一定量的原料气时，若气液比增大，所需的溶剂量减少，输送溶剂的能耗就会降低。对于一定的脱碳塔，吸收气液比增大后，净化气中 CO_2 的含量增大，净化气质量差。生产中应根据净化气质量要求调节适宜的吸收气液比。

汽提的气液比是指汽提单位体积溶剂所需惰性气体的体积。汽提气液比愈大，即汽提单位体积溶剂所用的惰性气体体积愈大，溶剂的纯度越高，但风机电耗增大，随汽提气带走的溶剂损失增大。因此一般汽提气液比控制在 6～15 之间。NHD 脱碳工艺指标如表 8-3 所示。

表 8-3   NHD 脱碳工艺指标

操作压力/MPa		操作温度/℃		气体成分	
脱碳塔进口	≤1.75	脱碳塔顶	0～−5	净化气中 CO_2 量	≤0.2%
脱碳塔出口	≤1.55	脱碳塔底	0～5	净化气中 O_2 量	<0.2%
高闪槽	0.44～0.55	汽提塔底	0～5	净化气中 H_2S 量	<5mg/m^3
低闪槽	0.01～0.05	NHD 溶剂	−2～−5	CO_2 气纯度	>95.7%
鼓风机出口	≥0.01	变换气	6～8	CO_2 气中 O_2 含量	0.4%～0.6%
脱碳泵	2.50～3.00				
富液泵	0.60～1.00				

3. 工艺流程与主要设备

聚乙二醇二甲醚脱碳工艺流程分两大类：一类是聚乙二醇二甲醚单独脱碳工艺流程，另一类为该溶剂用于净化重油部分氧化法制合成气的工艺流程，可同时脱除原料气中的 CO_2 和 H_2S。在我国目前多用 NHD 法脱碳流程。

（1）NHD 脱碳工艺流程　如图 8-3 所示。

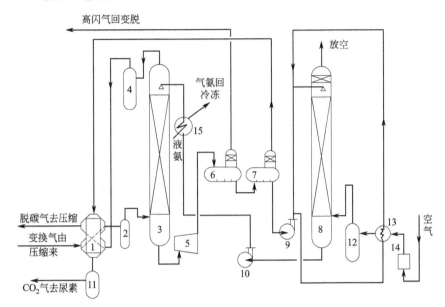

图 8-3　NHD 脱碳工艺流程

1—气-气换热器；2—气水分离器；3—脱碳塔；4—脱碳气气液分离器；5—水力透平；
6—高压闪蒸槽；7—低压闪蒸槽；8—再生塔；9—富液泵；10—贫液泵；11—CO_2 气液
分离器；12—空气水分离器；13—空气冷却器；14—空气鼓风机；15—氨冷凝器

采用该流程脱除 CO_2 时，吸收温度在 0～5℃。经脱硫来的气体经气-气换热器冷却后进入脱碳塔，与从塔顶喷淋下来的 NHD 溶剂进行逆流接触，气体中的 CO_2 被溶剂吸收，净化气从脱碳塔顶引出分离液体后经气-气换热器加热后送往后工序。

从脱碳塔底部排出的富液经水力透平回收能量并减压至 0.8MPa 左右送往高压闪蒸槽，由于高压闪蒸气中含 H_2、N_2 较多，用循环压缩机加压后返回原料气总管。从高压闪蒸槽出来的溶剂经减压后送往低压闪蒸槽，闪蒸出高浓度的 CO_2（＞98%）气体。经气-气换热器加热后送往尿素工段。从低压闪蒸槽出来的溶剂中由于还残留少量 CO_2，用泵加压后送往汽提塔用 N_2 或空气进行汽提再生，再生后的贫液经贫液泵加压、氨冷器冷却后打入脱碳塔顶部。

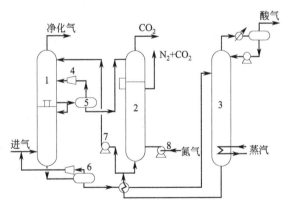

图 8-4　聚乙二醇二甲醚用于净化重油部分
氧化法制合成气的工艺流程

1—吸收塔；2—汽提塔；3—热再生塔；
4—压缩机；5,6—闪蒸器；
7—泵；8—鼓风机

（2）用于净化重油部分氧化法制合成气的工艺流程　如图 8-4 所示。

此流程可同时脱除原料气中的 CO_2 和 H_2S。吸收塔分上下两段,上塔脱碳,下塔脱硫。气体与从吸收塔顶喷淋下来的贫液在上塔逆流接触,吸收了气体中 CO_2 的富液一部分进入下塔继续吸收 H_2S,另一部分经闪蒸和常压解吸去汽提塔用 N_2 进行汽提再生,再生后的溶液用泵送至吸收塔顶部。从吸收塔底部排出的含 CO_2、H_2S 的富液经加热后进入热再生塔再生,再生后的贫液经换热后用泵送入吸收塔顶部。

NHD 脱碳的主要设备为脱碳塔和汽提塔,二塔均采用操作稳定、检修方便的填料塔,填料选用增强聚丙烯阶梯环。另外,在脱碳塔溶液出口设置水力透平,回收脱碳富液的位能,可节省部分能量消耗。

NHD 脱碳工艺特点为:国内开发的 NHD 为多聚乙二醇二甲醚混合物,沸点高、冰点低、蒸气压低、挥发损失小,对 CO_2、H_2S 的吸收能力高、热稳定性好,不起泡、不降解、无副反应,对碳钢无腐蚀,对人及生物无毒。该溶剂吸收能力大,故循环量小,减压或汽提即可再生,可以降低能耗。

二、低温甲醇洗法

1. 基本原理

(1) 甲醇的性质　甲醇的结构式为 CH_3OH,相对分子质量为 32,是一种无色、易发挥、易燃的液体。凝固点 -97.8℃、沸点 64.7℃(0.1MPa),它能与水以任何比例混溶。甲醇有毒,人服 10mL 能使双目失明,服 30mL 可致死亡。在空气中的允许浓度为 $50mg/m^3$。甲醇是一种具有极性的有机溶剂,化学性质稳定,不变质,不腐蚀设备。

(2) 吸收原理　为纯物理吸收过程。根据二氧化碳、硫化氢、硫氧化碳等酸性气体在甲醇中有较大的溶解度,而氢气、氮气、一氧化碳在其中的溶解度很小而吸收的。因而用甲醇吸收原料气中的 CO_2、H_2S 等酸性气体,而 H_2、N_2 的损失很小。

影响 CO_2 在甲醇中溶解度的因素有温度、压力和气体的组成。不同气体在甲醇中的溶解度如图 8-5 所示。

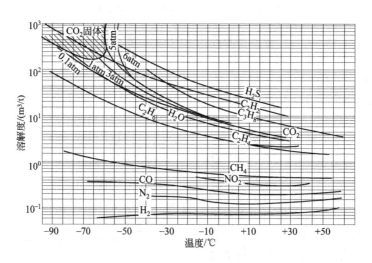

图 8-5　不同气体在甲醇中的溶解度

1atm=101325Pa,下同

由图 8-5 可看出:随着温度的降低,CO_2、H_2S 等气体在甲醇中的溶解度增大,而 H_2、N_2 变化不大。因此,此法易在较低温度下操作。H_2S 在甲醇中的溶解度比 CO_2 更大,所以用甲醇脱除 CO_2 的同时也能把气体中的 H_2S 一并脱除掉。

硫化氢在甲醇中的溶解度数据见表 8-4 所示。

表 8-4　硫化氢在甲醇中的溶解度

p_{H_2S}/MPa	0℃	25.6℃	−50℃	−78.5℃
0.0067	2.4	5.7	16.8	76.4
0.0133	4.8	11.2	32.8	155.0
0.0200	7.2	16.5	48.0	249.2
0.0267	9.7	21.8	65.6	—
0.0400	14.8	33.0	99.6	—
0.0533	20.0	45.8	135.2	—

H_2S 在纯甲醇中的溶解度可用下式估算：

$$\lg S_{H_2S} = \frac{1020}{T} - D \tag{8-4}$$

式中　S_{H_2S}——H_2S 在甲醇中的溶解度，kg^{-1}；

　　　T——热力学温度，K；

　　　D——随 H_2S 分压改变的系数，其值见表 8-5 所示。

表 8-5　随 H_2S 分压改变的系数 D

p/MPa	0.0067	0.0133	0.02	0.0267	0.04	0.0533
D	3.34	3.06	2.88	2.75	2.58	2.46

CO_2 在甲醇中的溶解度还与吸收压力有关，不同温度和压力下 CO_2 在甲醇中的溶解度如表 8-6 所示。

表 8-6　不同温度和压力下 CO_2 在甲醇中的溶解度　　　　单位：cm^3 二氧化碳/g 甲醇

$p(CO_2)$ /MPa	温度/℃				$p(CO_2)$ /MPa	温度/℃			
	−26	−36	−45	−60		−26	−36	−45	−60
0.101	17.6	23.7	35.9	68.0	0.912	223.0	444.0		
0.203	36.2	49.8	72.6	159.0	1.013	268.0	610.0		
0.304	55.0	77.4	117.0	321.4	1.165	343.0			
0.405	77.0	113.0	174.0	960.7	1.216	385.0			
0.507	106.0	150.0	250.0		1.317	468.0			
0.608	127.0	201.0	362.0		1.418	617.0			
0.709	155.0	262.0	570		1.520	1142.0			
0.831	192.0	355.0							

由表 8-6 可知：压力升高，CO_2 在甲醇中的溶解度增大，而温度对 CO_2 溶解度的影响更大，尤其是当温度低于 −30℃ 时，溶解度随温度降低而急剧增大，低温还可减少甲醇的损失。因此，用甲醇吸收 CO_2 宜在高压和低温下进行。

CO_2 在甲醇中的溶解度还与气体成分有关。当气体中有 H_2 时，由于总压一定，H_2 的存在会降低 CO_2 在气相中的分压，CO_2 在甲醇中的溶解度将会降低。当气体中同时含有 H_2S、CO_2 和 H_2 时，由于 H_2S 在甲醇中的溶解度大于 CO_2，而且甲醇对 H_2S 的吸收速率远大于 CO_2，所以，H_2S 首先被甲醇吸收。当甲醇中溶解有 CO_2 气体时，则 H_2S 在该溶液中的溶解度比在纯甲醇中降低 10%～15%。在甲醇洗的过程中，原料气体中的 COS、CS_2 等有机硫化物也能被脱除。

（3）再生原理　甲醇在吸收了一定量的 CO_2、H_2S、COS、CS_2 等气体后，为了循环使用，使甲醇溶液得到再生。通常在减压加热的条件下，解吸出所溶解的气体，使甲醇得到再生。由于在一定条件下，H_2、N_2 等气体在甲醇中的溶解度最小，其次是 CO_2，H_2S 在甲醇中的溶解度最大，所以采用分级减压膨胀再生时，H_2、N_2 等气体首先从甲醇中解吸出来，予以回收，然后控制再生压力，使大量 CO_2 解吸出来，得到 CO_2 浓度大于 98% 的气体，作为尿素、纯碱的生产原料，最后再用减压、汽提、蒸馏等方法使 H_2S 解吸出来，得到含 H_2S 大于 25% 的气体，送往硫磺回收工序，予以回收。

再生的另一种方法是用 N_2 汽提，使溶于甲醇中的 CO_2 解吸出来，汽提气量越大，操作温度越高或压力越低，溶液的再生效果越好。

2. 吸收操作条件选择

（1）温度　甲醇的蒸气分压和温度的关系如图 8-6 所示。

由图 8-6 可见，常温下甲醇的蒸气分压很大。由表 8-6 可知，温度降低，CO_2 在甲醇中的溶解度增大，同时为了减少操作中甲醇的损失，宜采用低温吸收。生产中吸收温度一般为 $-20 \sim -70℃$。

由于 CO_2 等气体在甲醇中的溶解热很大，在吸收过程中溶液温度不断升高，使吸收能力下降。为了维持吸收塔的操作温度，在吸收了大量 CO_2 部位设有一冷却器降温，或将甲醇溶液引出塔外冷却。

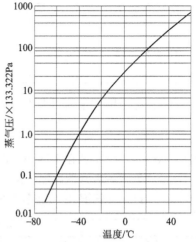

图 8-6　甲醇的蒸气分压
和温度的关系

（2）压力　由表 8-6 可知，压力升高，CO_2 在甲醇中的溶解度增大，但操作压力过高，对设备强度和材质的要求高。目前低温甲醇洗涤法的操作压力一般为 $2 \sim 8MPa$。

经过低温甲醇洗涤后，要求原料气中 $CO_2 < 20cm^3/m^3$，$H_2S < 1cm^3/m^3$。

3. 低温甲醇法的特点

能同时脱除原料气中的 CO_2、H_2S 及有机硫等杂质，并能分别回收高浓度的 CO_2 和 H_2S，吸收能力强，气体净化度高；由于 CO_2 和 H_2S 在甲醇中的溶解度高，溶液循环量小，能耗低；吸收剂本身不起泡，不腐蚀设备；吸收过程无副反应发生；甲醇价格低廉，操作费用低；低温甲醇法一般与液氮洗工艺结合在一起应用，特别经济。因为低温甲醇法可作为下一工段液氮洗脱除少量 CO 的预冷阶段。以煤或油渣为原料时，采用低温甲醇法串液氮洗的净化流程，有很大优越性，但低温下操作时对设备材质要求高。为了回收冷量，换热设备多，流程较复杂，而且甲醇有毒，对废水须进行处理。

低温甲醇法的吸收塔、再生塔内部都用带浮阀的塔板，根据流量大小，选用双溢流或单溢流，塔板材料选用不锈钢。由于甲醇腐蚀性小，采用低温甲醇洗时所用设备不需涂防腐涂料，也不用缓蚀剂。

三、其他物理吸收法

1. 加压水洗法

水洗法脱除原料气中 CO_2 的过程为纯物理吸收过程，是根据原料气中各种组分在水中具有不同的溶解度这一基本原理进行的。当气体分压为 0.1MPa 时，不同温度下各种气体在水中溶解度如表 8-7 所示。

表 8-7　不同温度下各种气体在水中溶解度（气体分压为 0.1MPa 时）　单位：标 m^3/m^3 水

温度/℃	H_2	N_2	CO_2	H_2S	CO	CH_4	O_2
0	0.2118	0.02352	1.713	4.621	0.03537	0.05563	0.04870
5	0.02044	0.02091	1.424	3.935	0.03149	0.04805	0.04286
10	0.01955	0.01875	1.194	3.362	0.02816	0.04177	0.03802
15	0.01883	0.01682	1.019	2.913	0.02513	0.03690	0.03415
20	0.01819	0.01543	0.878	2.554	0.02319	0.3308	0.03102
25	0.01754	0.01431	0.759	2.257	0.02142	0.03006	0.02831
30	0.01669	0.1330	0.665	2.037	0.02046	0.02762	0.02608
35	0.01666	0.01164	0.592	1.183	0.01997	0.02546	0.02440
40	0.01627	0.01071	0.521	—	0.01940		

由表 8-7 可知：温度降低，气体的溶解度增大，H_2S 在水中的溶解度大于 CO_2，所以在脱除 CO_2 的同时也可除去原料气中的 H_2S。由于 H_2、N_2 在水中的溶解度远远小于 CO_2、H_2S 的溶解度，所以水洗法脱碳时，H_2、N_2 损失小。

气体在水中的溶解度还与压力有关。不同温度、压力下，CO_2 在水中的溶解度如表 8-8 所示。

表 8-8　不同温度、压力下 CO_2 在水中的溶解度　　　　单位：m^3/m^3

$p(CO_2)/MPa$	温度/℃				
	0	10	12	20	30
0.1	1.84	1.194	1.117	0.878	0.665
0.5	8.65	5.34	5.15	3.93	3.56
1.0	15.78	10.20	9.65	7.82	6.61
1.5	21.67	15.14	13.63	11.52	9.68
2.0	26.35	18.91	17.15	14.83	12.62
2.5	30.25	23.07	20.31	18.13	14.51
3.0	33.64	25.51	23.25	20.63	17.22

由表 8-8 可知，当压力增加，CO_2 在水中的溶解度显著增大。所以水洗操作应在低温加压下进行。

水洗过程中，洗涤水吸收了大量的 CO_2、H_2S 等气体，若洗涤水只用一次是不经济的，所以需要进行再生，循环使用。水的再生过程实际就是使溶解在水中的 CO_2、H_2S、H_2 和 N_2 等气体的解吸过程。常采用多段降压（分级膨胀）的方法。工业上一般采用 2~3 级减压膨胀使水再生。

2. 碳酸丙烯酯法

碳酸丙烯酯是一种无色（或带微黄色）、无毒、无腐蚀性、性质稳定的透明液体，分子式 $C_4H_6O_3$，相对分子质量约 102。常压下沸点 238.4℃，冰点 -48.89℃，20℃相对密度为 1.2047，30℃时的蒸气压为 13.3MPa。碳酸丙烯酯是具有一定极性的有机溶剂。碳酸丙烯酯脱碳是一个典型的物理吸收过程。它对 CO_2、H_2S 等酸性气体有较大的溶解能力，而 H_2、N_2、CO 等气体在其中的溶解度很小。

第二节　化学吸收法

化学吸收法脱碳主要有氨水吸收法，热碳酸钾、有机醇胺等吸收法。化学吸收法具有选择性好、净化度高、回收的 CO_2 纯度高等优点，特别是以有机胺为吸收剂脱除 CO_2 时，不仅吸收效果好，而且能耗低。本节着重介绍应用较广的本菲尔法（Benield 法）和甲基二乙醇胺（MDEA 法）吸收法。

一、本菲尔法

早期的热碳酸钾法是用 25%~30% 浓度的热 K_2CO_3 溶液脱除原料气中的 CO_2 和 H_2S。此法吸收速率慢，净化度低，且腐蚀严重。为了克服上述缺点，在 K_2CO_3 溶液中添加不同的活化剂，称为改良热碳酸钾法。根据活化剂的不同，有本菲尔法、G-V 法、空间位阻胺法及我国南化研究院开发的复合活化剂热钾碱法和四川化工总厂开发并应用的 SCC-A 法等。尤其 G-V 双塔再生节能流程，可节能 40% 左右。下面着重介绍加入活化剂二乙醇胺的本菲尔脱碳法。

1. 基本原理

（1）吸收剂的组成与吸收反应　本菲尔法的吸收剂是由 25%~40%（质量分数）碳酸

钾溶液、$2.5\%\sim3\%$（质量分数）二乙醇胺活化剂、含 $0.6\%\sim0.7\%$（质量分数）KVO_3 的缓蚀剂及消泡剂等组成。

K_2CO_3 水溶液具有弱碱性，与 CO_2 反应式为：

$$K_2CO_3+H_2O+CO_2 =\!=\!= 2KHCO_3 \tag{8-5}$$

含有机胺的 K_2CO_3 溶液在吸收 CO_2 的同时，也能除去原料气中的 H_2S、RSH 等酸性组分，其吸收反应为：

$$H_2S+K_2CO_3 =\!=\!= KHCO_3+KHS \tag{8-6}$$

$$RSH+K_2CO_3 =\!=\!= RSK+KHCO_3 \tag{8-7}$$

COS、CS_2 首先在热 K_2CO_3 溶液中水解生成 H_2S 和 CO_2，然后再被溶液吸收。

$$CS_2+H_2O =\!=\!= COS+H_2S \tag{8-8}$$

$$COS+H_2O =\!=\!= CO_2+H_2S \tag{8-9}$$

（2）溶液的再生　碳酸钾溶液吸收 CO_2 后，由于活性下降，吸收能力减小，故需进行再生，使溶液恢复吸收能力，循环使用。再生反应为：

$$2KHCO_3 =\!=\!= K_2CO_3+H_2O+CO_2\uparrow \tag{8-10}$$

加热有利于 $KHCO_3$ 的分解，溶液的再生在带有再沸器的再生塔内进行，即在再沸器内利用间接加热将溶液加热至沸点，使大量水蒸气从溶液中蒸发出来，沿着再生塔向上流动作为汽提介质与溶液逆流接触，降低了气相中 CO_2 的分压，增加了解吸推动力，同时增加了液相的湍动过程和解吸面积，使溶液更好地得到再生。

通常用转化度（F_c）来表示溶液中 K_2CO_3 转化为 $KHCO_3$ 的程度。

其定义式为：
$$F_c=\frac{\text{转化为 } KHCO_3 \text{ 的 } K_2CO_3 \text{ 的物质的量}}{\text{溶液中 } K_2CO_3 \text{ 的总物质的量}} \tag{8-11}$$

工业上也常用溶液的再生度（I_c）来表示溶液的再生程度。

其定义式为：
$$I_c=\frac{\text{溶液中总 } CO_2 \text{ 物质的量}}{\text{总 } K_2O \text{ 物质的量}} \tag{8-12}$$

二者关系式为：
$$I_c=F_c+1 \tag{8-13}$$

再生后溶液的转化度接近于 0 或再生度愈接近于 1，证明溶液中 $KHCO_3$ 含量愈少，溶液再生愈完全。

2. 工艺条件的选择

（1）溶液的组成　由于 K_2CO_3 溶液对设备腐蚀严重，在 K_2CO_3 溶液中除了加入活化剂二乙醇胺外，还加入了缓蚀剂偏钒酸钾（KVO_3）以及消泡剂有机硅酮（聚硅氧烷，下同）等。

① 碳酸钾的浓度。增加碳酸钾的浓度，可提高溶液对 CO_2 的吸收能力，加快吸收 CO_2 的反应速率，减少溶液的循环量和提高气体的净化度。但其浓度越高，对设备腐蚀越严重，在低温时易析出碳酸氢钾结晶，堵塞设备，给操作带来困难。因此碳酸钾的浓度一般以 $27\%\sim30\%$（质量分数）为宜。

② 活化剂二乙醇胺的浓度。为了提高吸收速率，在碳酸钾溶液中加入少量的二乙醇胺。增大活化剂二乙醇胺的浓度可加快溶液吸收 CO_2 的速率，降低净化气中 CO_2 的含量。但当二乙醇胺浓度超过 5% 时，活化作用不明显且二乙醇胺损失增大。所以工业上二乙醇胺浓度一般维持在 $2.5\%\sim5\%$。

③ 缓蚀剂。为了减轻碳酸钾溶液对设备的腐蚀加入缓蚀剂。对于活化剂为有机胺的热碳酸钾法，缓蚀剂一般是偏钒酸钾（KVO_3）或五氧化二钒（V_2O_5）。由于偏钒酸钾是一种强氧化性物质，能与铁作用在设备表面形成一层氧化铁保护膜（即钝化膜），从而保护设备不受腐蚀。通常溶液中偏钒酸钾的浓度为 $0.6\%\sim0.9\%$（质量分数）。

④ 消泡剂。由于碳酸钾溶液在吸收过程中很容易起泡，影响溶液的吸收和再生效率，严重时会造成气体带液影响生产。生产中常加入消泡剂破坏气泡间液膜的稳定性，加速气泡破裂，降低塔内溶剂的起泡高度。目前常用的消泡剂有硅酮类、聚醚类及高醇类等。消泡剂在溶液中的浓度一般为 3～30mg/kg。

（2）吸收压力　提高吸收压力可以增加吸收推动力，加快吸收速率，提高气体净化度，同时也可减小设备的尺寸。但压力增大到一定程度对吸收的影响将不显著。实际生产中，吸收压力取决于合成氨的总体流程。以焦、煤为原料的合成氨厂吸收压力大多为 1.8～2.0MPa。以天然气为原料的合成氨厂吸收压力一般为 2.74～2.84MPa。

（3）吸收温度　提高吸收温度可加快吸收反应速率，节省再生耗热量。但吸收温度高，溶液上方二氧化碳平衡分压增大，降低了吸收推动力，因而降低了气体的净化度。即温度对吸收过程产生两种相互矛盾的影响。为了解决这一矛盾，生产中普遍采用两段吸收、两段再生的流程，吸收塔和再生塔都分为两段。从再生塔上段取出大部分溶液（称半贫液），温度为 105～110℃，直接进入吸收塔下段，由于半贫液温度较高，可加快吸收反应速率，而且半贫液温度接近再生温度，可以节省再生耗热量。从再生塔下段引出再生比较完全的溶剂（称贫液）冷却到温度为 65～80℃进入吸收塔上段。由于贫液温度较低，使溶液上方二氧化碳平衡分压降低，提高了气体的净化度。

（4）溶液的转化度（F_c）　转化度的大小是溶液再生好坏的一个标志。对吸收而言，转化度越小越好。因转化度小，吸收速率快，气体净化度高，但对再生而言，要达到较低的转化度要消耗更多的热量，且再生塔和再沸器的尺寸也需要相对增大。在两段吸收、两段再生的改良热钾碱法脱碳中，贫液转化度为 0.15～0.25，半贫液转化度约为 0.35～0.45。

3. 工艺流程

用碳酸钾溶液吸收二氧化碳的流程很多，有一段吸收、一段再生，二段吸收、一段再生，二段吸收、二段再生等。目前工业上常用二段吸收、二段再生流程。

（1）传统的本菲尔二段吸收、二段再生流程　工艺流程如图 8-7 所示。

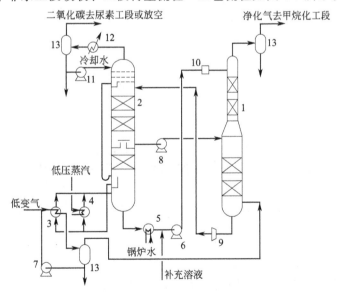

图 8-7　本菲尔二段吸收、二段再生流程

1—吸收塔；2—再生塔；3—再沸器；4—蒸汽再沸器；5—锅炉水预热器；
6—贫液泵；7—冷激水泵；8—半贫液泵；9—水力透平；10—机械过滤器；
11—冷凝液泵；12—二氧化碳冷却器；13—分离器

压力为 2.6MPa、温度 240℃的低温变换气用水冷却到饱和温度后，进入再生塔底的再沸器，自身冷却至 125℃左右，放出大量的冷凝热作为再生的热源。从再沸器出来的原料气经分离器分离出水分后进入吸收塔底，自下而上与吸收液逆流接触，气体中的二氧化碳被吸收。含 CO_2 约 0.1%的净化气经分离器除去夹带的液滴后，送往甲烷化工序。

由吸收塔底部排出的富液经水力透平减压膨胀，回收能量后进入再生塔顶部，闪蒸出部分 CO_2，富液自上而下与由再沸器加热产生的蒸汽逆流接触，溶液被加热到沸点并解吸出所吸收的 CO_2。从再生塔中部引出的占溶液总量 3/4 的半贫液（温度约为 112℃）经半贫液泵送到吸收塔中部；从塔底引出的占溶液总量 1/4 的贫液，在锅炉给水预热器中冷却至 70℃左右，经贫液泵加压、过滤后送往吸收塔顶部。

从再生塔顶部引出的高纯度 CO_2 经冷却器冷却到 40℃左右，经分离器后送往尿素工序。

再生过程所需的热量大部分由变换气再沸器供给，不足的由蒸汽再沸器补充。

两段吸收、两段再生流程的优点：等温吸收、等温再生，节省了再生过程的热量消耗；在吸收塔下部用较高温度的半贫液吸收，加快了吸收 CO_2 的吸收速率，而在吸收塔上部用较低温度的贫液吸收，可提高气体的净化度。但高温下设备腐蚀严重，溶液易起泡。

（2）低能耗的本菲尔脱碳流程 在传统的本菲尔法流程的基础上，凯洛格公司推出了本菲尔法节能流程。采用蒸汽喷射器的闪蒸节能流程如图 8-8 所示。

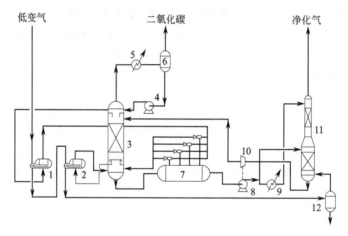

图 8-8 采用蒸汽喷射器的闪蒸节能流程
1—低压蒸汽锅炉；2—再沸器；3—再生塔；4,8—泵；5,9—冷却器；
6,12—分离器；7—闪蒸床；10—水力透平；11—吸收塔

该流程吸收塔操作压力约 2.5～2.8MPa，塔顶温度 70～75℃，塔底吸收液温度 110～118℃，净化气中残余 CO_2 低于 0.1%（体积分数），采用四级蒸汽喷射再生。吸收后的富液用泵送至再生塔顶，在再生塔中部取出半贫液经减压闪蒸产生水蒸气并析出 CO_2，使溶液降温，然后送至吸收塔中部，这样可节省能耗。此节能流程比传统的本菲尔法节约能量 25%～50%。

近年来又开发出了使用蒸汽压缩机的低能耗本菲尔脱碳流程。采用蒸汽压缩机代替蒸汽喷射器是将蒸汽加压后送到再生塔，可以取得比闪蒸更好的效果。此流程能耗低，比传统的本菲尔脱碳能耗下降 60%左右，但采用蒸汽压缩机后，设备投资将大大增加。

4. 主要设备

脱碳工序的主要设备是吸收塔和再生塔，可分为填料塔和筛板塔。由于填料塔操作稳定可靠，大多数工厂的吸收塔和再生塔都用填料塔，而筛板塔少用。常用的填料有不锈钢、碳钢、聚丙烯制作的鲍尔环和瓷制的马鞍形填料。

（1）吸收塔　采用两段吸收，进入上塔的溶液量为总溶液量的 1/4 左右，同时气体中大部分 CO_2 都在塔下部吸收，所以全塔直径上小下大。上塔内径约为 2.5m，下塔内径约为 3.5m，塔高约 42m。上、下塔内都装有填料。为了使溶液能均匀地润湿填料表面，除了在填料层上部装有液体分布器外，上、下塔的填料又分为两层，两层中间设有液体再分布器。其结构如图 8-9 所示。

（2）再生塔　分为上、下两段，上、下塔内径为 4.27m，塔高 49m 左右。上塔装聚丙烯制作的鲍尔环填料，下塔装用碳钢制作的鲍尔环填料。其结构如图 8-10 所示。

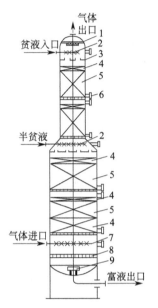

图 8-9　吸收塔

1—除沫器；2—液体分布管；3—液体分布器；

4—不锈钢填料；5—碳钢填料；6—填料卸出口；

7—气体分布器；8—消泡器；9—防涡流挡板

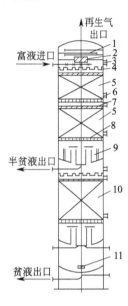

图 8-10　再生塔

1—洗涤段；2—除沫器；3—人孔；4—液体分布器；

5—聚丙烯填料；6,8—支承板；7—压紧箅子板；

9—导液盘；10—碳钢填料；11—防涡流挡板

二、甲基二乙醇胺法（MDEA）

甲基二乙醇胺法是德国 BASF 公司 20 世纪 80 年代开发的一种低能耗脱碳工艺。该法吸收效果好，能使净化气中 CO_2 含量降至 100mL/m³ 以下；溶液稳定性好，不降解，挥发性小，对碳钢设备腐蚀性小。该法一个主要的优点是能耗低，比蒸汽喷射低能耗的本菲尔法降低 42% 左右，被人们称之为现代低能耗脱碳工艺。

1. 基本原理

MDEA 的化学名为 N-甲基二乙醇胺，为一种叔胺。分子式 $C_5H_{13}NO_2$，相对分子质量 119.17，密度（20℃）1.039g/cm³，闪点 126.7℃，凝固点 −21℃，沸点（102kPa）246℃，黏度（20℃）101×10⁻³Pa·s。

单纯的 MDEA 溶液吸收 CO_2 速率较慢，在 MDEA 溶液中加入伯胺（或仲胺），改变了反应历程，加快了吸收和再生速率。

MDEA 溶液兼有化学吸收剂和物理溶剂的特点，因而可以采用与物理吸收法相同的闪蒸再生方法，从而节省大量的热量。本法属于物理化学吸收法。

2. 工艺操作条件的选择

（1）溶剂的组成　溶液中除 MDEA 外还加入 1～2 种活化剂，以加快反应速率。常用的活化剂有二乙醇胺、甲基一乙醇胺、哌嗪等。不同的 MDEA 溶液浓度与 CO_2 溶解度的关系如表 8-9 所示。

表 8-9　不同的 MDEA 溶液浓度与 CO_2 溶解度的关系 ［70℃、0.5MPa（绝）］

MDEA 浓度/%	CO_2 溶解度/（标 m^3/m^3）	MDEA 浓度/%	CO_2 溶解度/（标 m^3/m^3）
20	30.4	50	57.0
30	40.4	60	62.8
40	49.2		

由表 8-9 可知，MDEA 溶液浓度升高，CO_2 溶解度增大，但溶液浓度过高，其黏度上升过快。所以一般选用 MDEA 浓度为 50%，活化剂浓度为 3% 左右。

（2）吸收压力　MDEA 法适应于较广压力范围内 CO_2 的脱除。当 CO_2 分压高时，溶液吸收能力大，尤其物理吸收 CO_2 部分比例大，化学吸收 CO_2 部分比例小，热量消耗就小。所以此法适用于 CO_2 分压高时的脱碳。对合成氨变换气中 CO_2 为 26%～28% 时，适用 MDEA 的适合压力应≥1.8MPa（绝）。

（3）吸收温度　进吸收塔贫液温度低，有利于提高 CO_2 的净化度，但会增加能耗。对净化气中 CO_2 要求降至 0.01% 时，贫液温度一般为 50～55℃。半贫液温度由闪蒸后溶液温度决定，一般为 75～78℃。

（4）贫液与半贫液比例　二者的比例受原料气中 CO_2 分压、溶液吸收能力及填料高度等影响，可在 1:3 和 1:6 范围内选用。

（5）闪蒸压力　当吸收压力≥1.8MPa 时，需要加一闪蒸罐，闪蒸压力一般为 0.4～0.6MPa。

3. 工艺流程

MDEA 法的工艺流程有一段吸收流程和二段吸收流程。其典型工艺流程为二段吸收流程。二段吸收工艺流程如图 8-11 所示。

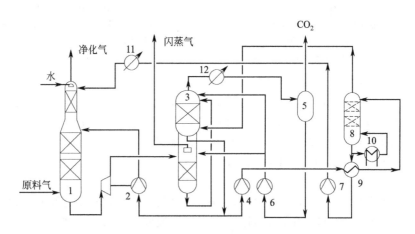

图 8-11　MDEA 法脱除二氧化碳二段吸收工艺流程
1—吸收塔；2—半贫液泵；3—闪蒸塔；4—碱液泵；5—分离器；6—冷凝液泵；
7—贫液泵；8—再生塔；9—换热器；10—煮沸器；11—冷却器；12—冷凝器

本流程吸收塔分上、下两段，下段用半贫液脱 CO_2，上段用贫液进一步脱去原料气中的 CO_2。闪蒸分二级闪蒸，高压闪蒸弛放出惰性气体（闪蒸气），低压闪蒸得到高浓度的 CO_2 气体。闪蒸后的溶液（半贫液）经过蒸汽汽提得到贫液。

原料气进入吸收塔的下段，下段吸收液为闪蒸后的半贫液，上段吸收液为汽提后的贫液，气体与溶液在塔内逆流接触脱除 CO_2，净化后气体从吸收塔顶引出。

从吸收塔底排出的富液经水力透平回收能量作为溶液循环泵的动力后进入闪蒸塔进行二级闪蒸，经高压闪蒸弛放出闪蒸气，低压闪蒸出大部分高浓度的 CO_2。闪蒸再生后的溶液（半贫液）大部分用泵打回吸收塔下段，小部分溶液送到汽提再生塔用蒸汽汽提，汽提后的贫液经换热器冷却、水冷却器冷却后进入吸收塔顶喷淋。

汽提再生塔顶部出来的气体进入低压闪蒸段下部提高溶液温度，有利于 CO_2 气体的弛放。低压闪蒸段上部出来的 CO_2 经冷却器冷却、分离后去尿素工序。冷凝水回流入塔。二段吸收工艺虽然能耗低，但投资大。

第三节　变压吸附法

变压吸附法简称 PSA 法，是近 30 年发展起来的用于气体分离和提纯的一项新技术。美国联合碳化物公司首先将变压吸附技术工业化。我国石化工业在 20 世纪 70 年代引进这一技术，从合成原料气中脱除 CO_2 以制造高纯度 H_2。运用 PSA 技术从变换气中脱除 CO_2 于 1991 年实现工业化，由于该技术比湿法脱碳优越，在全国得到推广。目前我国已有 60 多套 PSA 法脱碳装置投入运行。

变压吸附法的基本原理是利用吸附剂对混合气中不同气体的吸附量随压力的不同而有差异的特性，在吸附剂选择性吸附的条件下，加压吸附混合物中的易吸附组分，减压解吸这些组分而吸附剂得以再生，循环使用。

除了要求吸附剂有良好的吸附性能外，吸附剂的再生程度、再生时间等决定着吸附剂的吸附能力和吸附剂的用量。常用的减压解吸法有降压、抽真空、冲洗、置换等，其目的都是为了降低吸附剂上被吸附组分的分压，使吸附剂得到再生。

在变压吸附脱碳工艺中，选择对 CO_2 有较强吸附能力的吸附剂，优先吸附 CO_2，难以吸附 H_2 和 N_2。工业上常用的吸附剂有：硅胶、氧化铝、活性炭、分子筛等，在变压吸附脱 CO_2 时，专用的吸附剂为硅胶和活性炭。

变压吸附工艺通常包括吸附、减压（包括顺放、逆放、冲洗、置换、抽空等）和升压等基本步骤。变压吸附工艺原理图如图 8-12 所示。

在一定压力下，合成氨原料气首先通过装满吸附剂的吸附床层时，吸附剂优先吸附 CO_2，而难吸附的

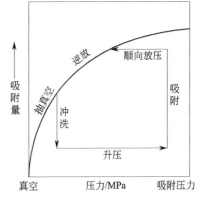

图 8-12　变压吸附工艺原理图

H_2、N_2 混合气作为净化气从吸附塔出口排出。在吸附剂减压再生过程中，残留于吸附塔内的少量 H_2、N_2 等作为解吸气排出，然后在常压下用真空泵在吸附塔入口端将强吸附组分 CO_2 从吸附剂中抽出，使吸附剂获得再生。再生后的吸附剂再进入下轮的吸附-再生循环。

第四节　脱碳方法的比较与选择

一、物理吸收法的比较

物理吸收法是利用 CO_2 能溶于水或有机溶剂的特性来进行的，吸收能力的大小取决于

CO_2 在该溶剂中的溶解度。在水洗法、低温甲醇法、聚乙二醇二甲醚法和碳酸丙烯酯法中，各种溶剂的溶解度系数如表 8-10 所示。

表 8-10　各种溶剂的溶解度系数（25℃）

溶解度系数	溶　剂		
	水	碳酸丙烯酯	聚乙二醇二甲醚
$H(CO_2)/[m^3/(m^3 \cdot MPa)]$	7.49	34.2	39.1
$H(H_2S)/[m^3/(m^3 \cdot MPa)]$	22.27	118.4	361.8
$H(H_2S)/H(CO_2)$	2.97	3.46	9.25
$H(COS)/[m^3/(m^3 \cdot MPa)]$	4.70	49.3	98.7
$H(COS)/H(H_2S)$	0.211	6.416	0.273
$H(H_2)/[m^3/(m^3 \cdot MPa)]$	0.1731	0.296	
$H(CO_2)/H(H_2)$	43.3	115.5	

由表 8-10 可知，碳酸丙烯酯法对 CO_2 的溶解度比水大 4 倍，而聚乙二醇二甲醚法对 CO_2 的溶解度比前两者更大，而且对 H_2S 的溶解度更大。所以聚乙二醇二甲醚法更适合于含 CO_2 的气体中选择性吸收 H_2S 的场合。

甲醇是吸收 CO_2、H_2S 和 COS 等酸性气体的良好溶剂，尤其在低温下，上述气体在甲醇中的溶解度更大。

用甲醇吸收 CO_2 时，当温度低于 -30℃，溶解度随温度的降低而剧增。所以低温下适合采用甲醇吸收气体中的 CO_2。

二、化学吸收法的比较

化学吸收法实际是用碱性溶液中和原料气中的酸性气体。由于吸收速率较慢，通常加入各种不同的活化剂以加快反应速率。如用 K_2CO_3 吸收 CO_2 时，可向溶液中添加各种不同的活化剂。根据活化剂的不同，可分为改良热钾碱法、催化热钾碱法和新开发的低能耗脱碳方法称为 N-甲基二乙醇胺（MDEA）法等。化学吸收法中起主导作用的是改良热钾碱法，其中本菲尔法使用最广，并不断开发出新的节能工艺。各种改良热钾碱法的比较见表 8-11 所示。

表 8-11　各种改良热钾碱法的比较

方法名称	活化剂	专利者
Benfield 法	二乙醇胺	美国 UOP
G-V 法	氧化砷或氨基乙酸	意大利 Giammarco-Vetrocoke
Gatacarb 法	烷基醇胺的硼酸盐	美国 Eickmeyer
Carsol 法	烷基醇胺	比利时 Carbochim
Flexsorb 法	空间位阻胺	美国 Exxon
复合活化剂热钾碱法	多种活化剂复合	中国南化（集团）研究院
SCC-A 法	二亚乙基三胺	中国四川化工总厂

G-V 法与本菲尔法技术经济指标相近，尤其双塔再生节能工艺更有特点。我国自己开发的复合型活化剂热钾碱法和空间位阻胺为活化剂的热钾碱法已在工业上开始应用。MDEA 法实际属于物理-化学吸收法，其特点是热耗较低，在近几年新建的合成氨厂使用较多。选用哪一种化学吸收方法脱碳既要考虑本身的特点，又需从整个流程出发，以及加工方法、副产品用途、公用工程费用等方面考虑，尤其在节能降耗、环境保护方面要着重考虑。以上几种方法工艺热耗比较见表 8-12 所示。

表 8-12　几种方法工艺热耗比较

工艺名称	热耗 /（MJ/kmol CO₂）	工艺名称	热耗 /（MJ/kmol CO₂）
MEA（胺保护法）	116	G-V 法	90
Benfield（一级再生）	107	G-V 双塔再生	65
Benfield（一段再生，贫液闪蒸，蒸汽喷射器）	88	复合催化热钾碱法	94
Benfield（二段再生，贫液闪蒸，蒸汽喷射器）	76	MDEA（二段再生）	43
Benfield（二段再生，贫液闪蒸，蒸汽压缩机）	63		

对于以天然气为原料的大型氨厂，从节能降耗考虑，目前使用较多的脱碳方法是本菲尔法、NHD 法和 MDEA 法。

在我国以煤为原料的中型氨厂，主要使用四种脱碳方法即改良热钾碱法（活化剂为二乙醇胺或复合活化剂）、NHD 法、碳酸丙烯酯法和 MDEA 法。这四种方法的比较见表 8-13 所示。

表 8-13　四种脱碳方法的比较

操作指标	改良热钾碱法		碳酸丙烯酯法		聚乙二醇二甲醚法		MDEA 法	
吸收压力/MPa	1.8		1.8		1.8		1.8	
吸收温度/℃	70（上段）		<38		0～−5		55	
原料气中 CO₂/%	26～28		26～28		34～36		26～28	
净化气中 CO₂/%	0.2		1		0.1		0.1	
溶液吸收 CO₂ 能力/[m³（标）/m³]	20～24		9～12		21		18	
消耗定额和成本	定额	成本	定额	成本	定额	成本	定额	成本
蒸汽/（t/t NH₃）	1.8	63	—	—	0.1	3.5	1.5	52.5
电/（kW·h/t NH₃）	60	15	125	31.25	87	21.75	70	17.5
水/（m³/t NH₃）	100	5.5	20	1.1	4.8	0.26	74	4.07
H₂、N₂ 损失/（m³/1000m³CO₂）	10	0.55	14	0.77	15	0.82	12	0.66
冷冻量/×10³ kJ					0.352	7.5		
化学药品/（kg/t NH₃）	0.4	2.8	1.5	12	0.2	4	0.2	4
成本小计		86.85		45.12		37.83		78.73
投资比较	1.0		0.8		0.7		1.1	

从表 8-13 可知，物理吸收法中的 NHD 法成本最低，其次是碳酸丙烯酯法。NHD 法是新开发的物理吸收法，已为较多工厂采用。改良热钾碱法的使用要结合本厂具体情况与本厂流程相匹配。如采用热钾碱法再生的热源不需外供蒸汽，而是本厂未被利用的其他低位能热源，不计蒸汽成本，这样比较经济合理。

三、脱碳方法的选用

对于不同的原料、不同的制气过程，脱碳方法的选用也不同。如以煤、焦为原料采用固定层常压气化时，若精制采用铜洗工艺，对 CO₂ 净化度要求不高，可选用碳酸丙烯酯法或 NHD 法脱碳；若要求净化气 CO₂<0.2%，可选低能耗的改良热钾碱法或 MDEA 法。若精制采用甲烷化工艺，要求净化气中 CO₂<0.2%，可选 NHD 法或 MDEA 法。若生产碳酸氢铵，可用氨水吸收法脱碳（目前已少用），大多改为生产尿素，这时脱碳应选既净化原料气，又可回收高纯度 CO₂ 作为尿素原料的方法，NHD 法可选，当有余热可利用时，可选 MDEA 法。

若以重油、煤为原料，采用部分氧化法制气，原料气中硫含量较高，而且精制采用的是液氮洗涤法脱除少量 CO、CO₂ 时，脱碳可选用低温甲醇法。由于液氮洗涤法要深冷操作，低温甲醇法可作为液氮洗涤法的预冷阶段。低温甲醇法串液氮洗涤法流程较复杂，但气体净化度高，脱 S、脱 CO₂ 及 CO 的同时可将大部分甲烷和氩除掉，净化气中几乎不含惰性气体，有利于氨的合成。

　　当选用"双甲"精制脱除少量 CO、CO_2 时，脱碳方法可选用 NHD 法，其工艺流程较简单，投资较省。

　　变压吸附法（PSA 法）脱除 CO_2 是近年兴起的新方法，有很广的应用前景。对于生产碳铵产品的工厂，采用 PSA 脱碳技术可部分或全部替代原有的碳化工艺，并且可得到高纯度的净化气和 CO_2，拓宽我国小型氨厂的产品出路，在国内有部分节能设计都使用这一技术代替传统的各种湿法脱碳方法。

思考与练习

1. 原料气中的二氧化碳为什么要脱除？常用的脱碳方法有哪些？各有何特点？
2. NHD 法脱碳的基本原理是什么？
3. 温度、压力对 NHD 脱碳有何影响？
4. 画出 NHD 脱碳的工艺流程，并指出各个设备的名称。
5. 低温甲醇法脱碳时，温度如何选择？
6. 简述本菲尔脱碳的基本原理。
7. 什么是转化度和再生度？转化度如何影响溶液的吸收和再生？
8. 本菲尔脱碳时，活化剂二乙醇胺的浓度如何选择？
9. 本菲尔脱碳时，为何要加入消泡剂？防止溶液起泡的措施有哪些？
10. 画出本菲尔二段吸收、二段再生的工艺流程，指出该流程的特点。
11. 简述 MDEA 法脱碳的基本原理。
12. MDEA 溶液成分对脱碳有何影响？
13. MDEA 法脱碳时，脱碳塔为什么分为上、下两段？
14. 贫液与半贫液流量大小的控制原则是什么？
15. 变压吸附法脱碳的基本原理是什么？
16. 通过下厂实习，画出当地合成氨厂脱碳工序带控制点的工艺流程图。
17. 通过多媒体教学，说明脱碳工序吸收塔的类型，画出结构简图。

第九章　原料气的精制

【学习目标】

1. 了解原料气的精制在合成氨生产中的重要性。

2. 掌握铜氨液洗涤法、甲烷化法、液氮洗涤法脱除少量CO的基本原理、工艺条件的选择、工艺流程设置原则以及主要设备的结构与作用。

3. 掌握甲烷化催化剂使用条件和方法。

4. 通过理论与实践的同步教学，掌握铜氨液洗涤法、甲烷化法、液氮洗涤法的主要设备结构及操作要点。

5. 了解双甲精制新工艺。

经变换和脱碳后的原料气尚有少量的一氧化碳（<0.5%）、二氧化碳（<0.1%），为了防止它们对氨合成催化剂的中毒，在送往合成系统以前，必须作最后的净化处理，生产中称为原料气的"精制"。精制后气体中一氧化碳与二氧化碳的总量，大型厂控制在小于$10cm^3/m^3$，中、小型厂小于$25cm^3/m^3$，原料气最后的净化方法一般有以下几种。

（1）**铜氨液洗涤法**　铜氨液洗涤法采用铜盐的氨溶液在高压低温下吸收CO、CO_2、H_2S、O_2，然后在低压、加热下再生。通常把铜氨液洗涤称为"铜洗"，铜氨液称为"铜液"，精制后的气体称为"铜洗气"。此法用于煤间歇制气的中、小型氨厂。

（2）**甲烷化法**　在催化剂存在下，CO、CO_2与H_2作用生成甲烷，使CO和CO_2总量小于$10cm^3/m^3$，由于反应要消耗H_2，生成的CH_4又不利于氨合成反应，因此此法只能适用于（$CO+CO_2$）<0.7%的原料气精制，通常和低温变换工艺配套。甲烷化法具有工艺简单、净化度高、操作方便、费用低的优点，因此被大型氨厂普遍采用。

（3）**液氮洗涤法**　在空气液化分离的基础上，用低温逐级冷凝原料气中各高沸点组分，再用液氮把少量CO和CH_4洗涤脱除，使CO降至$10cm^3/m^3$以下，这是物理吸收过程，它比铜洗法制得纯度更高的氢氮混合气。此法主要用于重油部分氧化、煤富氧气化的制氨流程中。

（4）**双甲精制工艺**　是近年来开发成功的一项新技术，它采用先甲醇化后甲烷化的方法，将原料气中CO、CO_2降至$3cm^3/m^3$以下，从而使氢耗大大降低，同时可副产化工原料甲醇。目前，双甲精制新工艺在中、小型合成氨厂被广泛推广。

第一节　铜氨液洗涤法

铜氨液是由铜离子、酸根及氨组成的水溶液，其中分为蚁酸铜氨液、醋酸铜氨液和碳酸铜氨液等数种。国内通常采用醋酸铜氨液洗涤法。

一、醋酸铜氨液的组成及性质

醋酸铜氨液（以下简称铜液）是由金属铜、醋酸、氨和水经化学反应后而制成的一种溶液，所用的水不含有氯化物和硫酸盐，以避免对设备腐蚀。因为金属铜不直接溶于醋酸和氨的水溶液中，在制备新鲜铜液时必须加入空气，这样金属铜就容易被氧化为高价铜，而形成配合物，其反应如下：

$$2Cu+4HAc+8NH_3+O_2 \rightleftharpoons 2Cu(NH_3)_4Ac_2+2H_2O \tag{9-1}$$

生成的高价铜再把金属铜氧化成低价铜，从而使铜逐渐溶解。

$$2Cu(NH_3)_4Ac_2+Cu \rightleftharpoons 2Cu(NH_3)_2Ac \tag{9-2}$$

铜液中各主要组分及作用如下。

1. 铜离子

铜液中有低价铜离子和高价铜离子，前者以 $Cu(NH_3)_2^+$ 形态存在，是吸收 CO 的主要组分。后者以 $Cu(NH_3)_4^{2+}$ 形态存在，无吸收 CO 的能力，但可防止溶液发生下列析出金属铜的反应：

$$2Cu(NH_3)_2Ac \rightleftharpoons Cu(NH_3)_4Ac_2+Cu\downarrow \tag{9-3}$$

低价铜离子和高价铜离子浓度之和称为"总铜"，二者浓度之比称为"铜比"。低价铜离子无色，高价铜离子呈蓝色。由于铜液中同时存在两种离子，所以铜液呈蓝色。高价铜离子浓度越高，铜液颜色就越蓝。

2. 氨

氨在铜液中是以配合氨、固定氨和游离氨三种形式存在的。"配合氨"就是与低价铜离子和高价铜离子配合一起的氨，有 $Cu(NH_3)_2^+$ 和 $Cu(NH_3)_4^{2+}$，"固定氨"是与醋酸结合在一起的氨，有 NH_4Ac、NH_4HCO_3 和 $(NH_4)_2CO_3$。"游离氨"为物理溶解状态的氨。这三种氨浓度之和称为"总氨"。

3. 醋酸

铜液中的醋酸是以 Ac^- 的形式存在，与 $Cu(NH_3)_2^+$、$Cu(NH_3)_4^{2+}$ 结合成复盐，为确保配合物的稳定，铜液中需有足够的醋酸。

铜氨液的组成如下（单位：mol/L）

总铜	低价铜	高价铜	铜比	总氨	醋酸	二氧化碳	一氧化碳
2.0~2.6	1.8~2.2	0.3~0.4	5~7	9~11	2.2~3.5	<1.5	<0.051

常用的铜液相对密度为 1.15~1.25，凝滞点约为 -12℃，冰点在 -25℃ 左右，铜液的黏度较大，且随着温度的降低而迅速增大。铜液因含有氨故有强烈的氨味，呈碱性，对钢材腐蚀甚小，但对人的眼睛有强烈的伤害性，生产中要严加防护。

二、铜液吸收 CO 的基本原理

1. 吸收反应平衡

铜液吸收 CO 是在游离氨存在下，依靠低价铜离子进行的，生成一氧化碳醋酸三氨合亚铜，其反应如下：

$$Cu(NH_3)_2Ac+CO+NH_3 \rightleftharpoons Cu(NH_3)_2CO\cdot Ac \quad \Delta H=-52.44kJ/mol \tag{9-4}$$

这是一个包括气液相平衡和液相中化学平衡的吸收反应，提高压力，降低温度，可以提高 CO 在铜液中的溶解度，有利于 CO 吸收。CO 与铜液的反应为可逆、放热和体积减小的反应，降低温度，提高压力，增加铜液中低价铜及游离氨浓度，有利于吸收反应进行。

2. 吸收速率

据研究，铜液吸收 CO 的速率受 CO 从气相扩散至液相界面的扩散（传质）速率控制。当游离氨浓度较大时，铜液吸收 CO 的化学反应速率很快，因此，生产中，采用强化传质过程，提高吸收 CO 速率。

3. 铜液的吸收能力

铜液的吸收能力是指单位体积铜液吸收 CO 达到平衡时所能吸收 CO 的量，从反应式（9-4）可知，当铜液吸收 CO 的化学反应达到平衡时，1mol 低价铜离子可以吸收 1mol CO。

实际生产，吸收反应不可能达到平衡，CO 的吸收量仅达平衡时的 $60\% \sim 80\%$，所以，铜液的实际吸收能力为理论吸收能力的 $60\% \sim 80\%$。增大低价铜离子的浓度、降低温度、提高压力和增大气液接触面积，强化接触状态，均能增加铜液的吸收能力。

三、铜液吸收 CO_2、O_2 和 H_2S

铜液除了吸收 CO 外，同时还可以吸收 CO_2、O_2 及 H_2S。

1. 吸收 CO_2 的反应

铜液中的游离氨与 CO_2 发生如下反应：

$$2NH_3 + CO_2 + H_2O \Longleftrightarrow (NH_4)_2CO_3 \qquad \Delta H < 0 \qquad (9\text{-}5)$$

生成的 $(NH_4)_2CO_3$ 继续吸收 CO_2 生成碳酸氢铵；

$$(NH_4)_2CO_3 + CO_2 + H_2O \Longleftrightarrow 2NH_4HCO_3 \qquad \Delta H < 0 \qquad (9\text{-}6)$$

由于生成的碳酸铵和碳酸氢铵在低温时易结晶，因此，使用铜液洗涤原料气时，对原料气中 CO_2 含量有一定限量。又因为当铜液中的醋酸和氨不足时，会生成碳酸铜沉淀，造成设备和管路堵塞，影响生产，因此，对铜液本身的组成也有一定要求，特别是醋酸和氨的含量。

2. 吸收 O_2 的反应

铜液吸收 O_2 是依靠低价铜离子的作用：

$$4Cu(NH_3)_2Ac + 8NH_3 + 4HAc + O_2 \Longrightarrow 4Cu(NH_3)_4Ac_2 + 2H_2O \qquad \Delta H < 0 \qquad (9\text{-}7)$$

此反应为不可逆反应，能很完全地把氧脱除。但铜液吸收氧后，低价铜被氧化成高价铜，1mol 氧可使 4mol 低价铜氧化成高价铜，铜比因此降低，铜液的吸收能力也就削弱。因此，必须严格控制原料气中氧含量。

3. 吸收 H_2S 的反应

铜液吸收 H_2S 是依靠游离氨的作用：

$$2MH_3 \cdot H_2O + H_2S \Longleftrightarrow (NH_4)_2S + 2H_2O \qquad (9\text{-}8)$$

同时，溶解在铜液中的 H_2S 还能与低价铜反应生成硫化亚铜沉淀：

$$2Cu(NH_3)_2Ac + 2H_2S \Longrightarrow Cu_2S\downarrow + 2NH_4Ac + (NH_4)_2S \qquad (9\text{-}9)$$

由上式看见，当原料气中 H_2S 含量过高时，不仅多消耗氨，严重的是由于生成黑色硫化亚铜沉淀，不仅堵塞设备管道和填料层，而且使铜液变黑、黏度增大和铜液发泡，增加了铜耗，又容易造成带液事故。为此，要求进铜洗系统的原料气中 H_2S 含量越低越好。

四、铜液吸收工艺条件

1. 温度

降低铜液吸收温度，既能增加铜液的吸收能力，又有利于铜洗气中 CO 含量的降低。如图 9-1、图 9-2 所示，当温度超过 15℃ 以后，铜液的吸收能力迅速降低，铜洗气中 CO 含量迅速增加。但温度过低，使铜液黏度增大，同时易生成碳酸铵结晶，堵塞设备，增加系统阻力，一般铜液温度以 8~12℃ 为宜。

2. 压力

提高压力，气体中 CO 分压也随之增加，铜液的吸收能力增大，由图 9-1 可以看出，在一定温度下，吸收能力随 CO 分压增加而增加，但 CO 分压超过 0.5MPa 后，吸收能力已不再明显增加，却增加了动力消耗，同时对设备的强度要求更高，这种情况下脱除 CO 并不经济，一般铜洗操作压力控制在 12.0～15.0MPa。

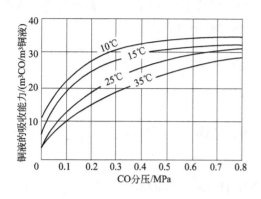

图 9-1 压力和温度对铜液吸收能力的影响

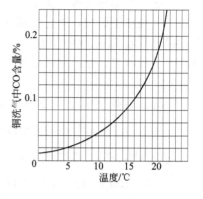

图 9-2 温度与铜洗气中 CO 含量的关系

3. 铜液的组成

（1）铜比与总铜 当铜比一定时，因为高价铜在一定条件下能溶解金属铜，并转化为低价铜离子。所以总铜含量增加，对吸收有利。但是，总铜过多会使铜液黏度增大而增加动力消耗，同时也容易造成带液现象。因此总铜含量控制在 2.0～2.5mol/L。

当总铜含量一定时，提高铜比，可以提高铜液吸收 CO 的能力，但铜比过高，会按式（9-3）析出金属铜沉淀而降低吸收能力，堵塞设备和管道，影响生产。因此当总铜含量在 2.0～2.5mol/L 时，实际生产中铜比控制在 5～7 范围内。

（2）液氨含量 铜液中的氨以游离氨、配合氨和固定氨三种形态存在。由于配合氨和固定氨的值随铜离子及酸根的浓度而异，所以随溶液中总氨浓度上升，游离氨的浓度增加，吸收 CO 和 CO_2 的能力增强，速率加快。操作中如遇到 CO 和 CO_2 增高时，也可采用增补液氨提高总氨量的方法补救。如果铜液中游离氨不足，会发生低价铜复盐的分解，生成醋酸亚铜沉淀：

$$Cu(NH_3)_2Ac \Longrightarrow CuAc \downarrow + 2NH_3 \uparrow \tag{9-10}$$

当原料气中 CO_2 含量增高时，还会生成碳酸铜沉淀，这些产生沉淀的反应使铜液中总铜减少，降低了吸收能力。严重时会造成设备堵塞。但游离氨含量也不能过高，否则铜液再生时，氨损失增大，实际生产中总氨含量控制在 8.5～12.5mol/L，游离氨控制在 2.0～2.5mol/L。

（3）醋酸含量 进入铜洗原料气中含有 CO_2，若铜液中醋酸含量不足，就会生成碳酸铜氨盐，同时还会生成 $CuCO_3$ 沉淀，使铜液吸收能力降低，影响生产。一般铜液中醋酸含量超过总铜含量的 10%～15% 较为合适，为 2.2～3.0mol/L，但有些工厂提高到 3.5mol/L。

（4）铜液中残余的 CO 和 CO_2 铜液中残余 CO 和 CO_2 含量高，则铜液吸收 CO 和 CO_2 的量就会减少，铜洗气中 CO 和 CO_2 含量就会升高，为保证铜液吸收效果，要求再生后铜液中的 CO 和 CO_2 含量愈低愈好，一般控制再生后铜液中 CO 小于 0.005m^3/m^3 铜液，CO_2 残余量小于 1.5mol/L。

五、铜液的再生

为了使吸收 CO、CO_2、O_2 后的铜液恢复吸收能力，必须进行铜液的再生。铜液的再生包括以下内容：一是将 CO、CO_2、H_2S 从铜液中完全解吸出来；二是将被氧化的高价铜还原成低价铜，调节铜比。同时，补充所消耗的氨、铜及醋酸，使其循环使用。

1. 铜液再生原理

(1) CO、CO_2、H_2S 的解吸反应　铜液解吸是在减压和加热条件下，进行吸收反应的逆过程，使被吸收的 CO、CO_2、H_2S 等气体解吸出来。

$$Cu[(NH_3)_3CO]Ac \rightleftharpoons Cu(NH_3)_2Ac + CO\uparrow + NH_3\uparrow \qquad \Delta H > 0 \qquad (9\text{-}11)$$

$$NH_4HCO_3 \rightleftharpoons NH_3\uparrow + CO_2\uparrow + H_2O \qquad\qquad \Delta H > 0 \qquad (9\text{-}12)$$

$$(NH_4)_2S \rightleftharpoons 2H_2S\uparrow + NH_3\uparrow \qquad\qquad\qquad \Delta H > 0 \qquad (9\text{-}13)$$

(2) 高价铜还原为低价铜的反应　高价铜还原成低价铜的过程，不是低价铜氧化反应的逆过程，而是高价铜被溶解态的 CO 还原的结果。反应式如下：

$$Cu[(NH_3)_3CO]Ac + 2Cu(NH_3)_4Ac_2 + H_2O =\!=\!=$$
$$3Cu(NH_3)_2Ac + 2NH_4Ac + CO_2 + 3NH_3 \qquad \Delta H > 0 \qquad (9\text{-}14)$$

由式(9-14)可知，高价铜还原成低价铜时，既能提高铜比，又能使溶解状态的 CO 被氧化成 CO_2，这好比是 CO 的燃烧过程，所以此反应也称为"湿式燃烧反应"。

2. 铜液再生工艺条件

(1) 温度　提高再生温度有利于解吸，但温度过高，加快了铜液中 CO 过早解吸，使还原作用降低。同时会使氨和醋酸损失大。再生温度过低对还原有利，但解吸不完全，再生后铜液中残余 CO 含量增加，影响吸收能力。为解决这一矛盾，再生中采用分阶段控制温度的方法，使解吸、还原分别在回流塔、还原器和再生塔三个设备中完成。首先在回流塔中使大部分 CO 和 CO_2 解吸，为避免解吸过快，回流塔温度控制低些，一般为 45～55℃。然后进入还原器中进行还原反应，温度控制在 60～68℃。最后在再生器中将温度提高至 75～78℃，使残余 CO 和 CO_2 从铜液中充分解吸，但再生器温度不能超过 80℃，否则，铜液的稳定性将被破坏，析出金属铜。

(2) 压力　降低再生压力，有利于 CO、CO_2 的解吸，但再生压力过低，会使 CO 过早解吸，不利于还原反应，铜比不易提高，压力过高，CO 不易解吸，对高价铜还原作用加强，使铜比升高。一般再生在略高于常压下进行，再生压力约 0.106～0.108MPa，以使再生气能克服管道和设备的阻力，到达回收系统。

(3) 再生时间　铜液在再生器内的停留时间称为再生时间。再生时间愈长，CO 和 CO_2 解吸愈完全，铜液中残余 CO 和 CO_2 愈少，再生后铜液吸收能力愈强。生产中一般控制铜液在再生器内的停留时间为 30～40min。决定铜液停留时间的因素是再生器的容积和铜液的循环量。再生器容积一定，铜液在再生器中的停留时间以再生器的液位来控制，液位高，则停留时间长；反之，则停留时间短。一般再生器内的铜液高度控制 1/2 容器高度为宜。

(4) 液氨加入量　增加液氨加入量，能使再生反应完全，因多加液氨后，再生气中氨的分压增大，气相中 CO 的分压就降低，使铜液中 CO 易于解吸，削弱了对铜液的还原作用，因此铜比不会偏高，若加氨量不足，会使吸收能力减弱。

再生过程中加液氨的目的主要是为了补充使用过程中损耗的氨，以维持其总氨含量在正常范围内，一般液氨加入量控制在 7～10kg/t 氨左右。

(5) 空气加入量　当高价铜还原过度，铜比过高时，应急措施常用加入空气的办法将部分低价铜氧化为高价铜，以降低铜比。但空气也能将 CO 氧化成 CO_2，并带入大量氮气，减少了再生气的回收价值，并提高了再生压力，所以，操作中除非应急一般应尽量不用此法降铜比。

六、铜液工艺流程和主要设备

1. 工艺流程

图 9-3 为铜液吸收和再生的典型流程。铜洗工艺流程由吸收和再生两部分组成，脱碳后，压缩到 12MPa 以上的原料气经油分离器除油分，送入铜液塔的底部，气体在塔内与塔顶喷淋下来的铜液逆流接触，其中的 CO、CO_2、O_2 及 H_2S 被铜液吸收，精制后的铜液气（$CO + CO_2 < 25cm^3/m^3$）从塔顶出来，经铜液分离器除去夹带的铜液，送往压缩工段。铜

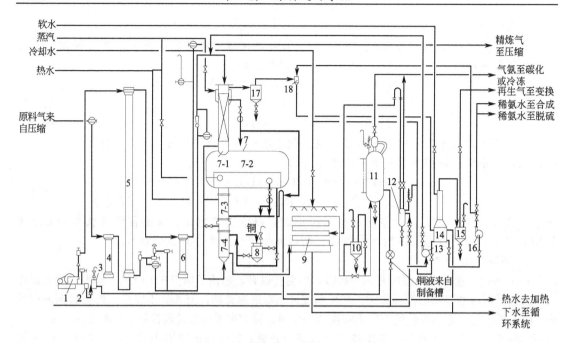

图 9-3　铜液吸收和再生工艺流程图

1—铜液泵；2—小过滤器；3—缓冲桶；4—油分离器；5—铜洗塔；6—铜液分离器；7—再生塔（7-1—回流塔；

7-2—再生器；7-3—还原器上加热器；7-4—还原器下加热器）；8—化铜桶；9—水冷器；10—铜液过滤器；

11—氨冷器；12—液氨计量瓶；13—低压铜泵；14—再生氨氨回收塔；15—气液分离器；16—氨水泵；

17—再生气缓冲桶；18—高位吸引器

液由铜液泵加压至约 12MPa，送往铜洗塔顶部，吸收 CO 等气体后，温度升高到 25～30℃，由塔底部流出，经减压后，靠本身余压自流入回流塔顶部。在回流塔内与再生器逸出的气体逆流相遇，吸收气体中大部分氨和热量，温度升至 45～55℃，在此解吸部分 CO 和 CO_2，铜液自回流塔底部进入还原器底部下加热器管内，被管外热铜液加热至 60～68℃，使高价铜还原为低价铜，以调节铜比。再进入还原器上加热器管内，经管外热水或蒸汽加热至72～74℃后，进入再生器。在再生器内，由蒸汽夹套继续使铜液温度升至 75～78℃，并停留足够的时间，以保证 CO、CO_2 充分解吸。再生后的铜液由再生器底部流出，经化铜桶补铜，如总铜含量符合要求，可不经化铜桶而直接去还原器下加热器管外，加热管内铜液。降温后，再进入水冷器，初步冷却到 20～30℃。并在水冷器中部加入氨，以补充损失的氨。铜液再经过滤器滤去杂质，然后进入氨冷器，利用液氨蒸发吸热，使铜液温度降至 8～12℃，由铜液泵加压至 12MPa，送铜洗塔循环使用。

回流塔与还原器之间设有近路阀，用来调节铜比，若铜比过高，用调节近路阀等措施不起作用时，可向还原器底部通入压缩空气。

回流塔顶部出来的再生气，经氨回收塔、气液分离器后，送变换工段。稀氨水去脱硫或送合成工段回收系统。

铜液再生所用热水来自变换工段第二热水塔，分别进入回流塔、再生器、上加热器，冷却后再送回变换工段提温后循环使用，特殊情况下采用蒸汽加热。

原料气经铜洗后，往往还含有 100～200cm^3/m^3 微量的二氧化碳，需进一步清除，才能达到氨合成催化剂的要求。生产中一般用苛性钠或氨水溶液进行最终清除。由于氨水来源较易，目前氨厂大多采用在铜洗塔后串氨洗塔用氨水除去残余的 CO_2。

用氨水吸收原料气中少量二氧化碳的反应为：

$$2NH_4OH + CO_2 \Longrightarrow (NH_4)_2CO_3 + H_2O + Q \tag{9-15}$$

$$(NH_4)_2CO_3 + CO_2 + H_2O \Longrightarrow 2NH_4HCO_3 + Q \tag{9-16}$$

氨水浓度一般为 $14\%\sim18\%$，洗涤后精炼气中二氧化碳含量可降到 $3cm^3/m^3$ 以下。由于氨水中氨容易挥发，而且吸收过程生成的碳酸盐再生比较困难。因此，一般情况下不再生，吸收后的溶液直接排出系统。

2. 主要设备

(1) 铜液塔　在铜液塔内，铜液与原料气逆流接触，吸收其中的 CO、CO_2、O_2 和 H_2S，达到精制气体的目的。铜液塔是高压容器，常采用的压力为 $12\sim13MPa$ 和 $30\sim32MPa$。直径为 700mm 和 1000mm，塔型有填料塔和筛板塔。填料式铜洗塔如图 9-4 所示。

铜洗塔的筒体由多层钢板卷焊而成，上下两端较厚，便于开孔和安装螺丝，不致减低容器的承压强度。塔顶有顶盖，塔底有底盖，均用双头螺栓固定在塔身上。塔内装有钢制鲍尔环或规整填料。塔下部有气体进口，气体由升气管进入塔内。升气管顶端装有帽盖，帽盖与升气管之间有通气空隙，以便使气体均匀升至填料层。帽盖上面有用铁架支撑着的铁栅，铁栅上面堆放着填料。铜洗塔的顶部装有铜液雾沫分离器。经铜液雾沫分离器分离的气体，由塔上部的气体出口出塔。铜洗塔上部有铜液进口，在进口处接一根铜液管，末端与铜液喷头相连，直伸到填料层上面。进铜洗塔的铜液通过喷头喷到填料上，与上升的气体逆流接触。塔的下部，装有液位计，为了提高气液传质效率，一些工厂采用双孔径式筛板塔，使铜洗塔生产能力大幅度提高。

双孔径式筛板塔具有填料塔相同的塔体、封头、进气分布与液体喷淋结构。塔内装有 39 块筛板，其中 10 块为单孔径筛板，起到液态再分布作用。双孔径的筛板孔径为 9.5mm 和 5.5mm，大孔径呈正方形排列，间距为 22mm，小孔在大孔的对角线上排列，间距为 10mm。

在操作中气体通过小孔上升，铜液通过大孔下降。上升的气体在筛板上的液层内鼓泡并形成泡沫区，铜液吸收 CO 和 CO_2 及 H_2S 等。

双孔径筛板塔的特点是：高液位强制鼓泡吸收，结构简单，造价低廉，生产能力大，但操作弹性差。

(2) 再生塔　铜液再生塔由回流塔、还原器、再生器三部分组成。

① 回流塔。回流塔在再生器的上面，其作用是用铜液回收再生气中的氨和热量，预热铜液并使部分 CO 和 CO_2 解吸。

回流塔结构如图 9-5 所示。在回流塔内装有铁环或钢环填料。塔上部有蒸汽夹套，气体出口管处设有蒸汽喷嘴，当碳酸盐结晶堵塞气体通道时使用。气体出口前还有挡板，用以分离气体所带出的铜液雾沫。在回流塔外壳包有石棉绝热层，以减少热量损失。回流塔的作用是用铜

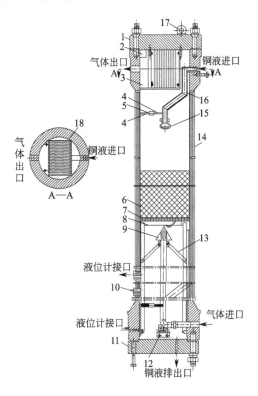

图 9-4　填料式铜洗塔

1—顶盖；2—安装孔；3—铜液雾沫分离器；4—固定杆；5—连接套；6—填料；7—铁箅；8—角铁套；9—锥形帽；10—低液位信号接口；11—底盖；12—铜液出口；13—支撑扁钢；14—塔身；15—喷头；16—进液管；17—卸盖吊环；18—曲折板

液回收再生气中的氨和热量，预热铜液并使部分 CO 和 CO_2 解吸，它位于再生器之上。

　　② 还原器。还原器位于再生器下面，其作用是加热铜液并利用溶解态的 CO 将高价铜还原为低价铜，调节铜比。还原器的结构如图 9-6 所示。外壳由钢板卷焊而成，内装有列管式上、下加热器，两加热器之间有七层带有小孔的折流板，用以防止铜液的对流。还原器底部有压缩空气入口，以调节铜比。

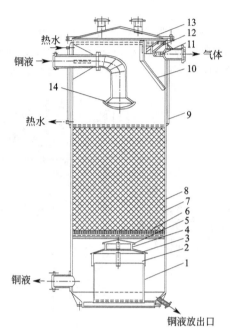

图 9-5　回流塔

1—简体；2,4—连接板；3—锥体；5—锥形盖板；
6—算子栅栏；7—铁环；8—壳体；
9—夹套；10—挡板；11—蒸汽喷嘴；
12—斜挡板；13—顶盖；14—喷头

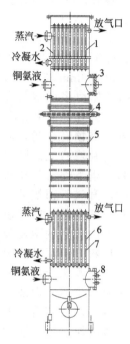

图 9-6　还原器

1—上加热器；2—上加热器列管；
3,8—人孔；4—膨胀节；
5—孔板；6—下加热器；
7—下加热器列管

　　来自回流塔的铜液，根据铜比的高低，进入还原器的下加热器（主线）或上加热器（副线），提高铜比后从还原器顶部进入再生器。再生好的铜液由再生器底部出口进入还原器的下加热器加热来自回流塔的铜液。

　　③ 再生器。再生器的作用是在一定条件下使被吸收的 CO、CO_2 充分解吸，恢复铜液的吸收能力。再生器分为卧式和立式两种。卧式再生器构造简单，铜液储量大，可保证铜液的再生时间。但占地面积大，且需要支承框架。

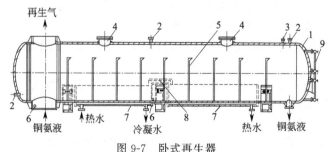

图 9-7　卧式再生器

1—壳体；2—温度计接口；3—压力计接口；4—人孔；5—挡板；6—分
析取样口；7—蒸汽夹套；8—放气口；9—液位计

卧式再生器如图 9-7 所示，外壳由 10mm 钢板卷焊而成的卧式圆筒体，内径 2.4mm，长 12mm，外面有保温层，器内装有与中心线垂直的折流板若干块。板的左右两侧有液体通道，并且前后交错，迫使铜液曲折流动。这种结构，既可防止再生前后铜液的混合，还可防止解吸的气体夹带铜液。再生器外壳腹部设有蒸汽夹套。铜液进出口设在再生器两端的下部，再生器的出口则设在铜液入口端上部。

第二节　甲　烷　化　法

一、基本原理

1. 甲烷化反应的化学平衡

在催化剂存在的条件下，CO 和 CO_2 加 H_2 生成甲烷的反应如下：

$$CO+3H_2 \Longrightarrow CH_4+H_2O(g)+206.16kJ \tag{9-17}$$

$$CO_2+4H_2 \Longrightarrow CH_4+2H_2O(g)+165.08kJ \tag{9-18}$$

当原料气中有 O_2 存在时，氧与氢反应：

$$2H_2+O_2 \Longrightarrow 2H_2O(g)+484kJ \tag{9-19}$$

在一定条件下还有以下副反应发生：

$$2CO \Longrightarrow C+CO_2 \tag{9-20}$$

$$Ni+4CO \Longrightarrow Ni(CO)_4 \tag{9-21}$$

从脱除 CO、CO_2 的角度，希望反应式（9-17）和式（9-18）进行，而抑制副反应式（9-20）和式（9-21），因此在选择操作条件时，应力求有利于甲烷化反应。

表 9-1 给出了反应式（9-17）和式（9-18）的热效应和平衡常数。

表 9-1　反应式 (9-17) 和式 (9-18) 的热效应和平衡常数

温度/K	$CO+3H_2 \Longrightarrow CH_4+H_2O$		$CO_2+4H_2 \Longrightarrow CH_4+2H_2O$	
	热效率/(kJ/kmol)	平衡常数 $k_p=\dfrac{p_{CH_4}p_{H_2O}}{p_{CO}p_{H_2}^3}$	热效应/(kJ/kmol)	平衡常数 $k_p=\dfrac{p_{CH_4}p_{H_2O}^2}{p_{CO}p_{H_2}^4}$
500	214711.66	1.6×10^9	174853.33	8.69×10^7
600	217973.18	1.98×10^6	179061.06	7.30×10^4
700	220656.92	3.72×10	182762.19	4.13×10^2
800	222796.38	3.21×10	185944.16	7.936
900	224454.35	7.66×10^{-1}	188648.83	3.51×10^{-1}
1000	225681.08	3.78×10^{-2}	190884.59	2.74×10^{-2}

甲烷化反应是强放热反应，反应热效应随温度升高而增大，催化剂床层会产生显著的绝热温升。每 1% 的 CO 甲烷化的绝热温升为 72℃；每 1% 的 CO_2 温升为 60℃。

甲烷化炉中，催化剂床层的总温升可由下式计算：

$$\Delta T=72[CO]_\lambda+60[CO_2]_\lambda \tag{9-22}$$

式中　　　　　　　　ΔT——催化剂床层总温，℃；

$[CO]_\lambda$，$[CO_2]_\lambda$——进口气中 CO、CO_2 的含量，%。

如果原料气中含微量氧，其温升要比 CO、CO_2 高得多，每 1% 的 O_2 甲烷化的温升值为 165℃，所以原料气中应严格控制氧的进入，否则引起甲烷化炉严重超温而导致催化剂失活。

由表 9-1 可以看出，甲烷化反应的平衡常数随温度升高而降低，但在生产上控制的反应温度范围 280～420℃ 内平衡常数值都很大，反应向右进行，有利于 CO 和 CO_2 转化成甲烷；当温度提高至 600～800℃ 时，反应向左进行，即发生甲烷蒸汽转化反应。

甲烷化反应是体积缩小反应，提高压力，使甲烷化反应平衡向右移动，由于甲烷化的原料气中 CO 和 CO_2 分压低，H_2 过量很多，即使压力不太高，甲烷化后 CO 和 CO_2 平衡含量仍很低。在生产条件下，CO 和 CO_2 的平衡含量都小于 $10^{-4}\,cm^3/m^3$。所以，从化学平衡考虑，工业上要求甲烷化炉出口气体 CO 和 CO_2 含量低于 $10\,cm^3/m^3$ 是没有问题的。

2. 甲烷化反应速率

研究认为，在一般情况下，甲烷化反应速率很慢，但在镍催化剂作用下，反应速率相当快。CO 或 CO_2 甲烷化均可作为一级反应处理。从实验发现，CO_2 甲烷化速率远比 CO 甲烷化速率慢。因此在考虑碳氧化物甲烷化总的反应速率时，常将 CO_2 进口含量加倍以抵消两者速率的不同，从而用下式表示反应速率常数。

$$K = V_S \lg \frac{y_{CO,1} + 2y_{CO_2,1}}{y_{CO,2} + y_{CO_2,2}} \qquad (9\text{-}23)$$

式中 V_S——空间速率，h^{-1}；

$y_{CO,1}, y_{CO,2}$——甲烷化炉进、出口 CO 含量；

$y_{CO_2,1}, y_{CO_2,2}$——甲烷化炉进出口 CO_2 含量。

甲烷化反应速率不仅与空间速率和碳氧化物进、出口含量有关，还与温度、压力有关。图 9-8 表示采用 G-65 催化剂时反应速率常数与温度的关系。

由图 9-8 可见，随着反应温度的升高，反应速率常数增大，反应速率加快。甲烷化反应速率与压力的 $0.2 \sim 0.5$ 次方成正比，压力增加可加快反应速率。传质过程对甲烷化反应速率有显著影响，通常认为 CO 含量在 0.25% 以上时，反应属内扩散控制，而低于 0.25% 时，属外扩散控制。因此实际应用时，减小催化剂粒径，提高床层气流的空速，都能提高甲烷化速率。

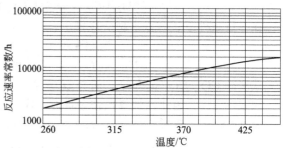

图 9-8　甲烷化催化剂 G-65 反应速率常数与温度的关系

3. 甲烷化的副反应

式(9-20)CO 的分解析炭的反应，是一有害的副反应，会影响催化剂的活性，在甲烷化正常操作的条件下，是不会发生的，但温度超过 500℃ 有可能发生这种反应。

式(9-21) 生成羰基镍的反应，也是放热和体积缩小反应，低温、高压有利于生成羰基镍，在压力为 1.4MPa、CO 1% 的条件下，理论上生成羰基镍的最高温度为 121℃，而甲烷化反应正常操作温度都在 300℃ 以上，实际生产中不会有羰基镍生成。但在升温或降温过程中或事故停车时，甲烷化温度可能低于 200℃ 时，若遇到含 CO 的原料气就会生成羰基镍。羰基镍不仅会造成催化剂活性组分镍的损失，而且为剧毒物质，人体吸入会产生中毒，主要症状为头痛、恶心呕吐、呼吸困难、甚至昏迷，空气中允许的最高含量为 $0.001mg/m^3$。实际生产中必须采取措施加以防范。

二、甲烷化催化剂

1. 组成及性能

甲烷化催化剂以氧化镍为主要成分、三氧化二铝为载体、MgO 或 Cr_2O_3 为促进及剂。为了提高催化剂的耐热性，有时还加入稀土元素作促进剂。甲烷化催化剂含镍 $15\% \sim 30\%$，比甲烷蒸汽转化高，这是为了提高它的低温活性。国产甲烷化催化剂的组成与性能见表 9-2。

表 9-2　国产甲烷化催化剂的组成与性能

项　目	型号	J101	J103	J105
物理性质	外观	灰黑色圆柱体	黑色条状物	灰黑色圆柱体
	尺寸/mm	$\phi 5 \times 5$	$\phi 6 \times (5\sim 8)$	$\phi 5 \times 5$
	堆密度/(kg/L)	0.9~1.2	0.8~0.9	1.0~1.2
	比表面积/(m²/g)	约250	130~170	约100
组成/%	Ni	≥21.0	≥12(含5%还原镍)	≥21.0
	Al_2O_3	42.0~46.0	余量	29.0~30.5
	MgO	—	—	10.5~14.5
	Re_2O_3(稀土氧化物)	—	—	7.5~10.0
使用条件	温度/℃	300~400	300~400	250~450
	压力/MPa	1~2	1~3	1~3
	空速/h⁻¹	3000	3000	6000

2. 还原与氧化

（1）还原　甲烷化催化剂在使用前，必须将 NiO 还原成金属 Ni 才具有催化活性。一般用氢气或脱碳后的原料气还原，其反应如下：

$$NiO + H_2 \Longleftrightarrow Ni + H_2O + 1.26kJ \tag{9-24}$$

$$NiO + CO \Longleftrightarrow Ni + CO_2 + 38.5kJ \tag{9-25}$$

虽然上述还原反应的热效应不大，但催化剂一经还原就有活性，立即可使 CO、CO_2 进行甲烷化反应，放出大量热。为了避免甲烷化反应使床层温升过高，要尽量控制还原用气体中 CO、CO_2 总量在 1%以下。在 200℃以下，不用含 CO 的气体来升温或降温还原催化剂，以防止生成羰基镍。还原后的镍催化剂易自燃，要避免与氧化性气体接触。

（2）氧化　还原态的甲烷化催化剂能与氧发生剧烈氧化反应：

$$Ni + \frac{1}{2}O_2 \Longrightarrow NiO + 240.7kJ \tag{9-26}$$

若催化剂与大量空气接触，放出的反应热会把催化剂烧坏，因此，在长期停车时必须用预先氧化的方法使之钝化后，再与空气接触。

3. 甲烷化催化剂的中毒

除羰基镍为甲烷化催化剂的毒物外，还有硫、砷和卤素也能使它中毒。硫对催化剂的毒害是积累的，当吸附硫达 0.5%时，催化剂活性就完全丧失。砷对催化剂的毒害更为严重，当吸附量达 0.1%时，催化剂活性即可丧失，因此，采用砷碱法时必须小心操作，以免把砷的溶液带入甲烷化系统。为了保护催化剂，可在甲烷化催化剂上设置氧化锌或活性炭保护剂。为避免卤素对催化剂的毒害，在操作中应防止含氯的水或蒸汽进入甲烷化炉。

三、工艺条件的选择

1. 温度

由表 9-2 可知，温度低对甲烷化反应平衡有力，但温度过低，CO 会与镍生成羰基镍，而且反应速率慢，催化剂活性不能充分发挥。提高温度，可以加快甲烷化反应速率，但温度太高对化学平衡不利，会使催化剂超温造成活性降低。实际生产中，温度低限应高于生成羰基镍的温度，操作温度一般控制在 280~420℃。

2. 压力

甲烷化反应是体积缩小的反应，提高压力有利于化学平衡，使反应速率加快，从而提高设备和催化剂的生产能力。在实际生产中，甲烷化操作压力由合成氨总流程确定，一般为 1~3MPa。

3. 原料气成分

甲烷化反应是强放热反应，若原料气中 CO 和 CO_2 含量高，易造成催化剂超温，同时使进入合成系统的甲烷含量增加，所以要求原料气中 CO 和 CO_2 的体积分数小于 0.7%。原料气中水蒸气含量增加，可使甲烷化反应逆向进行，并影响催化剂的活性，所以，原料气中水蒸气含量越少越好。

四、工艺流程

根据计算，当原料气中碳氧化物只需达到 0.5%～0.7%，甲烷化反应放出的热量就可将气体预热到所需的温度，因此，流程中只有甲烷化炉、进出口气体换热器和水冷器。但考虑到催化剂的升温还原以及原料气中碳氧化物含量波动，还需补充其他热源，按外加热能多少，分两种流程，如图 9-9 所示。

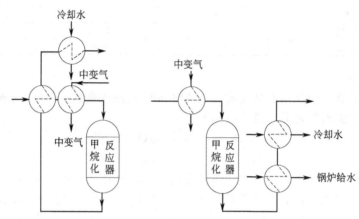

图 9-9　甲烷化流程方案

方案 A，用甲烷化反应后的气体来预热反应前气体，热能不足由中变气补充。该流程的缺点是开车时，进、出口气体换热器不能发挥作用，而中变气换热器太小，升温比较困难。方案 B 则全部利用外加热源（中变气或其他）预热原料气，而出口气体余热用来预热锅炉给水。方案 B 的工艺流程如图 9-10 所示。

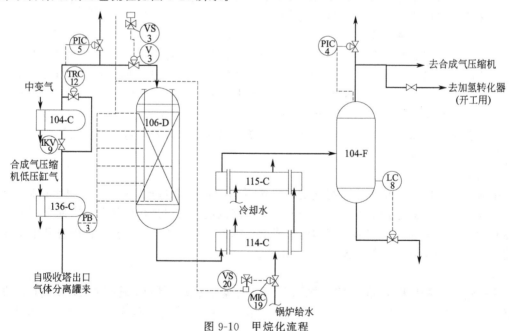

图 9-10　甲烷化流程

136-C—合成压缩机段间冷却器；104-C—中变气换热器；106-D—甲烷化炉；114-C—锅炉给水预热器；
115-C—水冷却器；104-F—液滴分离罐

从 CO_2 吸收塔分离器来的气体，温度约71℃，进入合成压缩机段间冷却器（136-C），预热到113℃，再进入中变气换热器（104-C），加热到反应所需温度（设计值316℃），进入甲烷化炉（106-D）。反应后气体温度升至363℃，先经锅炉给水预热器（114-C）冷却到149℃，再进入水冷却器（115-C），冷却到40℃，甲烷化后的气体中CO和 CO_2 含量降至 $10cm^3/m^3$ 以下，经分离罐104-F分离水后送往压缩机。

为了调节甲烷化炉入口温度，在换热器104-C设有旁路，利用温度调节器TRC12自动调整。甲烷化炉入口还有切断阀V3和阀前放空压力调节器PIC5。当甲烷化上游气体不合格时，可马上切断气体进口，在上游放空。

五、主要设备及操作控制要点

甲烷化生产的主要设备是甲烷化炉。

1. 甲烷化炉的结构

甲烷化炉为圆筒形立式设备，由于炉内气体中氢分压较高，使氢腐蚀较严重，故壳体采用低合金钢制成。催化剂层上、下设有氧化铝球层和钢丝层，以免气体将催化剂层吹翻和利于气体分布。在催化剂层不同位置和气体进、出口处设有热电偶，以测定温度。大型合成氨厂甲烷化炉一般内径为3m，高5m，内装催化剂 $20m^3$。中型厂甲烷化炉一般内径为2.2m，高6.6m。内装催化剂 $10m^3$，小型厂甲烷化炉一般内径为0.65m，高4.14m，内装催化剂约 $1m^3$。

2. 甲烷化炉的操作

（1）装填催化剂　自下而上进行，首先装下段，在集气器处铺好两层不同型号的耐火球后，充填催化剂至规定高度，再充填上层催化剂，先装工字梁，铺好箅子板和耐火球，充填规定高度的催化剂，装好后耙平，再装氧化锌脱硫剂，同样装好工字梁和箅子板，按规定铺好耐火球，填装氧化锌脱硫剂，再装一层耐火球，盖上人孔盖。

（2）催化剂升温还原　甲烷化催化剂升温还原操作指标见表9-3。

表9-3　J105型甲烷化催化剂升温还原操作指标

阶　段	床层温度/℃	升温速率/(℃/h)	时间/h	累计时间/h
升温	常温～120	20	6	6
	120	恒温	6	12
	120～280	20	10	22
	280	恒温	6	28
还原	300～400	15	7	35
	400	恒温	15	50
	400～430	10	3	53
	340～430	降30	3	56

在升温还原过程中，有大量水放出，要在及时排放的同时严格控制气体成分，当二氧化碳和一氧化碳含量过高，引起超温时应停止配氢，以降低加热炉温度，同时加大氮气流量，使热量尽快带出。

（3）导气生产　催化剂还原结束后，停通氮气，将脱碳气缓慢通入甲烷化炉，当甲烷化炉温度、压力、出口气体组成等达到工艺控制指标后将气体送入后系统，甲烷化系统转入正常生产。

（4）正常操作　甲烷化炉的正常操作是控制催化剂床层温度在适宜温度范围，保证甲烷化塔进口气体中一氧化碳、二氧化碳、硫化氢的含量和出塔微量合格。确保去合氨成的精炼气不含水，水蒸气浓度不超标。

甲烷化炉催化剂层温度是通过调节甲烷化炉进口温度来控制的。而进口温度则是利用温度调节器 TRC12 自动调整换热器 104-C 的旁路阀，以保持温度在给定值。甲烷化系统本身操作是平稳可靠的，事故都是来自前工序。当上游工序发生故障，甲烷化炉马上会出现异常温升，温度在几分钟内超过 500℃，甚至高达到 600～700℃，为了保护催化剂和甲烷化炉，甲烷化炉都设置高温报警联锁保护装置，当床层温度高于设定温度时，联锁装置动作并自动、快速切断脱碳气的进口阀，见图 9-10。

甲烷化炉床层不同高度设有测温点，当温度达到给定值（例如 400℃）时发出警报，并同时作用于电磁阀 VS3，把阀 V3 关闭，切断进气。另外又作用于电磁阀 VS10，关闭 MIC19 阀，停止把锅炉给水送入换热器 114-C，其目的是防止甲烷化气中断后，114-C 仅在一侧进气，降温太快而损坏设备。

在 V3 阀关闭后，阀前压力会增长起来，当达到放空阀 PIC5 的给定值时，自动把气体放空。这时上游系统可保持压力稳定，进行故障处理，待工序正常后再切入系统。

另外，控制室操作盘上有按钮，它的作用与上述自动联锁相同，如果发现甲烷化炉温有不正常的苗头，经分析判断后应果断从事，不必等待报警而及早按此按钮。温度信号的传送有时滞后，早些切出可减少损失。

如果事故已经发生，甲烷化炉内的温度很高一时降不下来，可在甲烷化炉进口把炉内气体放空卸压，以减少其危害性或者用氮气反复置换降温冷却甲烷化催化剂床层。

由于甲烷化反应放热很大，原料气中一氧化碳和二氧化碳含量增大，是引起甲烷化炉催化剂温度升高的主要原因。为避免发生超温事故，在实际生产中尽量降低脱碳气 CO_2 含量和低变出口 CO 含量，以减少甲烷化催化剂温升。当由于入炉气体一氧化碳和二氧化碳含量高，导致炉温上升时，可通过加大入炉冷气量，降低入炉气体的温度，制止炉温的上涨。如果以上措施无效，炉温继续上升，则应降低负荷或紧急停车。

若原料气中 CO 和 CO_2 含量太低，会使炉温下降，催化剂活性降低，造成出口气体中 CO 和 CO_2 含量增加，此时应提高进口气体温度，提高炉温，以保证甲烷化炉出口气体中 CO 和 CO_2 含量在指标范围内。

原料气中含有硫和砷等有害物质，能使催化剂中毒而失去活性，引起炉温下降，同时出口气体中一氧化碳和二氧化碳含量升高。因此要严格控制入口气体硫的含量小于 $1cm^3/m^3$。

脱除 CO_2 大多数是用碳酸钾溶液，当被带到催化剂床层后，经过蒸发堵塞催化剂微孔，使其结块而失活，影响寿命。所以应防止脱碳液带入甲烷化炉。

要严格控制水冷器出口气体温度低于 40℃，并及时排放水分离器中的水，确保去合成的精炼气不含水，水蒸气浓度不超标。

（5）异常现象（事故）及处理　异常现象及处理方法见表 9-4。

表 9-4　异常现象（事故）及处理

序　号	事故类别	事故原因	事故后果	处理方法
1	系统断电	电气事故	(1)运转设备跳车 (2)中压气串入低压设备 (3)催化剂超温	(1)紧急停车 (2)关闭甲烷化系统入口和出口阀门,卸压
2	断工艺气	电气、设备事故	生产中断	关闭蒸汽、水,系统停车
3	设备泄漏	设备原因	发生着火、爆炸等	紧急停车卸压
4	自调阀失灵	(1)自调阀信号中断 (2)自调阀机械故障	甲烷化催化剂超温或垮温、损坏设备	(1)用手动阀调节 (2)联系仪表人员维修
5	入口 CO、CO_2 升高	变换或脱碳事故	甲烷化催化剂超温	降低甲烷化入口温度,改善变换或脱碳操作,降低系统负荷直至停工艺气

序　　号	事故类别	事故原因	事故后果	处理方法
6	甲烷化催化剂超温	(1)脱碳气 CO_2 超标 (2)低变出口 CO 超标 (3)甲烷化换热器内漏	影响催化剂使用寿命,危及设备安全运行	(1)降低入口温度,降低生产负荷,延缓炉温上涨速度,若炉温上涨较快,必要时可切断原料气,甲烷化停车 (2)属设备问题,要求采用停车处理检修设备
7	甲烷化炉出口微量超标	(1)脱碳气 CO_2 超标,低变出口 CO 超标 (2)甲烷化催化剂衰老失活 (3)甲烷化换热气内漏	使氨合成塔催化剂中毒	(1)加强脱碳和低变操作,降低出口含量 (2)停车处理,更换催化剂 (3)停车处理,检修设备

第三节　液氮洗涤法

液氮洗涤法与铜洗法及甲烷化法相比,不仅能脱除一氧化碳,而且同时脱出甲烷和氩,得到只含有 $100cm^3/m^3$ 以下惰性气体的氨合成原料气,使合成循环气减少排放量,这对于提高氨合成的生产能力非常有利。另外,液氮洗涤法还可脱除原料气中过量的氮气,以适应天然气二段转化工艺添加过量空气的要求。液氮洗涤法常与重油部分氧化、煤的富氧气化以及焦炉气分离制氢的工艺相配套。在实际生产中,液氮洗往往和空分、低温甲醇洗组成联合装置,这样冷量利用合理,原料气净化流程简单。

一、基本原理

液氮洗涤法脱除原料气中少量的一氧化碳,是基于各组分的沸点不同这一特性进行的。表 9-5 列出了一些气体组分在不同压力下的沸点和蒸发热。由表 9-5 可见,各组分的沸点(即冷凝温度)相差较大,氢的沸点最低,其次是氮、一氧化碳、氩、甲醇等。

表 9-5　一些气体在不同压力下的沸点和蒸发热

温度/℃　　　绝对压力/MPa 气体名称	0.101	1.01	2.03	3.04	0.1MPa 下的蒸发热/(kJ/kg)
甲烷	−161.4	−129	−107	−95	244.51
氩	−185.8	−156	−143	−135	152.42
一氧化碳	−191.5	−166	−149	−142	216.04
氮	−195.8	−175	−158	−150	199.71
氢	−252.8	−244	−238	−235	456.36

由于一氧化碳的沸点比氮气高并能溶于液态氮中,考虑到氮是合成氨的直接原料之一,因此,可利用液态氮洗涤少量的一氧化碳等杂质,使各种杂质以液态与气态氢气分离,从而使原料气得到最终净化。

液氮洗涤一氧化碳为物理过程,是利用空气分离装置所得到的高纯度液氮,在洗涤塔中与原料气接触时,CO 被冷凝在液相中,而一部分液氮蒸发到气相中。由于甲烷、氩和氧的沸点均比一氧化碳高,这些组分也同时被冷凝,并随一氧化碳的冷凝液和液氮一起从洗涤塔底作为尾液(含 CO 馏分)排出。而塔顶得到是一氧化碳含量小于 $10cm^3/m^3$、惰性气体含量小于 $100cm^3/m^3$ 的净化气。

由于原料气中一氧化碳含量很少,且氮的蒸发热与一氧化碳的冷凝热相近,故可以将洗涤过程看作是恒温、恒压过程。

二、工艺条件

1. 原料气的预处理

由于二氧化碳在低温条件下形成干冰，水也形成固体冰，堵塞管道和设备，降低换热器的换热效果，因此进入氮洗系统的原料气必须脱除水蒸气和 CO_2，一般用分子筛进行预处理，原料气中的微量不饱和烃和氮氧化物在低温下形成的沉淀很容易爆炸。常用活性炭吸附脱除这些微量杂质，以确保安全生产。

2. 温度

压力一定时，提高温度会增加气相中 N_2 和 CO 的浓度，为了将原料气中少量的 CO 完全清除，一般液氮洗涤温度在 $-173.33 \sim -192℃$ 之间。

3. 压力

从理论上讲，提高压力，对气体的液化、洗涤、分离都是有利的，但压力越高，氢在液相中的溶解度越大，气相中氮气浓度下降；对设备的强度要求也越高。生产中常用的操作压力为 $2.1 \sim 8.5MPa$。

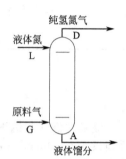

4. 氮气的纯度

氮由空气装置以气态或液态形式提供，要求纯度很高，尤其是氮气中的氧含量应符合氢氮混合气中对氧含量的要求，即少于 $10cm^3/m^3$，或液氮中最高氧含量 $20cm^3/m^3$。

5. 液氮用量

洗涤所需液氮量可通过物料衡算来确定。在洗涤塔中进行的过程如图 9-11 所示。

图 9-11   液氮洗涤塔
洗涤过程示意图

对全塔作 CO 物料衡算：

$$进塔 CO 量 = 出塔 CO 量$$
$$AX_a + DX_d = LX_L + GX_g \tag{9-27}$$

式中 D——出塔净化气量，mol/s；

            G——入塔原料气量，mol/s；

            L——入塔液氮量，mol/s；

            A——塔底排出的尾液量，mol/s；

X_a，X_d，X_L，X_g——分别表示上述物料中的 CO 含量（摩尔分数），%。

因入塔液氮中不含 CO，故 $X_L = 0$。

又因液氮的蒸发热与 CO 的冷凝热相差不大，在忽略全塔热损失，并把 CO 的冷凝和液氮的蒸发看作是等摩尔进行的，故可近似认为：

$$A = L, \quad G = D$$

于是从式(9-27) 得：

$$X_a = \frac{G}{L}(X_g - X_d) \tag{9-28}$$

X_d 与 X_g 相比，$X_g \gg X_d$，X_d 很小，可忽略不计，式(9-28) 可简化为：

$$X_a = \frac{G}{L}X_g \quad 或 \quad L = \frac{X_g}{X_a}G \tag{9-29}$$

在操作条件一定时，可用式(9-29) 计算液氮的理论用量。

在生产中，液氮的实际用量要比理论用量大得多，原因是，上述假设与实际有一定距离，特别是实际生产中塔板上气液两相并未达到真正的气液平衡，为保证合格的净化气，就必须加大液氮用量才能达到。如年产 30 万吨大型厂每吨合成氨所需液氮量以气态（标态）计为 $227m^3$。

三、工艺流程

各种氮洗流程主要区别在于洗涤操作压力，冷源的补充方法以及是否与空分、低温甲醇洗装置联合。以重油为原料的大型合成氨厂液氮洗生产流程如图 9-12 所示，其上游为低温甲醇洗工序。

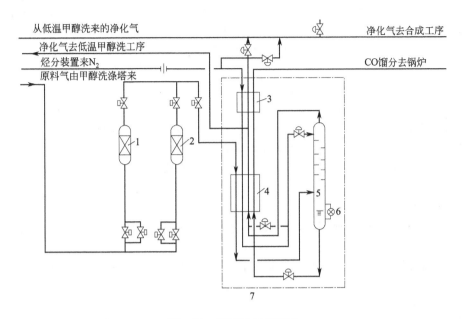

图 9-12　液氮洗工艺流程
1,2—吸附器；3—氮冷却器；4—原料气冷却器；5—液氮洗涤塔；6—液位计；7—冷箱

来自低温甲醇洗工段的原料气，首先进入分子筛吸附器，然后进入冷箱，在原料气冷却器内，与液氮洗涤塔顶部出来的净化气及塔底尾液逆流换热被冷却到－188℃，进入液氮洗涤塔底部，原料气被自上而下的液氮洗涤后从塔底排出。

来自空分装置的高压氮气，一路与冷箱出来的净化气混合用作配氮（补氮），另一路经氮气冷却器和原料气冷却器，被冷却至－188℃，一股去氮洗塔作洗涤用，另一股进入净化气中配氮和补充冷量。

从氮洗塔塔底排出的尾液经节流阀减压至 0.153MPa，进入原料气冷却器，与原料气换热后再进入氮气冷却器回收其冷量，送往锅炉用作燃料。

净化气从塔顶排出，与温度－188℃的液氮混合（冷配氮），进入原料气冷却器，以冷却进液氮洗的原料气，出冷却器后分为两路。一路送往低温甲醇洗工序进一步回收冷量，另一路进入氮气冷却器，以冷却从空分工序送来的氮气，自身被加热到常温，与从低温甲醇洗涤工段返回的净化气汇合再加入氮气（热配氮），经调节氢氮比后送往氨合成工序。

四、主要设备及操作控制要点

1. 液氮洗涤塔及其操作控制

（1）液氮洗涤塔　液氮洗涤塔为泡罩塔，高 17m，内径 1.1m，塔板 50 块。氮气冷却器和原料气冷却器均为板翘式换热器，与液氮洗涤塔装在一个冷箱内，冷箱中充填珠光砂蓄冷，冷箱下部有耐低温的珠光混凝土基础，基础中设有通空气流道，以保护基础，液氮洗涤塔下部基础还有温度计，定时测量基础温度。冷箱中充氮保证 100mmH$_2$O（1mmH$_2$O＝9.80665Pa，下同）的微压。

（2）操作控制　液氮洗涤塔开车时用空分提供的液氮作冷源，将空分来的高压氮气通入氮冷却器和原料气冷却器使之液化，向液氮洗涤塔送液氮进行冷却，并在塔内积聚液氮。冷却积液的时间很长，当液氮洗涤塔的温度降低，塔底液面达到足够高度，低温甲醇洗后的原料气中二氧化碳浓度达到正常后，先给氮洗系统通入少量原料气并从合成工序前的气体排放管逐渐排入火炬中，使系统内的压力提高到接近操作压力，待系统的温度达到操作指标时，增加原料气量，逐渐减少作为补充冷量的液氮量，以致最后停止。再增加高压氮气量，并调节净化气的氢氮比，达到正常工艺指标后，将净化气送往合成工序。

（3）异常现象及处理　液氮洗涤塔液位过高，正常液氮洗涤塔液位应控制在 25％～70％，如因操作不当，液位达到 80％以上，且液氮洗涤塔压差＞40MPa 时，则开塔底排放阀，排液到 70％以下，关闭排放阀，同时进行冷量平衡，使液位缓慢下降。

原料气与尾气压差增大，原料气流量下降，原料气冷却器冷端温度均低于设计值 50℃左右。原因：冷箱板式换热器发生过冷，CH_4 冻结在换热器上，引起板式换热器通道堵塞。处理方法如下。

① 投用热配氮。

② 系统降负荷。降负荷时及时调整配氮量和洗涤氮量，及时调整工艺气进液氮洗涤塔之前的温度。

③ 提高温度。在保证 CO 微量合格的前提下，适当提高工艺气进液氮洗涤塔之前的温度。

④ 严重时须停车回温。

净化气 CO 微量超标，其原因：前工序工艺气通过高压氮气管网进入液氮洗系统。处理方法如下。

① 液氮洗停车时。确认液氮洗联锁停车，所有调节阀关阀；关阀热配氮后阀，关闭与工艺气相连接的调解阀后阀；关阀高压氮管道所有阀门。

② 液氮洗开车时。开车前引入高压氮时，连续两次分析其中 O_2 和 CO_2 含量（要求 O_2含量＜0.2％，CO_2＜5cm^3/m^3），确认高压氮气是否纯净；开热配氮调节阀后阀之前，确认高压管线充压合格且压力高于液氮洗系统工艺气压力。

运行阀门关闭，工艺气断流，其原因是液氮洗工序程控器故障。处理方法如下。

① 迅速打开放空阀。

② 以最快速度打开程控器开关阀的阀门。

③ 如果②不能奏效，则停液氮洗系统。

程控器失控，阀门误动作或电压波动使程控器失控，其原因是程序器故障。处理方法如下。

① 立即切入硬手动。按原程控步骤和运行时间操作，同时联系仪表处理。

② 禁止更换程控器运行灯。正常运行期间，禁止更换程控器运行灯。

③ 停车。仪表无法处理时，液氮洗工序和后工序停车。

氮气中有液体，或者氮气中有其他气体成分，其原因是高压氮管网污染（开车时）。处理方法如下。

① 打开排放阀。如受气体污染，打开排放阀进行排放置换。

② 打开最低点导淋阀。如受液体污染，打开最低点导淋阀进行排放。

③ 取样分析。液氮洗工序开车前，取样分析高压氮气。要求：O_2＜0.2％，CO_2＜5cm^3/m^3，H_2O＜1mg/L，甲醇＜5cm^3/m^3。

2. 吸附器及其操作控制

分子筛吸附器内装拜耳 K154 型合成沸石，使用寿命 5 年，每年更换 20％～35％。

吸附器使用一段时间后需再生。吸附器有两台，一台运转，一台再生，定期切换使用，切换周期一般为 24h。再生过程主要步骤如下。

（1）减压　其中一台再生时，则切换的另一台运转，这一台减压准备再生。

（2）预热　用 0.45MPa 的氮气由上而下通过分子筛吸附器，将吸附器复热到常温。

（3）加热　氮气经加热器加热进入分子筛吸附器，将吸附剂加热到 215℃，将吸附器内的二氧化碳、水蒸气、甲醇等杂质解吸并被氮气带入，吸附剂得到再生。再生气经冷却器用水冷却到 420℃，送往低温甲醇洗工序作汽提气使用。

（4）预冷　用氮气将吸附器冷却到常温。

（5）冲压　导入原料气，使吸附器压力从常压升到操作压力。

（6）再冷却　用原料气将吸附器冷却到接近操作温度。

（7）切换　将已再生的这台开始运转，原来运转的一台以关闭，准备再生。

第四节　双甲精制工艺简介

合成氨原料气双甲精制工艺，简称双甲工艺，是湖南安淳高新技术有限公司近年来开发成功的一项新技术。它采用先甲醇化、后甲烷化净化精制原料气中的 CO 和 CO_2，使之小于 10×10^{-6}，并副产原料甲醇，同时取消了铜洗。该工艺操作简便，由于没有铜洗，减少了电解铜的消耗，经济效益显著。

一、基本原理

1. 甲醇化反应

原料气中 CO 和 CO_2 与 H_2 在一定的温度和催化剂的作用下，生成粗甲醇，主要反应如下。

主反应：
$$CO + 2H_2 \rightleftharpoons CH_3OH \tag{9-30}$$
$$CO_2 + 3H_2 \rightleftharpoons CH_3OH + H_2O \tag{9-31}$$

副反应：
$$4CO + 8H_2O \rightleftharpoons C_4H_9OH + 3H_2O \tag{9-32}$$
$$2CO + 4H_2 \rightleftharpoons (CH_3)_2O + H_2O \tag{9-33}$$
$$2CH_3OH \rightleftharpoons (CH_3)_2O + H_2O \tag{9-34}$$
$$CO + 3H_2 \rightleftharpoons CH_4 + H_2O \tag{9-35}$$

甲醇化催化剂一般用铜基催化剂，产品粗甲醇可以用常压精馏方法得到精甲醇。当甲醇化催化剂改为醇醚催化剂，则产品为醇醚混合物。醇醚混合物中，二甲醚含量达 30％～40％。混合物是一种易燃优质燃料，可替代液化气作民用燃料，也可用加压精馏方法得到二甲醚和甲醇。二甲醚是主要化工原料和雾化剂、冷冻剂。

2. 甲烷化反应

经甲醇化工序后的原料气为醇后气，含 CO＋CO_2 为 0.1％～0.3％，经换热器后温度达到 280℃，进入甲烷化工序，净化气中 CO、CO_2 在镍催化剂的作用下与 H_2 反应生成甲烷。其反应方程如下：
$$CO + 3H_2 \rightleftharpoons CH_4 + H_2O \tag{9-36}$$
$$CO_2 + 4H_2 \rightleftharpoons CH_4 + 2H_2O \tag{9-37}$$

经甲烷化原料气中 CO＋CO_2 降到几个毫升每立方米以下，从而满足了氨合成的要求。

3. 双甲工艺流程简图

双甲工艺流程简图如图 9-13 所示。

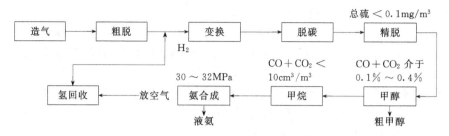

图 9-13 双甲工艺流程简图

该工艺具有流程短、投资少、物耗低、能耗低、操作稳定简便、蒸汽消耗明显下降的特点。

二、醇烃化精制工艺

由于双甲工艺中的甲烷化反应主要是将醇后气体中的少量 CO 和 CO_2 与气体中的 H_2 进行合成反应，生成 CH_4 和 H_2O，造成了氢的大量消耗，而氨合成工序的 CH_4 为无用的惰性气体，在生产过程中要进行放空。为减少醇后气体中 CO、CO_2 生成 CH_4 的量，技术人员又开发了醇烃化代替甲烷化的双甲精制新工艺——醇烃化精制工艺。此工艺的主要特点是将甲烷化催化剂由镍基催化剂改为（铁基）烃化催化剂。醇后气体中 CO、CO_2 与氢反应（220～250℃）生成甲醇、乙醇等多种醇和烷烃化物，其反应方程如下。

醇类：

$$nCO+2nH_2 \longrightarrow C_nH_{2n+2}O+(n-1)H_2O \tag{9-38}$$

烷烃类：

$$nCO+(2n+1)H_2 \longrightarrow C_nH_{2n+2}+nH_2O \tag{9-39}$$

$$nCO_2+(3n+1)H_2 \longrightarrow C_nH_{2n+2}+2nH_2O \tag{9-40}$$

用醇烃化代替甲烷化有两大优点：一是醇后气体中 CO+CO_2 含量可以提高至 0.5%～0.8%，进入醇烃化反应器，反应放热多，完全可实现自热平衡；二是从上面反应式可以看出，醇后气体在烃化催化剂选择作用下，大部分可以生成烃类、多元醇类及 CH_4，烃类、醇类能在常温下冷凝为液体，经分离可以作为产品来提纯，由于醇后气体中 CO、CO_2 生成 CH_4 的量减少，进入氨合成系统的 CH_4 大大减少，即减少了合成放空量，从而降低了吨氨的原料气消耗。

双甲工艺及醇烃化工艺是合成氨生产技术的一项重大革新，它突出的特点是将原料气中 CO+CO_2 脱除到 5～10cm^3/m^3 以下；并利用变换后的 CO_2、脱碳后的 CO_2 副产甲醇或醇醚混合物，它与变换-脱碳-铜洗工艺、变换-脱碳-联醇-铜洗工艺以及低变-甲烷化工艺相比，流程短、净化度高、操作稳定可靠、节约能耗和物耗，经济效益显著；且适用性强，既可用石脑油、天然气作原料，又可以煤为原料；同时产品结构改善，既生成氨，又生成甲醇，如果更换催化剂，还可以产生二甲醚和甲基燃料。因此是目前广泛推广的一种合成氨新技术。

思考与练习

1. 原料气精制方法有哪些？
2. 醋酸铜氨液由哪些成分组成？各成分的作用是什么？
3. 铜氨液吸收一氧化碳的原理是什么？如何提高铜液的吸收能力？
4. 进铜洗塔的原料气中二氧化碳、氧和硫化氢含量过高，对吸收过程有什么危害？
5. 铜洗再生包括哪些内容？温度、压力对铜洗的再生有何影响？
6. 画出铜洗及铜氨液再生的工艺流程，并叙述工艺过程。

7. 铜洗塔的作用是什么？构造怎样？

8. 回流塔、还原器及再生器有何作用？构造怎样？

9. 在铜洗操作中，一氧化碳和二氧化碳含量超标的原因是什么？如何处理？

10. 铜洗塔出口气体带液的原因有哪些？预防和处理方法有哪些？

11. 在正常操作中怎样调节铜比？

12. 甲烷化反应的基本原理是什么？甲烷化反应有哪些特点？

13. 甲烷化法的先决条件是什么？其操作温度的高低决定于什么？甲烷化催化剂的还原及氧化原理是什么？为什么已还原的催化剂在低温下不能与一氧化碳接触？

14. 画出带控制点甲烷化工艺流程图，并进行工艺叙述。

15. 甲烷化炉高温联锁保护装置是如何实现自我保护的？

16. 甲烷化炉长期停车操作如何进行？在停车期间为什么要用 N_2 保护？

17. 甲烷化炉超温的原因有哪些？如何处理？

18. 甲烷化炉出口一氧化碳、二氧化碳超标的原因有哪些？如何处理？

19. 液氮洗法脱除一氧化碳的原理是什么？此方法的优点是什么？适用于什么场合？

20. 我国以渣油为原料的大型合成氨厂液氮洗的工艺流程是怎样的？

21. 液氮洗吸附器再生步骤有哪些？

22. 液氮洗工序开车如何进行？停车如何进行？

23. 液氮洗净化气一氧化碳微量超标原因有哪些？如何处理？

24. 冷箱换热器过冷如何处理？

25. 结合下厂实习，说明本地合成氨厂精制工序生产技术特点，画出该工序带控制点的工艺流程图。

26. 通过下厂实习或观摩教学，画出本地合成氨厂精制工序主要设备结构简图，并说明其设备的性能、作用及维护和保养方法。

第十章　原料气净化的理论与实践同步教学

【学习目标】

1. 通过理论与实践的同步教学，掌握原料气脱硫的主要设备的结构及正常操作控制要点。

2. 通过吸收单元仿真操作训练，进一步掌握吸收操作的控制要点。

3. 掌握脱硫工序开停车步骤、正常操作控制要点、异常现象的判断依据及处理方法。

4. 通过理论与实践的同步教学，掌握耐硫低温变换工段的生产流程特点以及主要设备的结构与作用。

5. 掌握耐硫变换生产工序的开停车、生产中异常现象的判断及故障排除方法。

课题一　湿式氧化法脱硫生产操作

任务1　原始开车

项目一　开车前的准备

对照图纸，检查验收各设备、管道、阀门、分析取样点及电器、仪表等必须正常完好；检查系统内所有阀门的开关位置应符合开车要求；与供水、供电部门及造气、压缩工段联系，作好开车准备。

项目二　运转设备的单体试车

对罗茨鼓风机、贫液泵、富液泵单体试车合格。

项目三　系统的吹除及清扫

吹除前应按气、液流程，依次拆开与设备、阀门连接的法兰，吹除物由此排放。吹洗时用高速压缩空气分段吹除。吹净一段后，紧好法兰继续往后吹，直至全系统都吹净为止。对于放空管、排污管、分析取样管和仪表管线都要吹洗。对于溶液储槽等设备，要进行人工清扫。

项目四　水压试验

关闭排放阀，开启系统所有放空阀，向塔内加入清水，当放空管有水溢出时就关闭放空阀，然后用水压机向系统打压，并使系统压力控制在操作压力的1.25倍，在此压力下对设备及管道进行全面检查。发现泄漏，作下记号，卸压后处理，直至无泄漏。

项目五　装填料

脱硫塔经检查吹扫后，即可向塔内装填料。木格填料应按规定高度自下而上分层装填，每两层之间的夹角为45°，装完后顶层填料用工字钢压牢，以免开车时气流将填料吹翻。当装瓷环填料时，应先向塔内注满水，将瓷环从人孔装入，装至规定高度后，将水面漂浮的杂物捞出，把水放净，瓷环表面扒平，即可封闭人孔。装填瓷环要轻拿轻放，以免破碎。

项目六　气密试验和试漏

系统气密试验的方法是用压缩机向系统内送空气，并逐渐将压力提高到操作压力的1.05倍，然后用肥皂水对所有法兰、焊缝进行涂抹查漏，发现泄漏时，做好标记，卸压处理，直到完全消除泄漏为止。无泄漏后保压30min，压力不下降为合格，最后将气体放空。

再生系统的试漏贫液槽、再生槽加清水，用贫液泵、富液泵打循环，检查各泄漏点无泄漏为合格，然后将系统设备及管道内的水排净。

项目七　运转设备的联动试车及系统的水洗

联动试车是为了检验生产装置连续通过物料的性能，检查溶液泵、阀门及仪表是否正常好用。联动试车能暴露设计和安装中的一些问题，在这些问题解决后再进行联动试车，直到流程畅通为止。在联动试车的同时对系统进行水洗，除去固体杂质。联动试车后将水排干净。

项目八　碱水洗和木格填料的脱脂

为了除去设备中的油污和铁锈，还要进行碱水洗涤。方法是启动溶液泵，使 5% 的碳酸钠溶液在系统内连续循环 18～24h，然后放掉碱液，再用软水清洗直至水中含碱量小于 0.01% 时为止。

当用木格填料时，必须进行脱脂处理。由于木材中含有树脂，会与碱液发生皂化反应产生皂沫，使硫膏不易分离，碱耗增加，影响正常生产。

项目九　脱硫液的制备

新鲜脱硫液的制备在溶液地下槽进行。根据每次所用的软水量按比例计算出各组分的加入量一次加入，用压缩空气进行搅拌，待各组分完全溶解后，用泵打入溶液循环槽，直至循环槽、脱硫塔、再生塔建立正常液位为止。

项目十　系统的置换

在开车前常用惰性气体进行置换，直至系统内氧含量小于 0.5% 为止。在置换时，塔系统的溶液管线用溶液充满，并使塔建立正常的液位，以免形成死角。

项目十一　正常开车

向脱硫塔内充压至操作压力；启动溶液循环泵，使循环液按生产流程运转；调节塔顶喷淋量至生产要求及液位调节器，使液面保持规定高度；系统运转稳定后，可导入原料气，并用放空阀调节系统压力；当塔内的原料气成分符合要求时，即可投入正常生产。

任务 2　正常操作

1. 保证脱硫液质量

（1）脱硫液成分符合工艺指标　根据脱硫液成分及时制备脱硫液进行补加，保证脱硫液成分符合工艺指标。

（2）稳定自吸空气量　保持喷射再生器进口的富液压力，稳定自吸空气量，控制好再生温度，使富液氧化再生完全，并保证再生槽液面上的硫泡沫溢流正常，降低脱硫液中的悬浮硫含量，保证脱硫液质量。

2. 保证半水煤气脱硫效果

应根据半水煤气的含量及硫化氢的含量变化及时调节，当半水煤气中硫化氢的含量增高时，如果增大液气比仍不能提高脱硫效率，可适当提高脱硫液中碳酸钠含量。

3. 严防气柜抽瘪和机泵抽负、抽空

（1）气柜高度变化　经常注意气柜高度变化，当高度降至低限时，应立即与有关人员联系，减量生产，防止抽瘪。

（2）鼓风机进出口压力变化　经常注意罗茨鼓风机进出口压力变化，防止罗茨鼓风机和高压机抽负。

（3）液位的正常　保持贫液槽和脱硫塔液位正常，防止泵抽空。

4. 防止带液和跑气

控制冷却塔液位不要太高，以防气体带液；液位不要太低，以防跑气。

任务3　停　　车

项目一　短期停车

通知前后工序，停止向系统补充脱硫液。关闭泵出口阀，停泵后，关闭其进口阀；停止向系统送气，同时关闭系统出口阀和其他设备的进、出口阀。系统临时停车后仍处于正压状况，保持塔内压力和液位，做好开车准备。

项目二　紧急停车

立即与压缩工段联系，停止送气；同时按停车按钮，停罗茨鼓风机，迅速关闭出口阀，然后按短期停车方法处理。

项目三　长期停车

按短期停车步骤停车，然后开启系统放空阀，卸掉系统压力；将系统中的溶液排放到溶液储槽或地沟，用清水洗净；用惰性气体对系统进行置换，当置换气中易燃物含量小于5％、含氧量小于0.5％时为合格；最后对系统用空气进行置换，当置换气中氧含量大于20％为合格。

任务4　异常现象及处理

见表10-1。

表 10-1　异常现象及处理

项目	异常现象	原因	处理方法
1	脱硫效率低	(1)溶液组分浓度低 (2)循环量低 (3)进口 H_2S 高 (4)再生效率低 (5)吸收溶液压力过低 (6)吸收塔填料部分堵塞 (7)吸收塔喷嘴堵	(1)迅速补充新鲜溶液 (2)提高循环量 (3)维持各项指标在指定范围上限 (4)提高再生能力 (5)提高吸收压力 (6)向有关部门汇报等待处理 (7)清洗喷嘴
2	再生效率低	(1)吹风强度不够 (2)溢流不好 (3)溶液组分浓度过低	(1)提高吹风强度 (2)调节泡沫溢流量达到最佳 (3)提高溶液组分浓度
3	新鲜液制备不好	(1)温度太低 (2)空气量不足 (3)制备时间短	(1)提高制备温度 (2)增大空气量 (3)延长制备时间
4	再生喷射器倒液	(1)富液泵抽空 (2)富液泵跳闸	(1)迅速通知泵房处理抽空的同时关富液泵出口阀 (2)迅速通知泵房处理跳车的同时关富液泵出口阀
5	循环槽液位突降	(1)煤气大幅度减量停车 (2)系统大量跑液 (3)再生塔断空气	(1)调节循环量 (2)液位维持不住时停车 (3)查明原因处理
6	再生塔断空气	(1)仪表调节失灵 (2)空气管道堵 (3)空气盘管堵塞 (4)空气压力不够	(1)改用手动调节 (2)查明原因处理 (3)降低空气压力使溶液倒入再提压 (4)提高空气压力
7	泡沫槽溢流不正常	(1)空气量太大或太小 (2)脱硫塔喷头堵 (3)循环量突增或突减 (4)煤气压力突增或突减	(1)联系循环泵和空压机岗位调节 (2)联系检修 (3)联系循环泵和空压机岗位 (4)调节

课题二　耐硫低温变换生产操作

任务1　开车操作

项目一　原始开车

原始开车步骤如下。

1. 开车前的准备工作

设备安装完毕后，按照规定的程序和方法进行检查、清扫吹净、气密试验、催化剂装填及系统置换。

2. 催化剂的升温硫化

根据不同型号催化剂的性质，制定出合理的升温硫化方案，可根据工厂具体情况，选择气体一次通过法或气体循环硫化法进行硫化。B303Q 型催化剂采用气体一次通过法硫化，其升温硫化控制指标见表 10-2。

表 10-2　B303Q 型催化剂升温硫化控制指标

阶　　段	时间/h	空速/h^{-1}	床层温度/℃	入炉 H_2S 含量/(g/m^3)	备　　注
升温期	8～10	200	160～180	—	先置换后升温
硫化初期	10～12	200	200～300	10～20	出口 H_2S>3g/m^3 为穿透
强化期	8～10	200	300～350	10～20	出口 H_2S>10g/m^3 或进出口
	8～10	200	350～430	20～40	CS_2 含量相近
降温置换期	4～8	200	—	—	出口 H_2S<0.5g/m^3

催化剂升温硫化分为升温期、硫化初期、强化期和降温置换期四个阶段。升温前要用干煤气对低变炉进行置换，使低变炉出口取样分析 O_2 含量小于 0.5％ 为合格。开启电炉加热煤气升温。当催化剂床层升温至各点温度达到 180～200℃时，可加入 CS_2 转入硫化初期。在硫化初期控制电炉出口温度 220～250℃，进催化剂床层的半水煤气中 H_2S 含量 10～20g/m^3（标），当催化剂床层各段出口 H_2S>3g/m^3（标），说明催化剂已穿透，可以进入强化期。在强化期，将电炉出口温度逐渐提高到 300～350℃，执行 8h，然后逐步提高电炉出口温度和 CS_2 配入量，使催化剂温度升到 350～430℃，维持 8h，当床层各点温度均达到 425℃，保持 4h 以上，同时尾气出口 H_2S 含量连续 3 次在 10g/m^3（标）以上可认为硫化结束。硫化结束后，逐渐加大半水煤气循环量降温，开大放空排硫（如果采用脱硫后半水煤气硫化，在 300℃ 以上时，需保持 CS_2 的继续加入，防止已硫化好的催化剂发生反硫化），当温度降至 300℃ 以下，分析出口 H_2S<1.0g/m^3（标）时，为排硫结束，可转入正常生产。

全低变系统催化剂的升温硫化，一变炉一段硫化初期时，一变炉二段升温；一变炉二段进入硫化初期；二变炉升温，一变炉一段强化期结束，二段转入强化期，二变炉进入硫化初期；一变炉二段强化期结束，二变炉转入强化期。用这种方法依次对各段进行硫化。

注意事项：①升温硫化过程，氧含量一定控制在 0.5％ 以下；②床层温度控制以调节电炉功率、煤气量（空速）为主，适当改变 CS_2 的配入量；③床层温度暴涨，要及时采取断电、停 CS_2、加大气量；④严禁蒸汽、油污进入系统；⑤CS_2 易燃易爆注意安全，防止放空着火。

项目二　短期停车后的开车

若停车时间短，温度仍在催化剂活性温度范围，可直接开车。否则，打开电炉用干煤气升温，在低变炉入口处放空，待温度升至正常（至少高于露点温度）后投入运行。或用热变换气进行升温后投入系统。低变炉并入前，开进、出口管道导淋阀，排净管道内积水。待中变炉调整稳定，且低变炉入口变换气温度到达该压力下的露点温度 30℃ 以上时，硫化氢含量符合指标要求后，开副线阀进行充压。待低变压力充至与前系统一样后，开低变炉进、出口阀，将低变炉并入系统，调整适当的汽气比，用副线阀将炉温调整到指标之内，逐渐加大生产负荷，转入正常生产。

项目三　长期停车后开车

催化剂床层温度降到活性温度以下，需重新进行升温，升温方法与催化剂升温硫化相同。当催化剂升至活性温度时停止升温，其余步骤与短期停车后的开车相同。

任务 2　停车操作

项目一　短期停车

关闭低变系统进出口阀、导淋阀、取样阀，保温、保压。如床层温度下降，系统压力亦应降低，保证床层温度高于露点 30℃；当温度降至 120℃ 前，压力必须降至常压，然后以煤气、变换气或保存在钢瓶内的精炼气保持正压，严防空气进入。紧急停车同短期停车，关闭系统进出口阀、副线阀、导淋阀、取样阀，保持温度和压力，注意热水塔液位，以免液位过高倒入低变炉。

项目二　长期停车

在系统停车前，将低变炉压力以 0.2MPa/min 的速率降至常压，并以干煤气或氮气将催化剂床层温度降至小于 40℃，降温速率为 30℃/h，关闭低变进出口阀及所有测压、分析取样点，并加盲板，把低变炉与系统隔开。并用氧含量小于 0.5% 的惰性气体（煤气、变换气或氮气）保持炉内微正压（100～200Pa），严禁空气进入炉内。

必须检查催化剂床层时，先以氮气（$O_2 < 0.1\%$）置换后，仅能打开人孔，避免产生气体对流使空气进入催化剂产生烟囱效应。

卸催化剂时，用干煤气将低变炉降至常温常压，并以 N_2 吹扫床层。打开卸料孔，将催化剂卸入塑料袋或桶内封存，24h 内再装填，可不硫化直接并气运行。

任务 3　正常操作

耐硫低温变换正常操作，主要是控制好催化剂床层温度，防止催化剂反硫化，防止催化剂的污染。操作中应注意以下几点。

项目一　控制好催化剂床层温度

（1）控制在其活性温度范围　低变催化剂床层温度应控制在其活性温度范围内，不能超温，床层入口温度比气体露点温度高 30℃。

（2）尽量控制在操作温度的下限　在全低变流程和中-低-低流程中，各段低变催化剂床层温度应从上而下降低，最后一段床层入口温度应尽量控制在操作温度的下限。

（3）低变催化剂使用初期床层温度应尽量控制在低限，以后逐步提高，一般每年提温不超过 10℃。

（4）床层操作温度波动范围不要超过 ±5℃/h。

项目二　控制适当的汽气比和 H_2S 含量

防止出现反硫化反应，根据低变催化剂的操作温度，在保证所需的变换率的前提下，控制尽量低的汽气比；气体中 H_2S 含量也应控制在满足操作条件需要的最低限。

项目三　严格控制进入低变催化剂床层工艺气体中的氧含量

氧不能超过 0.5%，特别是全低变流程，如因氧含量过高引起床层温度上涨时，应开大半水煤气副线或通过减量来降低炉温，且不能用加大蒸汽量的方法来降温。由于低变催化剂活性好，加大蒸汽量反而会使变换反应剧烈，炉温严重超温，引起反硫化。

项目四　保证工艺气体干净清洁

进入低变炉的工艺气体应干净清洁，不能夹带中变催化剂的粉尘和其他杂质，特别是全低变流程。严禁油类物质进入低变炉。

严禁带水入炉。水进入催化剂床层后，不但造成催化剂水溶性组分流失，而且水溶性组分在催化剂颗粒间进行粘接形成"桥梁"，增大床层阻力。

加、减量时要缓慢。防止炉温波动过大，大幅减量或临时停车时，应立即相应地减少蒸汽进入量，甚至切断蒸汽，防止在短期内汽气比过高引起反硫化反应，导致催化剂失去活性。

任务 4　异常现象及处理

项目一　系统进水（带水）

应迅速切断水源，排水后，以干煤气或 N_2 为介质，送电炉缓慢升温至高于露点温度20℃以上并保持数小时，待催化剂烘干后使用。

项目二　催化剂表层结垢

催化剂表层结垢，阻力增大，应除去结垢部分，及时补换新催化剂，调整水质处理系统。

项目三　催化剂出现反硫化活性早衰

如因反硫化等因素造成活性早衰，操作温度居高，应再重新硫化，使其活性得以恢复。

拓展训练与思考

1. 结合下厂参观或实习，说明原料气脱硫的主要设备的结构及正常操作控制要点。

2. 通过吸收单元仿真操作训练，说明吸收操作的控制要点。

3. 通过仿真操作训练，写出脱硫异常现象的判断依据及处理的最佳方案。

4. 比较吸收单元操作与实际脱硫生产操作中开停车、正常操作的异同点。

5. 通过理论与实践的同步教学说明耐硫低温变换工艺流程的组织原则、流程特点以及主要设备的结构与作用。

6. 写出耐硫变换生产工序的开停车步骤。叙述耐硫低温变换正常操作要点。

7. 耐硫低温变换正常操作要点有哪些？论述耐硫变换生产中异常现象的判断及故障排除方法。

8. 以耐硫低温变换生产为例，用"如果……怎么办？"编写本工序常见事故处理和紧急停车预案。

9. 通过下厂实习，写出精制工序电器仪表、计量器具、自控装置、信号报警、联锁操作和调解方法。

10. 结合下厂实习，写出当地合成氨厂精制工序开停车步骤、正常操作控制要点、异常现象的判断及处理方法。

11. 溶液循环量如何调节？脱硫后原料气中的硫化氢含量高的原因有哪些？如何处理？

12. 脱硫塔顶带液的原因有哪些？如何处理？

第三篇
原料气的压缩与合成

第十一章　原料气的压缩

【学习目标】

    1. 了解原料气压缩在合成氨生产中的意义。

    2. 明确压缩机的工作原理。

    3. 掌握压缩系统的工艺流程。

    4. 掌握原料气压缩型号、简单结构操作控制要点。

第一节　概　　述

一、气体压缩在合成氨生产中的意义

在合成氨生产过程中，采用不同原料制备的合成氨原料气，需要输送到在一定操作压力下的净化、合成工序或者在不同操作压力下的各工段；同时完成原料气各工序或者各工段间的输送，故需要对原料气进行压缩。

压缩工序的任务就是利用压缩机对合成氨原料气做功，提高原料气压力并输送到各个工序或工段，以满足工艺操作条件对压力的实际需求。将用于压缩合成氨原料气的压缩机称为氢氮混合气压缩机或称为合成气压缩机，因压力较高，也称为高压机。氢氮混合气压缩机能否正常运转，不仅直接影响其操作条件的稳定，而且影响到全厂的动力消耗和经济指标。据有关资料介绍，在合成氨生产中，有约50%的能量消耗在于对气体的压缩。因此，操作人员必须精心操作，保证压缩机的正常运转，并努力降低能耗，从而降低合成氨生产过程的成本。

二、气体压缩技术简介

在合成氨生产中，由于原料气的制备、净化及氨的合成生产方法的不同，工艺流程的差异，各工序的压力也不一样，对氢氮混合气压缩机的压力和流量要求也就不一样，这就使得原料气的压缩过程比较复杂。不同的合成氨生产工艺过程，可采用不同型号的氢氮混合气压缩机。目前常用的压缩机主要有：往复式和离心式两种类型。

1. 往复式压缩机

往复式压缩机是由电机的回转运动，带动曲轴、连杆等使活塞在汽缸内作往复运动来压缩气体的。按汽缸的位置和排列方法的不同，又可分为立式、卧式、角式和对称式等。目前常应用于压缩合成氨原料气的压缩机有：D、M、H型，如：6D32-250/320-Ⅰ型、6M40-340/314型、H22（Ⅱ）-165/320型等。不论采用何种型号的压缩机，压缩气

体时均采用多级压缩，每级压缩气体时一个实际工作循环都是由：吸气、压缩、排气和膨胀四个阶段所组成。级与级之间设置：缓冲器、冷却器、分离器等，直至压缩到各工序所要求的压力。

往复式压缩机的特点：压力稳定，压力范围宽，最高压力可达到 350MPa；效率比较高；在一般压力范围内（10～100MPa）对材料没有特殊要求，可用一般金属材料制造。但缺点是外形尺寸和重量较大，压缩时噪声大、气体有脉冲性，易损零件较多，结构复杂、有油润滑等。

往复式压缩机以无油润滑代替有油润滑是化工生产的迫切需要，所谓无油润滑是指在汽缸-填料函部分，用自润滑材料制造活塞环、导环（支承环）和密封环，该部分不需再加油润滑。采用无油润滑后，不仅可节约很多润滑油，而且可以得到洁净的气体，同时省去了注油器、油水分离器等设备，使压缩机结构简化，节约了大量金属等。目前，国内外有些厂家已经采用无油润滑压缩机。

2. 离心式压缩机

离心式压缩机又称透平式压缩机，是依靠高速旋转的叶轮带动气体作旋转运动，在离心力的作用下，使气体压力升高。气体经过一级一级的增压作用，最后可以达到各工序所要求的压力。根据汽缸结构的不同，可分为垂直剖分型和水平剖分型。

离心式压缩机的特点：转速高、运转平稳、运转率高；流量大、供气均匀、调节方便；易损零件少、维修方便；汽缸内无润滑油，气体不被油污染；投资省，占地少等。但也存在着制造精度要求高，不易加工；原料气量变动时，压力不稳定；负荷不足时，效率显著下降等缺点。

随着化工生产技术的不断进步和提高，化工生产日益朝着大型化发展，离心式压缩机在大型化工生产中的应用越来越多，特别是在一些要求中、低压力，而输气量很大的情况下，它已经显示出完全取代往复式压缩机的趋势。目前离心式压缩机的出口最高压强可以达到 70MPa，生产能力可以达到 3500m³/min，应用于合成氨工业，出口压力一般为 15～27MPa。据资料介绍，目前国外日产 600t 以上的合成氨生产中，已全部采用了离心式压缩机；我国新上的大型合成氨生产装置也是采用离心式压缩机。

对于压缩机的选择，一般来说，离心式压缩机多用于中、低压及流量大的场合；往复式压缩机则用于流量较小、压缩比大、压力高的场合。目前，大型合成氨厂普遍使用离心式压缩机，中、小型氨厂一般采用往复式压缩机。

第二节　往复式压缩机的生产能力

压缩机的生产能力是指压缩机在第一级汽缸吸入状态（一定温度和压力）下，单位时间里压缩气体的体积，也称输气量或打气量。或用压缩机第一级汽缸吸入状态下的体积流量来表示，单位为 m³/h、m³/min。

影响压缩机生产能力的主要因素包括两大方面：设备条件和操作条件。

一、设备条件

1. 余隙容积

余隙容积是指活塞与汽缸端盖之间的容积。当余隙容积较大时，在吸气时余隙容积内的高压气体产生膨胀而占去部分容积，致使吸入的原料气量减少，使压缩机的生产能力降低。当然，余隙容积过小时也不利，因为这样汽缸中活塞容易与汽缸端盖发生撞击而损坏机器。所以压缩机的汽缸余隙一定调整适当。

2. 进气阀门的阻力

压缩机的进气阀应在一定程度上具有抵抗气体压力的能力，并且只有在汽缸内的压力稍低于进口管中的气体压力时才开启。如果进气阀门的阻力增加，阀开启速率就会迟缓，进入汽缸的气量会减少，压缩机的生产能力也由此降低。

3. 泄漏损失

压缩机的泄漏损失即压缩机的内、外漏，对压缩机的生产能力有显著影响。消除压缩机内、外漏，往往成为提高压缩机生产能力的关键因素。

（1）压缩机的内漏与活塞环、进口阀和出口阀的气密程度有很大关系。

① 活塞环磨损或汽缸磨损。这样压缩后的气体会由活塞环的一边漏到另一边。活塞环套在活塞上，其作用是密封活塞与汽缸之间的空隙，以防止被压缩的气体漏到活塞的另一侧。因此，安装活塞环时，应使它能自由胀缩，既能造成良好的密封，又不使活塞与汽缸摩擦太大。如果活塞环安装得不好或与汽缸摩擦造成磨损而不能完全密封时，被压缩的高压气体便有一部分不经出口阀排出，而从活塞环不严之处漏到活塞的另一边。这样由于压出的气量减少，压缩机的生产能力也就随着降低。在实际生产中，由于活塞环磨损或汽缸磨损而漏气，造成生产能力降低的情况经常发生。

② 进、出口阀片的损坏。如果出口阀不够严密，则在吸入过程中，出口管中的部分高压气体就会从气门不严之处漏回缸内。如果进气阀不够严密，则在压缩过程也会有部分压缩气体自缸中漏回进口管。这两种情况都会使压缩机的生产能力降低。在实际操作中，由于气阀的阀片经常受到气体的冲蚀或因质量不好而损坏，因此漏气造成减产的现象也会时常发生。

（2）压缩机的外漏与汽缸填料函的气密程度有关。在压缩机运转的过程中，由于汽缸填料函经常与活塞杆摩擦而发生磨损，或因安装质量不好，都会产生漏气现象，使压缩机的生产能力降低。在实际生产中，汽缸填料函的漏气也会经常遇到。

压缩机的泄漏损失不仅仅导致压缩机的生产能力降低。同时，还会增加原料气和动力的消耗，污染环境以及影响安全生产。

二、操作条件

1. 吸入气体温度

压缩机汽缸的容积虽恒定不变，如果气体的温度高，则吸入汽缸内的气体密度就会减小，单位时间吸入气体的质量一定会减少，导致压缩机的生产能力降低。分两种情况。

（1）吸入气体的温度高。例如压缩机在夏天的生产能力总是比冬天低，就是这个原因。

（2）吸入气体的温度虽然不高，但如果汽缸冷却不好，使进入汽缸里的气体温度过高，也会使气体的体积膨胀，密度减小，压缩机的生产能力也会因此降低。

2. 吸入气体压力

当吸入气体温度一定时，如果气体压力愈高，则吸入汽缸内的气体密度就愈大，单位时间吸入气体的质量一定会增加，导致压缩机的生产能力提高。在生产中，往往采用提高压力、降低气体温度的办法，来提高压缩机的生产能力。

第三节　往复式压缩系统的工艺流程

由于合成氨生产过程不同，各工序操作压力也不尽相同，但压缩系统的工艺流程却大同小异，一般包括：压缩、缓冲、冷却及分离四个过程。现以煤为原料的中型合成氨厂为例，介绍压缩系统的工艺流程。

一、正常生产时的工艺流程

正常生产时的工艺流程如图 11-1 所示。由脱硫工序送来的半水煤气，在常温及压力 1.3kPa 左右下进入压缩机一段汽缸，压缩到压力 0.25MPa、温度约 154℃ 排出，进入一段水冷器 1，经冷却后气体温度接近常温，然后进入一段油水分离器 10，分离了油水后的气体进入二段汽缸，压缩到 1.04MPa 左右排出，经过二段水冷器 2 和油水分离器 11，降温并除去油水后，去变换工序将一氧化碳变换成二氧化碳。

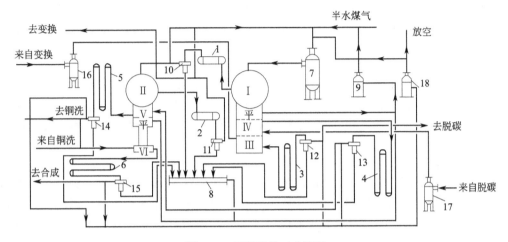

图 11-1 压缩系统工艺流程

1～6——一、二、三、四、五、六段水冷器；7—进口缓冲器；8—集油水总管；9—集油器；

10～15——一、二、三、四、五、六段油水分离器；16,17—缓冲分离器；18—缓冲罐

来自变换的变换气压力 0.80MPa 左右，进入压缩系统气体三段缓冲分离器 16 除去所夹带的水分后，再入压缩机三段汽缸，压缩到压力 2.8MPa 左右，依次进入三段水冷器 3、油水分离器 12，去脱碳工序除去原料气中大部分二氧化碳。

来自脱碳的脱碳气，进入压缩系统气体四段缓冲分离器 17 除去所夹带的水分后，再入压缩机汽缸，依次进入四段汽缸、水冷器 4 和油水分离器 13；五段汽缸、水冷器 5 和油水分离器 14。经压缩压力达到约 14.0MPa 后，送到铜洗工序除去原料气中少量一氧化碳和二氧化碳。

来自铜洗后的气体，进入压缩机六段汽缸压缩到约 31MPa，再经六段水冷器 6 和油水分离器 15 后，送往合成系统进行氨的合成。

另外，各段被分离出来的油和水通过排气集油水总管 8 被放至集油器 9 中。在四段缸的后部及五段与六段缸之间设有平衡室，以回收通过活塞环泄漏的气体和使活塞工作面上所受的压力得到平衡。平衡室排出的气体经集油器 9 除去夹带的润滑油后，回到压缩一段缸进口。

二、气体循环时的工艺流程

当压缩机开车、停车、试车及生产系统发生故障时，要求压缩系统全部或局部与其他工序切断联系，气体仅通过压缩系统本身的设备和管道进行循环。即利用近路管道系统（也称管道循环系统）的近路管道和阀门，将一段吸入的气体，按正常的工作压力逐渐进行压缩，最后由六段出口经卸压后回到一段进口，构成一个气体循环。

气体循环流程为：原料气经一、二段压缩后的出口气体不进变换，直接由二、三段直通阀进入三段汽缸；气体从三段水冷器 3、分离器 12 出来后，不再送往脱碳，而经过近路管直接依次引入四段、五段汽缸压缩、缓冲、冷却及油水分离后，气体不再送往铜洗，而直接

经过近路管引入六段汽缸。六段压缩后的气体，同样经过缓冲、冷却、分离之后，不再送往合成系统，而是经过减压后由近路管回到一段进口或四段进口，这样就组成了气体循环时的流程。

压缩机每段气体出口管上都设置有一个回气（回一段）近路阀，在操作上称之为"几回几"，用以调节输气量。如：一段及二段出口装有一回一和二回一阀，用"1-1、2-1"表示；各段出口管路上都装有放空阀，作为各段汽缸卸压和排气置换使用，如：三、四、五、六段，各段放空管线都接入放空总管，可从此管放空或回到一段进口管道；各段油分离器上都装有安全阀，发生超压时，安全阀就自动跳开——卸压；压缩机的二、三、五、六段出口都装有止逆阀，防止外系统的气体或液体倒流返回压缩系统。

三、润滑系统的工艺流程

除无油润滑压缩机外，往复式压缩机所有作相对运动的表面上都要注入润滑油，形成油膜，以降低磨蚀、摩擦功耗，洗去磨损造成的金属微粒，冷却摩擦表面。在活塞环和填料函处还起到油膜密封的作用。润滑油系统包括传动机构润滑系统和汽缸填料函润滑系统。

1. 传动机构润滑系统

传动机构润滑系统工艺流程示意图见图 11-2。图中仅画出了压缩机一列的油路润滑系统示意图，其他各列与此基本相同，只是在图中 A 点并联相应支路而已，循环油泵 3 输出的油压为 0.18~0.28MPa；精滤器 4 的前后都装有压力表，过滤器堵塞情况即可由其前后的压差来判断。

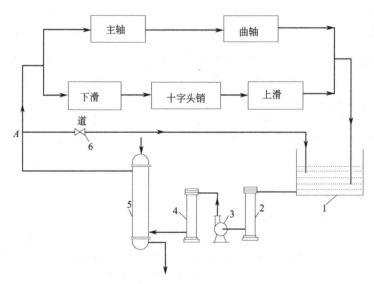

图 11-2 传动机构润滑系统流程示意图

1—集油箱；2—粗滤器；3—循环油泵；4—精滤器；5—水冷器；6—溢流阀

2. 汽缸填料函润滑系统

汽缸壁和活塞以及金属填料和活塞杆之间是用压力润滑法来润滑的。即用注油器将润滑油分别加压到各汽缸的操作压力，然后通过小油管输送到各润滑点，有多少个润滑点就需要由数目相同的油管来输送。润滑点的个数是根据润滑面积的大小来分配的，如：一段汽缸润滑面积大，有四个润滑点；六段汽缸小，只有两个润滑点。

目前真空滴油式注油器已标准化，按压力的高低可分为：中压注油器，压力小于16MPa；高压注油器，压力为 16~32MPa。

思考与练习

1. 气体的压缩在合成氨生产中的意义如何？

2. 何谓压缩机的多段压缩及余隙容积？余隙容积大有何不好？

3. 为什么往复式压缩机汽缸要留有余隙？一般为多少？

4. 为何要采用多段压缩？多段压缩有什么好处？

5. 往复式压缩机的工作原理是什么？

6. 往复式压缩机压缩气体的过程是什么？其中压缩气体过程有哪三种方式？实际压缩气体过程为何？

7. 往复式压缩机型号 6D32-250/320 中，各数字、字母的意义是什么？

8. 试分析影响往复式压缩机生产能力的因素。

9. 往复式压缩为何设气体循环？

10. 画出往复式压缩机传动机构润滑系统流程示意图。

11. 往复式压缩机巡回检查的内容是什么？其中压缩机的检查内容是什么？

12. 往复式压缩机对外输送气体时应注意什么？

13. 离心式压缩机的工作原理是什么？

14. 离心式压缩机的工作性能参数有哪些？

15. 离心式压缩机输气量的调节方法有哪些？

16. 简述气体压缩的工艺流程。

17. 说明压缩机的结构组成。

18. 结合下厂实习，说明压缩机的生产技术特点，画出带控制点的工艺流程图，并用文字加以叙述。

19. 结合下厂实习，说明压缩工序主要操作控制点、分析取样点、仪表联锁装置的布置与作用。

20. 通过下厂实习或校内的观摩教学，画出压缩机的结构简图并说明其结构单元的作用。

第十二章 原料气的合成

【学习目标】
1. 了解原料气合成在合成氨生产中的意义。
2. 掌握原料气合成的基本原理、工艺条件及典型的工艺流程。
3. 了解原料气合成催化剂的组成和作用、掌握合成催化剂的还原与钝化原理。
4. 理解氨冷冻分离的基本原理与工艺流程。
5. 明确原料气合成主要设备的结构及操作控制要点。

第一节 概 述

一、原料气合成在合成氨生产中的意义

氨的合成是整个合成氨工艺流程中的核心部分，是合成氨厂最后一道工序。它的任务是在一定的温度、压力及催化剂存在的条件下，将精制的氢氮气合成为氨，反应后气体中一般氨含量为 10%～20%；将反应后气体中的氨与其他气体组分分离，得到液氨产品；将分离氨后的未反应气体循环使用等。因而氨合成工艺通常采用循环法生产流程。

目前，原料气的合成都是在较高的压力、温度下进行的。在高温、高压下生产，对设备、管道材质的要求很高，并且设备结构复杂、不易制造等；尤其是操作压力高，原料气压缩时消耗大量的能量。降低压力，采用低压（3.0～6.0MPa）高活性的氨合成催化剂，实现等压合成，是 21 世纪合成氨生产技术亟待突破之一。到那时，生产合成氨的成本将会大大降低。

二、原料气合成技术简介

20 世纪初，先后开发成功了三种固定氮的方法：电弧法、氰氨法和合成氨法。其中合成氨法能耗最低。自 1913 年工业上实现了氨的合成以来，合成氨法发展迅速，成为固定氮的主要方法，目前在世界各国得到广泛应用。工业上合成氨的生产，一般以压力的高低来分类，分为高压法、中压法和低压法。

1. 高压法

操作压力在 70～100MPa。这种方法的主要优点是氨的反应速率快、合成率高；反应后气体中的氨易被分离；流程简单、设备比较紧凑等。缺点是氨合成反应放出的热量多，催化剂层温度高，如控制不好，不能及时移走反应热，易使催化剂过热而烧坏或失去活性，所以催化剂的使用寿命较短；在高温高压下操作，对设备制造、材质要求都较高，投资费用大等。目前工业上很少采用此法生产。

2. 中压法

操作压力为 10～70MPa。此法生产技术比较成熟，经济性较好。因为合成压力的确定，主要依据是能耗以及包括能量消耗、原料费用、设备投资在内的综合费用，即取决于技术经济指标。实践表明：采用铁系催化剂，合成压力为 15～30MPa，能量消耗差别不大，是比较经济的。目前，国内外绝大多数企业均采用此法。

3. 低压法

操作压力低于 10MPa。由于操作压力和温度都比较低，故对设备要求低，容易管理，

且必须采用低压高活性催化剂。但此法目前来说，所用催化剂对毒物很敏感、易中毒，使用寿命短，因此对原料气的精制要求很高。又因操作压力低，氨的反应速率慢、合成率低，反应后气体中氨的分离较困难，流程复杂等，所以工业生产上采用此法的不多。但我国大型合成氨厂，近年来采用原料气的净化方法、工艺流程等先进，得到精制气中惰性气体含量低；氨的合成又采用低温高活性催化剂后，已有厂家使用约 6.5MPa 进行氨的合成。

第二节　氨合成的基本原理

一、反应特点

氨的合成反应为：

$$\frac{3}{2}H_2 + \frac{1}{2}N_2 \Longrightarrow NH_3 \quad \Delta H_{298}^{\ominus} = -46.22\text{kJ/mol} \tag{12-1}$$

是可逆放热体积缩小且有催化剂才能以较快速率进行的反应。

二、反应热效应

氨合成反应的热效应：不仅取决于温度，而且还与压力、气体组成有关。不同温度、压力下，纯氢氮混合气完全转化为氨的反应热效应可由下式计算：

$$-\Delta H_F = 38338.9 + \left(22.5304 + \frac{347344}{T} + \frac{1.89963 \times 10^{10}}{T_3}\right)p +$$
$$22.3864T + 10.572 \times 10^{-4}T^2 - 7.0828 \times 10^{-6}T^3 \tag{12-2}$$

式中　ΔH_F——纯氢氮混合气完全转化为氨的反应热，kJ/mol；

　　　　p——压力，MPa；

　　　　T——温度，K。

在工业生产中，高压下的气体为非理想气体，反应体系为氢、氮、氨及惰性气体的混合物，气体混合时吸热 ΔH_M，所以实际总反应热效应 ΔH_R 应为反应热 ΔH_F 与混合热 ΔH_M 之和，即：$\Delta H_R = \Delta H_F + \Delta H_M$。实际总反应热效应 ΔH_R 比上述计算值小，即：$\Delta H_R < \Delta H_F$。

三、化学平衡

1. 平衡常数

氨的合成反应在一定条件下达到化学平衡，其平衡常数 K_p 可表示为：

$$K_p = \frac{p_{NH_3}^*}{(p_{N_2}^*)^{1/2}(p_{H_2}^*)^{3/2}} = \frac{1}{p} \times \frac{y_{NH_3}^*}{(y_{N_2}^*)^{1/2}(y_{H_2}^*)^{3/2}} \tag{12-3}$$

式中　p_i^*——平衡时 i 组分的分压，MPa；

　　　　y_i^*——平衡时 i 组分的摩尔分数。

压力较低时，气体混合物可视为理想气体混合物，化学平衡常数 K_p 仅与温度有关，可用下式计算：

$$\lg K_p = \frac{2001.6}{T} - 2.6911 \lg T - 5.5193 \times 10^{-5}T + 1.8489 \times 10^{-7}T^2 + 3.6842 \tag{12-4}$$

压力较高时，气体混合物为非理想气体混合物，化学平衡常数 K_p 不仅与温度有关，而且与压力、气体组成有关。在 1.01～101.3MPa 下，化学平衡常数 K_p 可用下式近似计算：

$$\lg K_p = \frac{2074.8}{T} - 2.4943T - \beta T + 18564 \times 10^{-7} T^2 + I \tag{12-5}$$

式中　β——系数；

I——积分系数。

不同压力下的 β、I 值见表 12-1。

表 12-1　不同压力下的 β、I 值

压力/MPa	3.04	5.07	10.13	30.40	60.80
$\beta \times 10^5$	3.40	12.56	12.56	12.56	108.56
I	3.0153	3.0843	3.1073	3.2003	4.0533

不同温度、压力及纯氢氮混合气（$H_2/N_2 = 3$）下的平衡常数 K_p 值见表 12-2。

表 12-2　不同温度、压力及纯氢氮混合气（$H_2/N_2 = 3$）下的化学平衡常数 K_p 值

温度/℃	压　力/MPa				
	10.33	15.20	20.27	30.39	40.53
350	2.9796×10^{-1}	3.2933×10^{-1}	3.5270×10^{-1}	4.2346×10^{-1}	5.1357×10^{-1}
400	1.3842×10^{-1}	1.4742×10^{-1}	1.5759×10^{-1}	1.8175×10^{-1}	2.1146×10^{-1}
450	7.1310×10^{-2}	7.7939×10^{-2}	7.8990×10^{-2}	8.8350×10^{-2}	9.9615×10^{-2}
500	3.9882×10^{-2}	4.1570×10^{-2}	4.3359×10^{-2}	4.7461×10^{-2}	5.2259×10^{-2}
550	2.3870×10^{-2}	2.4707×10^{-2}	2.5630×10^{-2}	2.7618×10^{-2}	2.9883×10^{-2}

由公式(12-4)、式(12-5) 及表 12-2 可看出：化学平衡常数 K_p 值随着温度的降低而升高；随着压力的增加而升高。

2. 平衡氨含量及影响因素

在一定条件下，氨的合成反应达到化学平衡时，氨在混合气体中的百分含量称为平衡氨含量，也称氨的平衡产率。它是在给定条件下，混合气体中氨含量所能达到的最大限度。

若已知反应达到化学平衡时，氨气、氢气、氮气及惰性气体（$CH_4 + Ar$）含量分别为 $y_{NH_3}^*$、$y_{H_2}^*$、$y_{N_2}^*$ 及 y_i^*，氢氮比为 r，总压力为 p，则各组分的分压分别为：$p_{NH_3}^* = p y_{NH_3}^*$，$p_{H_2}^* = p y_{H_2}^* = p \times \dfrac{r}{r+1} y_{N_2+H_2}^* = p \times \dfrac{r}{r+1}(1 - y_{NH_3}^* - y_i^*)$，$p_{N_2}^* = p y_{N_2}^* = p \times \dfrac{1}{r+1} y_{N_2+H_2}^* = p \times \dfrac{1}{r+1}(1 - y_{NH_3}^* - y_i^*)$，将各组分的平衡分压代入式(12-3) 得：

$$\frac{y_{NH_3}^*}{(1 - y_{NH_3}^* - y_i^*)^2} = K_p p \times \frac{r^{1.5}}{(r+1)^2} \tag{12-6}$$

由式(12-6) 可以看出：平衡氨含量是温度、压力、氢氮比及惰性气体含量的函数，即平衡氨含量与温度、压力、氢氮比及惰性气体含量有关。下面讨论其是如何影响平衡氨含量的。

(1) 温度和压力　在氢氮比、惰性气体含量一定的条件下，提高压力、降低温度，$K_p p$ 的数值增大、$K_p p \times \dfrac{r^{1.5}}{(r+1)^2}$ 也增大，故 $\dfrac{y_{NH_3}^*}{(1 - y_{NH_3}^* - y_i^*)^2}$ 增大，$y_{NH_3}^*$ 也增大。

当 $r = 3$、$y_i^* = 0$ 时，式(12-6) 可简化为：

$$\frac{y_{NH_3}^*}{(1 - y_{NH_3}^*)^2} = 0.325 K_p p \tag{12-7}$$

由式(12-7) 可以求出 $r = 3$、$y_i^* = 0$ 时，不同温度、压力下的 $y_{NH_3}^*$ 数值，见表 12-3。

表 12-3　不同温度、压力下，$r=3$、$y_i^*=0$ 时，平衡氨含量 $y_{NH_3}^*$

温度/℃	压力/MPa					
	0.1013	10.13	15.20	20.27	30.40	40.53
360	0.72	35.10	43.35	49.62	58.91	65.72
380	0.54	29.95	37.89	44.08	53.50	60.59
400	0.41	25.37	32.83	38.82	48.18	55.39
420	0.31	21.36	28.25	33.93	43.04	50.25
440	0.24	17.92	24.17	29.46	38.18	45.26
460	0.19	15.00	20.60	25.45	33.66	40.49
480	0.15	12.55	17.51	21.91	29.52	36.03
500	0.12	10.51	14.87	18.81	25.80	31.90

　　由表 12-3 更容易看出，当温度降低、压力升高时，平衡氨含量增加。即有利于氨的生成，这与化学平衡移动原理得出的结果是完全一致的。

　　(2) 氢氮比　由式(12-6)可知，氢氮比 r 对平衡氨含量有显著的影响，如果不考虑气体组成对化学平衡常数的影响，当 $r=3$ 时，平衡氨含量 $y_{NH_3}^*$ 具有最大值；若考虑气体组成对平衡常数的影响时，见图 12-1，具有最大平衡氨含量的氢氮比略小于 3，其值随压力而异，约在 2.68～2.90 之间。

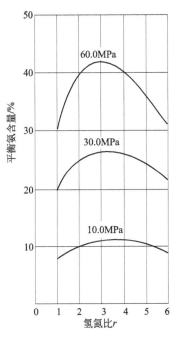

图 12-1　500℃时平衡氨含量

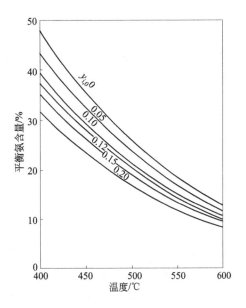

图 12-2　30.40MPa、$r=3$、不同温度、惰性气体含量下的平衡氨含量

　　(3) 惰性气体含量　惰性气体是指反应体系中不参加化学反应的气体组分。氨的合成混合气体中指的是甲烷和氩。在氨的合成总压不变的条件下，惰性气体的存在，降低了氢氮气的有效分压，即相当于降低了总压力，由压力对化学反应平衡的影响可知，使平衡氨含量下降。见图 12-2 压力为 30.40MPa、$r=3$ 时，不同温度、惰性气体含量下的平衡氨含量 $y_{NH_3}^*$。由图可知：平衡氨含量 $y_{NH_3}^*$ 随惰性气体含量的增加而降低。

　　合成氨反应过程中物料的总物质的量随着反应进行而减小，起始惰性气体含量不等于平衡时惰性气体含量。为了计算方便，令 $y_{i,0}^*$ 为无氨基（或氨分解基）的惰性气体含量，即氨分解为氢氮气后的含量,其值不随反应进行而变化。实践证明:当 $y_{i,0}^* < 20\%$ 时,惰性气体含量对平衡氨含量 $y_{NH_3}^*$ 的影响,可用下式近似计算:

$$y_{NH_3}^* = \frac{1 - y_{i,0}}{1 + y_{i,0}} (y_{NH_3}^*)^0 \tag{12-8}$$

式中 $(y_{NH_3}^*)^0$——惰性气体含量为零时的平衡氨含量。

例如,在一定的条件下,当惰性气体含量等于 15% 时,平衡氨含量只是惰性气体含量为零时的 74%。因此,应尽量降低氢氮混合气中的惰性气体含量。

综上所述:提高平衡氨含量的措施为提高压力、降低温度和惰性气体含量、保持氢氮比略小于 3。

另外,由表 12-3 可知,若使平衡氨含量达到 35%,温度为 450℃ 时,压力应为 30.40MPa;如果温度降低到 360℃,则达到上述平衡氨含量,压力可降至 10.13MPa。由此可见,寻求低温下具有良好活性的催化剂,是降低氨合成操作压力的关键。

四、化学反应速率

氨合成反应是典型的气-固相催化反应,其过程是由外扩散过程、内扩散过程及化学动力学过程连续步骤所组成。如果其中某一过程进行的速率最慢,它就决定着整个催化反应过程的速率,它就是控制步骤。

当催化剂床层气流速率相当大、催化剂粒度足够小时,内、外扩散速率很快。在此条件下,气体内、外扩散的影响均不显著,可忽略不计,整个催化反应过程的速率就是由化学动力学过程决定。

1. 反应机理

氮气与氢气在铁催化剂上的反应机理,存在着各种不同的说法。一般认为:氮气在铁催化剂上被活性吸附,离解为氮原子,然后逐步加氢反应,依次生成 NH、NH_2、NH_3,NH_3 再由催化剂表面脱附后进入气相主体。将此过程表示如下:

$$N_2(g) \xrightarrow{慢} N_2(吸附) \xrightarrow[H_2]{气相中} 2NH(吸附) \xrightarrow[H_2]{气相中}$$

$$2NH_2(吸附) \xrightarrow[H_2]{气相中} 2NH_3(吸附) \xrightarrow{脱吸} 2NH_3(气相)$$

由此可知:氮气与氢气在铁催化剂上的反应机理,包括吸附、表面化学反应和脱附三个步骤。其中:氮气在催化剂表面上的吸附步骤进行得最慢,是决定整个反应过程速率的关键。即氨合成过程反应速率是由氮气的吸附速率所决定,是整个反应过程的控制步骤。

2. 反应速率

反应速率方程式也称化学反应动力学方程式或称本征反应动力学方程式。氨合成反应速率考虑两大方面,一是反应接近平衡;二是反应远离平衡的状况。

(1) 反应接近平衡 1939 年,捷姆金和佩热夫根据氮气在催化剂表面上的活性吸附是氨合成过程的控制步骤,提出四点假设:①催化剂表面活性不均匀;②氮的吸附覆盖度中等;③气体为理想气体;④反应距平衡不很远等条件。

推导出本征反应动力学方程式如下:

$$r_{NH_3} = k_1 p_{N_2} \left(\frac{p_{H_2}^3}{p_{NH_3}^2}\right)^\alpha - k_2 \left(\frac{p_{NH_3}^2}{p_{H_2}^3}\right)^{1-\alpha}$$

$$或 \; r_{NH_3} = r_正 - r_逆 \tag{12-9}$$

式中 r_{NH_3}——反应过程的瞬时总速率,为正反应和逆反应速率之差;

p_i——混合气体中 i 组分的分压;

α——常数,由实验测得;

k_1，k_2——正、逆反应速率常数。

其中，$k_1 = k_{1,0} \exp\left(-\dfrac{E_1}{RT}\right)$、$k_2 = k_{2,0} \exp\left(-\dfrac{E_2}{RT}\right)$，$E_1$、$E_2$ 为正、逆反应的活化能，其值随催化剂种类的不同而不同。一般铁催化剂，E_1 约在 $58620 \sim 75360\text{kJ/kmol}$、$E_2$ 约在 $167470 \sim 192590\text{kJ/kmol}$ 范围内。

工业上氨合成采用铁催化剂，α 可取 0.5，于是式(12-9) 可变为：

$$r_{NH_3} = k_1 p_{N_2} \times \frac{p_{H_2}^{1.5}}{p_{NH_3}} - k_2 \times \frac{p_{NH_3}}{p_{H_2}^{1.5}} \tag{12-10}$$

式(12-9)、式(12-10) 仅适用于上述四点假设的条件。

假设氢气、氮气、氨气含量分别为 y_{H_2}、y_{N_2}、y_{NH_3}，总压力为 p，则各气体组分的分压分别为：$p_{H_2} = py_{H_2}$、$p_{N_2} = py_{N_2}$、$p_{NH_3} = py_{NH_3}$，代入式(12-10) 得：

$$r_{NH_3} = k_1 \times \frac{y_{N_2} y_{H_2}^{1.5}}{y_{NH_3}} p^{1.5} - k_2 \times \frac{y_{NH_3}}{y_{H_2}^{1.5}} p^{-0.5} \tag{12-11}$$

式(12-11) 是工程上氨合成常用的化学动力学方程式，应用于工艺分析和计算时，对指导实际生产有很重要的意义。

（2）反应远离平衡　当反应远离平衡时，式(12-10) 不再适用，特别是当 $p_{NH_3} = 0$ 时，$r_{NH_3} = \infty$，这显然是不合理的。为此，捷姆金提出了远离平衡时的本征反应动力学方程式：

$$r_{NH_3} = k' p_{N_2}^{0.5} p_{H_2}^{0.5} \tag{12-12}$$

氨合成反应在反应初期，反应系统远离平衡时，可用上式来表示本征动力学方程。如果反应系统中，惰性气体含量：$y_i = 0$，氢气压力：$p_{H_2} = py_{H_2} = p \times \dfrac{r}{r+1}(1 - y_{NH_3})$，氮气压力：$p_{N_2} = py_{N_2} = p \times \dfrac{1}{r+1}(1 - y_{NH_3})$，代入式(12-12) 可得：

$$r_{NH_3} = k' p \times \frac{r^{0.5}}{r+1}(1 - y_{NH_3}) \tag{12-13}$$

对于实际生产中，由于采用了循环法氨的合成工艺流程，分离氨后的进塔气体中仍含有一定量的氨。假如对氨合成应用过程要求不高时，可直接使用式(12-10)、式(12-11) 来进行工艺分析和计算。

3. 影响反应速率的因素

（1）压力　由式(12-11) 得知：当温度和气体组成一定时，反应速率与正反应压力的 1.5 次方成正比、与逆反应压力的 0.5 次方成反比，所以提高压力可以加快正反应速率、降低逆反应速率，结果氨合成的反应速率随压力的提高而增大。

（2）温度　氨合成反应为可逆放热反应，与变换反应相似，温度的变化对化学反应平衡和反应速率的影响是相互矛盾的，因此，存在着最适宜温度。所谓最适宜温度，就是在一定条件下（催化剂、压力及气体组成），可逆放热反应使反应系统的反应速率最大时的温度，此温度为该条件下的最适宜温度。在最适宜温度下，反应速率最大，气相中氨的含量最高。所以，氨合成反应操作应尽可能使反应温度接近最适宜温度下进行。

由图 12-3 可知，平衡曲线 1 是向下倾斜的，说明升高温度，平衡氨含量逐渐下降，对平衡氨含量始终不利；实际反应曲线 2 得知，在远离平衡的情况下，反应速率是随着温度的升高而增大，约 $525℃$ 达到最大值，再升高温度，由于受化学反应平衡的影响，反应速率又趋于下降。因而，氨合成反应速率随温度的升高先提高后降低。

（3）氢氮比　如前所述，氨合成反应达到平衡时，氢氮比 $r = 3$，气相中氨含量有最大值。然而氢氮比 $r=3$ 时，反应速率并不是始终最快的。

① 在反应初期，反应系统远离平衡时。本征反应动力学方程用式（12-13）：$r_{NH_3} = k'p \times \dfrac{r^{0.5}}{r+1}(1-y_{NH_3})$ 表示。当温度、压力、氨含量一定时，改变氢氮比 r 使反应速率 r_{NH_3} 最大的条件是 $\dfrac{\partial r_{NH_3}}{\partial r} = 0$，由此求得 $r=1$。即反应初期的最佳氢氮比为 1，反应速率 r_{NH_3} 最大。

② 在反应中、后期，反应离平衡不远时。本征动力学方程用式（12-11）：$r_{NH_3} = k_1 \times \dfrac{y_{N_2} y_{H_2}^{1.5}}{y_{NH_3}} p^{1.5} - k_2 \times \dfrac{y_{NH_3}}{y_{H_2}^{1.5}} p^{-0.5}$ 表示。同理可求出，最佳氢氮比为 $r=3$，反应速率 r_{NH_3} 最大。

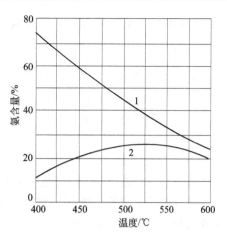

图 12-3 氨含量与温度的关系
1—平衡时的情况；2—实际反应后的情况

由此可见，欲保持氨合成反应速率最大，反应初期的最佳氢氮比为 $r=1$，随着反应进行，氨含量不断提高，则最佳氢氮比也应随之增大，当反应趋于平衡时，最佳氢氮比为 $r=3$。

（4）惰性气体 由前面讨论可知：在氨合成总压不变的条件下，惰性气体的存在，降低了氢氮气的有效分压，即相当于降低了总压力，从而就降低了氨的合成反应速率。因此，降低惰性气体含量，可加快氨的合成反应速率。另外，由式（12-11）也可推导出，在温度、压力、氢氮比、氨含量一定时，随着惰性气体含量增加，正向反应速率减小，逆向反应速率增大，因此，总反应速率随着惰性气体含量的增加而下降。

（5）内扩散 前面讨论的氨合成反应速率方程是纯化学反应动力学方程。并未考虑外扩散和内扩散过程对反应速率的影响，因此，在实际生产中，氨合成反应速率还需考虑到扩散的阻滞作用。

大量的研究工作表明，在氨合成塔的操作条件下，能保证气流与催化剂颗粒外表面传质过程速率足够快，使外扩散影响可忽略不计。但内扩散影响却不容忽略，所以内扩散速率的快慢，影响着氨合成反应速率的大小。图 12-4 为压力 30.40MPa、空速 $30000h^{-1}$ 下，对不同温度及粒度催化剂所测得的出口氨含量。由图可见，催化剂层温度低于 380℃时，出口氨含量受催化剂粒度影响较小；温度高于 380℃，温度越高，催化剂粒度对出口氨含量影响越显著。这是因为反应速率加快，微孔内生成的氨不易扩散出来，使内扩散阻滞作用增大。内扩散的阻滞作用通常以催化剂内表面利用率 ξ 表示。

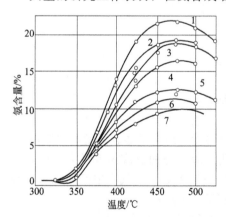

图 12-4 不同粒度催化剂出口氨含量
与温度的关系（30.40MPa、$30000h^{-1}$）
1—0.6mm；2—2.5mm；3—3.75mm；
4—6.24mm；5—8.08mm；
6—10.2mm；7—16.25mm

① 催化剂内表面利用率 ξ。所谓催化剂内表面利用率是指反应组分从催化剂外表面向内表面的扩散速率与反应组分的理论反应速率之比。其 ξ 值在 $0\sim1$ 之间，大小与催化剂粒度及反应条件有关。因此，实际氨合成反应速率应是本征动力学速率 r_{NH_3} 与内表面

利用率 ξ 的乘积。

② 影响催化剂内表面利用率的因素。通常情况下，催化剂粒度增加，内表面利用率大幅度下降；温度愈高，内表面利用率愈小；氨含量愈大，内表面利用率愈大，这些因素中影响显著而又便于调整的是催化剂的粒度，采用小颗粒催化剂是提高内表面利用率的有效措施。

实际生产中，在合成塔结构和催化剂层压力降允许的情况下，应当采用粒度较小的催化剂，以减小内扩散的影响，从而提高催化剂的内表面利用率，加快氨合成的反应速率。但催化剂颗粒过小，压力降增大，且小颗粒催化剂易中毒而失活。因此，要根据实际情况，在兼顾其他工艺参数的情况下，应综合考虑催化剂粒度。

第三节　氨合成催化剂

近几十年以来，合成氨工业的迅速发展，在很大程度上是由于催化剂质量的改进而取得的。在合成氨生产中，许多工艺操作条件都是由催化剂的性质所决定。长期以来，人们对氨的合成催化剂作了大量的研究工作，其中以铁为主体并添加促进剂的铁系催化剂具有原料来源广、价廉易得、活性良好、抗毒能力强、使用寿命长等优点，获得了国内外企业的广泛应用。

一、催化剂的组成和作用

目前，大多数铁系催化剂都是用经过精选的天然磁铁矿通过熔融法制备，是以铁的氧化物为主体的多组分催化剂。铁催化剂的活性组分为 $\alpha\text{-Fe}$，作为促进剂的成分有 K_2O、CaO、MgO、Al_2O_3、SiO_2 等。

1. 铁的氧化物

铁的氧化物还原前是以 FeO 和 Fe_2O_3 形式存在，其中 FeO 质量分数为 24%～38%。据试验结果表明，当 Fe^{2+}/Fe^{3+} 约为 0.5 时，催化剂还原后的活性最好。这时 FeO/Fe_2O_3 的摩尔比约为 1:1，即 $FeO:Fe_2O_3=1:1$，相当于四氧化三铁的组成，成分可视为 Fe_3O_4，具有尖晶石结构。加入促进剂后，FeO 含量的变化对催化剂活性影响不大，但 FeO 含量增加能提高催化剂的机械强度和热稳定性。

2. 促进剂

氨合成催化剂的促进剂可分为结构型和电子型两类。在催化剂中，通过改善催化剂的结构而呈现促进作用的物质为结构型促进剂。可以使金属电子的逸出功降低，有利于组分的活性吸附，从而提高催化剂活性的物质，属于电子型促进剂。

（1）结构型促进剂　Al_2O_3、MgO 是结构型促进剂。在催化剂制备过程中，Al_2O_3 能与 Fe_3O_4 形成固溶体，同样具有尖晶石结构；它均匀地分散在 $\alpha\text{-Fe}$ 晶格内和晶格间，当用氢气还原铁催化剂时，Fe_3O_4 被还原成 $\alpha\text{-Fe}$，而 Al_2O_3 并未被还原，仍保持尖晶石结构，起到骨架作用，保持了催化剂多孔结构，防止了铁结晶长大，从而增加催化剂的比表面积，提高催化剂的活性和稳定性。例如：含 Al_2O_3 2% 的铁催化剂，比纯铁催化剂的表面积大十倍左右。但加入 Al_2O_3 后，会减慢催化剂的还原速率，并使催化剂表面生成的氨不易解吸。MgO 的作用与 Al_2O_3 相似。如图 12-5 添加 Al_2O_3 与铁系催化剂表面积、氨含量与 Al_2O_3 含量的关系。

（2）电子型促进剂　K_2O、CaO 是电子型促进剂。K_2O 的加入能促进电子的转移过程，有利于氮分子的吸附、活化及生成物氨的脱附，从而提高催化剂的活性。另外还可以降低催化剂中 Al_2O_3 对氨的吸附作用。如图 12-6 添加 K_2O 与铁系催化剂表面积、氨含量与 K_2O

含量的关系。CaO 能有利于 Al_2O_3 和 Fe_3O_4 固溶体的形成，降低固溶体的熔点和黏度，还可以提高催化剂的热稳定性和抗毒害能力。

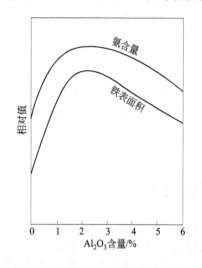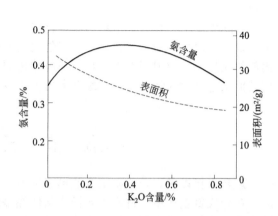

图 12-5　表面积、氨含量与 Al_2O_3 含量的关系　　图 12-6　表面积、氨含量与 K_2O 含量的关系

SiO_2 一般是磁铁矿的杂质，它的存在虽然降低了 K_2O、CaO 等碱性组分的碱性，但它又类似于氧化铝，可起到稳定 α-Fe 晶粒的作用，从而增强了催化剂的耐热性和抗水毒害能力。

过高的促进剂含量对催化剂活性反而不利，如图 12-7 为催化剂活性与促进剂含量的关系，可作为选择催化剂适宜成分时参考。

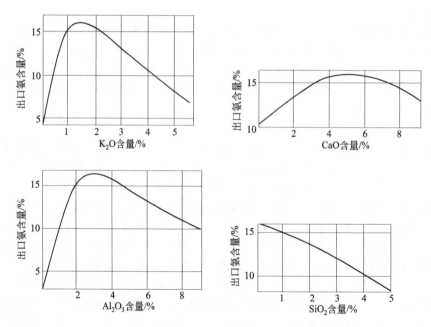

图 12-7　促进剂添加量与出口氨含量的关系

通常制得的氨合成铁催化剂是一种黑色、有金属光泽、带磁性、外形不规则的固体颗粒。在空气中易受潮，引起可溶性钾盐析出，使活性下降。催化剂还原后，Fe_3O_4 被还原成细小的 α-Fe 晶体，疏松地分散在 Al_2O_3 的骨架上，成为多孔的海绵状结构，这些孔呈不规

则树枝状，孔隙率很大，其内表面积约为 $4\sim16m^2/g$。常见国内外几种氨合成催化剂的组成及一般性能列于表 12-4。

表 12-4　常见氨合成催化剂的组成及一般性能

国别	型号	组成	外形	堆密度 /(kg/L)	使用温度 /℃	主要性能
中国	A109	Fe_3O_4、Al_2O_3、K_2O、CaO、MgO、SiO_2	不规则颗粒	2.7～2.8	380～500	350℃ 还原已明显
	A110	Fe_3O_4、Al_2O_3、K_2O、CaO、MgO、SiO_2、BaO	不规则颗粒	2.7～2.8	380～490	还原温度 350℃
	A201	Fe_3O_4、Al_2O_3、K_2O、CaO、Co_3O_4	不规则颗粒	2.6～2.9	360～490	易还原，低温活性高
	A301	FeO、Al_2O_3、K_2O、CaO	不规则颗粒	3.0～3.25	320～500	低温、低压、高活性，极易还原
英国	ICI35-4	Fe_3O_4、Al_2O_3、K_2O、CaO、MgO、SiO_2	不规则颗粒	2.65～2.85	350～530	530℃ 以下活性稳定
美国	C73-2-03	Fe_3O_4、Al_2O_3、K_2O、CaO、Co_3O_4	不规则颗粒	2.88	360～500	500℃ 以下活性稳定

国产 A 型氨合成催化剂已达到国内外同类产品的先进水平，并且已制造出球形氨合成催化剂，催化剂床层阻力较不规则颗粒低 30%～50%。

二、催化剂的还原和钝化

1. 催化剂的还原

(1) 还原原理　氨合成催化剂在还原之前是以铁的氧化物（FeO、Fe_2O_3）形式存在，但铁的氧化物对氨合成反应没有催化作用，使用前必须经过还原，使铁的氧化物转变成金属铁（α-Fe）微晶才具有活性。

在工业生产中，最常用的还原方法是将制备的催化剂装填在合成塔催化剂床层内，通入氢氮混合气，使催化剂中铁的氧化物被氢气还原成金属铁。还原反应为：

$$FeO(s)+H_2(g) \Longrightarrow Fe(s)+H_2O(g) \quad \Delta H_{298}^{\ominus}=30.18kJ/mol \qquad (12-14)$$

$$Fe_2O_3(s)+3H_2(g) \Longrightarrow 2Fe(s)+3H_2O(g) \quad \Delta H_{298}^{\ominus}=98.74kJ/mol \qquad (12-15)$$

还原反应为可逆吸热反应，还原过程所需热量除由氨合成反应热补充外，均由塔内电加热器或塔外加热炉提供。

(2) 还原方法　催化剂的还原方法可分为三种：一般还原、快速还原及预还原方法。

① 一般还原方法　是最常用的方法，此法催化剂升温还原操作包括：还原准备工作、还原操作及注意事项三个部分。

一是准备工作。为做好催化剂还原操作，需认真做好还原前的准备工作。

a. 氨水计量槽及回收管线处于备用状态。

b. 做好分析水汽浓度、氨水浓度等的准备。

c. 做好仪表、电气的检查工作。

d. 准备好防水用具、防毒面具等用品。

e. 循环机处于备用状态。

f. 系统置换（$O_2 \leqslant 0.2\%$）、试压合格。

g. 系统充液氨。

二是还原操作。催化剂升温还原操作通常由升温、还原初期、还原主期、还原末期、轻负荷运转五个阶段组成。不同型号的催化剂还原时开始出水温度、大量出水温度、还原最高温度各有所不同，见表 12-5。

表 12-5　A 型催化剂还原温度与出水温度的关系

型　号	开始出水温度/℃	大量出水温度/℃	最高还原温度/℃
A106	375～385	465～475	515～525
A109	330～340	420～430	500～510
A110	310～320	390～400	490～500

以 A110 为例说明还原操作过程。

第一阶段：升温阶段（常温～320℃、6MPa）。

a. 系统充压，用合格的精制气由冷凝塔充压阀充压到约 6MPa。

b. 应开阀门：合成塔主线阀、氨分离器放氨阀等。应关阀门：新鲜气入口阀、循环机进出口阀、系统近路阀、合成塔副线阀、加氨阀等。

c. 启动一台循环机、启动电加热器或电炉，以 30～40℃/h 的速率进行升温。

d. 温度升至约 100℃时开水冷器冷却水；升至约 300℃时向氨冷器加氨；冷凝温度降至约 0℃时，氨分离器试放水一次；升至 320℃时逐渐增加循环量，相应增加电加热器负荷直至加满为止，然后用循环量调节炉温。

第二阶段：还原初期阶段（320～390℃、6～10MPa）。

a. 氨合成塔尽量采用高空速，使还原后的金属铁（α-Fe）微晶活性高。为提高空速、增加循环量，可采用塔前补入新鲜气，塔后放空。

b. 温度升高至水汽浓度超标、放水量激增时，应停止升温，恒温恒压。

第三阶段：还原主期阶段（390～490℃、10～15MPa）。

a. 适当提高压力、控制较低的惰性气体含量、采用适宜的氢氮比，充分利用反应热。

b. 升温升压不得同时进行，以免催化剂床层温度波动大。

第四阶段：还原末期阶段（490～500℃、6～10MPa）。

a. 催化剂床层热点温度达 500℃时，应逐渐提高床层下层温度接近 500℃，并恒温约 6h。

b. 当催化剂还原度＞95%、水汽浓度降低至＜1.0g/m³，视为催化剂升温还原工作结束。

最后阶段：轻负荷运转阶段（约 460℃、≤20MPa）。

a. 催化剂升温还原完毕后，将催化剂床层热点温度以＜5℃/h 的速率降至正常操作温度约 460℃。

b. 逐渐升压至 20MPa 作轻负荷生产。

三是注意事项。为确保催化剂升温还原后活性高、性能好，应注意以下事项。

a. 要严格控制升温速率和水汽浓度。升温速率必须慢和稳，升温速率＜50℃/h，以防止气体中水汽浓度过高。水汽浓度是还原时的主控指标，水汽浓度＜1.0g/m³。

b. 要严格控制催化剂床层轴向（铅垂）、径向（同一平面）的温差。轴向温差＜80℃、径向温差＜10℃。

c. 循环气量（进塔气量）必须大于安全打气量。

d. 循环气中气氨含量≥1%（此时所得氨水浓度＞25%以上，凝固点＜−35℃，防止氨冷器中结冰）。

e. 要控制升温升压不能同时进行，即升温不升压、升压不升温，防止催化剂床层温度波动大等。

② 快速还原方法。该法在催化剂升温还原过程中，当绝热层或绝热层上部催化剂还原基本结束后，及时提压，调整工艺条件，使氨合成塔一边生产氨，一边继续进行催化剂的还原。这样，大大缩短催化剂的还原时间，节省合成系统开车费用等。

③ 预还原方法。该法催化剂的还原是在氨合成塔外专用还原设备中进行。催化剂还原时能严格控制各项指标，因此还原后的催化剂活性较好、使用寿命长。预还原后催化剂再经轻度表面氧化即可卸出待用。使用催化剂前只需短时间稍微还原，即可投入正常生产，避免了在合成塔内不适宜的还原条件对催化剂活性的损害，从而相应提高了催化剂的活性。因此，使用预还原方法是提高催化剂活性、强化生产的一项有效措施。

（3）还原工艺条件　　实践证明：催化剂还原后活性不仅与还原前的化学组成和制造方法有关，而且与还原条件有关。还原条件选择的原则：一是铁的氧化物能被充分还原为 α-Fe 微晶；二是还原生成的 α-Fe 微晶不因重结晶而长大。为此，生产上应选取适宜的还原条件。

① 还原温度。还原反应是一个吸热反应。提高还原温度，有利于还原反应平衡向右移动，且能加快还原速率，缩短还原时间。但还原温度过高，生成 α-Fe 晶粒较大，从而减少催化剂表面积，使其活性降低。若还原温度过低，则还原速率慢，出水率低，还原时间长，还原不彻底。还原温度的选择与催化剂的组成和制造方法有关，但一般最高还原温度应低于氨合成正常生产时的操作温度。

② 还原压力。还原压力高，提高了还原气中氢气的分压，加快了还原反应速率；同时，已还原好的催化剂立即会起催化作用，加快氢、氮混合气合成为氨的反应速率，放出热量多，弥补电加热器或电炉能力的不足。但是，还原压力高，也提高了气相中水蒸气的分压，增加了催化剂反复氧化、还原的程度；而且氢、氮混合气合成为氨，生成的氨覆盖在催化剂表面上，阻碍还原反应的进行；生成氨越多，反应放出热量越多，催化剂层温度就难以控制。故还原过程应在较低的压力下进行，具体还原压力的高低应根据催化剂的型号和不同的还原阶段而定。

一般情况下，还原压力控制在 10～20MPa 为宜。在还原后期，电加热器或电炉能力不足时，可以适当提高压力，利用反应热来提高催化剂下层温度。

③ 还原空速。在合成塔热量供给充足的情况下，提高空速：a. 气体扩散越快，气相中水汽浓度越低，催化剂微孔内的水分越容易逸出，从而减少了水汽对已还原催化剂的反复氧化；b. 加快了还原反应，生成的活性铁晶粒小、表面积大、活性高；c. 有利于降低催化剂床层的径向、轴向温差，提高催化剂床层底部温度，使整个床层都有较好的反应能力，提高了催化剂的活性。所以，空速越大越好。但空速过大，则要求外界供热能力也相应增大。工业生产中，受供热能力和还原温度所限，不可能将空速提得过高。

在升温还原过程中，空速不能过小。否则进塔气量过小，气体温度和电炉丝温度过高，电炉丝有被烧断的危险。一般国产 A 型催化剂要求还原主期空速在 10000/h 以上。

④ 还原气体成分。还原气体中主要组分有氢气、水蒸气、气氨等。

a. 水汽含量　　还原气体中水汽含量是指出氨合成塔气体中水蒸气的含量。

水汽含量的高低对催化剂活性影响很大，水蒸气能使已还原成的 α-Fe 微晶反复氧化，导致 α-Fe 晶粒长大；抑制了还原反应，降低了还原反应速率，延长催化剂还原时间。所以，还原气体中水汽含量应尽可能得低。为此，要及时除去还原过程中生成的水分，并尽量采取高空速以降低还原气体中的水汽含量。

还原过程中，生成的水汽，也是采用冷凝法分离除去，冷凝温度愈低，分离效率愈高。分离后的气体再补充适量的新还原气体，循环使用。一般要求冷凝（氨冷器）后气体温度控制在 −10～−20℃；水汽含量 < $1.0g/m^3$。

b. 气氨含量　　在还原过程中，系统中的气氨和水蒸气，在氨冷器中一同被冷凝下来，形成氨水，由氨分离器进行气-液分离排出系统。

在一定浓度范围内，氨水的凝固点随其溶液浓度升高而降低。氨水浓度由 0～30%，其凝固点则会由 0～−90℃。为防止分离出的水在氨冷器中产生结冰而发生冻结现象，在催化

剂还原初期，由于反应生成的氨量少，应向循环气中通入一定量的气氨，维持气氨含量
≥1.0%，此时所得到氨水浓度＞25%，凝固点温度＜-40℃，远远低于氨冷器中温度，从而
确保不出现冻结现象。

　　c. 氢气及其他气体组分含量　还原气体中的氢气含量应尽可能得高，有利于催化剂
的还原。控制氢气含量在72%～76%之间；惰性气体含量应尽可能低，但为了不致排放
气体过多，一般维持在12%左右；其他有毒气体（如CO、CO_2等）及杂质含量，应愈低
愈好。

　　在实际生产中，应把升温速率、出水速率及水汽浓度作为核心工艺指标控制，严格控制
还原条件，尽可能按规定的催化剂升温还原曲线进行操作，使整个升温还原过程在控制状态
下进行，以最大限度地提高催化剂的活性，提高催化剂的活性和使用寿命。

　　(4) 还原出水量　催化剂被还原的程度用还原度来衡量。实际生产中，催化剂的还原度
通常用催化剂被实际还原的出水量占理论出水量的百分比来表示。由此可表示为：

$$\theta = \frac{m_{\text{实际}}}{m_{\text{理论}}} \times 100\% \tag{12-16}$$

式中　　　　θ——催化剂的还原度，%；

$m_{\text{实际}}$，$m_{\text{理论}}$——催化剂的实际出水质量和理论出水质量，kg。

　　设催化剂的质量为 m(kg)，铁比为 $A(A=[Fe^{2+}]/[Fe^{3+}])$，总铁为 $F(F=[Fe^{2+}]+$
$[Fe^{3+}])$，FeO 理论还原出水量为 x(kg)，Fe_2O_3 理论还原出水量为 y(kg)，则由催化剂还
原反应方程式：

$$FeO(s) + H_2(g) \Longrightarrow Fe(s) + H_2O(g) \tag{12-17}$$

$$Fe_2O_3(s) + 3H_2(g) \Longrightarrow 2Fe(s) + 3H_2O(g) \tag{12-18}$$

得：$x = \dfrac{M_{H_2O}}{M_{Fe}} Fm \times \dfrac{A}{A+1}$，$y = \dfrac{3M_{H_2O}}{2M_{Fe}} Fm \times \dfrac{1}{A+1}$

催化剂理论出水量为：

$$m_{\text{理}} = x + y = \frac{M_{H_2O}}{M_{Fe}} Fm \times \frac{1}{A+1} (A+1.5) \tag{12-19}$$

　　2. 催化剂的钝化

　　催化剂的钝化就是将催化剂表面进行缓慢的氧化，使催化剂表面形成一层稳定的氧化物
保护膜，此过程称为催化剂的钝化。氨合成催化剂还原后的活性组分 α-Fe，遇到空气会发
生强烈的氧化放热反应，放出大量的热量能烧结催化剂或烧坏设备。因此，长期停车或卸出
催化剂前，需将催化剂进行钝化处理。经过钝化后的催化剂，遇到空气就不易发生氧化反应
了。催化剂钝化后再次使用时，只需稍加还原即可投入生产操作。

　　催化剂钝化操作包括：钝化准备工作、钝化操作及注意事项三个部分。

　　(1) 钝化准备工作

　　① 循环机处于备用状态，出口换0～0.6MPa压力表。

　　② 空压机处于备用状态。

　　③ 合成塔炉温降至＜60℃。氨分离器、氨冷凝塔液位排放干净，循环系统卸压。

　　④ 卸掉液氨去氨储存总管压力，用氮气吹净加盲板。

　　⑤ 系统用氮气置换。开循环机，系统内氢气含量＜1%合格。

　　(2) 钝化操作

　　① 系统充氮气0.5MPa，微开配氧阀门，使氮气中氧含量≤0.3%，控制温升＜20℃。

　　② 间断配入空气，控制炉温稳定在60～80℃，最高不得超过100℃。

　　③ 增加循环量，视情况连续、逐渐增加空气量，用合成塔后放空，控制系统压力

为 0.5MPa。

④ 系统内氧气含量＞20％、氢气含量＜0.5％、催化剂层无温升时，即认为钝化合格。

（3）注意事项

① 严格控制氮气中氧气含量，要逐渐增加至全部切换成空气。

② 催化剂钝化后，应先泄压后停循环机。

三、催化剂的中毒和衰老

催化剂在使用过程中，活性会降低，降低的主要原因为催化剂的中毒和衰老。

1. 催化剂的中毒

入氨合成塔的新鲜气，虽然经过了前工序原料气的净化处理，但精制气中仍然含有微量的有毒气体，导致催化剂缓慢中毒，活性降低。使氨合成催化剂中毒的毒物有：氧及氧的化合物；硫及硫的化合物；氯及氯的化合物；气体夹带的油类、铜氨液及高级烃类在催化剂上裂解析出的炭等。

（1）使催化剂暂时中毒的毒物：氧及氧的化合物，如氧气、一氧化碳、二氧化碳、水蒸气等。

（2）使催化剂永久中毒的毒物：①硫及硫的化合物，如硫化氢、二氧化硫等；②氯及氯的化合物；③气体夹带的油类、铜氨液及高级烃类在催化剂上裂解析炭，堵塞催化剂微孔等。

为此，原料气送往合成工序之前应充分清除各类毒物，以保证原料气的纯度。原料气中一氧化碳与二氧化碳的含量之和称作微量。一般要求大型氨厂微量≤10cm³/m³，小型氨厂微量≤30cm³/m³。

2. 催化剂的衰老

催化剂在长期使用时，不是因为接触毒物而活性下降就称为催化剂的衰老。

催化剂长期处于高温下操作、催化剂层温度波动频繁温差过大、气流的不断冲击而破坏了催化剂的结构等因素都会造成催化剂的衰老。当催化剂衰老到一定程度，就需要更换新的催化剂。

催化剂的中毒和衰老几乎是无法避免的，因此要尽可能地采用合格的原料气、精心稳定操作才能延长催化剂的使用寿命。

如上所述，氨合成催化剂的性能对合成氨生产有着很重要的影响，不断改进催化剂的性能，开发新型催化剂将具有重要的现实意义。研究发现，向催化剂中加入稀土元素钴、钌等，对于降低催化剂的活性温度、提高催化剂的活性，效果比较明显。例如：我国研制的 A201 型催化剂，催化剂中加入钴后，可以起到双活性组分的作用，同时钴的加入可使铁催化剂的结构发生变化，还原态的铁微晶可减少 10nm，比表面积增大 $3\sim6m^2/g$，从而促进催化剂活性的提高。另一方面是催化剂外形的改进，可由原来的非规则形状，加工成球形小颗粒，能有效地降低催化剂床层阻力，从而降低能耗。另外，目前被称为第二代氨合成催化剂钌系催化剂，比传统的铁系催化剂提高氨合成能力 40％以上，是当前合成氨工业值得推广的节能技术。

第四节 工艺条件的选择

一、压力

在氨合成过程中，合成压力是决定其他工艺条件的前提，是决定生产强度和技术经济指标的主要因素。

　　从化学平衡和反应速率的角度来看，提高操作压力有利于提高平衡氨含量和氨合成反应速率，增加装置的生产能力，故氨的合成须在高压下进行。压力越高，反应速率越快，出口氨含量越高，装置生产能力就越大，而且压力高，设备紧凑、流程简单。例如，高压下分离氨只需水冷却即可。但是，高压下反应温度一般较高，催化剂使用寿命短，对设备材质、加工制造要求高。操作压力的选择主要依据是能耗以及包括能量消耗、原料费用、设备投资在内的综合费用，即取决于技术经济效果。

　　能量消耗主要涉及功的消耗，即原料气的压缩功耗、循环气的压缩功耗和冷冻系统的压缩功耗。图 12-8 为某日产 900t 氨合成功耗随压力的变化关系。由图可知：当操作压力在 15～30MPa，总功耗相差不大且数值较低。提高压力，循环气压缩功耗和氨分离冷冻功耗减少，而原料气压缩功耗却大幅度增加。压力过高，则原料气压缩功耗太大；压力过低，则循环气压缩功耗、氨分离冷冻功耗又太高。

　　实践表明：合成压力为 13～30MPa 是比较经济的。

　　目前，我国中、小型合成氨厂，生产中采用往复式压缩机，氨合成的操作压力一般在 30～32MPa；大型合成氨厂，采用蒸汽透平驱动的高压离心式压缩机，操作压力为 15～24MPa。随着氨合成工业技术的进步，采用低压力降的径向合成塔，装填高活性的催化剂，都会有效地提高氨合成率，降低循环机功耗，可使操作压力降至＜10MPa。

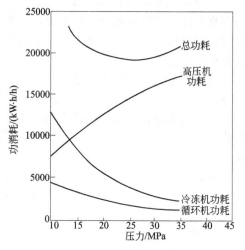

图 12-8　功耗与压力的变化关系

二、温度

1. 最适宜温度

　　氨合成反应是可逆放热反应，反应温度取决于所使用的催化剂及合成塔的结构。和变换反应一样，氨合成反应存在一个最适宜温度 T_m、最适宜温度 T_m 与平衡温度 T_e 及正、逆反应活化能 E_1、E_2 的关系：

$$T_m = \frac{T_e}{1 + \dfrac{RT_e}{E_2 - E_1} \ln \dfrac{E_2}{E_1}} \tag{12-20}$$

　　从基本原理已知，在一定条件下，气体组成改变，最适宜温度也随之变化。即在催化剂床层中，随着反应的进行，气体中的氨含量在不断地提高，则对应有不同的最适宜温度。将催化剂床层中，不同气体组成下的最适宜温度点连成的曲线称为最适宜温度曲线。

2. 最适宜温度曲线

　　氨合成反应按最适宜温度曲线进行，反应速率最快，催化剂用量最少，氨合成率（是指参加反应的氢氮量占反应前氢氮量的百分数）最高，生产能力最大。但是在实际生产中，受操作条件的限制，不可能完全按最适宜温度曲线进行。

　　（1）反应初期　在反应初期时，即在催化剂床层的前半段，氨含量很低，合成反应速率很快，实现最适宜温度不是主要问题，而实际上由于受到种种条件的限制，也不可能按最适宜温度曲线进行。例如：当合成塔入口气体中氨含量为 4％时，由图 12-9 可知，相应的最适宜温度大于 600℃，就是说入催化剂床层的气体温度应高于 600℃，这个温度已超过催化剂耐热温度（一般为 550℃ 左右）。另外，达到最适宜温度之后，床层温度再逐渐下降，温度分布递降的反应器在工艺实施上也不尽合理，它不能很好地利用自身反应热，使反应过程自发进行，需另加高温热源预热反应前气体以保证入催化剂层温度。所以，在反应初期、催化剂床层的前半段，首先是使反应气体在达到催化剂活性温度的前提下（一般约 350～380℃）进入催化剂层，进行一段绝热反应，依靠自身的反应热提高催化剂床层温度，而后再逐渐达到最适宜温度。

（2）反应中、后期 在反应中、后期时，即在催化剂床层的中、后半段，随着反

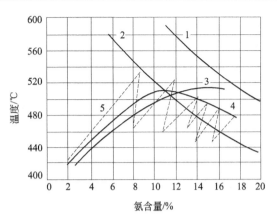

图 12-9 氨合成塔催化剂床层温度分布曲线
1，2—平衡曲线及最适宜温度曲线（30MPa、惰性气体为 18%）；3—双套管并流式温度分布曲线；4—三套管并流式温度分布曲线；5—多层冷激式温度分布曲线

应的进行，氨含量已经比较高，及时移走反应热，使反应温度按最适宜温度曲线进行。图 12-9 所示为几种氨合成塔催化剂床层温度分布曲线，并由图中可看出：①氨含量提高，相应的平衡温度与最适温度下降；②多层冷激式温度分布曲线最接近最适宜温度曲线。

工业生产中，应严格控制催化剂床层的两点温度，即床层入口温度（零米温度）和热点温度。床层入口温度应等于或略高于催化剂活性温度的下限，热点温度应小于或等于催化剂使用温度的上限。提高床层入口温度和热点温度，可使反应过程较好地接近最适宜温度曲线。生产中，在催化剂使用后期，由于催化剂活性下降，应适当提高操作温度。氨合成操作温度应视催化剂型号而定，可参考表 12-4，一般控制在 400～500℃。

三、空间速率

空间速率（简称空速）是指在单位时间里、单位体积催化剂上通过的气体量。若已知合成塔空间速率和进、出口氨含量及氨净值。氨净值是指合成塔进、出口氨含量之差。通过物料衡算可求得合成塔催化剂的生产强度和氨产量。氨合成催化剂的生产强度是指在单位时间内、单位体积催化剂上生成氨的量。

催化剂的生产强度可按下式计算：

$$G = \frac{17}{22.4} \times \frac{V_{S1}\Delta y_{NH_3}}{1 + y_{NH_{3,2}}} \tag{12-21}$$

氨产量：

$$W = GV$$

式中　　G——催化剂的生产强度，$kg/(m^3 \cdot h)$；

　　　V_{S1}——气体进塔的空速，h^{-1}；

　　Δy_{NH_3}——氨净值，$\Delta y_{NH_3} = y_{NH_{3,2}} - y_{NH_{3,1}}$；

$y_{NH_{3,1}}, y_{NH_{3,2}}$——进、出塔气体中氨含量（摩尔分数），%；

　　　W——氨产量，kg/h；

　　　V——催化剂的体积，m^3。

氨合成反应是在催化剂颗粒表面上进行的，气体中氨含量与气体和催化剂表面接触时间有关。当反应温度、压力、进塔气组成一定时，对于既定结构的合成塔，提高空速 V_{S1} 也就是加快气体通过催化剂床层的速率，气体与催化剂表面接触时间缩短，使出塔气中的氨含量 $y_{NH_{3,2}}$ 降低，导致氨净值 Δy_{NH_3} 降低；由于氨净值 Δy_{NH_3} 降低的程度比空速 V_{S1} 的增大程度

要小，即 $V_{S1} \Delta y_{NH_3}$ 仍然提高。所以当空速 V_{S1} 增加时，由式（12-21）可知：氨合成的生产强度 G 会提高；氨产量 W 也会有所增加。

采用高空速可以强化生产，这种方法由于造成出塔氨含量的降低，从而导致入塔循环气量及压力降增大，增加了循环机和冰机（是指压缩气氨的压缩机）的功耗，降低了反应热的回收利用。当氨合成反应热降低到一定的程度时，合成塔就难以维持自热平衡，所以空速不能过高。

一般地讲，氨合成操作压力高，反应速率快，空速可高一些；反之可低一些。中、小型合成氨厂，采用 30MPa 左右，空速在 $20000 \sim 30000 h^{-1}$；大型合成氨厂，采用 15MPa 的轴向冷激式合成塔，通常采用较低的空速，空速为 $10000 h^{-1}$。

四、进塔气组成

1. 氢氮比

由前面讨论可知：从化学热力学角度分析，当氢氮比 r 为 3 时，平衡氨含量最大；从化学动力学角度分析，最适宜氢氮比 r 随着反应的进行，将不断增大。由反应初期氢氮比 r 为 1，逐渐增加到反应接近化学平衡时，氢氮比接近于 3，反应速率为最快。这势必要在反应时不断补充氢气，生产上难以实现。实践表明：控制进塔气体中氢氮比略低于 3，一般氢氮比 r 为 $2.8 \sim 2.9$ 比较合适。而对含钴催化剂，氢氮比在 2.2 左右。

由于氨合成时氢氮比是按 3:1 消耗的，若忽略氢气和氮气在液氨中溶解的损失，为了维持进塔氢氮比不变，补充的新鲜气中氢氮比也应控制为 3。否则，合成循环系统中多余的氢气或氮气会积累起来，造成氢氮比失调，操作条件恶化。

2. 惰性气体含量

惰性气体的存在，对氨合成反应来说，无论是对平衡氨含量，还是对反应速率的影响都是不利的。惰性气体（CH_4、Ar）来自新鲜气，而新鲜气中惰性气体的含量随所用原料和气体净化方法的不同相差很大。

由于氨合成过程中未反应的氢氮混合气需重返氨合成塔循环利用，因而构成了循环法合成氨。利用循环法合成氨时，大量新鲜气会连续不断地补充到循环系统中。因此，在循环系统中惰性气体除有少量因溶解于液氨中被带出系统外；大量的惰性气体会不断积累、含量会不断地提高。为了保持进塔气中一定的惰性气体含量，目前工业生产上主要靠放空气（也称吹除气）量来控制。但是，维持过低的惰性气体含量又需大量排放循环气，导致原料气消耗量增加。因此，控制进塔气中惰性气体含量过高或过低都是不利的。

进塔气中惰性气体含量的控制，主要与操作压力和催化剂活性有关。操作压力较高、催化剂活性较好时，为了降低原料气消耗量，惰性气体含量易控制高些；反之，惰性气体含量就应该控制低些。一般控制在 12%～20%。

3. 进塔氨含量

在其他条件一定时，进塔气体中氨含量越低，氨净值就越大，反应速率越快，生产能力就越高。

目前一般采用冷凝法分离氨，进塔氨含量的高低与冷凝温度和系统压力有关。①要降低进塔混合气体中氨的含量，需消耗大量冷冻量，增加冷冻功耗，因此，过低降低冷凝温度在经济上是不可取的；②进塔氨含量还与合成操作压力有关。压力高，氨合成反应速率快，进塔氨含量可控制高些；压力低，为保持一定的反应速率，进塔氨含量应控制得低些。

工业生产中，当操作压力在 30MPa 左右时，一般控制在 3.2%～3.8%，而当操作压力为 6.5～20MPa 时，则控制在 <3%。

第五节　工　艺　流　程

一、氨合成基本工艺步骤

在工业生产上，氨的合成反应是在高温、高压及催化剂存在的条件下实现的。由于合成氨厂所采用的设备结构、压缩机型式、操作条件、氨分离的冷凝级数、热能回收形式以及各部分相对位置的差异，氨合成工艺流程不尽相同，但氨合成基本工艺步骤大致是相同的，都包括：气体的提压、升温，氨的冷凝、分离，热能的回收等。具体阐述如下。

1. 新鲜气的压缩

将新鲜原料气（是指经过净化的精制气或氢氮混合气）压缩提压到氨合成所需的操作压力 6.5～30MPa。因而，在工艺流程中设置压缩机。

（1）采用注油润滑往复式压缩机　压缩气体过程中，部分润滑油在高温下会气化成为油分，并被压缩后的气体带出，进入氨合成循环系统。油分的存在导致：①吸附在催化剂的表面上，使催化剂中毒；②吸附在换热器器壁上，降低传热效率。因此必须将油分清除干净。除油的方法：①在压缩机每段出口，设置油水分离器；②在氨合成循环系统中，设置油分离器（也称滤油器）。

（2）采用离心式压缩机或无油润滑往复式压缩机　不需设油分离设备。

2. 原料气的预热

将入催化剂床层的气体加热到催化剂的起始活性温度。因此，在工艺流程中设置换热装置。加热气体的热源：①正常操作情况下，主要是利用氨合成的反应热，即利用反应后的高温气体预热反应前温度较低的气体，换热过程一部分是在催化剂床层内通过换热装置（冷管）进行；一部分是在催化剂床层外的换热设备中进行；②在氨合成塔开车初期或反应热不能维持合成塔自热平衡时，可利用塔内电加热器或塔外加热炉供给热量。

3. 氨的合成与分离

（1）氨的合成　将达到工艺指标（压力、温度等）的气体，进入催化剂层进行氨合成反应。合成后混合气体中氨含量，一般为 10%～20%。在工艺流程中设置氨合成塔、热能回收装置等。

（2）氨的分离　将从合成塔出来的混合气体中，分离得到产品液氨。氨的分离方法有冷凝法和水吸收法两种，目前工业生产中主要采用冷凝法。

冷凝法分离混合气中的氨是利用氨气在低温、高压下易于液化的原理进行的。该法是首先冷却含氨的混合气，使气氨冷凝成液氨，再经气-液分离设备，从不凝性气体中分离出来液氨。在一定温度、压力下，气相中平衡氨含量可近似用拉尔逊公式计算：

$$\lg y^*_{NH_3} = 4.1856 + \frac{1.9060}{\sqrt{p}} - \frac{1099.5}{T} \tag{12-22}$$

式中　$y^*_{NH_3}$——气相中平衡氨含量，%；

p——混合气总压力，MPa；

T——混合气温度，K。

由上式可算出不同温度、压力下，与液氨呈平衡的气相氨含量。如表 12-6。

表 12-6　不同温度、压力下气相平衡氨含量 $y^*_{NH_3}$　　　　　单位：%

压力/MPa	温度/℃					
	−20	−10	0	10	20	30
15.20	2.15	3.14	4.46	6.19	80.39	11.13
30.40	1.53	2.24	2.88	4.43	6.00	7.99
76.00	1.16	1.67	2.38	3.30	4.48	5.96

可以看出，气相平衡氨含量随温度降低、压力升高而减少。即降低温度、提高压力有利于气氨的冷凝分离。若考虑到其他气体组分及气体中有部分氨呈雾状未被完全分离掉，对气相平衡氨含量的影响，实际上混合气中氨含量比用上式计算的气相平衡氨含量要高，一般应考虑约 10% 的过饱和度。

由表 12-6 可知：若操作压力为 30.40MPa，用水冷却到 20℃，气相平衡氨含量 $y^*_{NH_3}$ 至少有 6.00%；用液氨作冷冻剂冷却到 0℃ 以下，才能使气相平衡氨含量降至 3% 以下，达到工艺指标的要求。当操作压力为 15～20MPa，需经过水冷却到 20℃，再经 2～3 级氨冷将温度降至 −20℃ 以下，才能使气相平衡氨含量 $y^*_{NH_3}$ 降低至 2% 左右，符合工艺要求，达到分离氨的目的。

目前，工业上在冷凝合成氨后的气体过程中，以水和液氨做冷冻剂，因此，在工艺流程中设置水冷器、氨冷器。在水冷及氨冷之后，为了把冷凝下来的液氨从气相中分离出来，设置氨分离器。分离出来的液氨，经减压后送至液氨储槽，液氨储槽压力一般为 1.6MPa 左右。液氨既作为产品，也作为氨冷器添加液氨的来源。在冷凝过程中，一定量的氢气、氮气、甲烷、氩气等气体溶解于液氨中，当液氨在储槽内减压后，溶解于液氨中的气体组分，大部分从中解吸出来；同时，由于减压作用部分液氨气化，这种混合气工业上称为"储槽气"或"弛放气"，储槽气去氨合成排放气的回收。

4. 未反应气体的循环及循环气的排放

（1）未反应气体的循环　从合成塔出来的混合气体，经氨的分离后，剩余气体中含有大量未反应的氢、氮气。为了回收这部分气体，工业上采用循环法合成氨，即未反应的氢氮混合气，经氨分离后补充能量，与新鲜原料气汇合，重新进入氨合成塔进行反应。因此，在工艺流程中设置循环气压缩机，近年常用离心式压缩机，也有少数厂家仍使用往复式压缩机。循环气压缩机进、出口压差为 2～3MPa，它表示了整个合成循环系统阻力的大小。

（2）循环气的排放　采用循环法合成氨时，为了保持循环气体中惰性气体含量不致过高，常常采用间歇或连续放空的办法，来降低循环气中惰性气体含量。在氨合成工艺流程中，不同位置气体中惰性气体含量是不同的，其放空气（工业上也称吹除气）理想位置应选择在惰性气体含量最高、氨含量最低的地方，这样放空时氢氮混合气损失也最小。由此可见，放空位置应该选择在气相中氨已大部分分离（氨分离器）之后，而又在新鲜气加入（一般为滤油器）之前。

在循环气排放时，不仅仅是降低循环气体中惰性气体含量，同时放空气中的氢气、氨等也一同被排放，不过可以回收氢气、氨气并加以利用，从而降低原料气的消耗，回收后的气体称尾气，一般作燃料使用。

5. 反应热的回收

氨合成反应热较大，必须回收利用，降低生产成本。目前回收热能的方法有以下几种。

（1）预热反应前的氢氮混合气　用反应后的高温气体预热反应前的氢氮混合气，使其达到催化剂的起始活性温度。

（2）加热热水　加热进入铜液再生塔热水，供铜液再生使用；加热进入饱和塔热水，供变换使用等。

（3）预热锅炉给水　生产高压蒸汽，供汽轮机使用。

（4）副产蒸汽　按副产蒸汽锅炉安装位置的不同，可分为两类合成塔：塔内（内置式）和塔外（外置式）副产蒸汽合成塔。内置式副产蒸汽合成塔因结构复杂且塔的容积利用系数低，已很少采用。目前一般采用外置式副产蒸汽合成塔，根据反应后气体在换热器前、中及后抽出位置的不同，又可分为前置式、中置式和后置式合成塔三种。

① 前置式如图 12-10(a) 所示，是从催化剂床层出来的高温气体，先进入塔外的副产蒸汽锅炉，产生 2.5～4.0MPa 高压蒸汽。但设备及管线均承受高温、高压，对材料性能要求高。

② 中置式如图 12-10(b) 所示，是将塔内换热器分为两段，反应后的高温气体经第一段换热器后，进入塔外的副产蒸汽锅炉，产生 1.3～1.5MPa 中压蒸汽，然后再回到塔内第二段换热器。产生的蒸汽可供变换等工段使用，且对设备材质的要求不很高。

③ 后置式如图 12-10(c) 所示，是反应后的高温气体，先进入塔内换热器，再进入塔外的副产蒸汽锅炉，产生约 0.4MPa 的低压蒸汽，使用价值低。

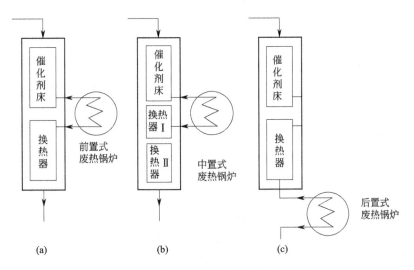

图 12-10 外置式副产蒸汽合成塔示意图

实际生产中，通常每生产 1t 氨一般可回收 0.8t 左右饱和蒸汽的热能。

至于采用哪一种回收热能方式，取决于全厂供热平衡设计。目前，大型氨厂较多采用加热锅炉给水；中型氨厂则多用于副产蒸汽；小型氨厂多用于副产蒸汽、加热热水。预热反应前的氢氮混合气，大、中、小型氨厂都有应用。

二、氨合成工艺流程

在氨合成工艺流程的设计中，关键在于合理组合氨合成基本工艺步骤，其中主要是合理确定循环机、新鲜气补入及惰性气体放空的位置以及氨分离的冷凝级数和热能的回收方式等，氨合成工艺流程虽不尽相同，但原则工艺流程基本不变，如图 12-11 为氨合成原则工艺流程示意图。

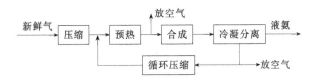

图 12-11 氨合成原则工艺流程

1. 传统氨合成工艺流程

(1) 工艺流程 目前，合成氨厂大多数都采用注油润滑往复式压缩机，操作压力约 32MPa，设置水冷器、氨冷器两次冷却合成氨后的气体及两次分离产品液氨。图 12-12 为传统中压法氨合成工艺流程。

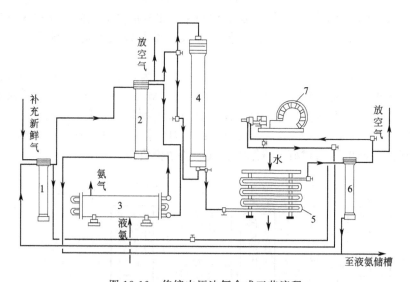

图 12-12　传统中压法氨合成工艺流程

1—油分离器；2—冷交换器；3—氨冷器；4—氨合成塔；5—水冷器；6—氨分离器；7—循环机

来自压缩工序的新鲜氢氮混合气压力约 32MPa、温度为 30～50℃，先进入油分离器 1 与循环机 7 来的循环气在油分离器 1 汇合，再进入冷交换器 2 上部的热交换器管内，在冷交换器 2 下部，被氨分离器上升的冷气体冷却到 10～20℃，然后进入氨冷器 3。在氨冷器 3 内，气体在高压管内流动，液氨在管外蒸发吸收热量，气体进一步被冷却至 0～-8℃，使气体中的气氨冷凝成液氨。从氨冷器 3 出来的带有液氨的循环气，进入冷交换器 2 下部的氨分离器分离出液氨后，上升到冷交换器 2 上部热交换器的管间，被管内的气体加热至 25～30℃，分两路进入氨合成塔 4，一路经主阀由塔顶进入；另一路经副阀从塔底进入（调节催化剂层的温度）。进氨合成塔 4 的循环气中，氨含量为 3.2%～3.8%，反应后的气体自合成塔 4 底部出来，温度<230℃、氨含量为 13%～17%。经水冷器 5 被冷却至温度<50℃，使气体中部分气氨液化成液氨后，再进入氨分离器 6 分离出液氨。出氨分离器 6 的气体，经循环机 7 补偿系统压力损失后，再进入油分离器 1 又开始下一个循环，依次进行下去进行连续性生产。

（2）工艺流程特点　传统氨合成工艺流程，氨合成循环系统设有两处放空、两处近路及两处氨的分离等。

① 两处放空。在氨分离器之后、新鲜气加入之前，设有放空气。此处，气体中氨含量较低而惰性气体含量较高，连续或间歇排放一部分气体（称放空气或吹除气），以降低系统中惰性气体含量，并可以减少氢氮气的消耗和氨损失；在合成塔前放空用以不正常操作，降低塔操作压力。

② 两处近路。在油分离器 1 之后至氨分离器 6 之前，设有系统近路；循环机 7 进、出口处设有循环机近路。用以调节循环气量及不正常操作等。

③ 两处氨的分离。在氨分离器 6 和冷交换器 2 下部分离出来的液氨，减压至 1.6～1.8MPa 后，由液氨总管输送至液氨储槽；在氨冷器中，液氨蒸发后的气氨，由分离器除去液氨雾滴后，经气氨总管输送至冰机进口，压缩后再冷凝成液氨，循环使用。

④ 循环机位置。往复式循环机（图 12-12）位于第一、二次氨分离之间。循环气温度较低，有利于气体的压缩，降低循环机功耗。改用离心式循环压缩机的工艺流程（图 12-13），压缩机设在第二次氨分离之后，温度更低，更有利于压缩，功耗更小。

⑤ 新鲜气加入位置。新鲜气设在油分离器中加入。这样，除了可除去新鲜气中油雾、

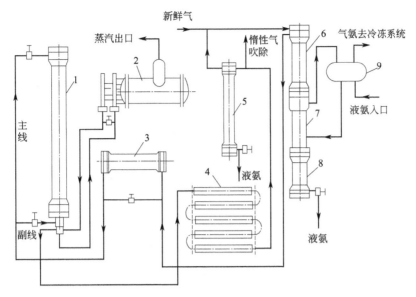

图 12-13 中置式副产蒸汽的氨合成工艺流程

1—氨合成塔；2—中置式废热锅炉；3—离心式循环气压缩机；4—水冷器；
5,8—氨分离器；6—冷交换器；7—氨冷器；9—液氨补充（高位）槽

水分外，在第二次氨分离时，还可以利用冷凝下来的液氨除去二氧化碳等，达到进一步净化的目的。

该流程是我国中、小型合成氨厂，普遍采用的传统中压法氨合成工艺流程，随着氨合成生产技术的不断发展、进步，在工艺流程中主要作了如下的改进，如图 12-13 所示。

① 增加中置式废热锅炉 2，充分回收能量。

② 改进设备结构　将冷交换器 6、氨冷器 7、氨分离器 8，安装在一个高压容器内，组成一个"三合一"的设备，使工艺流程布置更加紧凑、设备的生产能力得到提高等。

③ 采用离心式循环压缩机，这样就解决了压缩后气体带油雾和水分等问题，可以不设置油分离器。

2. 中、小型氨厂氨合成工艺流程

在合成氨生产过程中，一氧化碳变换及氨合成反应的反应热较大，充分利用反应热是合成氨节能降耗的重要课题。热能回收的工艺流程有多种，中、小型合成氨厂的综合换热网络，是近年来具有代表性的节能型工艺流程。

综合换热网络是根据系统工程原理，打破按工序内热量回收和利用的界限，依系统内余热的品位和热量供求关系，合理地组成综合换热网络，使反应热最大限度地得到有效利用。合成氨生产过程中的综合换热网络，就是将变换、铜洗、合成三个工序的热能供需关系进行综合平衡，回收反应热副产蒸汽，是以蒸汽为主的综合换热网络。

第一，将合成反应的高位热能用来产生中压蒸汽，供变换工序使用，取消外供蒸汽。

第二，在变换工序增设第二热水塔，用水回收出第一热水塔变换气的热能，被加热的热水，供铜洗工序加热铜氨液使用，取消外供蒸汽。

第三，综合换热网络技术最终使变换、铜洗、合成三个工序达到热能自给。

后置提温型副产蒸汽氨合成工艺流程如图 12-14。后置锅炉之后串联循环气预热器和软水预热器，气体提温后进入氨合成塔。

循环机 1 来的气体，经油分离器 2 由主、副线两路进入氨合成塔 3。主线气体沿合成塔

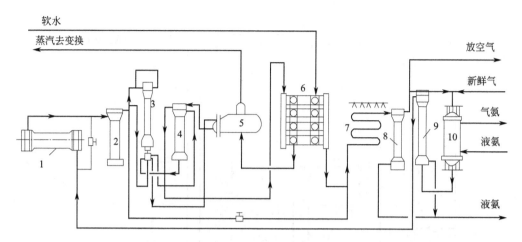

图 12-14　后置提温型副产蒸汽氨合成工艺流程

1—循环机；2—油分离器；3—氨合成塔；4—循环气预热器；5—后置锅炉；

6—软水预热器；7—水冷器；8—氨分离器；9—冷交换器；10—氨冷器

3 内、外筒环隙向下行，离开氨合成塔 3 后，进循环气预热器 4，提温约 160℃，回氨合成塔 3 下部换热器中，进一步被加热；副线气体由氨合成塔 3 下部进入，不经塔 3 下部换热器，与主线预热后气体汇合。然后进入催化剂床层，反应后温度约 300℃ 的出塔气，进入后置锅炉 5 副产压力为 0.8~1.2MPa 的饱和蒸汽约 0.8t/t NH₃。气体出后置锅炉 5 经循环气预热器 4（侧上进入、侧上离开）、软水预热器 6 回收热量后，再依次进入水冷器 7、氨分离器 8、冷交换器 9 上部换热器，与新鲜气汇合后进入氨冷器 10 及冷交换器 9 下部氨分离器，冷却冷凝并分离液氨后，入冷交换器 9 上部换热器换热后，再进循环机 1 压缩气体，又开始下一个循环，依次进行下去进行连续性生产。

3. 大型氨厂氨合成工艺流程

20 世纪 60 年代，美国凯洛格公司开发了以天然气为原料，采用单系列和蒸汽透平为驱动力的大型合成氨装置是合成氨工业的一次飞跃；70 年代，我国引进的大型合成氨装置，普遍采用凯洛格氨合成工艺流程。如图 12-15 为凯洛格氨合成工艺流程。

来自于甲烷化工序的新鲜气温度约 38℃、压力约 2.5MPa，在离心式压缩机 15 的第一段压缩到 6.5MPa，经甲烷化换热器 1、水冷却器 2 及氨冷却器 3 逐步冷却到 8℃，由冷凝液分离器 4 除去水分。除去水分后的新鲜气进入压缩机第二段继续压缩，并与循环气在压缩机缸内混合，压缩到 15.5MPa、温度为 69℃，经过水冷却器 5，气体温度降到 38℃，而后分两路继续冷却、冷凝。一路约 50% 的气体经过两级串联的氨冷却器 6 和 7，一级氨冷却器 6 液氨在 13℃ 下蒸发，将气体冷却到 22℃，二级氨冷却器 7 液氨在 -7℃ 下蒸发，将气体进一步冷却到 1℃；另一路气体与来自高压氨分离器 12 的 -23℃ 的气体在冷热交换器 9 中换热，降温至 -9℃，而冷气体升温到 24℃。两路气体汇合温度为 -4℃，再经过第三级氨冷却器 8，利用在 -33℃ 下液氨的蒸发，将气体进一步冷却到 -23℃，然后送往高压氨分离器 12，分离液氨后，含氨 2% 的循环气经冷热交换器 9 和塔前换热器 10 预热到 141℃，进冷激式氨合成塔 13 进行氨的合成反应。出合成塔的气体温度为 284℃，首先进入锅炉给水预热器 14，然后经塔前换热器 10 与进塔气体换热，被冷却到 43℃，分两路：一路绝大部分气体回到压缩机高压段（也称循环段），与新鲜气在缸内混合，完成了整个循环过程。另一路小部分气体在放空气氨冷却器 17 中被液氨冷却，经放空气分离器 18 分离液氨后，去氢气回收系统。

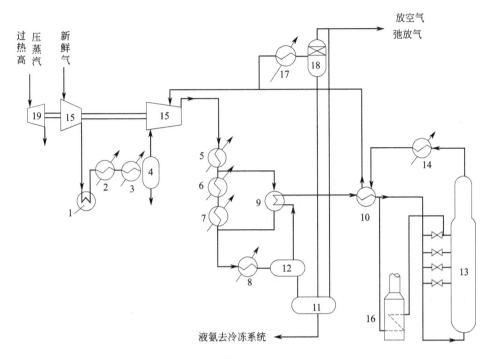

图 12-15 凯洛格氨合成工艺流程

1—甲烷化换热器；2,5—水冷却器；3,6～8—氨冷却器；4—冷凝液分离器；9—冷热交换器；
10—塔前换热器；11—低压氨分离器；12—高压氨分离器；13—氨合成塔；14—锅炉给水预热器；
15—离心式压缩机；16—开工加热炉；17—放空气氨冷却器；18—放空气分离器；19—汽轮机

高压氨分离器 12 中的液氨经减压后，进入低压氨分离器 11，然后再进入冷冻系统；弛放气与回收氨后的放空气一并用作燃料。

该工艺流程的优点如下。

① 采用蒸汽透平驱动带循环段的离心式压缩机，气体不受油雾的污染。

② 设锅炉给水预热器，回收氨合成的反应热，用于加热锅炉给水，热量回收好。

③ 采用三级氨冷。氨合成塔操作压力较低为 15MPa，所以采用三级氨冷，逐级将合成后的气体降温至－23℃。冷冻系统的液氨亦分三级闪蒸，三种不同压力的氨气分别返回离心式氨压缩机相应的压缩段中，这比全部氨气一次压缩至高压、冷凝后一次蒸发冷冻系数大，功耗小。

④ 放空管线设在压缩机循环段之前，此处惰性气体含量最高，氨含量也最高，由于回收放空气中的氨，故对氨损失影响不大。

⑤ 氨冷凝设在压缩机循环段之后进行，可以进一步清除气体中夹带的密封油、CO_2 等杂质。

缺点是循环功耗较大。

化工生产中，合成氨生产技术发展很快，国外一些合成氨公司开发了若干氨合成工艺新流程，如布朗三塔三废热锅炉流程、伍德两塔三床两废热锅炉流程、托普索两塔三床两废热锅炉流程等。

三、氨合成排放气的回收

排放气是指氨合成循环系统放空气和液氨储槽储槽气的总称。排放气的数量、组成与生产工艺过程及操作条件有关，其数值一般为 150～250m³/t NH₃；含氢气 55%～65%、氮气

18％～22％、甲烷 9％～15％、氨气 4％～6％、氩气 3％～5％。回收排放气中的氨和氢气，可增产合成氨 3％～5％，可节能约 58000kJ/t NH₃。因此，回收利用排放气，是合成氨厂节约能源、降低消耗的重要措施之一。目前，大中型氨厂均设置排放气回收装置，一部分小型氨厂也设置了回收。排放气的回收通常分为两步：第一步是回收排放气中的氨气；第二步是回收氢气。

1. 排放气中氨气的回收

目前回收排放气中氨气的方法，有冷凝法和水吸收法两种。

（1）冷凝法　冷凝法是将排放气在氨冷器中冷却到一定的温度，使氨冷凝成液氨，经分离得到回收。但由于受到冷凝温度和气液相平衡的限制，此法只能回收部分氨，回收氨后的气体中，仍含有 2％～3％的氨。

（2）水吸收法　水吸收法是用水吸收排放气中的氨生成氨水，使氨气含量降到 0.5％以下。生成的氨水：一是作为农用氨水直接出售；二是将氨水蒸馏，得到液氨，氨水蒸馏虽然投资较大，但氨的回收率高、纯度高；三是送往尿素工序解析过程回收氨等。吸收后的气体：在传统工艺生产中，一般作为燃料使用；现在大多数厂家，将吸收氨后的气体再经分子筛或硅胶吸附器，进一步除去水分和残余的氨，然后去氢气的回收。

2. 排放气中氢气的回收

目前回收排放气中氢气的方法有许多种，常用的方法有中空纤维膜分离法、变压吸附法两种。

（1）中空纤维膜分离法　此法是利用气体中各种组分在通过中空纤维膜时，渗透速率的不同来进行分离的。中空纤维膜的材料是以多孔不对称聚合物为载体，上面涂以高渗透性聚合物，如聚砜纤维膜等。这种材料具有选择性渗透特性，水蒸气、氢气等渗透速率较快的气体称为快气，而甲烷、氮气、氩、一氧化碳等渗透速率较慢的气体称为慢气。利用具有选择性渗透特性的中空纤维膜材料，制成空心管束，将空心管束组装在高压金属容器中，组成一个分离器，如图 12-16 所示。当排放气通过分离器时，就能使快气与慢气分离。

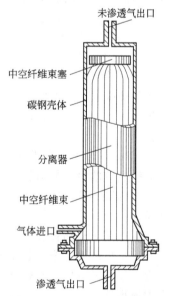

排放气经回收氨加热到 40～50℃后进入分离器的壳程，由于中空纤维膜管内、外压差（一般<10MPa）的作用，使快气氢气通过膜壁由管外渗透到管内，管内的氢气不断增加，并沿着管内从下部排出；而慢气甲烷、氩和氮气渗透能力弱，仍留在空心管外的壳程，在壳程中，自下而上从分离器顶部离开移出，从而将氢气从排放气中分离出来。

提高空心管内、外气体的压差，可提高氢气的渗透能力。但压差也不能过大，否则会损坏纤维管。此法氢气的回收率一般可达 90％，纯度在 90％左右。

（2）变压吸附分离法　变压吸附分离法简称 PSA 分离法。此法是在不同压力下，利用吸附剂对气体组分选择性吸附，将气体组分分离的。加压吸附接近饱和后，再减压脱附（解吸）使吸附剂获得再生。常用的吸附剂有沸石分子筛、碳分子筛等。沸石分子筛主要是由铝、硅酸盐类的化合物所组成。

排放气中吸附剂对甲烷、氮气和氩有较强的吸附能力，并随压力的增高而显著增大；而对氢气的吸附能力最弱，压力变化对其吸附能力几乎没有影响。因此，利用这一特点，在加压

图 12-16　中空纤维膜分离器

未渗透气出口
中空纤维束塞
碳钢壳体
分离器
中空纤维束
气体进口
渗透气出口

下当排放气通过吸附剂床层时，除氢气以外的其他气体均被吸附，从而达到分离出氢气的目的。

变压吸附循环系统是由吸附、减压、解吸和再加压四个步骤组成（见图 12-17），以可编程逻辑控制器简称 PLC，PLC 自动控制阀切换而构成循环系统。变压吸附系统通常是由若干个吸附器组成，排放气通过吸附器时，甲烷、氮气、氩气、氨气、一氧化碳等气体被吸附在吸附剂上，氢气不被吸附，得到纯度较高的氢气。当吸附剂吸附到一定程度后，停止吸附操作，降低吸附器压力进行解吸操作，解吸出被吸附的气体（一般作燃料使用），吸附剂获得再生循环使用。吸附操作压力一般为 $0.7 \sim 5.6$ MPa，解吸压力为 $0.02 \sim 0.10$ MPa；氢气纯度 $>99.9\%$，但氢气回收率较

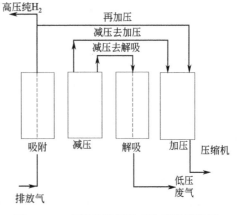

图 12-17　变压吸附循环系统流程示意图

低，为 $75\% \sim 80\%$。目前，排放气水洗脱氨、吸附干燥除去饱和水和微量氨，多塔变压吸附获得 H_2 的生产过程，是一项较为先进的技术。

3. 排放气的回收工艺流程

利用水吸收法回收气氨制得液氨、中空纤维膜分离法回收氢气流程如图 12-18 所示。

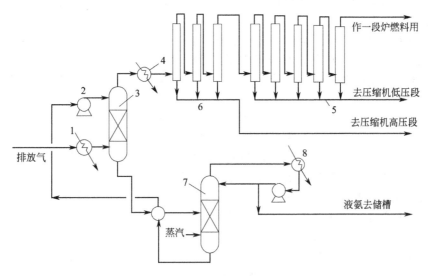

图 12-18　排放气的回收工艺流程图
1—加热器；2—水泵；3—水洗塔；4—加热器；
5,6—第一列膜和第二列膜分离器；7—氨蒸馏塔；8—氨冷凝器

第六节　主要设备

一、氨合成塔

氨合成塔是合成氨生产的重要设备之一，作用是在一定条件下，使精制气中氢氮混合气在塔内催化剂床层中合成为氨。

氨合成反应是在高温、高压条件下进行的。在高温高压条件下，氢、氮气对碳钢设备有明显的腐蚀作用。特别是氢对碳钢的腐蚀十分严重。造成腐蚀的原因：一种是氢脆，即氢溶解于金属晶格中，使钢材在缓慢变形时发生脆性破坏；另一种是氢腐蚀，即氢分子或氢原子

渗透到钢材内部，使碳化物分解并生成甲烷。

$$Fe_3C + 2H_2 \Longrightarrow 3Fe + CH_4 \tag{12-23}$$

$$2H_2 + C \Longrightarrow CH_4 \tag{12-24}$$

$$4H + C \Longrightarrow CH_4 \tag{12-25}$$

反应生成的甲烷聚积于晶界微观孔隙中形成高压，导致应力集中，沿晶界出现破坏裂纹，有时还会出现鼓泡。氢腐蚀与压力、温度有关，温度超过 221℃、氢分压大于 1.43MPa，氢腐蚀开始发生，从而使钢的结构遭到破坏，机械强度下降。在高温高压下，氮与钢中的铁及其他很多合金元素反应生成硬而脆的氮化物，导致金属力学性能降低。

1. 结构特点及分类

(1) 结构特点　为了满足氨合成反应条件，合理解决氨合成塔在高温、高压条件下，氢氮气对碳钢设备的腐蚀，氨合成塔一般是由内件和外筒两部分组成，内件置于外筒之内，如图 12-19～图 12-21 所示。

进入合成塔的气体温度较低（一般低于 50℃），先经过内件与外筒之间的环隙，内件外面设有保温层，以减少向外筒散热。因而，外筒主要承受高压（操作压力与大气压之差），但不承受高温（进塔气体温度与大气环境温度之差），可用普通低碳合金钢或优质碳钢制成的壳体。内件：在催化剂层高温下操作（400～500℃），承受着环隙气流与内件气流的压差，一般仅为 1～2MPa，即内件只承受高温、不承受高压，从而可降低对内件材质的要求，一般用镍铬不锈钢制作。

内件一般由催化剂筐（触媒筐）、热交换器、电加热器三个主要部分构成。

① 催化剂筐。催化剂筐是装填催化剂的容器，由于氨合成反应时放出大量的反应热，而在催化剂床层理想的温度分布是降温状态。因此，设有冷却装置。在氨合成塔内设置冷管等。

② 热交换器。热交换器承担回收催化剂床层出口气体显热，并间接加热进入氨合成塔温度较低的入塔气体，将气体预热到催化剂的起始活性温度，然后进入催化剂床层进行反应。一般采用列管式，多数置于氨合成塔内催化剂床层之下，称之为下部热交换器。也有放置在催化剂床层之上的，如 Kellogg 多层冷激式合成塔。

③ 电加热器。是补充热量的装置，垂直悬挂在塔内中心管上。用于催化剂升温还原或操作不能正常生产时，即反应热不能维持氨合成塔自热平衡时的加热，调节催化剂层的温度。大型氨合成塔的内件一般不设置电加热器，由塔外加热炉供热。整个合成塔中，仅热电偶内套管既承受高温、又承受高压，但直径较细，采用厚壁镍铬不锈钢管即可。

(2) 分类　合成塔除了在结构上力求简单可靠并能满足高温、高压的要求外，在工艺方面必须使氨合成反应在接近最适宜温度条件下进行，以获得较大的生产能力和较高的氨合成率。同时力求降低合成塔的阻力，减少循环气体的动力消耗。目前，氨合成塔种类繁多，一般分为两大类。

一是按降温的方法不同，氨合成塔分为三类。

① 冷管式。在催化剂层设置冷却管，反应前温度较低的原料气在冷管中流动，移出反应热，降低反应温度，并将原料气预热到反应温度。根据冷管的结构不同，分为三套管、单管等。冷管式合成塔结构复杂，一般用于直径为 500～1000mm 的中、小型氨合成塔。

② 冷激式。将催化剂分为多层（一般不超过 5 层），气体经每层绝热反应后，温度升高，通入冷的原料气与之混合，温度降低后再进入下一层。冷激式结构简单，但加入未反应的冷原料气，降低了氨合成率，一般多用于大型合成塔，近年来有些中、小型合成塔也采用了冷激式。

③ 间接换热式。将催化剂分为几层，层间设置换热器，上一层反应后的高温气体，进

入换热器降温后，再进入下一层进行反应。此种塔的氨净值较高，节能降耗效果明显，近年来在生产中应用逐渐广泛，并成为一种发展趋向，但结构较为复杂。

二是按气体在塔内的流动方向不同，氨合成塔又可分为两种。

① 轴向塔。气体沿塔轴向流动的称为轴向塔。如：Kellogg（凯洛格）四层轴向冷激式氨合成塔等，而 Kellogg 轴向合成塔的全塔压降为 0.7～1.0MPa。

② 径向塔。气体沿半径方向流动的称为径向塔。如：托普索 S-200 径向中间换热式氨合成塔等。径向合成塔最突出的特点是气体呈径向流动，路径较轴向塔短，而流通截面积则大得多，气体流速大大降低，故压降很小。当使用 1.5～3.0mm 的小颗粒催化剂时，全塔压降约为 0.25MPa，大大降低了循环机的功耗。

过去，中、小型氨厂一般采用冷管式合成塔；近年来开发的新型合成塔，塔内既可装冷管，也可采用冷激，还可以应用间接换热，既有轴向塔也有径向塔。一种综合型氨合成塔是一种发展的趋势，得到广泛应用。

2. 中、小型氨厂合成塔

（1）并流三套管内件　图 12-19 为三套管并流内件的结构示意图。如图所示，温度为20～40℃的循环气由塔顶进入，沿外筒与内件之间的环隙顺流而下，从底部进入下部热交换器的管间，与管内反应后的高温气体进行热交换，被加热到 300℃ 左右，进入分气盒的下室；另一部分气体由入塔副线进来，不经过热交换器，由冷气管直接进入分气盒的下室，与被预热的气体汇合，分配到各冷管的内管。气体由内管上升至顶部，沿内、外管间的环隙折流而下，通过外管与催化剂床层的气体并流换热，被预热到 380℃左右，经分气盒上室及中心管进入催化剂床层，进行氨的合成反应。反应后气体温度为 480～500℃，进入热交换器的管内，与入塔的低温气体换热后，温度降至 230℃ 以下，从塔底引出。

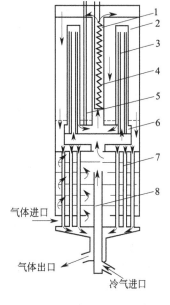

催化剂床层的顶部不设置冷管，为绝热层，反应热完全用于加热气体，使温度尽快达到最适宜温度；床层的中、下部为冷管层，可移出反应热，使反应尽可能按最适宜温度曲线进行。并流三套管内冷管为双层，其双层内的冷管一端层间间隙焊死，形成"滞气层"。"滞气层"增大了内、外管间的热阻，具有良好的隔热作用。内冷管气体温升很小，一般为 3～5℃，内冷管只起到导管的作用。

图 12-19　三套管并流内件
示意图

1—中心管；2—催化剂筐；3—冷管；4—电加热炉；5—温度计套管；6—分气盒；7—热交换器；
8—冷副线管

并流三套管式氨合成塔的主要优点：催化剂床层热点位置较高，热点温度之后，较好地遵循最适宜温度曲线，温度分布比较合理；催化剂生产强度高，操作稳定，适应性强等。

缺点：结构复杂，冷管与分气盒占据较多的空间；在催化剂升温还原时，冷管传热能力强，下层温度不易升高，还原不彻底。此种内件过去广泛应用于 ϕ600～1000mm 的氨合成塔，但近几年来，逐渐被新型合成塔所取代。

（2）传统改进型内件　传统改进型内件普遍存在冷管效应（在催化剂层冷管的周围，存在一个过冷失活区）、催化剂层调节温度困难、底部催化剂不易还原、塔阻力大、氨净值低、催化剂装填少以及余热利用率低等弊病。针对上述缺陷，工程科技人员进行了许多改进，改进氨合成塔内件，其中最典型的是ⅢJ内冷分流式氨合成塔，见图 12-20所示。

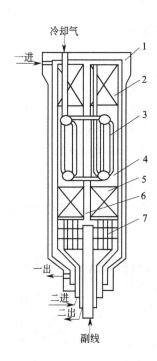

图 12-20　ⅢJ 型氨合成塔示意图
1—外筒；2—上绝热层；3—冷管；4—冷管层；
5—下绝热层；6—中心管；7—换热器

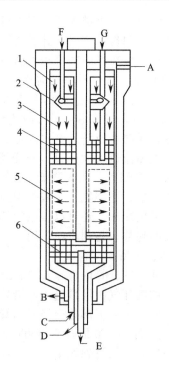

图 12-21　二轴一径式氨合成塔
1,3—第一、二轴向层；2—菱形分布器；4—层间换
热器；5—径向层；6—下部换热器；A——次入塔气；
B——次入塔气；C—二次入塔气；D—二次出塔气；
E—塔底冷副线；F—层间冷激气；G—层间冷却气

　　ⅢJ 内冷分流式氨合成塔，在催化剂床层中部设有冷管 3，将催化剂层分上绝热层 2、冷管层 4 和下绝热层 5，塔下部设有换热器 7，即ⅢJ 内件由上绝热床层＋冷管反应层＋下绝热床层＋下换热器组成。

　　在塔内气体流程：温度为 30～40℃的循环气分为两部分，一部分占总气量 35％～45％的气体，经调温副线调至 40～120℃，由大盖上的两根导气管进入催化剂床层的冷管束，自上而下通过冷却段床层。另一部分气体占总气量 55％～65％，温度为 30～35℃，由塔上一侧的进口入塔，经过塔内件与外筒间的环隙，由下部"五通一出"离开合成塔，进塔外热交换器管外，被加热到 170～180℃，从"五通二进"至塔下部换热器 7 管间，被反应后气体预热到反应温度 360～380℃，经中心管 6 到床层顶部。两部分气体在床层顶部汇合，依次经催化剂上绝热床层、内冷床层、下绝热层反应后，至塔下部换热器管内，预热管间冷气到催化剂床层的入口温度，自身被冷却温度降至 320～360℃，由塔底"五通二出"离开氨合成塔。

　　ⅢJ 内件的特点：它采用一个导入冷气、可自由取出的冷管组合件，具有双绝热、内冷、分流的功能。既能很好地发挥冷管型内件操作简便的特点，又具有以下优点。

　　① 高压容积利用率高，在 60％以上。

　　② 催化剂装填量多。比三套管、单管并流式内件多装 25％以上。

　　③ 催化剂升温还原较好。在升温还原过程中，气体经中心管加热后，直接从上部进入催化剂床层，同一平面催化剂温度相同、还原度相同；冷管较短，为不规则型，冷管效应减轻，促进了气体径向的涡流反混；尤其是设置了下绝热层，适当提高了下部反应温度，催化剂底部温度容易提高，轴向温差小，下部催化剂还原彻底，且能控制分层还原，使催化剂获

得良好的活性。

④ 催化剂床层温度便于调节。在流程中设置了三条冷气副线，床层温度调节很方便，从而使整个反应过程，温度分布接近于最适宜温度曲线，反应速率快，氨净值较高（可达15%以上），生产强度大。

⑤ 反应热回收较好。出塔气体温度在320～360℃，可副产1.3MPa的中压饱和蒸汽700～800kg/t NH$_3$等。

但也有明显的缺点：仍保留了部分冷管，只是较好地克服了"冷管效应"和催化剂层温度调节难的缺陷等。

（3）轴径向合成塔　这种塔是将催化剂床层分为2～3层，反应气体既有轴向流动，又有径向流动，故称为轴径向塔。轴径向塔的结构也有多种，按气体在塔内流动方向的次数不同，可分为：一轴一径式、一轴二径式、一轴三径式及二轴一径式。二轴一径式氨合成塔结构如图12-21所示，催化剂分三层装填，第一、二层为轴向层，气体沿轴向流动，第三层为径向层，气体沿径向流动。

在塔内气体流程：原料气从塔顶A进入（一进）外筒与内件之间的环隙，由塔底B去（一出）塔外换热器换热，换热后的气体再从塔底C进入（二进）塔内，经下部换热器6加热至反应温度，通过中心管进入第一轴向层1进行氨合成反应。反应后气体温度升高，然后向第一、二层间的菱形分布器2通入冷激气体F（未反应的冷原料气），使气体温度降低后进入第二轴向层3进行反应。反应后温度升高的气体，再进入第二、三层间的层间换热器4管内被冷却后，进入径向层5（一径）反应，气体自内向外沿径向流动，最后进入塔下部换热器6管内，与管外冷原料气换热后离开氨合成塔（二出）。

菱形分布器和层间换热器的冷原料气，均由塔顶引入。进入层间换热器4的冷原料气被加热后，沿中心管的外套管自下而上流至中心管上部，与（二进）主气流混合后一起进入第一催化剂层。

轴径向塔的优点：大大降低了塔的阻力，从而可选用小颗粒催化剂，提高了氨产量，同时因塔不用冷管，结构简单，避免了冷管效应，又可多装催化剂，有利于提高氨净值。

3. 大型氨厂合成塔

（1）轴向塔　轴向冷激式合成塔是将催化剂床层分为若干段，在段间通入未预热的氢、氮混合气直接冷却，故也称多段直接冷激式氨合成塔。图12-22为凯洛格四层轴向冷激式氨合成塔，塔外筒形状呈上小下大的瓶式，在缩口部位密封，克服了大塔径不易密封的困难。内件包括四层催化剂、层间气体混合装置（冷激管和挡板）以及列管式换热器。

气体在塔内流程：气体由塔底部进入塔内，经催化剂筐和外筒之间的环隙，向上流动以冷却外筒，再经过上部热交换器的管间，被预热到400℃左右进入第一层催化剂进行绝热反应。经反应后气体温度升高至500℃左右，在第一、二层间的空间与冷激气混合降温，然后入第二层进行催化绝热反应。依此类推，最后气体从第四层催化剂层底部流出，折流向上经过中心管，进入热交换器的管内，换热后由塔顶排出。

该塔的优点：

① 用冷激气调节床层温度，操作方便；

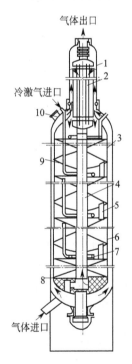

气体出口

冷激气进口

气体进口

图12-22　轴向冷激式
氨合成塔

1—上筒体；2—热交换器；

3—催化剂筐；4—中心管；

5—卸料管；6—下筒；

7—冷激管；8—氧化铝；

9—筛板；10—人孔

② 省去许多冷管，结构简单可靠、操作平稳等；

③ 合成塔筒体与内件上开设人孔，装卸催化剂时不必将内件吊出，催化剂装卸也比较容易；

④ 外筒密封在缩口处，法兰密封易得到保证。

但该塔有明显缺点：

① 瓶式塔内件封死在塔内，致使塔体较重，运输和安装较困难，而且内件无法吊出，造成维修与更换零部件极为不便；

② 催化剂筐外的保温层损坏后很难检查、维修；

③ 塔的阻力较大；

④ 冷激气的加入，降低氨含量，而且不能获得更高的氨合成率，这是冷激塔的一个严重缺点。

（2）径向塔　径向中间换热式合成塔，是 20 世纪 70 年代后期，世界能源出现短缺，托普索公司改进了原两段径向合成塔结构的设计，采用了中间冷气换热的托普索 S-200 型内件，图 12-23 为不带底部换热器的 S-200 型径向氨合成塔。

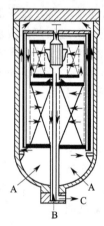

图 12-23　S-200 型径向氨合成塔
A—主气体进口；B—冷却气体入口；
C—气体出口

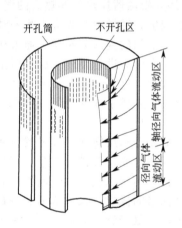

图 12-24　轴径向氨合成塔

进塔气体流程：一部分从塔底接口 A 进入，向上流经内件外筒之间的环隙，再入床间换热器；另一部分，由塔底 B 进入的冷副线气体。二者混合经进入第一催化剂床层，沿径向辐射状流经催化剂床层再进入第二催化剂床层，从外部沿径向向内流动，最后由中心管外面的环形通道，再经塔底接口 C 流出塔外。

该塔的优点：

① 用床间换热器代替了有层间冷激的内件，由于取消了层间冷激，不存在因冷激而降低氨浓度的不利因素，从而使合成塔出口氨含量有较大提高；

② 生产能力一定时，减小了循环量，降低了循环气功耗和冷冻功耗；

③ 采用大盖密封便于运输、安装与检修等。

该塔的缺点：在结构上比轴向合成塔稍为复杂。因为该塔存在的问题是如何有效地保证气体均匀流经催化剂床层而不会发生偏流。目前采取的措施是：

① 在催化剂筐外设双层圆筒，与催化剂接触的一层均匀开孔，开孔率高；另一层圆筒开孔率很低，当气流以高速穿过此层圆筒，由于受到一定的阻力，使气体流速均匀降低、均匀分布；

②　在上下两段催化剂床层中，仅在一定高度上装设多孔圆筒，催化剂装填高度高出多孔圆筒部分，以防催化剂床层下沉时气体走短路（也就是催化剂床层顶部留有一段死气层）。

（3）轴径向混流型合成塔　轴径向混流型合成塔也称轴径向混合流动型合成塔。是20世纪80年代末，瑞士卡萨里（Casale）制氨公司针对凯洛格轴向合成塔存在的缺点开发的，它在结构上有如下特点。

①　几个催化剂床按一定尺寸制造。一个催化剂床叠加在另一个催化剂床顶部，二者之间密封简单，又可拆开，缩短了装卸催化剂床的时间。

②　催化剂床是由筒体内壁与外壁组成。在筒体内壁与外壁之间装填催化剂，而沿内、外筒壁一定间距钻孔（见图12-24），5％～10％的气流进入轴径向流动区，其余进入径向流动区。床层顶部不封闭，高压空间利用率可达70％～75％。

③　催化剂床的筒壁为气流分布器。气流分布器是由三层组成：第一层为圆孔型多孔壁，远离催化剂，气流均匀分布是通过分布器的阻力来实现的；第二层为桥型多孔壁，催化剂床筒壁上冲压成许多等间距排列像桥型的凸型结构，此结构不仅起到机械支撑作用，而且对气流起到缓冲和均匀作用；第三层是与催化剂相接触的一层金属丝网。由这三层组成的气流分布器，经焊接成弧形板，然后拼接成圆筒。

凯洛格四床层轴向合成塔改为三床层轴径向合成塔后，在同样的生产条件下，出塔气体中的氨含量、氨净值、塔压力降及节能等方面得到明显提高和改善。

另外，德国伍德公司推出的三段中间换热式径向氨合成塔的设计，其一、二段出口的中间换热器置于塔的中心部位，并设置了个别的调温副线，采用小颗粒的含钴催化剂，可使氨合成压力降低至8.0MPa，是较完善的大型合成氨厂节能型氨合成塔。我国一家大型合成氨厂采用直径3200mm一轴两径氨合成塔，使用高活性低温催化剂，氨合成塔生产能力大幅度提高，从而使氨合成压力降低至6.5MPa下进行，大大降低了能源的消耗。

二、氨分离器

氨分离器的作用是使循环气中冷凝成的液氨分离下来。工业上常使用的氨分离器有多层同心圆筒式、填充套筒式等多种。常用的是多层同心圆筒式氨分离器（如图12-25）。

氨分离器由高压外筒和内件两部分组成。外筒上有一高压上盖3，与筒体1用螺栓连接，筒体内焊有一个套筒4。内件2由四层圆筒所组成，圆筒固定在上面的圆板上，圆板安装在高压筒体上，圆板的中心有一个气体出口。圆筒上开有许多长方形的小孔，各层孔的位置相互错开，使气体流动时不断改变方向。另外，外筒上还设有液面计接口。

器内气、液流程：循环气由筒体上部侧面进入，沿筒体与套筒间的环隙向下流动，超过套筒后气体即从内件最外层圆筒上的长方形孔进入，顺次曲折流经第二层、第三层和第四层。由于气体流通截面积突然增大，使气体流速降低，再加上不断碰撞圆筒壁面、改变方向，气体中呈滴状的液氨因重力作用而下降，于是气体中所带的液滴被分离下来。最后气体经中心圆筒向上，通过筒

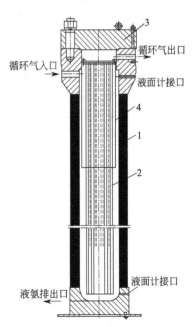

图 12-25　氨分离器
1—筒体；2—内件；3—上盖；4—套筒

体上部循环气出口而流出氨分离器。分离下来的液氨积存在氨分离器下部，并自底部液氨排出口排出。

第七节　氨冷冻与液氨的储存

在合成氨生产过程中，有许多工序的物料需要被冷却到常温以下。通常冷却的做法是，首先利用水在水冷器中将被冷物料冷却到常温，而后再利用液氨在氨冷器内蒸发吸收热量，将被冷物料冷却到常温以下，满足生产的需要。如：氨合成工序，合成氨后的混合气体用水冷及氨冷冷却冷凝，使气体温度降低到0℃左右、甚至更低，使气氨冷凝成为液氨，再气液分离得到液氨；铜洗工序，铜氨液需被冷却到8～15℃，也需要水冷和氨冷等。因此合成氨厂设置冷冻系统。所谓冷冻就是将被冷物料的温度降低至比水和周围空气温度低的操作，也称为制冷。由于氨的生产和氨的加工工序的不均衡性，过剩的液氨需要储存，因此氨厂设置液氨的储存。

一、氨冷冻

1. 冷冻原理

热量只能自发地从高温物体传给低温物体。或者说要想使低温物体的热量传给高温物体，外界必须对其做功。利用工作介质的状态变化，从较低温度的热源吸取一定的热量 Q_L，再通过外界对其做机械功 W，使其向较高温度的热源放出热量 Q_H。这一转换过程遵循能量守恒定律，即：$Q_H = Q_L + W$。如：合成氨工业，传送热量的工作介质（冷冻剂）是氨、低温热源是被冷物料、高温热源是冷却水。

2. 冷冻方法

在工业生产中，常用冷冻方法有三种。

（1）相变制冷。如液体的减压蒸发，在氨蒸发器（氨冷器）中进行的过程。

（2）气体膨胀制冷。如气体的节流膨胀，高压气体经节流阀膨胀进行的过程。

（3）气体涡流制冷。如气体对外做功的等熵膨胀，在膨胀机中进行的过程。

3. 冷冻循环

在合成氨生产过程中，采用的是相变制冷，冷冻剂是氨。由于在一定条件下，氨极容易气化、也容易液化，因而氨是一种良好的冷冻剂（也称制冷剂）。液氨减压极易气化，从被冷物料取出热量降低被冷物料的温度，达到冷冻目的；气氨提高压力、降低温度也容易液化，达到制取液氨的目的。氨在氨冷循环系统循环使用，损失的氨再补充新液氨。

（1）液氨性质　液氨的蒸发温度与饱和蒸气压、气化热的关系见表12-7。

表 12-7　液氨的蒸发温度与饱和蒸气压、气化热的关系

温度/℃	饱和蒸气压/kPa	气化热/(kJ/kg)	温度/℃	饱和蒸气压/kPa	气化热/(kJ/kg)
−30	119.5	1358.4	15	728.3	1206.8
−25	151.6	1343.7	20	857.2	1186.7
−20	190.3	132.7.0	25	1002.7	1166.6
−15	236.3	1312.3	30	1166.5	1145.3
−10	290.9	1296.4	35	1349.9	1123.1
−5	354.9	1279.2	40	1554.4	1100.5
0	429.4	1262.1	45	1781.4	1076.6

由表12-7可知：液氨的蒸发温度愈低，其饱和蒸气压力愈小、气化热愈大；反之，相反。因此，在实际生产中，可根据所要求的冷冻温度，确定液氨蒸发压力。在氨蒸发器的操作中，就是通过控制液氨的蒸发压力，来达到所要求的冷却温度的。

（2）氨冷冻循环系统　氨冷冻循环系统是由气氨的压缩、冷凝、液氨的节流膨胀和蒸发四个过程所组成。主要设置有氨压缩机、水冷凝器、节流阀、氨蒸发器等设备。氨压缩机也称冰机，节流阀即是减压阀。氨冷冻循环系统原则工艺流程示意图如图 12-26 所示。

① 氨蒸发器 4 蒸发出来的气氨（压力视冷冻要求而定）被冰机 1 压缩至 1.3～1.5MPa，经水冷凝器 2 进行冷却冷凝到 25～35℃，气氨冷凝为液氨。

② 液氨再经减压阀 3 进行节流膨胀（焓值不变），温度、压力同时下降，一部分液氨闪蒸成为气氨。

③ 减压后的低温液氨，在氨蒸发器 4 内与被冷物料（合成循环气、铜氨液等）间接换热，取出被冷物料的热量，被冷物料温度降到常温以下，达到冷却要求，同时液氨吸热蒸发为气氨。

④ 气氨又送入冰机 1 被压缩，这样就完成了一个冷冻循环，依次循环下去。

在冷冻循环中，冰机的压缩比愈大，消耗功也就愈多。因此，为了节省能量，可以根据冷冻温度的不同要求，采用不同的蒸发压力，进行多级氨冷。在合成氨生产中，一般采用 1～3 级氨冷。

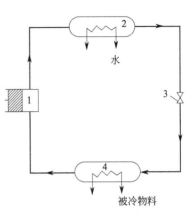

图 12-26　氨冷冻循环系统原则流程
1—冰机；2—水冷凝器；
3—减压阀；4—氨蒸发器

（3）冷冻循环　所有的冷冻循环都是按逆向循环工作的，逆向循环是消耗功的过程。

① 冷冻系数和冷冻量　制冷效果一般用冷冻系数来衡量。冷冻系数是指在冷冻循环中，冷冻剂从低温热源吸取的热量 Q_L（也称冷冻量）与外界对工作介质所做机械功 A 之比，用 ε 表示。冷冻系数 ε 可表示为：

$$\varepsilon = \frac{Q_L}{A} \tag{10-26}$$

显然，冷冻系数 ε 愈大，表示消耗单位机械功所获得的冷冻量愈大，也就愈经济。

冷冻量是指在一定条件下，冷冻剂蒸发时，从被冷物料所取出的热量。而单位时间上的冷冻量称为冷冻能力。冷冻能力不仅与压缩机的大小、转数有关，还与蒸发器的操作条件有关。例如：蒸发温度愈高、冷凝温度愈低，制冷量越大，冷冻能力也就越大；反之，制冷量愈小，冷冻能力也就愈小。

② 逆卡诺循环的冷冻系数 $\varepsilon_{逆}$　卡诺循环是两个高、低温热源不变时，卡诺循环（两个恒温可逆过程和两个绝热可逆过程）的逆向循环。卡诺循环对外做功最大，热机效率最高；逆卡诺循环消耗功最小，两热源间冷冻系数 $\varepsilon_{逆}$ 最大。

逆卡诺循环的冷冻系数 $\varepsilon_{逆}$ 为：

$$\varepsilon_{逆} = \frac{Q_L}{A} = \frac{Q_L}{Q_H - Q_L} = \frac{T_L}{T_H - T_L} \tag{10-27}$$

式中　T_L——冷冻剂从低温热源吸取的热量 Q_L 时的温度，即氨蒸发器的蒸发温度，K；

　　　　T_H——冷冻剂向高温热源放出热量 Q_H 时温度，即水冷凝器的冷凝温度，K。

由上式可知：逆卡诺循环的冷冻系数 $\varepsilon_{逆}$，仅与冷冻剂两热源的温度有关。提高 T_L、降低 T_H 都会使 $\varepsilon_{逆}$ 增大。因此，在合成氨生产过程中，为了降低冷冻循环所消耗功，提高冷冻系数，尽量提高氨蒸发器的蒸发温度、降低水冷凝器的冷凝温度。

4. 工艺流程

（1）中、小型合成氨厂冷冻循环系统工艺流程　中、小型氨厂冷冻系统一般采用一级氨冷，其工艺流程如图 10-27 所示。

气体氨进入冰机后经油分离器 2 除去夹带的油雾进入水冷凝器（也称水冷器），将气氨冷却为液氨。气氨冷凝为液氨后进入液氨储槽，经减压阀、液氨分配器送往氨冷器。在氨冷

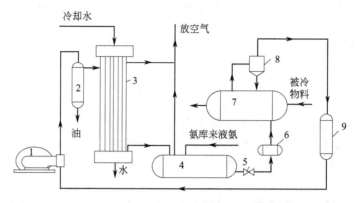

图 12-27　中、小型氨厂冷冻循环系统流程

1—冰机；2—油分离器；3—水冷凝器；4—液氨储槽；5—减压阀；6—分配器；7—氨冷器；8,9—分离器

器中，液氨吸收被冷物料的热量蒸发为气氨，经分离器 8 除去所夹带的液氨雾滴后，再进入分离器 9 除去油雾等，送至冰机继续压缩气氨，由此经历了一次冷冻循环。

需要说明的是，在此工艺中，冰机一般使用往复式压缩机；水冷凝器有喷淋式和列管式；生产中积累下来的不凝性气体需定期排放；作为冷冻循环系统损失的液氨由氨库的液氨来补充。

（2）凯洛格冷冻系统流程　在凯洛格冷冻系统工艺流程中，采用三级氨冷，其工艺流程如图 10-28 所示。合成氨后的循环气温度约为 38℃，依次通过一、二、三级氨冷器，分别被冷却到 22℃、1℃、−23℃。而冷却介质采用的是液氨，它们的蒸发压力（绝压）为：689kPa、301kPa、104kPa，蒸发温度分别为：13.3℃、−7.2℃、−33℃。

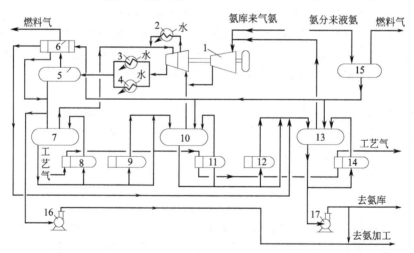

图 12-28　凯洛格冷冻系统流程

1—冰机；2～4—水冷器；5—冰机液氨储槽；6—冰机储槽闪蒸气氨冷器；
7,10,13——一、二、三级闪蒸槽；8,11,14——一、二、三级氨冷器；9—合成气压缩机段间氨冷器；
12—弛放气氨冷器；15—中间储槽；16—热氨泵；17—冷氨泵

由中间储槽来的液氨，一部分送至二、三级闪蒸槽，另一部分送至冰机储槽闪蒸气氨冷器。一、二、三级闪蒸槽分别为合成系统中的一、二、三级氨冷器的储槽，液氨由此送入相应的氨冷器，同时各氨冷器蒸发出来的气氨又都进入压力相应的闪蒸槽，然后统一送往冰机。一级闪蒸槽（689kPa、13.3℃）出来的液氨，一部分送一级氨冷器，另一部分送往合成气压缩机段间氨冷器。蒸发的气氨进入二级闪蒸槽，液氨经减压进入二级闪蒸槽。二级闪蒸槽（301kPa、-7.2℃）出来的液氨，一部分送二级氨冷器，另一部分送往弛放气氨冷器。蒸发出来的气氨送往三级氨冷器，液氨经减压进入三级闪蒸槽。三级闪蒸槽（104kPa、-33℃）的液氨除送三级氨冷器外，还抽出一部分作为液氨产品送往氨库。

与中、小型氨厂不同的是，在此流程中，冰机为离心式压缩机，是由蒸汽轮机驱动。压缩机分两缸三段（高压缸包括两段）。由三级闪蒸槽出来的气氨进入冰机一段压缩，一段出口与二级闪蒸槽出来的气氨汇合进入二段压缩；二段出口气先经水冷器冷却后再与一级闪蒸槽来的气氨汇合进入三段压缩；三段出口的气氨压力（绝）为1.81MPa，经两台并联的水冷器3和4冷却后得到2℃的液氨，送往冰机液氨储槽。冰机液氨储槽的闪蒸气去闪蒸器氨冷器，将气体中的氨气冷凝成液氨，送往一级闪蒸槽，闪蒸气用作燃料。冰机液氨储槽的液氨一部分送往一级闪蒸槽，另一部分与从三级闪蒸槽来的液氨配成40℃的产品去氨加工，系统多余的液氨送往氨库。

在上述流程中，三个闪蒸槽均为卧式，头尾衔接，从外形上看是一个储槽。闪蒸槽的位置高于三个主要的氨冷器。在氨冷器壳程中，液氨吸热蒸发为气氨，沿上升管回到闪蒸槽，槽内液氨自动流到氨冷器底部。

二、液氨的储存

1. 液氨储槽

在合成氨厂，由于氨的合成和氨的加工工序的不均衡性，过剩的产品液氨需要储存，并按消耗工序需要合理地供给所需液氨。因此氨厂需要设置液氨储槽，所用设备有：氨罐、氨球及氨立式储槽。

液氨储槽的操作压力主要取决于液氨的温度。液氨的饱和蒸气压随温度的升高而增大，因此在较低的操作压力下（如常压）储存液氨，必须降低液氨的温度；而在较高的温度下（如常温）储存液氨，必须提高储槽的压力。

无论采用何种液氨储槽，液氨储槽内都不能充满液氨，必须留有一定空间，作为气氨的容积。否则，当液氨储槽液氨的温度升高，液氨膨胀后，由于液体的不可压缩性，会使储槽压力升高而引起爆炸事故。所以，规定液氨储槽内储存液氨量，不允许超过容积的80%。

2. 液氨储槽气

在氨合成冷凝过程中，一定量的含有氢气、氮气、甲烷、氩等气体，在高压下溶解于液氨中。当液氨在储槽内减压后，溶解于液氨中的气体大部分会解吸出来；同时，由于减压作用部分液氨气化成为气氨，这种混合气工业上称为"储槽气"或"弛放气"。储槽气的组成约含氢气32%、氮气12%、甲烷6%、氩5%和氨气45%。此混合气体在储槽内会越积累越多，使压力升高，需要不断排放出去。排放出去的气体，一般利用氨吸收塔回收储槽气中的氨，回收后的气体（尾气），通常作为燃料使用，也可送往氢氮气压缩机一段入口，回收氢氮气。液氨解吸出所溶解的气体后，其纯度将显著提高。

气体在液氨中的溶解度，可用亨利定律近似计算，计算结果表明甲烷在液氨中的溶解度最大，其次是氩气、氮气和氢气，且溶解度均随温度升高而增大，由气-液平衡理论的推断，上述气体在液氨中的溶解是吸热的过程。

思考与练习

1. 工业上氨合成工艺的原则是什么？
2. 氨的合成有哪些方法？其合成氨法的特点如何？
3. 氨合成反应的特点是什么？

4. 何谓平衡氨含量？如何提高平衡氨含量？

5. 氨合成反应速率是由哪个步骤控制的？

6. 试分析温度、压力等对氨合成反应速率的影响。

7. 何谓催化剂内表面利用率？影响因素有哪些？如何影响的？

8. 铁催化剂的组成及作用是什么？

9. 氨合成催化剂促进剂可分为哪两种？

10. 何谓催化剂的还原？铁催化剂在使用前为何要进行还原？写出化学反应方程式。

11. 铁催化剂的还原原则是什么？

12. 铁催化剂还原时是如何选择还原条件的？

13. 某合成塔装填催化剂 4000kg，催化剂铁比为 0.60，总铁为 68.00%，实际出水量为 1180kg，求还原度 θ。

14. 如何对催化剂进行钝化？

15. 铁催化剂毒物主要有哪些？铁催化剂衰老的原因有哪些？

16. 试分析压力、温度及进塔气体组成等工艺条件是如何选择的？

17. 氨合成的基本工艺步骤及作用是什么？

18. 如何回收氨合成的反应热？塔外副产水蒸气氨合成塔可分为哪三种？其特点如何？

19. 画出氨的合成原则工艺流程方块图。

20. 传统中压法氨合成工艺流程的特点是什么？

21. 排放气的回收方法是什么？试述中空纤维膜分离法及变压吸附分离法。

22. 试分析氨合成塔为何是由内件和外筒组成的？

23. 氨合成塔的分类有哪些？常用氨合成塔有哪些？

24. 试述常用大、中、小型合成塔的特点是什么？及在塔内的气体流程？

25. 氨分离器的作用是什么？

26. 说明影响氨的合成的主要因素。

27. 说明氨合成塔的结构特点。

28. 结合下厂实习，说明氨合成工序的生产技术特点，画出带控制点的工艺流程图，并用文字加以叙述。

29. 通过下厂实习或校内的观摩教学，画出氨合成塔的结构简图并说明其结构单元的作用。

第十三章 原料气压缩与合成的理论和实践同步教学

【学习目标】

1. 通过理论教学与技能训练的同步教学，使学生掌握原料气压缩系统的生产操作、常见故障的现象、判断及处理方法等。

2. 结合理论与实践的同步教学，使学生了解原料气合成催化剂的组成和作用、掌握合成催化剂的还原与钝化原理。

3. 明确理论教学与技能训练的内容。通过教学，使学生掌握原料气合成的生产操作、常见故障的现象、判断及处理方法等。

课题一 往复式压缩机的生产操作

压缩机的生产操作，是压缩系统正常操作的重要内容之一，它包括压缩机的开、停与倒车等。下面以中型合成氨厂往复式压缩机原料气经一、二、三段压缩去净化工序；精制气经四、五、六段压缩去合成工序为例，阐述压缩机的生产操作步骤。

任务 1 压缩机的开车

项目一 开车准备

接开车命令后，检查电器、仪表情况；并作以下开车准备工作，准备工作结束后，汇报调度，要求送电。

(1) 放水封 打开上直通阀（下直通阀关），关闭水封上水阀，开回水阀及近路水管阀。

(2) 检查缓冲器 检查一级前缓冲器无积水后，关闭放水导淋阀；检查一、二、三级冷却分离器无积水，关闭导淋阀。

(3) 检查气系统阀门 检查气系统应开阀门：一级进气大阀，1~6级排油阀，1-1、2-1、5-1、4-4、314阀，3-1阀，614阀，6-4阀，放空阀；稍开回收大阀，集油器根部阀，四前水分离器排污阀，三出四入大阀。应关阀门：三出四入手动大阀，六出阀，3-4直通阀，四前导淋阀。

(4) 开水阀 开上水及回水大阀、开油冷器上水阀、检查各回水阀、检查水压及水流情况，注意水管排气。

(5) 检查油系统阀门 应开阀门：油箱出口阀、油泵副线阀、过滤器前后三通阀，主轴瓦、上下滑道各上油阀、回油阀。应关阀门：油过滤器近路阀、油箱近路阀、去油回收阀。检查油箱油位在 2/3~3/4，启动循环油泵，调节油压，检查来油情况。

(6) 启动注油泵，检查注油情况。

(7) 启动风机。

(8) 盘车数转（盘车后撤出盘车器）。

(9) 检查仪表、联锁信号是否正常，检查压力表阀。

(10) 等待开车。

项目二 开车

将原料气压缩到净化工序所需的压力。

（1）启动主机。

（2）检查各种机械运转情况、油润滑情况。

（3）运转正常后方可加压。全开回收阀，关放空阀。关 1～3 级排油水阀、2-1 阀、三出四入间放空阀。用 1-1 阀控制气量（控制一段出口压力）；314 阀控制去净化原料气压力（稍高于净化系统压力）。

（4）三出原料气送净气 原料气经一、二、三级压缩后，各操作指标正常稳定后送往净化工序。

① 联系净化，同时稍排三出阀间放空。待净化允许后：先开三出电动阀、再开三出手动大阀，将本压缩机管线和三出总管线联通（充压）。

② 待净化开入工段阀后，渐关 314 阀送气。注意送气不要过猛。

（5）高压段接气加压送合成 来自净化工序的精制气经压缩机四、五、六级压缩，加压到合成工序所需的压力送往合成。

① 经净化工序同意：开四入电动阀，再渐开四入手动大阀。控制进气量，高压段置换。

② 关闭：四～六级排油水阀、四前水分离器排污阀、4-1、5-1 阀。待六级有压力时：再关 6-1 阀，用 6-4 阀控制压力。

③ 待四级出口有一定的压力后：全开四入手动大阀。用 4-4 阀控制高压段进气量和四段入口压力。

④ 关小 6-4 阀，逐渐提高六出压力至稍高合成系统压力，准备送气。

⑤ 先开六出电动阀，稍开六出阀间放空阀，排掉分离器积水即关。

⑥ 开六出手动大阀向合成送气，关 6-4 阀。按调度命令加量，正常生产。

项目三 压缩机开车操作控制

（1）长期停车后，开车时应注意置换掉空气，经置换放空后再关放空阀。

（2）精制气微量不合格或合成不需用气时，应倒放空（开放空阀，关回收阀）。关 6-4 阀，用 6-1 阀控制压力。

（3）系统停车后开车时，如煤气总管需要置换，可打开煤气总管放空阀并放掉该压缩机水封，开回收阀，放空进行置换。经取样分析氧含量，当氧气含量≤1.0％时，可启动主机空转，继续置换，直至氧气含量≤0.5％时方可送往净化工序。

任务 2 压缩机的停车

项目一 正常停车

（1）接命令后，联系净化和合成工序准备停车。

（2）联系合成工序，关六出大阀切气，用 6-4 阀控制压力。

（3）联系净化工序，关三出大阀切气，用 314 阀保持低压段循环。

（4）开 1～3 级排油水阀，开 1-1、2-1、314 阀，低压段卸压；缓慢开 4-4、6-4，当六级压力降到最低时，关四入大阀；缓慢开 4-1、5-1、6-1 阀，高压段卸压；开四级前水分离器排污阀。

（5）停主机、润滑油泵、风机等。

（6）关闭：上水大阀，封水封，集油器根部阀，六出电动阀。开启：一级前缓冲器放水导淋阀，一、二、三级冷却分离器导淋阀，三出、四入、六出阀间放空阀。

注意事项：卸压时不宜过猛，应注意压缩机一级入口和排污箱的压力。

项目二　压缩机的倒车

（1）备用压缩机按正常的开车步骤，做好开车前的准备工作。

（2）生产机做好停车准备工作　将三出、四入、六出各切断阀先关数扣，以不憋压为限。

（3）备用机开启后，联系净化、合成工序准备倒车。

（4）新开机按正常加压步骤进行加压　低压段用314阀控制三出压力，当三出压力稍高于三出总管压力并稳定后，开三出大阀；高压段用6-4阀控制压力，当六出压力稍高于六出总管压力，压力稳定后，开六出大阀。

（5）生产机渐关六出阀切气　用6-4阀控制压力，高压段循环，同时联系新开机渐关6-4阀向合成送气；原开机渐关三出阀、切净化气，用314阀控制压力，低压段循环，同时联系新开机渐关314阀向净化送气。

（6）生产机切气完毕后卸压，停车按正常停车处理。

注意事项：在压缩机倒车过程中，原开机的减量与新开机的加量要密切配合，尽量保持三出、六出压力稳定，气量不变，避免造成净化、合成工序的生产波动。

项目三　压缩机的紧急停车

压缩机如遇自动停车、严重事故、着火、爆炸、电器故障、一级抽空、冷却水中断、油泵跳闸、轴瓦超温、严重撞缸等不允许继续运转的情况，应采取紧急停车。紧急停车步骤如下。

（1）先停主机，同时发减量信号；如需系统停车时，发停车信号。

（2）首先关死314、4-4、6-4等近路阀，注意各级压力，防止超压。

（3）关三出、四入、六出大阀卸压，按正常停车处理。

（4）向有关部门汇报情况，通知净化、合成。

（5）视情况看是否盘车。

任务3　正常操作

压缩机是大型运转设备，结构较为复杂，传动部分也比较多，是合成氨厂的重要设备之一。在实际生产中，压缩机在运转过程中发生故障的机会和可能性比较大，压缩工序操作的好坏，直接关系到全厂生产状况。因此，压缩机的操作和维护保养是十分重要的。

项目一　检查设备及润滑情况

检查内容主要包括：压缩机、电动机及润滑油系统等。

1. 压缩机的检查

在正常情况下，除用仪表（压力表、温度计、电流表等）来测知压缩机各操作条件变化外，也可以用看、听、摸的方法来检查其运转情况。

（1）用看的方法　用看的方法，可以看出压缩机各传动部分的机件是否有松脱；各摩擦部分的润滑情况是否良好；各仪表上所反映的数值是否正常；冷却水的流动是否畅通等。

（2）用听的方法　用听的方法，可以根据压缩机发出的声音，听出压缩机工作是否正常。压缩机工作在正常生产情况下，发出的是有节奏的声音；当发出不正常的撞击声时，表示压缩机出了故障，应根据发出的非正常响声，准确地判断故障所在的位置及其原因，进行处理。

（3）用摸的方法　用摸的方法，可以知道摩擦部分的发热程度（如：从摸活门的发热程度，可知各进、出活门是否有漏气）；觉察机身的震动是否正常等。

2. 电动机的检查

压缩机的运转是由电动机带动的，因此注意电动机运转的好坏是压缩机操作的重要内容。电动机的检查主要包括电流和机壳温度。

（1）电动机机壳温度　电动机机壳温度过高，表示电动机的线圈过热，这会使电动机的寿命缩短，甚至将线圈烧坏。因此机壳温度不得超过 40℃。

（2）电动机电流　电动机电流的高低反映电动机负荷的大小。当电压不变时，电流升高，即表示电动机的负荷加大；反之，表示电动机的负荷减小。每台电动机都有一个额定的电流指标，如果操作电流超过了额定电流，就会引起电动机跳闸或烧坏电动机线圈。因此在操作过程中，应防止操作电流超过额定电流。如果操作电流突然升高，表示有额外负荷增加了，应立即减小压缩机负荷，然后检查电机负荷增大的原因，及时处理。

3. 润滑系统的检查

压缩机各传动部分都需要用润滑油润滑，温度的高低是润滑好坏的标志。在正常情况下，只要各传动摩擦部分的润滑油不中断，并且油的质量好，其温度不会升高很多的。为了保证润滑系统正常工作，必须经常检查以下内容。

（1）注油器的储油量和滴油孔的滴油情况　保持每分钟约 5～6 滴油，当滴油速率减慢或停止而调节无效时，应更换注油器。如发现安装在汽缸上的油管烫手并有气体倒流过来，则表示注油器单向阀损坏，应立即调换。

（2）曲轴箱油位和油的质量，并保持循环油泵出口压力稳定。

项目二　气体压力及汽缸进、出口气体温度的调节

压缩机在正常稳定运转中，连续不断向有关工序或单元输送所需不同压力的气体。及时调节、维持压缩机各段气体压力和汽缸进、出口气体温度稳定，是压缩机正常操作过程中很重要的内容。

1. 气体压力的调节

压缩机在正常运转中，各段气体压力是稳定的。导致压缩机各段压力不稳定的因素有以下几个。

（1）压缩机本身故障引起压力波动。如：活门泄漏或被杂物堵塞、安全阀和油水阀的泄漏、活塞环及填料漏气等。

（2）有关工序操作条件的变化。如：脱硫塔液位的波动、氨合成反应的快慢等，均会引起与之相连通的各段压力的波动。

在生产操作上，调节各段压力，通常采用各段回气近路阀（参照输气量的系统近路阀调节），如：1-1、3-1、6-4、6-1 等，来调节稳定各段压力不超标。

2. 汽缸进、出口气体温度的调节

压缩机在正常运转中，各段汽缸进、出口气体温度是稳定的。导致压缩机各段温度不稳定的因素有以下几个。

（1）汽缸夹套冷却水流量不足，则出口气体温度会升高。

（2）压力波动。如：各段气体进口压力不变的情况下，出口压力愈高，压缩比愈大，则出口气体温度就愈高。所以控制好各段出口压力，出口气体的温度也就稳定了。

（3）汽缸内润滑油缺少。汽缸内摩擦加剧，引起出口气体温度升高。在生产操作上，气体的温度主要取决于冷却水的流量及温度。通常情况下冷却水温度是一定的，一般采取调节各段水冷器冷却水流量来控制气体进口温度；调节各段汽缸夹套冷却水流量控制气体出口温度。

项目三　输气量的调节

压缩机的输气量不是恒定不变的，而是根据外工序生产情况的变化和要求，不断调节。

输气量的调节方法：一般采用系统近路阀和压缩机余隙阀来调节。

1. 采用压缩机余隙调节阀调节

压缩机一段汽缸上装有余隙调节阀，根据需要可以进行手动调节，改变一段汽缸的吸气量。但调节压缩机余隙时，一般由工程技术人员而定。此法优点是节省动力消耗。

2. 采用系统近路阀调节

压缩机每段气体出口管上都设置有一个回气近路阀，用以调节输气量。当生产上需要减量时，可用近路阀使高压段的气体返回至一段吸入管道中，形成气体的循环。此法调节是压缩机做虚功，压缩机功耗大。分三种情况。

（1）采用一回一（1-1）近路阀调节　该法调节时，返回去的那部分气体，并不在后面各段中被压缩，因此可节省动力的消耗，但调节后随着气量的减小，将引起后面各段压力的下降，可能满足不了外工序生产上的要求。因此采用一回一近路阀不能作大幅度的调节输气量。此法调节压缩机功耗较小。

（2）采用末段回一段（6-1）近路阀调节　该法调节时没有破坏压缩机各段压力等的平衡关系。即使大幅度调节，各段压力仍可维持在工艺操作指标之内。但此法的缺点是气体被压缩到终压再回到一段吸入管中，压缩机做虚功，功耗太大。

（3）采用各段出口回一段（3-1 等）近路阀调节　此法压缩机功耗介于以上两者之间。

在生产操作中，输气量的调节：一般作临时性、幅度不大，可用一回一（1-1）近路阀调节；若需作大幅度的调节时，可用末段回一段（6-1）近路阀再配合调节；若中间需向某工序输气，则用相应压缩机出口气体回一段调节，如 3-1 等。

项目四　压缩机正常操作控制

1. 控制外送气体压力

压缩机向外工序送气时，要注意出口压力必须略大于外工序系统压力，才能缓慢开启出工段阀。否则，会引起气、液倒流，必须严格控制。

2. 停止对外送气

压缩机停止对外送气时，要特别注意压缩机末段回一段近路阀，开启度不能过大也不能过小。开启度过小，当末段出口阀关闭时，容易造成该段压力突然升高，引起安全阀跳开或造成爆炸事故；开启度过大，容易造成合成气倒流现象。

3. 及时排放油水分离器中的油水

压缩机各段油水分离器中积存的油水应定期排放，至少每小时排放一至两次。如果油水排放不及时，会造成各段压力的波动，严重时油水被气体带入汽缸中，造成液击现象并降低润滑油的润滑作用。当排放油水时，总要影响各段压力的稳定，因此开关阀门时要缓、要慢。另外，当压缩机并联操作时，每台压缩机排放油水的时间要错开，以避免气量波动过大，影响外系统的稳定生产。

4. 压缩机正常操作指标控制（以中型厂为例）

（1）检查各级压力、温度情况，控制在工艺指标之内。

（2）检查电机定子温度 $<100℃$，电流在工艺指标内。

（3）检查主轴瓦、曲轴瓦温度 $<60℃$。

（4）检查各仪表信号指示是否准确。

（5）循环油箱液位、温度情况等。控制油箱油位在 $2/3～3/4$，循环油压在 $0.18～0.25MPa$；高压注油要有足够的油量，且供油均匀，控制油位在 $1/2$ 以上。

（6）经常检查上水及回水压力、温度情况。

（7）经常检查各传动部位的润滑、受力情况，检查附属设备管道振动、响声、泄漏情况。

（8）1～4级油水分离器每小时排放油水一次；5、6级每2h排放油水一次。还要根据积水多少，及时排放。

（9）用1-1阀控制低压段输气量，用4-4阀或6-4阀控制高压段的输气量。

（10）注意进、出工序压差变化，避免阻力过大。

任务4　常见故障及处理方法

见表13-1。

表13-1　常见故障及处理方法

项目	故障现象	故障原因	危害	处理方法
1	压缩机一人压力低和波动大	(1)气柜低 (2)水封积水 (3)压力表管堵	(1)气量减小 (2)汽缸带水 (3)跳车	(1)通知调度减量 (2)放水封水 (3)吹通压力表管
2	汽缸带水	缓冲器、油水分离器积水过多，开车前检查不细，或运行中排污不及时	破坏润滑损坏设备	(1)轻者，开排污阀或导淋阀排放 (2)重者，紧急停车
3	循环油泵出口压力过低	(1)油脏，过滤网堵 (2)油冷器内漏，冷却不良，油温过高 (3)副线阀因振动开度增大 (4)供油管破裂 (5)油泵漏油或间隙过大 (6)油泵进口管泄漏或堵塞 (7)油泵回路阀开得过大	供油减少，破坏润滑，损坏机械设备	(1)停车，清洗换油 (2)停车检修，通一次水降低油温 (3)调节关紧副线阀 (4)供油管检修 (5)停泵检修 (6)停泵检修 (7)关小回路阀
4	汽缸油中断	(1)注油管破裂或油管堵 (2)注油泵坏 (3)止逆阀失灵	缺油，损坏汽缸活塞及活塞环	(1)更换油管，疏通 (2)停车检修 (3)更换止逆阀
5	压缩机带液	(1)前工序操作不当，使气体将液体带入汽缸 (2)各级水分离器积水过多 (3)汽缸渗裂，冷却水进入汽缸	液击现象	(1)联系有关岗位防止气体带液，并加强缓冲罐排液 (2)加强排液 (3)停车修理
6	汽缸内有撞击声	(1)液体带入汽缸 (2)活塞或活塞杆螺帽松动 (3)活塞环断裂 (4)金属物掉入缸内 (5)汽缸余隙过小 (6)阀门没有压紧，在阀门室内活动	损坏汽缸活门	(1)与有关工段联系防止带液，并停车排液 (2)停车检修 (3)停车更换活塞环 (4)停车检修 (5)停车调整余隙 (6)压紧阀门
7	汽缸油中断	(1)注油管破裂或油管堵 (2)注油泵坏 (3)止逆阀失灵	缺油，损坏汽缸活塞及活塞环	(1)更换油管，疏通 (2)停车检修 (3)更换止逆阀
8	压缩机输气量不足	(1)一段进气温度高或压力低 (2)阀门被焦油堵塞 (3)各段阀门、活塞环、填料漏气 (4)汽缸余隙过大 (5)回路阀漏气或开得过大 (6)进气管内积液，气体带液	压缩机的生产能力降低	(1)与脱硫工段联系，降低一段进气温度，提高压力 (2)停车拆洗阀门 (3)停车检修或及时更换 (4)停车调节余隙 (5)停车检修，或关小回路阀 (6)联系有关岗位防止气体带液
9	压缩机跳车	(1)一入压力低 (2)循环油压≤0.12MPa (3)曲轴瓦温度≥65℃ (4)注油器、风机跳闸 (5)主机过流 (6)硅整流跳 (7)仪表失灵	突然停车，机械受力不均，损坏设备，易造成超压等事故	按紧急停车处理，再查明原因进行检修

课题二　氨合成的生产操作

以某中型合成氨厂氨的合成工序为例，阐述生产操作的原则性步骤及常见的异常现象的处理方法。

任务1　开　　车

项目一　短期停车后的开车

短期停车是指停车后系统未经检修，系统处于保温、保压状态。在精制气成分合格的情况下，当系统压力小于5MPa时，开启压缩机，用充压阀以0.4MPa/min速率升压至6MPa，合成塔开始升温；当系统压力在5MPa以上时，开启循环机，合成塔开始升温。升温速率小于40℃/h，用电加热器、循环气量、压力、各冷气流量等方法控制升温速率，催化剂层升温到具备加量温度（一般为370℃）以上时，进行短期停车后的开车。

（1）稍开入合成工序补充新鲜气阀，提压至15～20MPa，稍开塔后放空阀，使温度升到400℃以上，开启透平机，使系统气体进行循环，调节催化剂层的温度。

（2）气体开始循环后，催化剂层温度稍有下降，而后迅速或缓慢上升。这时可根据升温速率，适当开大补充新鲜气阀、逐渐关近路阀，视催化剂层温度的高低，调节循环气量，当催化剂层热点温度升高到一定的数值，相应提高系统压力到操作压力，并以冷激副线配合调节，使催化剂层温度转入正常。

（3）升温后及时向氨冷器加液氨，适当降低氨冷器的温度，以促进反应，随时注意氨分离器、冷交换器（也称冷凝塔）的液位。

（4）逐步增加补充新鲜气量和循环气量，缩小催化剂层轴向温差。

（5）当催化剂层温度、压力达到正常指标时，转入正常生产。

项目二　长期停车（大修）后的开车

长期停车（大修）后的开车是指停车后，系统进行检修后的开车。

1. 检查

检修完毕，仔细检查盲板是否符合开车要求；检查阀门开关情况，应开以下阀门：冷交换器氨分放氨阀、氨冷器加氨阀、塔前塔后循环气放空阀、排污阀、透平机放空阀、倒淋阀、废热锅炉加水阀、冷激气导入阀、保护气调节阀、吹除气根部阀等。应关以下阀门：补充新鲜气阀、塔主阀、系统近路阀、透平机进出口阀、透平机近路阀、升温近路阀、冷激阀、放氨根部阀、气氨出口阀、各压力表阀、液位计气液相阀、分析管阀等。

2. 吹除

压缩机开车后，用打空气对塔前、塔后系统进行吹除，具体吹除部位及方法视检修情况而定，要求吹除放空气不得过设备、阀门。

3. 置换

置换时可先常压后加压，压力一般≤2.0MPa，具体置换部位及方法视检修情况而定，一般用氮气置换到系统中氧气含量≤0.2%为合格。

4. 试气密

由压缩机送气，分六个阶段（5MPa、10MPa、15MPa、20MPa、25MPa、32MPa）进行气密试验，每升到一个阶段，采用耳听、手摸和涂肥皂水等方法进行全系统检查，发现泄漏作出记号，视情况卸压后统一处理。

5. 合成系统升温

气密试验结束后，开塔后放空阀、卸压到6～7MPa，关放空阀、开启透平机、关透平机近路阀；开废热锅炉蒸汽反吹阀，暖炉到100℃；测定电加热器绝缘合格后，缓慢开启电加热器；催化剂（触媒）层温度升到80℃时开启水冷器，升到300℃时开启氨冷器；塔出口温度到200℃停用反吹蒸汽。

6. 合成系统提压

应逐渐加量，缓慢提压、稳定塔温，待塔温稳定在操作指标内，再转入正常生产。

任务2　停　　车

项目一　正常生产中的短期停车

正常生产中的短期停车是指停车后在短期内即可恢复生产，系统保温、保压的停车。

（1）停车前适当提高氢氮比。

（2）压缩机逐步减量，直至停止导气，关补充新鲜气阀、开新鲜气放空阀、控制新鲜气总管压力。

（3）关氨冷器加氨阀、废热锅炉加水阀、蒸汽出口阀、排污阀、吹除气阀。

（4）启用电加热器或开工加热炉，维持小流量循环，尽量使催化剂层温度缓慢下降。若无氨生成，关放氨阀；若停车时间较短，不停循环机；若停车时间较长，停循环机，系统保压。

（5）做好开车准备。

项目二　有计划的长期停车

有计划的长期停车是指停车后，系统需要进行检修的停车。

（1）停车前两小时逐渐关小氨冷器加氨阀，直至关闭，停车时应将氨冷器中的液氨用完。

（2）逐渐减负荷，直至关闭新鲜气补充阀。

（3）将氨分离器及冷交换器中的液氨排放完，关闭放氨阀。

（4）废热锅炉气体出口温度降温到100℃时，关蒸汽出口阀及开倒淋阀放水。

（5）按40℃/h的降温速度，逐渐降低催化剂层温度，当温度降至100℃时，停电加热器，停循环机，让其自然降温。

（6）开启合成塔后放空阀，系统逐渐卸压，卸压时不得使气体倒流。

（7）关水冷器上水阀、回水阀。

（8）若停车后，要检修合成塔，需要对催化剂进行钝化处理；若停车后不检修合成塔，只需关闭合成塔进、出口阀，并在塔进、出口处装上挡板。由塔进口取样管处通入氮气，使塔内保持正压。

（9）用氮气或蒸汽进行系统置换，直到可燃物含量小于0.5%为合格，才可交付检修。

项目三　紧急停车

当与合成氨紧密相连的系统，发生着火、爆炸、断水、断电、漏水、漏液氨等事故时，应采取紧急停车。

（1）关新鲜气补充阀，开新鲜气放空阀。

（2）循环机紧急停车。

（3）关氨分离器放氨阀、冷交换器放氨阀、氨冷器加氨阀、废热锅炉加水阀、吹除气去氨回收阀。

（4）视情况及时处理事故。

任务3　正常操作

氨合成塔生产操作条件的调节，最终目的是在安全生产的前提下，稳产高产、节能降耗，提高设备的生产能力。合成系统操作诸因素中最重要的是合成塔的温度和压力，这是氨合成塔操作稳定的关键。

项目一　催化剂床层温度的调节

催化剂床层温度主要调节两点：一是催化剂床层热点温度；二是催化剂床层入口温度。

1. 催化剂床层热点温度

催化剂床层温度是合成塔操作调节的最重要工艺指标之一。而温度的调节主要是指热点温度。热点温度虽只是催化剂床层中一点的温度，但却能全面反映催化剂层的情况，催化剂层其他位置的温度随热点温度的变化而变化，故需严加控制热点位置及热点温度的高低。

（1）热点温度的位置　催化剂床层最适宜温度分布是先高后低，即热点位置应在催化剂床层的上部。例如：冷激式氨合成塔，每一层催化剂具有一个热点，其位置在催化剂层的下部。显然，就每一层催化剂来说，温度分布并不合理，只是把多层催化剂组合起来，方显出温度分布的合理性。不论是轴向塔还是径向塔，其热点的位置并不是固定不变的，而是随着塔负荷、空速和催化剂的运行时间积累而发生变化的。在生产负荷和空速保持不变的情况下，一般把热点位置沿轴向向下移动或沿径向向里（或向外）移动，视为催化剂衰老的标志。

（2）热点温度的高低　热点温度的高低与催化剂类型、不同使用时期及操作条件等情况有关。催化剂类型不同，热点温度也不同。即使是相同类型的催化剂，在不同的使用时期，热点温度也不同。例如：催化剂使用初期，活性较高，热点位置高，热点温度可控制得低些；催化剂使用后期，活性衰退，热点位置下移，热点温度就应提高，以加快反应速率。表13-2 为 A 系列催化剂在不同使用时期热点温度的工艺指标。

表 13-2　A 系列催化剂在不同使用时期热点温度的工艺指标　　　单位：℃

型 号 ＼ 阶 段	使 用 初 期	使 用 中 期	使 用 后 期
A109	470～485	485～495	495～515
A110	460～480	480～490	490～510
A201	460～475	475～485	485～500

在同一时期内由于操作条件的变化，热点温度可以在规定的工艺指标范围内变动。例如：为了主要提高反应速率，应将热点温度维持在规定指标上限；为了主要提高平衡氨含量，宜将热点温度维持在规定指标的下限。此外，热点温度应尽量维持稳定，一般规定波动速率要小于 5℃/15min，波动幅度不超过 10℃，如（460±5）℃。

总之，在生产操作中，热点温度应尽量维持稳定、控制低些。这样既可以控制氨合成反应总是在最适宜温度条件下进行，又可以延长催化剂的使用寿命。并且随着催化剂运行时间的积累，催化剂活性的降低，热点温度应逐渐提高，以保证一定的反应速率，确保产量稳定。

2. 催化剂床层入口温度

催化剂床层入口温度必须达到催化剂的起始活性温度。它的变化，直接影响催化剂床层热点温度及其他温度的变化。因此，在其他条件不变的情况下，催化剂床层入口温度高，反应速率快，放出的热量多，热点及其他催化剂床层温度升高。但是入口温度不能过高，否则有可能使催化剂层热点温度超过规定工艺指标。所以在生产操作中，要时刻注意催化剂床层入口温度的变化，以作预见性的调节。

3. 催化剂床层温度的调节

合成塔操作中，维持催化剂床层热量平衡，能够使床层温度保持稳定。通常情况下用以下方法调节。

（1）调节塔冷副气量　如：开大塔冷气副阀，不经塔下部热交换器预热的气量增加，使进入冷管气体的温度降低，催化剂床层入口温度降低，因而催化剂床层温度也降低，热点温度必然降低。当温度变化不大时，一般用此法调节，十分方便。

（2）调节冷激气量　冷激气的直接加入，则催化剂床层温度就会下降，同时氨的转化率也会降低。调节十分迅速、方便。

（3）调节循环量　循环量是指单位时间进入合成塔气体的总量。循环量的大小，标志着氨合成塔生产负荷的大小和生产能力的高低。当合成塔能够维持自热平衡和系统压力降允许时，应尽可能加大循环量即提高空速，以提高催化剂生产强度。

调节循环量的方法是调节往复式循环机副阀或离心式压缩机出口阀和系统副阀的开度。即增加或减少入塔气体流量，用以增加或减少出塔气体带走热量的多少，是调节催化剂层温度的最有效手段。当温度变化较大时，用循环量调节为主，同时用塔冷副气及冷激气调节为辅。

（4）其他方法　凡是有利于氨合成反应的因素，都能提高催化剂床层的温度。例如：通过降低入塔循环气中氨含量、惰性气体含量，提高操作压力和使用电加热器等方法，都能够提高催化剂床层的温度。但这些仅作为调温方法的非常规手段，一般不采用。

4. 调节合成塔温度注意事项

（1）应尽量以调节塔冷副气量为主、冷激气为辅为主要手段，少采用循环量来调节。否则，影响产量。

（2）须缓慢进行调节。否则，会导致催化剂床层温度大幅度波动，造成过冷或骤热的急剧变化而损坏合成塔内件。

（3）进、出口气体的温度差尽可能大。据实验结果表明：当循环气中每生成 1% 的氨时，可以使气体温度上升约 15℃。因此在调节合成塔温度时，获得最大温差的操作温度，就是最有利的操作温度，可以多生产氨，也就取得较好的经济效益。

项目二　合成塔压力的调节

合成系统压力的调节是以合成塔入口压力为主要控制参考点。系统压力波动的主要原因是生产负荷及操作条件的变化。根据物料反应平衡原理，压力高低主要取决于进系统的新鲜气补充量与反应情况及放空气量之间的平衡状况。因此调节压力的办法有两个：一是优化操作条件；二是调节系统气体量。

1. 优化操作条件

凡是有利于氨合成反应的各种因素，都能使系统压力降低。如：在入塔循环气量一定时，催化剂活性高、空速大、操作温度适宜、进口氨和惰性气体含量低等，均能降低系统压力；反之，系统压力就会升高。系统压力变化不大时，一般用惰性气体含量来调节。

2. 调节系统气体量

氨的合成反应严重恶化，反应生成的氨量明显减少时，系统的压力就要急剧上升。往往采用减少新鲜气补充量（严重时切断新鲜气的补充），或增加塔后放空量来调节系统压力，并且迅速调整参数使反应好转。

3. 调节合成塔压力时应注意的事项

必须缓慢进行，以保护氨合成塔内件。如果系统压力急剧变化，会使设备和管道的法兰接头及循环机填料密封遭到破坏。一般规定，在高温下压力升降速率为 0.2～0.4MPa/min。

项目三　入塔气体组分含量的调节

1. 入塔气体中氨含量的调节

入塔气体中氨含量越低，对氨合成反应越有利。在系统总压与分离效率一定时，入塔气体中氨含量主要决定于氨冷器的冷凝温度。影响氨冷器冷凝温度的主要因素是氨冷器液位和气氨总管压力（即蒸发压力）。所以，调节的方法如下。

（1）调节氨冷器液位的高低。例如：氨冷气液位高，冷却效率高，冷凝温度低，入塔气体中氨含量低。但氨冷器液位过高，液氨蒸发空间太小，冷却效率并不能提高。因而，调节液位要适当，一般控制液位在 1/2～2/3。

（2）调节气氨总管压力的高低。例如：气氨总管压力低，液氨蒸发温度低即冷凝温度低，冷却效率高，入塔气体中氨含量低。但压力过低，不但要消耗过多冷冻量，而且影响氨加工系统的正常操作。因此，一般调节控制在 0.1～0.2MPa。

2. 入塔气体中氢氮比的调节

实际生产中，氢氮比控制在 2.8～2.9 为宜。入塔气体中氢氮比过高或过低，都会使氨合成反应速率减慢、系统压力升高，应根据氢氮比变化的趋势，及时调节；同时注意压力、温度的变化，并控制在工艺指标内。调节的方法如下。

（1）关小塔副阀或减少循环量，保持催化剂层温度不下降。

（2）联系压缩工序减送气量或适当加大放空量，防止压力过高。然后与有关工序联系，按要求调节好氢氮比。

（3）在特殊情况下，可增加放空气量，以排除系统中一部分氢氮比特别不好的气体，同时补入合格的新鲜气，加快调节速率。

（4）当循环气量较大、惰性气体含量较高时，氢氮比可控制在指标的上限等。

3. 入塔气体中惰性气体含量的调节

目前工业生产上主要靠连续或间歇排放放空气（也称吹除气）量来调节。增加放空气量，入塔惰性气体含量降低，但氢氮气损失增大。在实际操作中，循环气中惰性气体的含量控制，应根据塔负荷、催化剂活性和操作条件来决定，以合成系统不超压为限。如塔负荷较轻、催化剂活性高、操作压力较低时，为了使催化剂层温度易于调节，惰性气体含量可控制高些，因而放空气量可小些。反之，应加大放空气量。

项目四　合成塔正常操作指标控制

（1）催化剂床层在升温或降温时，控制各点温度的变化 <40℃/h；若降温过程中，温度和压力发生矛盾时，首先保降温速率、不保系统压力。

（2）在使用电加热器时，一定要保证循环气量大于电加热器的安全打气量。

（3）注意合成塔进出口压差，避免塔内气体倒流。

（4）氨合成系统做紧急处理时，一定要以催化剂床层温度为主要控制指标，防止温度大幅度波动。

（5）正常操作工艺指标（以中型厂为例）

① 温度

催化剂层热点温度	470～520℃	合成塔出口温度	<360℃
催化剂层温度波动	<±5℃	合成塔壁温度	<80℃
催化剂层径向温差	<10℃	水冷器出口气体温度	<40℃
合成塔入口温度	<50℃	氨冷器出口气体温度	<10℃

② 压力

系统压力	<31.4MPa	液氨总管压力	<1.6MPa
合成塔进出口压力差	<0.8MPa	气氨总管压力	<0.3MPa
循环机进出口压力差	<2.5MPa		

③ 气体成分

入塔气体氢氮比	2.8～2.9	新鲜气体中惰性气体含量	<1.5%
入塔气体氢含量	60%～64%	循环气中惰性气体含量	10%～18%

任务4　常见故障及处理方法

见表13-3。

表 13-3　常见故障及处理方法

项目	故障原因	故障现象	处理方法
1	催化剂床层温度突然下降、系统压力突然升高	(1)入塔气带液氨 (2)入塔气中微量高 (3)循环气量太大 (4)氢氮比过高或过低 (5)内件损坏等	(1)降低氨分离器液位;减少循环气量;关闭副阀 (2)减量或切气;减少循环量;关闭副阀;与有关工段联系,降低(CO+CO₂)含量 (3)减少循环量 (4)调节氢氮比 (5)停车检修内件或作相应处理
2	氨分离器液位低或无液位	(1)氨分离器液位低限报警 (2)液氨中间槽超压 (3)循环机填料温度下降	(1)消除报警,关小或关死氨分离器放氨阀,提高液位 (2)降低液氨中间压力,调节好液位
3	冷交换器液位低或无液位	(1)冷交换器液位低限报警 (2)合成塔催化剂床层温度下降 (3)液氨中间槽超压	(1)消除报警,关小或关死冷交换器放氨阀,提高液位 (2)提高各冷气流量,维持催化剂层温度 (3)降低液氨中间槽压力,调节好液氨中间槽液位
4	系统压差过大	(1)循环量过大 (2)催化剂层局部烧结或粉化 (3)有关管道或设备有堵塞 (4)塔内热交换器堵塞	(1)适当减少循环量 (2)减量生产或停车更换催化剂 (3)停车用蒸汽吹洗 (4)停车处理
5	氢比过高或过低	(1)催化剂层温度下降 (2)压力升高	(1)及时联系、调节 (2)控制塔催化剂层温度、压力在指标内
6	循环机跳车	催化剂层温度、压力急剧上升	(1)关循环机近路阀、系统近路阀 (2)关新鲜气入口阀,开新鲜气放空阀,通知压缩机岗位停止供气 (3)迅速开启备用循环机
7	循环机打气量不足	(1)活门损坏 (2)活塞环损坏 (3)汽缸余隙过大 (4)填料严重漏气 (5)近路阀内漏	(1)倒车更换活门 (2)倒车更换活塞环 (3)倒车调节余隙 (4)倒车检修填料 (5)倒车检修近路阀
8	仪表空气中断	集散控制系统中,压力回零、温度指示为室温	(1)联系有关方面,尽快恢复供气 (2)观看现场压力指示操作,检查现场液位,必要时紧急停车

拓展训练与思考

1. 往复式压缩机气体压力如何调节?
2. 往复式压缩机气体温度如何调节?
3. 往复式压缩机输气量的调节方法是什么?
4. 往复式压缩机跳车,事故原因是什么? 有什么危害? 如何处理?
5. 往复式压缩机常见的故障、原因及处理方法是什么?
6. 试述离心式压缩机发生喘振的原因是什么? 如何处理?

7. 离心式压缩机开、停车步骤是什么?

8. 离心式压缩机常见的故障、原因及处理方法是什么?

9. 结合操作训练,写出压缩机的开停车步骤及正常操作控制要点。

10. 结合仿真生产操作训练,写出压缩机系统常见故障的判断及处理方法等。

11. 试分析氨合成塔温度、压力等的控制。

12. 试述氨合成系统的开停车步骤。

13. 结合实训,说明如何调节氨合成系统循环气量。

14. 结合操作训练,写出氨的合成开停车步骤及正常操作控制要点。

15. 结合下厂实习,说明氨的合成工序主要操作控制点、分析取样点、仪表联锁装置的布置与作用。

16. 结合仿真生产操作训练,写出氨合成系统常见故障的判断及处理方法等。

第四篇
合成氨生产综述与基本工艺计算

第十四章　合成氨生产综述

【学习目标】

1. 掌握不同原料生产合成氨的典型工艺流程，并能够对其工艺特点、生产技术进行分析与比较，从而将本课程所学知识进一步融会贯通。

2. 了解合成氨生产的新工艺、新技术。

3. 掌握合成氨与其他产品的联产技术。

4. 了解合成氨生产操作的安全规定及化工生产的职业标准。

第一节　合成氨生产的工艺技术特点

合成氨生产的总流程，就是要将前面各章所叙述的工艺方法加以串联、衔接成一个完整的从原料到氨产品的全过程。显然，不同的原料将使用不同的工艺方法，规模的大小及对氨加工品种的具体要求，也都会影响到工艺路线的选择。一般情况下，不同原料的气化方法应选择与之相匹配的净化技术，合成氨粗原料气的净化技术一般有两种，而氨的合成工序在多数场合与原料气制备及气体净化方法没有原则性的限制。以下将根据生产工艺的流程顺序分别加以论述。

一、固体原料生产合成氨

固体原料虽然包含种类很多，但按制造合成氨原料气的工艺技术划分，可以归纳为含较高挥发分固体原料制氨和含低挥发分固体原料制氨两大类。

1. 以含较高挥发分固体为原料的工艺技术特点

含较高挥发分固体主要是指烟煤及褐煤。核心技术是采用氧气连续气化法制气，以提高气化温度将挥发物分解为氢及一氧化碳。在流程设计中配备空气分离装置、液氮洗、低温甲醇洗净化工艺及耐硫高温变换工艺。粗煤气变换后脱硫，以进一步缩短流程并使粗煤气的热量得到较好的利用。从能量平衡的角度出发，合成氨生产的运转设备可以是电动或者汽动，如果选用汽动，则需要增设动力锅炉与之配套，多数情况选择汽、电结合的做法，运转设备的配置原则是大型设备汽动，中、小型设备电动。其总流程如图 14-1。

2. 以含低挥发分固体为原料的工艺与流程

低挥发分原料制氨指在气化过程中，除甲烷以外没有其他烃类物质从气化炉内带出，从而气化炉的操作温度无须维持太高，同时还能固态排渣。属于这类的固体原料主要有无烟煤和焦炭两种。焦炭目前已很少使用，而无烟煤在我国还有其实用价值。

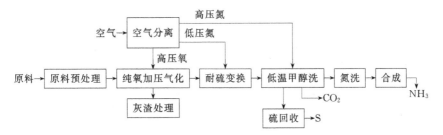

图 14-1 含较高挥发分固体原料制氨流程框图

图 14-2 所示是含低挥发分固体原料制氨的两种典型流程，它们的共同特点是常压气化，以便于固体加料及排渣。

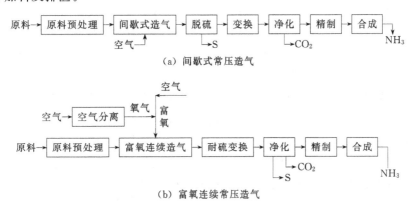

（a）间歇式常压造气

（b）富氧连续常压造气

图 14-2 含低挥发分固体原料制氨流程框图

流程图 14-2（a）继承了最老的传统合成氨生产方法，其最大优点是无需使用空气分离装置，但气化过程为间歇操作，而且单炉能力小，劳动强度较大，一般为小型氨厂生产工艺。

流程图 14-2（b）的优点为连续气化。由于使用富氧，气化炉的单炉能力比间歇炉成倍提高，炉型经技术改造后可以满足大型氨厂的生产能力。由于富氧造气已经提供氨合成所需的氮量，所以不采用液氮冷法净化技术。虽然设置了空分装置，但由于消除了间歇气化法的吹风损失，降低了吨氨能耗。富氧造气所需空分装置补充的氧量不足纯氧造气的一半，因而使制氧能耗都有所降低，与纯氧加压气化相比较，是一种节能的气化方法。

二、液态烃原料生产合成氨

1. 重质液态烃

重质液态烃泛指原油、常压重油、减压渣油、熔融沥青以及煤焦油等。由于化工原料的需要，现在只有减压渣油用于制氨。普遍使用的技术是纯氧部分氧化法。其典型流程有以下几种。

（1）德士古激冷流程 见图 14-3。

空气分离→德士古渣油气化→耐硫变换→一步法低温甲醇洗脱硫、脱碳 →液氮洗→氨合成

图 14-3 德士古气化激冷流程示意图

该流程有以下技术特点。

① 造气生产采用德士古高压气化激冷流程。气化压力最高达 8.4MPa。气化压力提高有利于后工序生产。由于高压，气体体积减小，使系统设备与管道尺寸减小、冷热量损失少，特别是热交换设备的换热面积可大大降低，既节省投资又节约能源，提高效率。炭黑脱除采用石脑油萃取全部循环使用。

② 变换生产采用两段或三段 CO 变换。使用耐硫钴钼催化剂。

③ 原料气的净化采用冷却净化工艺。采用林德的低温甲醇洗物理吸收法、克劳斯脱除 H_2S、液氮洗脱除 CO 和 CH_4，在高压下冷法净化几乎可以除去全部有害物质。

④ 氨合成采用低压法氨合成。用托普索 S-200 型高压氨合成回路，合成压力为 15.0MPa，带废热锅炉生产高压蒸汽（10.5MPa，47t/h）。合成氨制冷系统采用油浸式螺杆氨压机，电动机驱动。也有采用汽轮机驱动的离心式氨压机，两段压缩改为三段压缩，节约压缩机能耗。

⑤ 空气分离采用新型全低压空分分子筛流程。带增压透平，采用汽轮机驱动的轴流离心复合式或多级离心式空压机、氮压机和电动机驱动的柱塞式液氧泵输氧，不用高压离心式氧压机，不但安全可靠，而且节省投资和能耗。

⑥ 该流程能充分利用变换和氨合成的化学反应余热生产高压蒸汽。不足者设置高压动力锅炉，生产高压过热蒸汽用来驱动汽轮机带动离心式压缩机。高压汽轮机的中间抽汽或背压排汽入中压蒸汽网，用来驱动其他机泵。

（2）谢尔气化废锅流程 见图 14-4。

空气分离→谢尔渣油气化→低温甲醇洗脱硫→非耐硫变换→低温甲醇洗脱碳→液氮洗→氨合成

图 14-4 谢尔气化废锅流程示意图

其流程具有以下技术特点。

① 采用谢尔 6.0MPa 气化废锅流程。喷嘴改用新型三套管喷嘴，中心管内和外套管内走氧气和蒸汽的混合物，其间夹套内走渣油，最外层设有冷却水套，物流剪切混合形成漩流靠速率差雾化，氧蒸汽混合物流比渣油流速高，油呈微小溪流进入氧汽气流之中，相互扰动达到均匀雾化的目的。

废热锅炉与气化炉紧连，可充分回收 1350～1400℃ 高温合成气热量，副产 10.0MPa 高压蒸汽用于驱动汽轮机和化工生产，有效地利用化工反应余热，装置效率高。

炭黑的回收方式，有改用自身渣油萃取炭黑，90%～94% 返回气化炉循环使用，6%～10% 作为过热器燃料。也有采用石脑油萃取炭黑，100% 回收送气化炉循环使用。

② 两次低温甲醇洗。先脱硫后变换，变换前后进行两次低温甲醇洗净化气体。变换前低温甲醇洗脱硫，变换后低温甲醇洗脱 CO_2，对原料渣油含硫量无特殊要求，对合成气废热回收率高，不需要较多的设备就可再生出浓度较高的 H_2S，脱 H_2S 设备投资少，有利于下游工序非耐硫 CO 变换。

③ 非耐硫 CO 变换。采用两段非耐硫变换，使用比耐硫变换 Co-Mo 催化剂便宜 3/4 的 Fe-Cr 高温变换催化剂和碳素钢设备。工艺用蒸汽 2/3 自给自足，变换反应余热可以回收，无复杂的废热锅炉蒸汽系统。

④ 低压氨合成。采用双塔双废锅径向三床层高压氨合成回路，合成压力 16.0MPa，出口氨含量为 22.85%，副产 10.0MPa 高压蒸汽。也有采用卧式内冷高压氨合成回路，合成压力 12.0MPa，用小颗粒氨合成催化剂，气流分布均匀。

⑤ 采用新型全低压空分分子筛流程带增压透平。采用新型高压离心式氧压机输氧，不用液氧泵，供氧安全可靠，能耗降低 7.1%，而且空分系统简单，无复杂的高压氮制冷系统，开停车迅速方便，投资省。

⑥ 简化蒸汽动力系统。将气化炉和氨合成塔废锅副产的高压蒸汽作为工艺和动力用汽，除自用外还可输出 25t/h 中压蒸汽，不必另设动力锅炉，从而简化全厂蒸汽动力系统。有的氨厂，利用化工余热生产高压蒸汽外，还设置高压动力锅炉来产生高压过热蒸汽，用于驱动汽轮机，由汽轮机驱动大型机泵。

（3）托普索节能新流程　见图14-5。

空气分离→富氧气化→CO变换→脱除酸性气体→甲烷化→氨合成

图14-5　托普索节能新流程示意图

其流程的技术特点如下。

① 采用德士古富氧气化。原料渣油和循环炭黑浆在2.0MPa压力下与含氧43％的富氧空气以及蒸汽进行部分氧化制取合成气，降低空分成本，避免高压下输送氧气，富氧可预热到较高温度，有利于气化反应。合成气先在废锅中回收热量，生产11.5MPa高压蒸汽，然后再经水洗除去炭黑。

② 采用耐硫CO变换。采用三个催化剂床，SSK催化剂，使气体中的CO含量由45％降至0.5％，90％以上的变换反应热可用于生产高压蒸汽。

③ 采用物理吸收法脱除酸性气体。脱除CO_2、H_2S和微量COS几乎在室温下进行，H_2S经湿式硫酸法以形成浓硫酸回收。

④ 甲烷化脱除CO。采用ZnO在甲烷化前吸收残余硫，以防甲烷化催化剂中毒。

⑤ 低压氨合成。采用S-200型高压氨合成回路，合成压力16.0MPa。90％以上氨合成反应热用于生产高压蒸汽，用深冷法或分子筛法回收弛放气中的氢循环使用，降低能耗。

以上三种渣油制氨技术对比如表14-1所示。

表14-1　三种以重质液态烃制氨技术的比较

项　目	德士古激冷法	谢尔废锅法	托普索法
空分工艺	全低压,空分分子筛流程,带透平膨胀机	全低压,空分分子筛流程,带透平膨胀机	
输氧方式	电动机驱动柱塞式液氧泵,两台并列运行	电动机(或汽轮机)驱动离心式氧压机,单台运行	电动机或汽轮机驱动富氧离心式压缩机
气化工艺	德士古渣油气化	谢尔渣油气化	德士古渣油富氧气化
气化压力	8.7MPa	6.0MPa	8.0MPa
气化炉形式	激冷式德士古气化炉	谢尔气化炉废锅组合式	废锅式气化炉
喷嘴	德士古双套管式,压力雾化	谢尔三套管式,速率差雾化	
供油压力	10.0MPa	7.0MPa	9.0MPa
热量回收	激冷环热水激冷合成气	废锅回收合成气热量	废锅回收合成气热量

2. 轻质液态烃

轻质液态烃也称轻油或石脑油。用轻质液态烃制氨，首先是将其加热气化，然后采用与气态烃完全一样的制氨流程。只是对于一段蒸汽转化炉的水碳比以及使用催化剂等略有不同。

石脑油目前已较少用于合成氨生产。

三、气态烃原料生产合成氨

气态烃制氨具有能耗低、投资省等优点，因而是制氨的首选原料。虽然生产方法有多种，但普遍采用的是加压蒸汽转化法，现以天然气为代表予以说明。

1. 传统流程（凯洛格流程）

该流程于20世纪60年代初投产运行。

（1）流程　见图14-6。

图14-6　气态烃制氨传统流程凯洛格示意图

（2）技术特点 设备单系列、大型化，氨生产所需动力装置自给；合成氨所需氮气由二段蒸汽转化炉加入的工艺空气供给，空气中的氧与一段炉残留甲烷反应除去；原料气中的硫化物须在进入一段炉前彻底清除，以免催化剂中毒；设置二级变换，采用甲烷化精制；氨合成可配用不同技术回路，吨氨能耗在 30～40GJ。

2. 过剩氮节能流程（布朗流程）

该流程开发并投产于 20 世纪 80 年代中期。

（1）流程 见图 14-7。

图 14-7 过剩氮节能流程（布朗）示意图

（2）技术特点 降低一段蒸汽转化炉的转化率，使炉管加热负荷大幅度下降而节能，增加二段炉工艺空气加入量，使一段炉出口甲烷与其进行氧化反应，维持二段出口原料气甲烷含量小于 0.5%；随工艺空气所加入的"过剩氮"，氩、惰性气体及原料气残留的甲烷，运用深度冷冻法予以除去。

由于副产动力蒸汽减少，因而需使用燃气轮机来驱动部分离心压缩机，吨氨能耗达 29.3GJ。

3. 气体换热式节能流程（LCA 法）

该流程是 20 世纪 80 年代末开发成功的又一节能型流程。

（1）流程 见图 14-8。

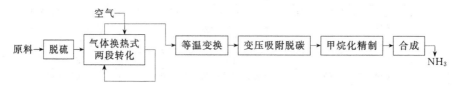

图 14-8 气体换热式节能流程（LCA）示意图

（2）技术特点 为了达到节能的目的，一方面要千方百计转化系统的热能，另一方面应设法尽量减少转化系统的热能消耗，后者可使工艺流程及设备更为简化。该流程的核心技术是将一段炉的吸热反应与二段炉的放热反应相结合，创造出一种称为"气体加热式转化炉"简称 GHR。这种新技术彻底革除了一段炉的燃烧加热和热量回收系统，以及二段炉的高温热锅炉。

在流程设置上，用二段出口气体（约 970℃）来提供一段蒸汽转化所需热量。一、二段间的换热结果，使一段炉管内外均承压，管壁应力大为改善；转化后气体的变换，由过去高温和低温两级变换改为一级等温（约 265℃）变换；气体净化改用变压吸附，可以同时除去一氧化碳和过剩氮，以及惰性气体，因而合成弛放气可直接回收而无须分离处理；由于省掉了复杂的热能回收系统，运转设备采用电动，该工艺吨氨能耗为 29.3GJ。

4. 不使用二段转化的节能流程（LAC 法）

这是德国林德公司综合制造纯氢、纯氮以及合成氨的成熟经验于 20 世纪 90 年代后期开发成功的技术，称为 LAC 法。

（1）流程 见图 14-9。

（2）技术特点 该流程由供氢、供氮、氨合成三部分组成。在氢气生产中，引入石油化工行业早已成熟应用的变压吸附技术，同时革除二段转化，将常规的高温、低温两级变换合

图 14-9 不使用二段转化的节能流程（LAC）示意图

并为一级等温变换（出口 $CO < 0.7\%$），由此制得 99.99% H_2；由深冷空气所得纯氮，与纯氢配比成 $3:1$ 氢氮气直接进行氨的合成。这种流程的建设投资比传统法节约 20%。

四、合成氨生产的展望

1. 合成氨生产的工艺特点

合成氨生产具有传统产业和现代技术的双重特征，其生产工艺有如下特点。

（1）能量消耗高　合成氨工业是能量消耗较高的行业，由于原料品种、生产规模和技术先进程度的差异，吨氨能耗在 $28 \sim 66$GJ 之间。因此，当原料路线确定后，生产规模和所采用的先进技术应以总体生产节能为目标，即能耗是评价合成氨工艺先进性的重要指标之一。表 14-2 为不同原料生产合成氨的设计能耗。表 14-3 为国外各种原料合成氨的实际能耗。

表 14-2　各种原料制氨的设计能耗（以 1t 液氨计）

原　　料	日产规模/t	生　产　方　法	能耗/GJ
天然气	1000	3.04MPa 蒸汽转化	39.15
	180	1.82MPa 蒸汽转化	52.17
重油	1000	8.59MPa 部分氧化	54.01
	150	3.04MPa 部分氧化	63.30
煤	1000	加压连续气化（鲁奇）	50.37
	150	常压间歇气化	66.11

表 14-3　国外各种原料合成氨的实际能耗（以 1t 液氨计）

原　料	工　艺　名　称	能耗/GJ	原　料	工　艺　名　称	能耗/GJ
天然气	托普索低能耗工艺	$28.03 \sim 28.63$	天然气	英国帝国化学工业 AMV 工艺	$28.50 \sim 29.60$
	凯洛格 MEAP 工艺	$27.17 \sim 29.31$	煤	鲁奇煤加压连续气化工艺	48.40
	伍德低能耗工艺	$27.17 \sim 27.80$		德士古水煤浆气化工艺	45.70
	布朗深冷净化工艺	28.00			
	林德低能耗工艺	29.30	重油	德士古新工艺	$39.60 \sim 40.60$

（2）技术要求高　氨合成的反应式很简单，但实现工业化生产过程却非常复杂。一方面由于制取粗原料气比较困难，另一方面粗原料气净化过程比较长，而且高温高压操作条件对氨合成设备要求也比较高。因此，合成氨工业是技术要求很高的系统工程。

（3）高度连续化　合成氨工业具有高度连续化大生产的特点，它要求原料供应充足连续，有比较高的自动控制水平和科学管理水平，确保长周期运行，以获得较高的生产效率和经济效益。

（4）生产工艺典型　合成氨生产中既有气固相、气液相非催化反应，又有气固相、气液相催化反应过程，同时生产中还包括了流体输送、传热、分离、冷冻等化工生产操作，是比较典型的化学工艺过程。

2. 合成氨生产的发展前景

20 世纪上半叶，合成氨生产经历了从间歇生产向连续生产、从小规模生产向大规模生产的历史性转变，大型化和连续化成为 20 世纪化工技术进步的一个重要特征，特别是 20 世纪 60 年代以后，开发了多种活性好的新型催化剂，能量的回收与利用更趋合理。展望 21 世纪，合成氨装置继续朝着大型化、集中化、自动化、低能化与环保型的方向发展，主要表现在以下几个方面。

（1）合成氨装置单系列大型化　对于规模较大的合成氨，为了提高生产能力，一般采用若干个平行的系列装置。若能提高单系列装置的生产能力，就可以减少平行的系列数，有利于提高经济效益。从 20 世纪 60 年代中期开始，世界上新建的以气态和液态为原料的大型氨厂大都采用单系列的大型装置，目前单系列合成氨装置的能力从 1000～1350t/d 提高到 1500～2000t/d。

（2）生产控制更加智能化、自动化　新型智能化仪表的生产，使合成氨生产的控制更加智能化、自动化。采用多微处理器结构、控制功能分散、各功能集中的集中分散型控制系统；可编程序逻辑控制器（PLC）与逻辑控制系统以及新型的智能化仪表的使用，将进一步提高合成氨生产的技术经济效益。

（3）预计 21 世纪以下技术可能实现突破并工业化。

① 气体分布更均匀，阻力更小，更合理的合成塔内件。

② 无毒、无害、吸收能力更强、再生能耗更低的净化技术。

③ 用低压（3.0～6.0MPa）高活性的氨合成催化剂实现等压合成。

④ 合成回路增设变压吸收系统，即在接近合成温度和压力条件下，选择一种对氨比 H_2、N_2 更具有吸附能力和更强选择性的吸附剂，实现一次循环即获得纯氨产品以及未反应 H_2、N_2 再循环利用。

⑤ 建立合成氨装置的精确的数学模型，采用 APC 技术，如模型多变量预估控制和在线优化控制。

⑥ 生物固氮技术有望取得突破性进展，实现合成氨生产的革命性改变。

第二节　合成氨与其他产品的联产

现代化工企业正在向大型化、联合化、集约化经营迈进，数种产品联合生产已成为趋势。合成氨与其他产品的联产分为两种情况，一种是氨产出以后的进一步加工处理，称之为氨产品加工，如联产尿素、硝酸等。另一种是在合成氨生产过程中将某一工序的中间产品（原料气）引出生产体系，采用另类加工工艺，联产其他产品如甲醇、碳酸氢铵等。前者不影响合成氨生产总流程，因此我们将重点讨论合成氨生产过程中的联产问题。

一、变换气脱二氧化碳与碳化技术的联合

1. 生产流程

见图 14-10。

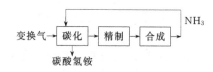

图 14-10　脱 CO_2 与碳化技术结合流程框图

2. 生产技术特点

将氨生产过程中的二氧化碳脱除与利用二氧化碳进行碳化处理相互结合，通过碳化反应即可脱除变换气中 CO_2，既达到气体净化之目的又可将产品氨加工成固体化肥——碳酸氢铵。在生产技术处理上，必须保证 CO_2 的脱除量与氨的生产量之间的相互平衡，因此，这种工艺多用于 CO_2 量最多的以固体为原料生产合成氨的场合。

二、一氧化碳与甲醇生产的联合

1. 生产流程

见图 14-11。

图 14-11　联醇生产流程框图

变换气来自加压造气及高温变换，经过净化工序脱除 CO_2 以后，进入联醇装置，在此生成的精甲醇作为产品送出，气体进入下游的精制和合成工序。

2. 生产技术特点

将脱除 CO_2 的粗原料气与甲醇合成装置相串联，利用气体中所含大量的 H_2，将其与残余 CO 在高压下进行甲醇合成反应，既可以使残余 CO 变为有用的化工原料，减轻最终净化工序负荷，又能联合生产甲醇。

在生产技术处理上，由于变换气中 H_2 含量很高，CO 含量低，为提高甲醇生成反应率，一般采用提高总压的办法提高 CO 分压。因此这种联醇流程多与铜洗精制相配合。

三、氨生产与合成气生产的联合

在此合成气是指氢或一氧化碳及其两者的混合气之统称。将合成气包括生产过程中的氧和氮气进行联合生产，集约化经营也是合成氨联产技术之一。

1. 以轻质烃为原料，氨与合成气联合生产的工艺流程

如图 14-12 所示，是以 LAC 法为主线，同时生产 NH_3、H_2、CO、$CO+H_2$、O_2、N_2 共 6 种产品的流程框图。由于轻质烃蒸汽转化均使用二段炉，通过工艺空气向全系统补氮，但除合成氨以外，其他合成气均必须是无氮的。因此这里推荐 LAC 法。图中 CO 深冷分离冷箱分离出 CO 产品外，剩余气体主要含 H_2 和少量 CO。将剩余气体返回变换入口，用来调节 $CO+H_2$ 产品中 H_2 的含量。如果联合生产系统不需要提供 O_2、N_2 产品，则可将氨生产与合成气分为两条线，此时，只有蒸汽系统和其他公用工程以及酸性气回收等辅助生产部分可供联合。

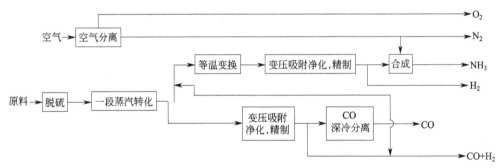

图 14-12　轻质烃制氨与合成气联合生产流程框图

2. 以重质烃或固体为原料、氨与合成气联合生产的工艺流程

如图 14-13 所示，将原料采用纯氧加压气化，离开气化炉的高温裂解气分为两路，一路走合成氨生产线，将高温裂解气淬冷，以使其饱和足够的水汽供变换使用；另一路用于生产合成气，将高温裂解气使用废热锅炉将其冷却，同时副产高压蒸汽供动力使用。流程中的 CO 冷箱分离 CO 后的残余气主要含 H_2 和少量 CO，可用于调节 $CO+H_2$ 产品的 H_2/CO 比例，或返回到变换进口。H_2 产品的甲烷化精制，也可改用其他脱除 CO 的精制方法。

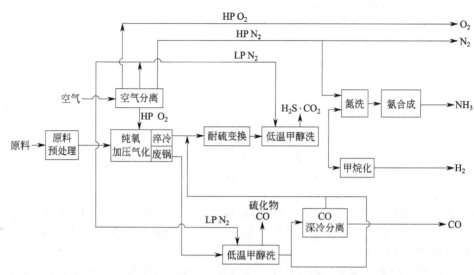

图 14-13　重质烃或固体、燃料制氨与合成气联合生产流程图

第三节　合成氨生产操作

一、合成氨生产操作综述

与其他生产过程相比，化工生产过程具有易燃、易爆，有毒、有腐蚀性物质多，高温、高压设备多，工艺复杂，操作要求严格等特点。因此，在进行生产操作时，必须了解和掌握化工生产操作的基本知识。

1. 岗位责任制

（1）岗位任务　化工生产中对生产装置中设备、管道、仪表、阀门等进行岗位界定，并要求操作人员按时对本岗位的设备等进行检查、维护和保养，负责所属设施的管理和操作，掌握设备的运行状况，认真执行操作规程，严格控制工艺指标，及时做好岗位记录，发现问题及时处理。对发生的事故应认真分析并如实写事故报告，为保证本岗位的安全，对处理不了的事故应立即上报。

（2）生产操作的从属关系　生产操作规程规定，在岗时，操作人员一律受班组长领导，岗位有两人以上的，其中一人为主操作工，另一人为副操作工，副操作工要接受主操作工的领导。当班操作人员对厂调度室或车间直接下达的指示和命令，应立即报告班组长，并按班组长指示实施。当班操作人员对岗位发生的异常现象或事故，应立即报告班组长，按班组长指示处理。

（3）权力与责任　岗位责任制规定了各岗位操作人员的具体权力和责任。操作人员应熟知技术规程和各种制度，做到懂流程，懂设备构造、性能和原理，会操作，会排除故障，会维护和保养，能够处理事故、防止事故扩大。操作人员有权对设备、仪表的检修和安装提出合理化意见和建议，有权运用及维护本岗位的设备，有权运用本岗位的所有防护器材，有权力处理事故，有权不准无证人员进入车间、工段。

2. 化工生产操作记录

化工生产的原始记录是生产成本核算、工艺评价、技术改造、事故分析等工作的最直接和最重要的依据。它包括生产岗位和生产调度记录。生产记录的填写要求是化工生产原始记录必须清楚、完整、整洁；生产记录填写用蓝色钢笔；生产记录应按时填写；严禁伪、涂改数据；生产记录应由当班人员各自签字，不得由他人代写；生产记录按日收集；分岗位按月装订成册。

3. 化工生产应用文写作

（1）事故分析报告的书写 事故是指人们在生产劳动过程中，由于危险因素的影响，突然造成人员伤亡、生产中断或财产损失的事件。化工生产企业发生的事故，按其性质可以分为生产事故、设备事故、交通事故、火灾和爆炸事故。加强事故管理，寻找事故发生的原因，总结事故发生的规律，采取措施，消除人、物、环境和管理上的危险因素，有效防止事故的再发生，是企业实施安全生产的一项重要工作。

事故分析报告要在事故调查分析后进行书写。

事故调查分析是一项政策性、技术性很强的工作，要始终坚持实事求是的原则，一切结论均产生于调查的结果。事故调查分析要搜集大量人证、物证和旁证材料，通过反复核实、科学分析，找出事故发生的种种原因。事故原因既有人为因素，也有客观因素。如生产中违反工艺指标、岗位操作规程；或者因操作不当、指挥有误，造成超温、超压；或者因设备腐蚀而酿成事故。务求原因准确，责任分明。

事故调查结束后，应写出事故分析报告。事故分析报告一般包括以下内容：事故发生的经过及造成的损失；事故发生的原因；事故直接、间接责任人以及处理意见；生产工艺或设备改进方法及事故防范措施。

（2）检修计划的书写 与其他行业的检修相比，化工检修更频繁、更复杂、更危险。因此，化工检修必须周密计划，实施安全检修。这不仅可以确保检修中的安全，防止事故的发生，而且可以确保设备的检修质量，保证安全、稳定、长周期运行，为杜绝事故、实现安全生产创造良好的条件。

化工设备在使用和运转过程中，由于外部负荷、磨损、腐蚀等因素的影响，运行一段时间后，其性能会逐渐劣化，如生产能力下降、工艺指标恶化、消耗定额上升、安全性降低等，化工设备表现出不同的技术劣化规律。通过分析和计算，同时考虑设备实际运行状况及生产管理需要，确定其检修时间间隔。以检修间隔期为依据，编制检修计划，对设备进行预防性检修，称其为计划检修。

检修计划应包括以下内容。

① 检修种类。分为设备的小、中、大修和系统停车检修。不同种类的检修，要采用不同的组织管理方式。

② 检修工时定额。完成一次检修工作所需的工时定额称为检修工时定额。由于设备的结构、检修工艺、检修工技术的差异，使各企业的检修工时定额也不相同。

③ 检修停车时间定额。机器设备从停机检修开始，到试车质量检验合格为止的时间称为检修停车时间定额。

④ 检修时间安排。一般月计划应提前 15 日提出，季度计划在季度前 45 日提出，年度停车检修项目应提前 6 个月提出。

⑤ 设备大、中修，应编制检修项目、检修方案和施工网络图。

4. 系统开车

系统开车主要包括原始开车、短期停车后的开车。

（1）原始开车 原始开车也称冷态开车，是指新建或大修（长期停车）后的开车。原始开车的准备工作主要有以下几方面。

① 开车前的检查。对照图纸，检查和验收系统内所有设备、管道、阀门、电器、仪表、分析取样点等，要求处于正常完好状态；检查各通讯照明设备、各消防器材是否齐全好用；检查分析仪器、药品是否齐全，构成分析条件；联系仪表工检查并开启所有仪表，检查全部

调节阀及气动执行器,使之处于良好的备用状态;检查各阀门的开关位置应符合开车要求。

② 运转设备的单体试车。在不带物料和无载荷的情况下进行的试车。其目的是为了确认转动和待转动设备是否合格好用。

③ 系统的吹净和清洗。新建或大修后,系统中会存在带入的灰尘或杂质,大修后也会存在生产时遗留下来的杂质,为了防止在生产过程中堵塞设备、管道和阀门,必须把它们清除干净。一般来说,气体系统采用空气吹净,高压水系统采用清水清洗。

进行空气吹净时,首先按气体流程,依次拆开各设备和主要阀门的有关法兰,并插入挡板;开启各设备的放空阀、排污阀及导淋阀,拆除分析取样阀及压力表阀。吹净时,用压缩空气分段吹净,空气气流要时大时小,反复多次,直至吹出气体在白布上无黑点为合格。吹净一段后,紧好法兰继续往后吹,直至全系统都吹净为止。对于放空管、排污管、分析取样管和仪表管线都要吹洗。对于溶液储槽等设备,要进行人工清扫。

进行清水清洗时,先拆开各设备的液压阀、进出水管法兰,按高压水流程,依次对各设备及进出水管线用清水进行清洗,至合格后装好有关法兰。

④ 系统试漏和气密试验。系统试漏和气密试验的目的是检查法兰及焊接处是否泄漏,设备及管道是否有足够承受操作压力的强度。

系统试漏是向系统加软水。不同的生产系统其水压控制不同。当软水加压至工艺要求的指标时,检查各连接处,无泄漏为合格。对塔设备需关闭排放阀,开启系统所有放空阀,当放空管有水溢出时就关闭放空阀,然后用水压机向系统打压,加压至工艺要求的指标时,对设备及管道进行全面检查,发现泄漏,做下记号,卸压后处理,直至无泄漏。

气密试验目的是检查设备、管道、法兰、焊接处是否有泄漏。气密试验的方法是用压缩机向系统内送空气,不同的生产系统其压力的提升值不同,当压力提升到工艺要求的指标时,用肥皂水对所有法兰、焊缝进行涂抹查漏,发现泄漏时,做好标记,卸压处理,直到完全消除泄漏为止。无泄漏后保压一定时间,压力不下降为合格,最后将气体放空。

在系统试漏和气密试验时,升压要慢,以便及时发现泄漏或其他缺陷。恒压工作不要反复进行,以免影响设备和管道的强度。

⑤ 运转设备的联动试车。联动试车是用水或生产物料相类似的其他物料,代替生产物料所进行的一种模拟生产状态的试车。联动试车是为了检验生产装置连续通过物料的性能,检查运转设备、阀门及仪表是否正常好用。联动试车能暴露设计和安装中的一些问题,在这些问题解决后再进行联动试车,直到流程畅通为止。

⑥ 系统的置换。系统的置换是为了驱出设备内的空气,防止空气与原料气混合发生爆炸。新建或大修后的生产系统,在开车前必须用惰性气体进行置换,直至系统内氧含量小于0.5%为止。在置换时,塔系统的溶液管线用溶液充满,并使塔建立正常的液位,以免形成死角。另外,停车检修前,也要使用惰性气体置换系统,用空气吹净,以防止动火时发生爆炸和检修人员中毒。

以上是开车前期的原则性准备工作,实际开车时,不同的生产过程其操作是不相同的。

(2) 短期停车后的开车　短期停车后的开车是指停车后未经检修,系统处于保温、保压状态并且系统的运转设备工作状况基本正常,在开车时不需要先期单体试车,无需吹净、清洗、试漏及置换等先期准备工作的开车。

5. 系统停车

系统停车分为短期停车、长期停车和紧急停车。

(1) 短期停车　短期停车是指在短时间内为了检修设备而进行的暂时停车。无需进行系统放空、清水洗净和惰性气体置换,系统在短期内能恢复生产所维持的主要操作条件。

(2) 长期停车　长期停车是指为了检修设备而进行的有计划的停车。停车时按短期停车步骤停车，开启系统放空阀，卸掉系统压力；将系统中的溶液排放到溶液储槽或地沟，用清水洗净；用惰性气体对系统进行置换，当置换气中易燃物、氧含量达到工艺指标时为合格；最后对系统用空气进行置换。

（3）紧急停车　当遇到突然停电、停水或发生重大事故等紧急情况时的停车。

6．正常操作

正常生产操作是指保证生产工艺指标进行、设备运行平稳、性能发挥优良的操作。

7．异常现象及事故处理

异常现象及事故处理，是指当操作条件偏离工艺指标较大，反应设备、输送机械等出现严重故障时，进行的一系列调控措施。

二、合成氨生产的自动控制

1．联锁和可编程控制器（PLC）

联锁是一个电气开关系统，当它收到一个或多个从按钮、位置开关、工艺开关等地方来的电气开关信号，便驱动电气系统内的设备完成一系列预定的动作，如输出信号到电磁阀、电机的启动器、开关、警报等。而这预定的动作可能是立即发生，也可能是按程序发生的一系列的动作。联锁常用在安全保护的场合。例如：当液面上升时，高位开关关掉进料控制阀，启动泵的电机；当液面下降时，低位开关关闭泵的电机，打开进料阀。工艺仪表流程图的设计者需要写出控制逻辑图，再由仪表工程师根据控制逻辑图来设计控制原理图。当用作安全系统时，联锁系统应完全独立，不连接工厂的控制系统。

合成氨生产中通常使用两种联锁系统，即电气机械联锁（例如，煤磨机电机和煤称重给料机的联锁）和可编程序控制器（PLC）。电气机械联锁用继电器来完成开关的任务。可编程序控制器则由固定电路组成，用程序软件来控制动作。带继电器的联锁系统可使用在苛刻的工作环境中，如极高或极低的温度场合，但这种系统也存在着需要经常维护的缺点，而联锁一旦安装完毕，将无法改变结构，若需要改变操作程序，需要调换零件，改变配线，甚至需要更换整个控制柜。可编程序控制器没有这些缺点，和电气机械联锁相比，可编程序控制器需要的配线很少，抗振性能好，尺寸小，价格便宜，而且可以通过改变程序来变更联锁控制。

2．集中分散控制系统（DCS）

DCS是集散控制系统的简称，它是一个由过程控制级和过程监控级组成的以通信网络为纽带的多级计算机系统。

过去化工厂的控制系统用检测器在现场取得各种数据，然后通过电缆或仪表空气管把信号输送到安装在控制室的控制盘。在控制盘上装有所有的控制器，对生产过程进行控制，输出控制位号到最终的执行机构进行控制，在20世纪70年代进入市场的几种分散控制系统（DCS）飞快地得到发展，并取代了传统的控制盘。市场上有很多种不同的集中分散控制系统，但它们都至少含有下列基本的控制部件：控制模块、操作站和现场总线。

（1）控制模块　控制模块装在处理现场，起控制作用，检查工厂的运行工况。控制模块可以是单环（单回路）的，也可以由多环（多回路）组成。单环控制模块就如它名字表示的那样，就是用于连续地对单环进行控制。和单环不同，多环控制模块可以控制多个环路。它的控制过程是控制器的工艺探头先对首要控制的环路进行清晰扫描，将测得的数据进行组合并输出控制信号到环路末端的执行机构，以实现对工艺流程的控制。然后，控制器的工艺探头再对下一个环路进行扫描，一直到最后一个环路扫描完毕，再返回到第一个环路依次循环。每个环路的扫描和控制所需的时间只需几分之一秒，实际所需的时间会因不同制造厂的设计而有差异。

（2）操作站　操作站是安装在中央控制室的计算机，操作站包括一个或几个显示屏和键盘。采集的工艺数据从控制模块通过现场总线输到操作站，在显示屏上显示出来。显示的数据通常包括工艺数据、控制器数据、工艺趋势、报警和控制图。使用者可以根据他的需要而设定显示什么数据和显示形式。根据得到的数据和操作需要，操作人员可以从键盘进行操作、控制，如改变控制模块的工艺或报警的设定值、开启或关闭阀门、启动或停止电机、调整控制器等。除了和控制模块连接外，操作站也有计算功能，储存历史数据供以后取用和输送打印机打印。操作站的故障一般不会影响控制模块的工作，控制模块会根据最后一次从操作站得到的指令进行控制。

（3）现场总线　连接控制模块和中央控制柜之间的电缆，称为现场总线。该电缆可以是绞线、同轴电缆或者光 14 电缆。

和传统的控制盘相比，集中分散控制系统有很多优点，电缆长度减少，占地小，在控制室的安装费用大大减少，过去用的处理信号用的开关或传感器等硬件现被软件代替。利用软件也改变了控制屏显示的画面、报告的形式，同时使系统控制的改变更为容易。

DCS 控制系统的组成及功能如图 14-14 所示。

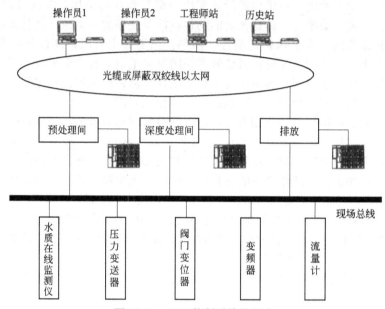

图 14-14　DCS 控制系统的组成

从图 14-14 中可以看出，在工作层面上 DCS 的构成非常灵活，它可以由专用的管理计算机站、操作员站、工程师站、记录站、现场控制站和数据采集站组成，也可由通用的服务器、工业控制计算机和可编程控制器构成。处于底层的过程控制级一般由分散的现场控制站、数据采集站等就地实现数据采集和控制，并通过数据通信网络传送到生产监控级计算机。生产监控级对来自过程控制级的数据进行集中操作管理。DCS 的结构包括过程级、操作级和管理级。过程级主要由过程控制站、I/O 单元和现场仪表组成，是系统控制功能的主要实施部分。操作级包括操作员站和工程师站，完成系统的操作和组态。管理级是指工厂管理信息系统。

三、合成氨的安全生产

合成氨的安全生产以预防为主，杜绝各种事故的发生（如发生事故，务必按照有关规定进行急救）；保持操作室良好的通风，防止有毒气体超标；不准对带压设备、管道、阀门以及运转的机械进行任何修理，更不准挪动和取走机械防护装置；所有机械应经常检查，并保持清洁完好；对修理中的机械设备，应在启动装置上，挂上"禁动"字样，并在开关上加安全锁；严格控制工艺指标；严禁超温、超压；当设备、管道大量泄漏时，应立即进行处理，必要时可以部分停车或全部停车；工作时间不得串岗；不准打瞌睡和做与生产无关的事；严格履行交接班制度；随时检查设备运行情况，并按规定做好生产记录；操作中不得随便调节安全阀、仪表信号等；生产不正常时，应立即报告班组长及时处理；对紧急情况，按紧急停车处理。

四、生产操作的基本技能

1. 合成氨操作人员应具备的基本技能

化工生产的特点是生产具有连续性，物料具有高温、高压、易燃、易爆等特点。因此对于化工操作人员来讲，要求对生产工艺操作过程中所发生的问题能迅速准确地作出判断并及时进行处理，否则将会发生意想不到的事故，甚至会给国家和企业造成巨大损失。一个合格的化工操作工人不仅要熟悉生产工艺流程，还要掌握生产设备的结构、作用及其操作控制要点，同时还应该掌握与工艺操作相关的自动控制技术等。

2. 合成氨操作人员应具备的基本认知能力

合成氨操作人员除了具备驾驭装置的操作的基本技能外，还应该能够把握加工组分的化学结构、反应条件，能从反应机理的角度对突发事件从理论给予合格的解释；具备一定的化工工艺制图与识图的能力，为准确描述和制作装置的加工工艺流程、科学规范的操作技术奠定基础；具备扎实的工艺基础理论知识和娴熟的化工装置设备操作技能，能组织生产系统的开、停车操作，具有一定的化工安全知识，能应对和及时处理各类安全隐患。

3. 合成氨生产总控工职业定义

操作总控室的仪表、计算机等，监控或调节一个或多个单元反应或单元操作，将原料经化学反应或物理处理过程制成合格产品的人员。

4. 合成氨生产总控工职业等级

本职业共设五个等级，分别为：初级（国家职业资格五级）、中级（国家职业资格四级）、高级（国家职业资格三级）、技师（国家职业资格二级）、高级技师（国家职业资格一级）。

以下列出了合成氨生产总控工的职业技能标准（表14-4～表14-6）。

表14-4　初级工职业标准

职业功能	工作内容	技能要求	相关知识
开车准备	工艺文件准备	(1)能识读、绘制工艺流程简图 (2)能识读本岗位主要设备的结构简图 (3)能识记本岗位操作规程	(1)流程图各种符号的含义 (2)化工设备图形代号知识 (3)本岗位操作规程工艺技术规程
	设备检查	(1)能确认盲板是否抽堵、阀门是否完好、管路是否通畅 (2)能检查记录报表、用品、防护器材是否齐全 (3)能确认应开、应关阀门的阀位 (4)能检查现场与总控室内压力、温度、液位、阀位等仪表指示是否一致	(1)盲板抽堵知识 (2)本岗位常用器具的规格、型号及使用知识 (3)设备、管道检查知识 (4)本岗位总控系统基本知识
	物料准备	能引进本岗位水、气、汽等公用工程介质	公用工程介质的物理、化学特征
总控操作	运行操作	(1)能进行自控仪表、计算机控制系统的台面操作 (2)能利用总控仪表和计算机控制系统对现场进行遥控操作及切换操作 (3)能根据指令调整本岗位的主要工艺参数 (4)能进行常用计量单位换算 (5)能完成日常的巡回检查 (6)能填写各种生产记录 (7)能悬挂各种警示牌	(1)生产控制指标及调节知识 (2)各项工艺指标的制定标准和依据 (3)计量单位换算知识 (4)巡回检查知识 (5)警示牌的类别及挂牌要求
	设备维护保养	(1)能保持总控仪表、计算机的清洁卫生 (2)能保持打印机的清洁、完好	仪表、控制系统维护知识

续表

职业功能	工作内容	技能要求	相关知识
事故判断与处理	事故判断	(1)能判断设备的温度、压力、液位、流量异常等故障 (2)能判断传动设备的跳车事故	(1)装置运行参数 (2)跳车事故的判断方法
	事故处理	(1)能处理酸、碱等腐蚀介质的灼伤事故 (2)能按指令切断事故物料	(1)酸、碱等腐蚀介质灼伤事故的处理方法 (2)有毒有害物料的理化性质

表 14-5　中级工职业标准

职业功能	工作内容	技能要求	相关知识
开车准备	工艺文件准备	(1)能识读并绘制带控制点的工艺流程图(PID) (2)能绘制主要设备结构简图 (3)能识读工艺配管图 (4)能识记工艺技术规程	(1)带控制点的工艺流程图中控制点符号的含义 (2)设备结构图绘制方法 (3)工艺管道轴测图绘图知识 (4)工艺技术规程知识
	设备检查	(1)能完成本岗位设备的查漏、置换操作 (2)能确认本岗位电气、仪表是否正常 (3)能检查确认安全阀、爆破膜等安全附件是否处于备用状态	(1)压力容器操作知识 (2)仪表联锁、报警基本原理 (3)联锁设定值,安全阀设定值、校验值,安全阀校验周期知识
	物料准备	能将本岗位原料、辅料引进到界区	本岗位原料、辅料理化特性及规格知识
总控操作	开车操作	(1)能按操作规程进行开车操作 (2)能将各工艺参数调节至正常指标范围 (3)能进行投料配比计算	(1)本岗位开车操作步骤 (2)本岗位开车操作注意事项 (3)工艺参数调节方法 (4)物料配方计算知识
	运行操作	(1)能操作总控仪表、计算机控制系统对本岗位的全部工艺参数进行跟踪监控和调节,并能指挥进行参数调节 (2)能根据中控分析结果和质量要求调整本岗位的操作 (3)能进行物料衡算	(1)生产控制参数的调节方法 (2)中控分析基本知识 (3)物料衡算知识
	停车操作	(1)能按操作规程进行停车操作 (2)能完成本岗位介质的排空、置换操作 (3)能完成本岗位机、泵、管线、容器等设备的清洗、排空操作 (4)能确认本岗位阀门处于停车时的开闭状态	(1)本岗位停车操作步骤 (2)"三废"排放点、"三废"处理要求 (3)介质排空、置换知识 (4)岗位停车要求
事故判断与处理	事故判断	(1)能判断物料中断事故 (2)能判断跑料、串料等工艺事故 (3)能判断停水、停电、停气、停汽等突发事故 (4)能判断常见的设备、仪表故障 (5)能根据产品质量标准判断产品质量事故	(1)设备运行参数 (2)岗位常见事故的原因分析知识 (3)产品质量标准
	事故处理	(1)能处理温度、压力、液位、流量异常等故障 (2)能处理物料中断事故 (3)能处理跑料、串料等工艺事故 (4)能处理停水、停电、停气、停汽等突发事故 (5)能处理产品质量事故 (6)能发相应的事故信号	(1)设备温度、压力、液位、流量异常的处理方法 (2)物料中断事故处理方法 (3)跑料、串料事故处理方法 (4)停水、停电、停气、停汽等突发事故的处理方法 (5)产品质量事故的处理方法 (6)事故信号知识

表 14-6 高级工职业标准

职业功能	工作内容	技能要求	相关知识
开车准备	工艺文件准备	(1)能绘制工艺配管简图 (2)能识读仪表联锁图 (3)能识记工艺技术文件	(1)工艺配管图绘制知识 (2)仪表联锁图知识 (3)工艺技术文件知识
	设备检查	(1)能完成多岗位化工设备的单机试运行 (2)能完成多岗位试压、查漏、气密性试验、置换工作 (3)能完成多岗位水联动试车操作 (4)能确认多岗位设备、电气、仪表是否符合开车要求 (5)能确认多岗位的仪表联锁、报警设定值以及控制阀阀位 (6)能确认多岗位开车前准备工作是否符合开车要求	(1)化工设备知识 (2)装置气密性试验知识 (3)开车需具备的条件
	物料准备	(1)能指挥引进多岗位的原料、辅料到界区 (2)能确认原料、辅料和公用工程介质是否满足开车要求	公用工程运行参数
总控操作	开车操作	(1)能按操作规程完成多岗位的开车操作 (2)能指挥多岗位的开车工作 (3)能将多岗位的工艺参数调节至正常指标范围内	(1)相关岗位的操作法 (2)相关岗位操作注意事项
	运行操作	(1)能进行多岗位的工艺优化操作 (2)能根据控制参数的变化,判断产品质量 (3)能进行催化剂还原、钝化等特殊操作 (4)能进行热量衡算 (5)能进行班组经济核算	(1)岗位单元操作原理、反应机理 (2)操作参数对产品理化性质的影响 (3)催化剂升温还原、钝化等操作方法及注意事项 (4)热量衡算知识 (5)班组经济核算知识
	停车操作	(1)能按工艺操作规程要求完成多岗位停车操作 (2)能指挥多岗位完成介质的排空、置换操作 (3)能确认多岗位阀门处于停车时的开闭状态	(1)装置排空、置换知识 (2)装置"三废"名称 及"三废"排放标准、"三废"处理的基本工作原理 (3)设备安全交出检修的规定
事故判断与处理	事故判断	(1)能根据操作参数、分析数据判断装置事故隐患 (2)能分析、判断仪表联锁动作的原因	(1)装置事故的判断和处理方法 (2)操作参数超指标的原因
	事故处理	(1)能根据操作参数、分析数据处理事故隐患 (2)能处理仪表联锁跳车事故	(1)事故隐患处理方法 (2)仪表联锁跳车事故处理方法

思考与练习

1. 画出含较高挥发分固体为原料的总生产工艺流程示意图并运用本课程已学习的合成氨生产理论分别从造气、净化等方面对其工艺技术经济进行综合分析与比较。

2. 在以含较低挥发分固体为原料生产合成氨总流程图中,试对两流程进行分析与比较。结合下厂实习,说明当地合成氨厂生产总流程的工艺技术特点,并画出当地合成氨带控制点的工艺流程图。

3. 分别画出以重质液态烃为原料合成氨生产的三种总流程，并分别说明其技术经济特点。结合下厂实习，说明当地合成氨厂生产总流程的工艺技术特点，并画出带控制点的工艺流程图。

4. 分别画出以气态烃为原料的凯洛格、布朗、LCA、LAC 法合成氨生产总流程并说明其工艺技术特点。结合下厂实习，说明当地合成氨厂生产总流程的工艺技术特点，并画出全厂带控制点的工艺流程图。

5. 什么是岗位责任制？结合下厂实习说明生产操作的从属关系。

6. 结合下厂实习说明化工操作有哪些安全规定。

7. 化工生产应用文有哪些？自拟题目，写一份车间或工段级的检修计划。

8. 画出变换气脱二氧化碳与碳化技术的联产工艺流程图，并用文字加以表述。

9. 画出以重质烃或固体为原料合成氨与合成气联合生产的工艺流程图，并用文字加以表述。

第十五章　合成氨生产基本工艺计算

【学习目标】
1. 了解物料、能量衡算的意义。
2. 掌握物料衡算、能量衡算的方法。
3. 掌握各工序主要生产控制指标的计算方法。

第一节　物料与能量衡算的意义和方法

进行物料衡算和能量衡算，其最终目的是确定或评价工艺指标、技术经济指标，选择最优化生产方案，或给设备核算、设备设计或选型提供依据。而物料衡算，又是所有的计算和评价的基础，只有在进行完备准确的物料衡算后，才能作出能量衡算和实现各种评价或设计。因此，物料衡算是化工计算中最基本、最重要的内容之一。

所谓物料衡算和能量衡算，就是对进、出某一个系统的物料量和组成以及能量（主要有热、功、焓和内能）的变化进行计算。这个系统也就是衡算范围，可以是一个设备或几个设备，也可以是一个单元操作或整个化工过程，根据实际和衡算需要划定。

因此，进行衡算时，必须首先确定衡算范围。通常，物料和能量衡算有两种情况：一种是对已有生产系统利用可测定的参数，算出另一些无法直接测定的参数。最常见的就是核算物料流量，温度指标以及热能、机械能、电能的利用情况等，以此进行评价或优化；另一种是设计新装置或设备时，根据已知的或可设定的物料量、温度等参数，求得未知的物料量、温度、需要外加或移走的热量以及机械能、电能的需求量等，以此确定设备工艺尺寸，配置附属设备和工艺流程。

必须注意，物料衡算和能量衡算的理论依据是质量守恒定律和能量守恒定律。在此基础上，掌握衡算必需的方法和技巧，按正确的步骤进行，才能避免错误，简化计算，获得准确的计算结果。一般来讲，衡算的方法和步骤如下。

1. 确定衡算范围

正确地划定衡算范围，对于衡算具有重要意义，如果划分不当，不仅会增加计算的繁杂性，有时甚至不能理解。确定衡算范围的主要原则是：

（1）必须含有欲求未知参数；

（2）含有尽可能多的已知条件；

（3）在满足前两条的情况下，尽量划小范围，如果工艺过程复杂且范围也大，如多种操作组合的系统，可以再划出若干子系统，采取总系统与子系统联合衡算的方法求解。

2. 原始计算条件准备

按所需收集包括：流程、反应式、生产能力、物料配比、物料成分、工艺指标、经济技术指标（如要求或期望的消耗定额、收率、转化率、吸收率、损失率等）、环境条件（如大气温度、压力、湿度、水温等）等原始条件。

3. 确定计算基准

进行物料、能量衡算时，必须选择一个计算基准。计算基准是人为选定的，目的是使进、出物料量和能量有一个统一的比较基准，此外，计算基准选择得当与否，是减少计算工作量、化繁为简的重要技巧之一。计算基准一旦选定，所有的计算均应按此基准进行，如遇特殊情况需改变基准，则应加以说明。通常采用的计算基准有以下几个。

（1）以某一单位原料或单位产品的批量为计算基准。如 100mol、100kmol、1kg、1000kg 等。对于液体和固体物料，一般用质量作计算基准；对于气态物料，则宜用物质的量为基准，若环境条件已定，也可选取体积为基准。以批量为计算基准，适用于间歇生产系统，也适用于产能特别大的系统，例如，年产 30 万吨合成氨厂以天然气为原料的蒸汽转化系统，燃料用天然气消耗量的计算，可以先按 100kmol 或 100mol 的原料气的需要量进行计算，最后再换算到实际需要量。须注意一点，选取物质的量作基准进行物料衡算时，如果系统内有化学反应，则物质的量不一定是平衡的（由化学计量系数的变化造成），但质量一定平衡，因此，在完成衡算后，须计算出各物质的质量进行平衡验证，如果不平衡，则计算结果一定是错误的。

（2）以单位时间的物料量为计算基准。工业上，时间的单位多采用小时，物料量可以用质量、物质的量或体积。以单位时间的物料量为计算基准，尤其适用于连续生产过程。

（3）对于伴有化学反应的系统，宜以投入量低于反应式计量的某一反应物的量为计算基准，这样可以简化计算。如果进料的组成都已知，选取物质的量进行计算，更为方便，因为化学反应是按反应物的物质的量之比进行的。

（4）湿基准与干基准的选取。在衡算中，如以湿物料量作为计算基准，称为湿基准，如以干物料量为计算基准，称为干基准，工业上，对于气态物料组成进行分析时，其结果一般是以干气体的组成来表示，所以计算也多使用干基准。

（5）温度基准的选取。由于热力学数据大多是 298K 时的数据，故选取 298K 为基准温度，计算较为方便。

4. 物料及环境的物化、热力学数据资料，包括缺乏数据资料时经验计算公式的准备

为了提高计算效率，在这些相关数据和公式的准备过程中，最好是先截取整理需要的数据形成自己的数据表，因为数据手册、文献上的数据并非全部需要，而且往往要用内差法求取计算条件下所需的数据，尤其是对繁杂的计算，这样做将收到事半功倍的效果。此外，所收集的数据，须使用计算基准下统一的单位制。

5. 求解

画出物料流程简图（简单系统可以不画），列出衡算式，然后用数学方法求解。

6. 列表汇总

列表汇总必不可少，即将进、出系统已知的，求解得到的各数据填入输入、输出平衡表中，这样既一目了然，也同时检验了计算的正确与否。

第二节 物料与热量衡算案例

【例 15-1】 气态烃蒸汽转化法的物料与热量衡算案例。

一、转化过程物料衡算

衡算对象：烃类蒸汽转化一段转化炉。

衡算基准：100kmol 原料气（干气）。

1. 已知条件

（1）原料气组成（体积分数）

成分	CH_4	C_2H_6	CO_2	N_2	Ar	合计
含量/%	97.60	0.80	0.20	1.00	0.40	100.00

(2) 原料气中的水碳比 $Z=3.3$。

(3) 出口残余甲烷含量 11%（干气，体积分数）。

(4) 出口气体温度 780℃，在此温度下变换反应达到平衡。

2. 计算

(1) 假定：乙烷完全转化❶

(2) 设定：转化反应达到平衡后，CO 的生成量为 a' (kmol)；

　　　　　变换反应达到平衡后，CO_2 的生成量为 b (kmol)。

依据反应式：

$$C_2H_6 + 2H_2O \Longrightarrow 2CO + 5H_2 \tag{15-1}$$

$$CH_4 + H_2O \Longrightarrow CO + 3H_2 \tag{15-2}$$

$$CO + H_2O \Longrightarrow CO_2 + H_2 \tag{15-3}$$

各状态下混合气体的组成及物质量计算见表 15-1。

表 15-1　各状态下混合气体的组成及物质量

物质的量 成分 状态	CH_4	C_2H_6	CO_2	N_2	Ar	H_2O	CO	H_2
进口状态下	97.60	0.80	0.20	1.00	0.40	330.00	0	0
C_2H_6 转化后	97.60	0	0.20	1.00	0.40	328.40	1.60	4.00
CH_4 转化平衡后	$97.60-a'$	0	0.20	1.00	0.40	$328.40-a'$	$1.6+a'$	$4+3a'$
令 $a=1.6+a'$	$99.20-a$	0	0.20	1.00	0.40	$330-a$	a	$3a-0.80$
CO 变换平衡后	$99.20-a$	0	$b+0.20$	1.00	0.40	$330-a-b$	$a-b$	$3a+b-0.80$

(3) 根据已知条件求解 a、b 值　变换完成后的干气体总量：

$$99.20-a+b+0.20+1.0+0.40+a-b+3a+b-0.80=100+3a+b$$

故有：

$$\frac{99.20-a}{100+3a+b}=0.11 \tag{15-4}$$

在出口温度 780℃下，变换反应的平衡常数用下式计算：

$$\lg K_p = \frac{2183}{T} - 0.0936\lg T + 0.632\times10^{-3}T - 1.08\times10^{-7}T^2 - 2.298$$

得出：

$$K_p = 1.09$$

故有：

$$\frac{(b+0.20)(3a+b-0.80)}{(a-b)(330-a-b)}=1.09 \tag{15-5}$$

联解方程式(15-4) 和式(15-5)，得：

$$a=63.53，b=33.69$$

(4) 出口物料成分及组成　见表 15-2。

---

❶ 假定乙烷完全转化是为了简化计算。亦可将乙烷按碳的物质的量折算成甲烷合并计算。其方法为：$0.8mol\ C_2H_6$ 相当于 $1.6mol\ CH_4$，合并后的组成为：CH_4 98.41%；CO_2 0.20%；N_2 0.99%；Ar 0.40%。

表 15-2 出口物料成分及组成

成分	物质的量/kmol	干基/%	湿基/%
NH₄	99.20−63.53＝35.67	11.00	6.40
CO	63.53−33.69＝29.84	9.20	5.36
H₂	3×63.53+33.69−0.80＝223.48	68.92	40.12
CO₂	33.69+0.02＝33.89	10.45	6.08
N₂	1.00	0.31	0.18
Ar	0.40	0.12	0.07
小计	324.28	100.00	
H₂O	330.00−63.53−33.69＝232.78		41.79
合计	557.06	100.00	100.00

3. 转化过程物料平衡表

见表 15-3。

表 15-3 转化过程物料平衡表

成分	进口物料				出口物料			
	kmol	kg	干基/%	湿基/%	kmol	kg	干基/%	湿基/%
CH₄	97.60	1561.60	97.60	22.70	35.67	570.72	11.00	6.40
CO	0	0	0	0	29.84	835.52	9.22	5.36
H₂	0	0	0	0	223.48	446.96	68.86	40.07
CO₂	0.20	8.80	0.20	0.05	33.89	1491.16	10.49	6.10
N₂	1.00	28.00	1.00	0.23	1.00	28.00	0.31	0.18
Ar	0.40	16.00	0.40	0.09	0.40	16.00	0.12	0.07
C₂H₆	0.80	24.00	0.80	0.19	0	0	0	0
小计	100.00	1638.40	100.00	—	324.28	3388.36	100.00	—
H₂O	330.00	5940.00	—	76.74	232.78	4190.04	—	41.82
合计	430.00	7578.40	100.00	100.00	557.06	7578.40	100.00	100.00

二、转化过程热量衡算

衡算对象：烃类蒸汽转化一段转化炉。

衡算基准：0℃。

1. 已知条件

(1) 原料气进口温度：370℃。

(2) 转化气出口温度：780℃。

(3) 转化管出口压力：2MPa。

2. 系统热平衡图

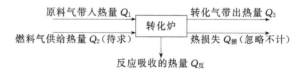

原料气带入热量 Q_1 ┌─────┐ 转化气带出热量 Q_3
　　　　　　　　　　→│转化炉│→
燃料气供给热量 Q_2（待求）└─────┘ 热损失 $Q_损$（忽略不计）
　　　　　　　　　反应吸收的热量 $Q_反$

热平衡式：$Q_1 + Q_2 = Q_3 + Q_反 + Q_损$

3. 根据物料衡算列出转化过程热化学方程式

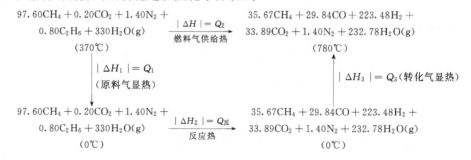

97.60CH₄ + 0.20CO₂ + 1.40N₂ +
0.80C₂H₆ + 330H₂O(g)　　　 $|\Delta H| = Q_2$　　　35.67CH₄ + 29.84CO + 223.48H₂ +
（370℃）　　　　　　　　　燃料气供给热　　33.89CO₂ + 1.40N₂ + 232.78H₂O(g)
　　　　　　　　　　　　　　　　　　　　　　（780℃）

$|\Delta H_1| = Q_1$（原料气显热）　　　　　　　　$|\Delta H_3| = Q_3$（转化气显热）

97.60CH₄ + 0.20CO₂ + 1.40N₂ +
0.80C₂H₆ + 330H₂O(g)　　　 $|\Delta H_2| = Q_反$　　35.67CH₄ + 29.84CO + 223.48H₂ +
（0℃）　　　　　　　　　　反应热　　　　　33.89CO₂ + 1.40N₂ + 232.78H₂O(g)
　　　　　　　　　　　　　　　　　　　　　　（0℃）

4. 出入热量计算

（1）原料气带入热量 Q_1　查得，各成分 0～370℃的平均比热容为：

成分	CH_4	C_2H_6	$H_2O(g)$	CO_2	N_2
$\overline{C}_{p,i}/[kJ/(kmol \cdot ℃)]$	44.4	73.0	34.9	42.7	29.5

则　$Q_1 = |\Delta H_1|$

$= |(97.60 \times 44.4 + 0.80 \times 73.0 + 330 \times 34.9 + 0.20 \times 42.7 + 1.40 \times 29.5) \times (0-370)|$

$= 5904712$（kJ）

（2）反应吸收的热量 $Q_反$　查得，各参与反应成分的标准生成热及其 0～25℃的平均比热容为：

成　分	CH_4	C_2H_6	$H_2O(g)$	CO	CO_2	H_2
$\Delta H^{\ominus}_{f,298}/(kJ/kmol)$	-74810	-84680	-241820	-110520	-393510	0
$\overline{C}_{p,i}/[kJ/(kmol \cdot ℃)]$	34.25	51.29	33.13	28.64	37.66	28.10

则　$Q_反 = |\Delta H_2| = |\Delta H^{\ominus}_{f,298} + \Delta \overline{C}_{p,i}(0-25)|$

$= |\sum(n_i \Delta H^{\ominus}_{f,298})_{产物} - \sum(n_i \Delta H^{\ominus}_{f,298})_{反应物} + [\sum(n_i \overline{C}_{p,i})_{产物} - \sum(n_i \overline{C}_{p,i})_{反应物}] \times (-25)|$

$= |[35.67 \times (-74810) + 29.84 \times (-110520) + 33.89 \times (-393510) + 232.78 \times (-241820)] - [97.60 \times (-74810) + 0.20 \times (-393510) + 0.80 \times (-84680) + 330 \times (-241820)] + [(35.67 \times 34.25 + 29.84 \times 28.64 + 223.48 \times 28.10 + 33.89 \times 37.66 + 232.78 \times 33.13) - (97.60 \times 34.25 + 0.20 \times 37.66 + 0.80 \times 51.29 + 330 \times 33.13)] \times (-25)|$

$= 11579696$（kJ）

（3）转化气带出的热量 Q_3　查得，各成分在 0～780℃、2MPa 压力下的平均比热容为：

成分	CH_4	CO	H_2	CO_2	N_2	$H_2O(g)$
$\overline{C}_p/[kJ/(kmol \cdot ℃)]$	55.35	31.04	29.58	47.30	30.75	37.29

$Q_3 = |\Delta H_3| = |(35.67 \times 55.35 + 29.84 \times 31.04 + 223.48 \times 29.58 + 33.89 \times 47.30 + 1.40 \times 30.75 + 232.78 \times 37.29) \times (780-0)|$

$= 15473265$（kJ）

（4）燃料天然气供给的热量 Q_2　由热平衡式：

$Q_1 + Q_2 = Q_3 + Q_反 + 热损失$

热损失忽略不计，则：

$Q_2 = Q_3 + Q_反 - Q_1$

$= 15473265 + 11579696 - 5904712 = 21148249$（kJ）

（5）转化过程热量平衡表　见表 15-4。

表 15-4　转化过程热量平衡表

收入热量		支出热量	
项目	热量/kJ	项目	热量/kJ
原料气带入热量	5904712	反应吸收热量	11579696
燃料气供给热量	21148249	转化气带走热量	15473265
合计	27052961	合计	27052961

三、供热系统（天然气燃烧供热）物料及热量综合衡算

天然气燃烧反应为：

$$CH_4 + 2O_2 \Longrightarrow CO_2 + 2H_2O \tag{15-6}$$

$$C_2H_6 + 3.5O_2 \Longrightarrow 2CO_2 + 3H_2O \tag{15-7}$$

1. 燃料天然气需要量的计算

设：天然气燃烧时空气过量 10%；

空气湿度为 70%；

环境温度为 30℃；

烟道气温度为 910℃；

空气压力为 0.1MPa；

空气组成为：$V_{O_2} + V_{N_2} + V_{Ar} = 21\% + 78\% + 1\%$。

（1）每燃烧 1kmol 天然气所需要的干空气量：

$$\frac{0.976 \times 2 + 0.008 \times 3.5}{0.21} \times 1.1 = 10.371 kmol$$

（2）每燃烧 1kmol 天然气所需的湿空气量　当空气压力为 0.1MPa、温度为 30℃时，查得，水蒸气的饱和蒸气压为 0.004186MPa，则空气中水蒸气的分压 $= 0.7 \times 0.004186 = 0.00293MPa$。

因此　湿空气量 $= 10.371 \times \dfrac{0.1}{0.1 - 0.00293} = 10.684MPa$

（3）进料成分及组成计算　见表 15-5。

表 15-5　进料成分及组成

成分	物质的量/kmol	组成	
		干基/%	湿基/%
CH_4	0.976	8.58	8.35
C_2H_6	0.008	0.07	0.07
CO_2	0.002	0.02	0.02
N_2	$0.01 + 10.371 \times 78\% = 8.099$	71.23	69.32
Ar	$0.004 + 10.371 \times 1\% = 0.108$	0.95	0.92
O_2	$10.371 \times 21\% = 2.178$	19.15	18.64
H_2O	$10.684 - 10.371 = 0.313$	—	2.68
合计	11.684	100.00	100.00

（4）出料（烟道气）成分及组成计算　见表 15-6。

表 15-6　出料（烟道气）成分及组成

成分	物质的量/kmol	组成	
		干基/%	湿基/%
CO_2	$0.002 + (1 \times 0.976 + 2 \times 0.008) = 0.994$	10.57	8.51
N_2	8.099	86.17	69.29
Ar	0.108	1.15	0.93
O_2	$2.178 - (2 \times 0.976 + 3.5 \times 0.008) = 0.198$	2.11	1.69
H_2O	$0.313 + (2 \times 0.976 + 3 \times 0.008) = 2.289$	—	19.58
合计	11.688	100.00	100.00

（5）1kmol 燃料天然气燃烧过程物料平衡表　　见表 15-7。

表 15-7　1kmol 燃料天然气燃烧过程物料平衡表

成分	进入物料（天然气 1kmol，空气 10.684kmol）				出口物料（烟道气）			
	各物质的量		组成/%		各物质的量		组成/%	
	kmol	kg	干基	湿基	kmol	kg	干基	湿基
CH_4	0.976	15.62	8.58	8.35	—	—	—	—
C_2H_6	0.008	0.24	0.07	0.07	—	—	—	—
CO_2	0.002	0.09	0.02	0.02	0.994	43.74	10.57	8.51
N_2	8.099	226.77	71.23	69.32	8.099	226.77	86.17	69.29
Ar	0.108	4.32	0.95	0.92	0.108	4.32	1.15	0.93
O_2	2.178	69.70	19.15	18.64	0.198	6.34	2.11	1.69
H_2O	0.313	5.63	—	2.68	2.289	41.20	—	19.58
合计	11.684	322.37	100.00	100.00	11.688	322.37	100.00	100.00

（6）燃烧系统热量衡算求解燃料天然气的用量

① 系统热平衡图

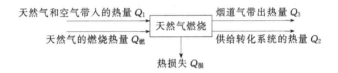

热平衡式：$Q_1 + Q_燃 = Q_2 + Q_3 + Q_损$

② 根据 1kmol 燃料天然气燃烧过程列出燃烧系统热化学方程

$0.976CH_4 + 0.008C_2H_6 + 0.002CO_2 + 8.099N_2 +$
$0.108Ar + 2.178O_2 + 0.313H_2O(g)$
（30℃）

$\xrightarrow[\text{系统放出热}]{|\Delta H| = Q_2 + Q_损}$

$0.994CO_2 + 8.099N_2 + 0.108Ar +$
$0.198O_2 + 2.289H_2O(g)$
（910℃）

$\downarrow \begin{array}{l} |\Delta H_1| = Q_1 \\ \text{（天然气和空气带入的显热）} \end{array}$
$\uparrow \begin{array}{l} |\Delta H_3| = Q_3 \\ \text{（烟道气热）} \end{array}$

$0.976CH_4 + 0.008C_2H_6 + 0.002CO_2 + 8.099N_2 +$
$0.108Ar + 2.178O_2 + 0.313H_2O(g)$
（0℃）

$\xrightarrow[\text{燃烧热}]{|\Delta H_2| = Q_燃}$

$0.994CO_2 + 8.099N_2 + 0.108Ar +$
$0.198O_2 + 2.289H_2O(g)$
（0℃）

③ 热量计算　天然气和空气（混合燃料气）带入的热量：

$Q_1 = |\Delta H_1|$
$= |(0.976 \times 34.26 + 0.008 \times 52.75 + 0.002 \times 38.13 + 8.099 \times 28.45 + 0.108 \times$
$20.82 + 2.178 \times 29.37 + 0.313 \times 32.71) \times (0-30)|$
$= 10224$（kJ/kmol）

天然气燃烧生成的热量：

$Q_燃 = |\Delta H_2| = |[(2.289-0.313) \times (-241820) + (0.994-0.002) \times (-393510)] - [0.976 \times$
$(-74810) + 0.008 \times (-84680)]|$
$= 794506$（kJ/kmol）

烟道气带出的热量：

$Q_3 = |\Delta H_3|$

$\quad = |(0.994 \times 48.52 + 8.099 \times 31.09 + 0.108 \times 20.82 + 0.198 \times 32.72 + 2.289 \times$

$\quad\quad 38.08) \times (910 - 0)|$

$\quad = 360286 (kJ/kmol)$

热损失:

设系统热损失为收入热量的 2.5%,即:

$Q_损 = (10224 + 794506) \times 0.025 = 20118 \ (kJ/kmol)$

燃料气供给转化系统的热量:根据热平衡式,1kmol 天然气燃烧后可供给转化系统的热量为

$Q_2 = Q_1 + Q_燃 - Q_3 - Q_损$

$\quad = 10224 + 794506 - 360286 - 20118 = 424326 \ (kJ/kmol)$

燃料天然气的用量:

$\dfrac{21148249}{424326} = 49.84 \ [kmol/100kmol \ 原料气(干)]$

2. 供热系统物料平衡表

见表 15-8。

表 15-8 供热系统物料平衡表(基准:100kmol 原料气)

入　料					出　料					
成分		kmol	kg	干基/%	湿基/%	成分		kmol	kg	干基/%	湿基/%
天然气	CH_4	48.644	778.30	97.6		烟道气	CO_2	49.542	2179.83	10.58	8.5
	C_2H_6	0.399	11.97	0.8			N_2	403.689	11303.29	86.17	69.3
	CO_2	0.100	4.40	0.2			O_2	9.868	315.77	2.11	1.7
	N_2	0.498	13.94	1.0			Ar	5.368	214.72	1.14	0.9
	Ar	0.199	7.96	0.4			小计	468.467	14013.61	100.00	80.4
	小计	49.840	816.57	100.0			H_2O	114.088	2053.58		19.6
							合计	582.555	16067.19	100.00	100.0
空气	O_2	108.552	3473.66	21.0	20.39						
	N_2	403.191	11289.35	78.0	75.71						
	Ar	5.169	206.76	1.0	0.97						
	小计	516.912	14969.77	100.0	97.07						
	H_2O	15.603	280.85		2.93						
	合计	532.515	15250.62	100.0	100.00						
总计		582.355	16067.19			总计		582.555	16067.19		

3. 供热系统热量平衡表

见表 15-9。

表 15-9 供热系统热量平衡表(基准:100kmol 原料气)

收入热量		支出热量	
项目	热量/kJ	项目	热量/kJ
混合燃料气带入热量	$49.84 \times 10224 = 509564$	烟道气带出热量	$49.84 \times 360286 = 17956654$
天然气燃烧热量	$49.84 \times 794506 = 39598179$	供给转化系统热量	$49.84 \times 424326 = 21148407$
合计	40107743	热损失	$49.84 \times 20118 = 1002681$
		合计	40107742

四、总物料、热量汇总表

见表 15-10。

表 15-10　总物料、热量汇总表

进入全系统物料			出全系统物料		
成分	kmol	kg	成分	kmol	kg
原料气	430.0	7578.4	一段转化气	557.060	7578.40
混合燃料气	582.355	16067.19	一段烟道气	582.555	16067.19
合计	1012.355	23645.59	合计	1139.615	23645.59
进入全系统热量			出全系统热量		
项目	kJ		项目	kJ	
原料气带入热量	590.5×10^4		原料气转化反应热量	1158.0×10^4	
混合燃料气带入热量	51.0×10^4		一段转化气带出热量	1547.3×10^4	
混合燃料气燃烧热量	3959.8×10^4		一段烟道气带出热量	1795.7×10^4	
			热损失	100.3×10^4	
合计	4601.3×10^4		合计	4601.3×10^4	

第三节　生产控制指标计算案例

一、脱硫生产控制指标计算

1. 脱硫生产控制指标计算

(1) 脱硫效率

$$\eta = \frac{C_1 - C_2}{C_1} \times 100\% \tag{15-8}$$

式中　η——脱硫效率，%；

C_1，C_2——脱硫前后半水煤气中 H_2S 含量，g/m^3（标）。

(2) 硫化氢脱除量

$$W_{H_2S} = \frac{G_0(C_1 - C_2)}{1000} \tag{15-9}$$

式中　W_{H_2S}——硫化氢脱除量，kg/h；

G_0——进脱硫塔半水煤气流量，m^3(标)/h。

(3) 硫磺理论产量

$$W_S = \frac{G_0(C_1 - C_2)}{1000} \times \frac{M_S}{M_{H_2S}} \tag{15-10}$$

式中　W_S——硫磺理论产量，kg/h；

M_S——硫的相对分子质量；

M_{H_2S}——H_2S 的相对分子质量。

(4) 液气比

$$L/G_0 = \frac{C_1 - C_2}{S \times 1000} \tag{15-11}$$

式中　L/G_0——液气比，m^3/m^3（标）；

S——溶液硫容量（单位体积液体吸收 H_2S 的数量），kg/m^3，S 取 $0.1 \sim 0.15 kg/m^3$。

(5) 固体脱硫剂填装量

$$V_S = \frac{G_0(x_{S1} - x_{S2})t}{\alpha \rho_S} \times 10^{-6} \tag{15-12}$$

式中　V_S——固体脱硫剂填装量，m^3；

x_{S1}——标准状态下原料气的平均含硫量，mg/m^3（标）；

x_{S2}——标准状态下净化气的含硫量，mg/m^3（标）；

　t——脱硫剂更换或再生周期，h；

　α——脱硫剂的工作硫容量（质量分数），%；

ρ_S——脱硫剂的堆密度，kg/m^3。

2. 脱硫生产控制指标计算案例

【例 15-2】　某湿法脱硫系统，进脱硫塔半水煤气流量 15000m^3（标）/h，脱硫前半水煤气中 H_2S 含量为 2g/m^3（标），要使脱硫后半水煤气中 H_2S 含量降至为 0.1g/m^3（标），硫磺回收率为 85%，试计算：（1）脱硫效率；（2）硫化氢脱除量；（3）硫磺实际产量；（4）液气比；（5）溶液循环量。

解　（1）脱硫效率

$$\eta = \frac{2-0.1}{2} \times 100\% = 95\%$$

（2）硫化氢脱除量

$$W_{H_2S} = \frac{15000 \times (2-0.1)}{1000} = 28.5(kg/h)$$

（3）硫磺实际产量

$$W_S = \frac{15000 \times (2-0.1)}{1000} \times 85\% \times \frac{32}{34}$$
$$= 22.8(kg/h)$$

（4）液气比　现取 S 为 0.10kg H_2S/m^3

$$L/G_0 = \frac{2-0.1}{0.1 \times 1000} = 0.019[m^3/m^3（标）] = 19[L/m^3（标）]$$

（5）溶液循环量

$$L = \frac{15000 \times (2-0.1)}{0.1 \times 1000} = 285(m^3/h)$$

【例 15-3】　某厂拟在脱碳后设置常温氧化锌脱硫，已知：碳化气流量 8500m^3（标）/h，碳化气 H_2S 含量为 35mg/m^3（标），假设脱硫剂的更换周期为 1 年（7200h），净化后气体中 H_2S 为 0，脱 S 槽采用双槽交替使用，脱硫剂采用 SN-1，其密度为 840kg/m^3，硫容量取 20%，计算脱硫剂的单槽装填量。

解

$$V_S = \frac{8500 \times (35-0) \times 7200}{0.2 \times 840} \times 10^{-6} = 12.75(m^3)$$

单槽装填量为：　　　　　$\frac{12.75}{2} = 6.38(m^3)$

二、一氧化碳变换生产控制指标计算

1. 一氧化碳变换生产控制指标计算

（1）实际变换率计算

$$x = \frac{y_a - y_a'}{y_a(1 + y_a')} \qquad (15\text{-}13)$$

式中　x——一氧化碳变换率，%；

y_a，y_a'——原料气和变换气中一氧化碳的摩尔分数或体积分数（干基）。

（2）变换气量、变换气成分计算　变换气量

$$V_2 = V_1(1 + y_a x) \tag{15-14}$$

式中 V_1，V_2——半水煤气和变换气体积流量，m^3（标）$/h$。

变换气组成

$$y_a' = \frac{y_a - y_a x}{1 + y_a x} \tag{15-15}$$

$$y_b' = \frac{y_b + y_a x}{1 + y_a x} \tag{15-16}$$

$$y_c' = \frac{y_c + y_a x}{1 + y_a x} \tag{15-17}$$

$$y_d' = \frac{y_d}{1 + y_a x} \tag{15-18}$$

式中 y_a'，y_b'，y_c'，y_d'——变换气中 CO、CO_2、H_2、N_2 的体积分数；

y_a，y_b，y_c，y_d——原料气中 CO、CO_2、H_2、N_2 的体积分数。

（3）变换系统的蒸汽消耗量计算 进入变换炉的蒸汽由两部分组成，一是补加蒸汽，二是饱和塔出口半水煤气携带的蒸汽。

① 饱和塔出口半水煤气携带的蒸汽量用下式计算：

$$G_{H_2O(带)} = V_1 n_{饱} \times \frac{18}{22.4} \tag{15-19}$$

$$n_{饱} = \frac{p_{H_2O}\phi}{p - p_{H_2O}\phi} \tag{15-20}$$

② 入变换炉的总蒸汽量，用下式计算：

$$G_{H_2O(总)} = V_1 n_{总} \times \frac{18}{22.4} \tag{15-21}$$

③ 变换系统需补加蒸汽量用下式计算：

$$G_{H_2O(补)} = G_{H_2O(总)} - G_{H_2O(带)}$$
$$= V_1(n_{总} - n_{饱}) \times \frac{18}{22.4} \tag{15-22}$$

式中 $G_{H_2O(补)}$，$G_{H_2O(带)}$，$G_{H_2O(总)}$——补加蒸汽量和饱和塔出口煤气中含蒸汽量及进入变换炉的总蒸汽量，kg/h；

$n_{总}$，$n_{饱}$——变换炉入口、饱和塔出口汽气比；

p_{H_2O}——饱和塔出口气体温度下水的饱和蒸气压，MPa；

p —— 系统压力，MPa；

ϕ—— 饱和度，%。

2. 一氧化碳变换生产控制指标计算案例

【例 15-4】 二段转化气 CO 含量 13%，经中温变换后，气体中 CO 降到 3.1%，再经低温变换，使低变气 CO 含量降到 0.5%。求变换率。

解 中变的变换率是： $\dfrac{0.13 - 0.031}{0.13 \times (1 + 0.031)} = 0.74$ 或 74%

低变的变换率是： $\dfrac{0.031 - 0.005}{0.031 \times (1 + 0.005)} = 0.83$

总变换率是： $\dfrac{0.13 - 0.005}{0.13 \times (1 + 0.005)} = 0.96$

【例 15-5】 进变换炉的半水煤气（标准状态）流量为 $3600m^3$（标）$/h$，其中组成为 CO 24.5%、CO_2 12.5%、H_2 39.7%、N_2 22.1%，若变换率为 90%，求出变换炉的变换气流量及组成。

解
$$y_a' = \frac{0.245 - 0.245 \times 0.90}{1 + 0.245 \times 0.90} = 0.0201 = 2.01\%$$

$$y_b' = \frac{0.125 + 0.245 \times 0.90}{1 + 0.245 \times 0.90} = 0.2831 = 28.31\%$$

$$y_c' = \frac{0.397 + 0.245 \times 0.90}{1 + 0.245 \times 0.90} = 0.5059 = 50.59\%$$

$$y_d' = \frac{0.221}{1 + 0.245 \times 0.90} = 0.1811 = 18.11\%$$

$$V_2 = 3600 \times (1 + 0.245 \times 0.90) = 4393.80 [\text{m}^3(标)/\text{h}]$$

【例 15-6】 饱和塔出口气体温度为 150℃，压力（绝对）为 1.125MPa，饱和度为 90%，入变换炉混合气体中蒸汽与干煤气的体积比为 1.2。设生产 1t 氨需要半水煤气 3400m³（标），求生产吨氨需补加的蒸汽量。

解 由饱和水蒸气压表查得 150℃时，饱和蒸气压为 0.476MPa，则

$$G_{H_2O(n)} = V_1(n_{总} - n_{饱}) \times \frac{18}{22.4}$$

$$= 3400 \times \left(1.2 - \frac{0.476 \times 0.90}{1.125 - 0.476 \times 0.90}\right) \times \frac{18}{22.4}$$

$$= 1598.34 (\text{kg/t NH}_3)$$

3. 催化剂填装量计算

【例 15-7】 某厂生产能力为 4 万吨/年合成氨，欲选用 B113 型中变催化剂，计算该催化剂装填量。

解 设全年生产天数为 320 天，吨氨耗半水煤气 3400m³（标），则每小时通过的气量数为：

$$\frac{40000 \times 3400}{320 \times 24} = 17708 [\text{m}^3(标)/\text{h}]$$

查 B113 型中变催化剂加压干气空速为 600~1300h⁻¹，取 1300h⁻¹

$$\frac{17708}{1300} = 14 (\text{m}^3)$$

若欲换算成质量，查得 B113 型催化剂堆密度为 1.3~1.4t/m³，取 1.35t/m³，该催化剂的装填质量为：14 × 1.35 = 18.9 (t)。

三、氨合成生产控制指标计算案例

1. 氨合成生产控制指标计算

（1）氨净值

$$\Delta y_{NH_3} = y_{NH_3,2} - y_{NH_3,1} \tag{15-23}$$

式中 $y_{NH_3,1}$，$y_{NH_3,2}$——进、出合成塔气体中的氨含量（摩尔分数），%。

（2）氨产量

$$N_{NH_3} = \frac{N_1(y_{NH_3,2} - y_{NH_3,1})}{1 + y_{NH_3,2}} = \frac{N_2(y_{NH_3,2} - y_{NH_3,1})}{1 + y_{NH_3,1}} \tag{15-24}$$

式中 N_{NH_3}——氨产量，kmol/h；

N_1，N_2——进、出合成塔气量，kmol/h。

或
$$W = \frac{0.758 V V_S (y_{NH_3,2} - y_{NH_3,1})}{1 + y_{NH_3,2}} \tag{15-25}$$

式中 W——氨产量，kg/h；

V——催化剂体积，m³；

V_S——空间速率，m^3（标）$/(m^3 \cdot h)$。

（3）氨合成率

$$\alpha = \frac{2(y_{NH_3,2} - y_{NH_3,1})}{(1+y_{NH_3,2})(1-y_{NH_3,1}-y_{CH_4+Ar,1})} \times 100\%$$ (15-26)

式中　α——氨合成率，%；

$y_{CH_4+Ar,1}$——进塔气体中惰性气体含量（摩尔分数）。

（4）催化剂生产强度

$$G = \frac{17 \times 24 N_{NH_3}}{1000V}$$ (15-27)

式中　G——催化剂生产强度，$t\,NH_3/[m^3（催）\cdot d]$；

V——催化剂体积，m^3。

2. 氨合成生产控制指标计算案例

【例 15-8】　氨合成塔进口气量 9600m^3（标）/h，进、出塔气体中氨含量分别为 3% 和 14%，进塔气体中惰性气体含量为 15%，$y_{CH_4}=10\%$，$y_{Ar}=5\%$，$H_2：N_2=3：1$，催化剂装量为 0.4m^3。试计算：（1）进塔气量；（2）氨净值；（3）氨产量；（4）出塔气量；（5）出塔气组成；（6）空间速率；（7）氨合成率；（8）催化剂生产强度。

　解　已知：$y_{NH_3,1}=3\%$，$y_{NH_3,2}=14\%$，$y_{CH_4+Ar,1}=15\%$，$V=0.4m^3$

（1）进塔气量 N_1

$$N_1 = \frac{9600}{22.4} = 428.6 (kmol/h)$$

（2）氨净值 Δy_{NH_3}

$$\Delta y_{NH_3} = 0.14 - 0.03 = 0.11 \text{ 或 } 11\%$$

（3）氨产量 N_{NH_3}

$$N_{NH_3} = \frac{428.6 \times (0.14 - 0.03)}{1+0.14} = 41.36 (kmol/h)$$

$$= \frac{41.36 \times 17}{1000} = 0.70 (t/h)$$

（4）出塔气量 N_2

$$N_2 = N_1 - N_{NH_3}$$
$$= 428.6 - 41.36 = 387.2 \text{ (kmol/h)}$$
$$= 387.2 \times 22.4 = 8673 \text{ } [m^3（标）/h]$$

（5）出塔气组成　进塔气中 $H_2：N_2=3：1$ 组成如下：

$y_{NH_3,1}$	$y_{N_2,1}$	$y_{H_2,1}$	$y_{CH_4+Ar,1}$
0.03	$\frac{1}{4}(1-y_{NH_3,1}-y_{CH_4+Ar,1})$	$\frac{3}{4}(1-y_{NH_3,1}-y_{CH_4+Ar,1})$	0.15
	$\frac{1}{4} \times (1-0.03-0.15)=0.205$	$\frac{3}{4} \times (1-0.03-0.15)=0.615$	

出塔气中惰性气体含量

$$y_{CH_4+Ar,2} = \frac{N_1 y_{CH_4+Ar,1}}{N_1 - N_{NH_3}}$$ (15-28)

式中　$y_{CH_4+Ar,2}$——出塔气体中惰性气体含量（摩尔分数）。

$$y_{CH_4+Ar,2} = \frac{428.6 \times 0.15}{428.6 - 41.36} = 0.166$$

出塔气中 $H_2：N_2=3：1$ 组成如下：

$y_{NH_3,2}$	$y_{N_2,2}$	$y_{H_2,2}$	$y_{CH_4+Ar,2}$
0.14	$\frac{1}{4}(1-y_{NH_3,2}-y_{CH_4+Ar,2})$	$\frac{3}{4}(1-y_{NH_3,2}-y_{CH_4+Ar,2})$	0.166
	$\frac{1}{4}\times(1-0.14-0.166)=0.174$	$\frac{3}{4}\times(1-0.14-0.166)=0.521$	

（6）空间速率 V_S

$$V_S = \frac{W(1+y_{NH_3,2})}{0.758V(y_{NH_3,2}-y_{NH_3,1})}$$

$$= \frac{41.36\times17\times(1+0.14)}{0.758\times0.4\times(0.14-0.03)} = 24033[\text{m}^3(标)/(\text{m}^3\cdot\text{h})]$$

（7）氨合成率 α

$$\alpha = \frac{2\times(0.14-0.03)}{(1+0.14)\times(1-0.03-0.15)}\times100\%$$

$$= 23.53\%$$

（8）催化剂生产强度 G

$$G = \frac{24\times17}{1000}\times\frac{41.36}{0.4} = 42.19\{\text{t NH}_3/[\text{m}^3(催)\cdot\text{d}]\}$$

思考与练习

1. 已知：（1）进入一段炉天然气组成如表 15-11。

表 15-11   进入一段炉天然气组成

组分	CH₄	C₂H₆	C₃H₈	N₂	CO₂	H₂	合计
$y_i/\%$	95.75	1.15	0.40	2.00	0.50	0.20	100

（2）蒸汽混合气中，水碳比 $Z=3.5$。

（3）出口操作压力 3MPa，温度 800℃，出口甲烷含量 10%。

试计算：（1）出口气体的平衡组成；（2）燃料天然气的单位消耗（单位：m³）。

2. 已知半水煤气流量为 14000m³（标）/h，含硫化氢 3g/m³（标），用 ADA 溶液脱硫后含硫化氢 0.1g/m³（标），若溶液的硫容量为 0.1kg/m³，硫磺回收率为 92%。求：（1）脱硫效率；（2）单质硫回收量；（3）溶液循环量；（4）脱硫塔液气比。

3. 某活性炭脱硫装置，处理气量为 19800m³/h，操作温度 40℃，操作压力为 0.123MPa，进、出口气体中分别含硫 1.56g/m³、0.05g/m³，活性炭堆积密度为 450～550kg/m³，硫容量质量分数 20%，再生周期 15d，试计算：（1）活性炭填装量；（2）若用双槽并联流程，脱硫槽直径为 3m，则空槽气速为多少米/秒？

4. 某小型氨厂半水煤气中一氧化碳含量 28%（干基），变换气中一氧化碳含量 3%（干基），变换气流量为 8600m³/h，日产氨量 48t，试求生产每吨氨需要多少变换气和半水煤气？

5. 某厂变换工段变换前工艺气中 CO 含量 13.56%，高温变换出口 CO 0.8%，低温变换出口 CO 0.26%，求高、低温变换率和总变换率？

6. 变换系统处理原料气量为 36000m³（标）/h，若系统压力为 2.05MPa，饱和塔出口气体温度 164℃，饱和度 90%，当控制变换炉进口汽气比等于 1 时，试计算需补充的水蒸气量。

7. 干半水煤气进变换炉之前，各组分的体积分数为 CO 25%，CO₂ 11%，H₂ 42%，N₂ 22%。经中温变换，变换气中 CO 含量降至 3%。求：（1）变换率；（2）变换气体积；（3）变换气中氢、二氧化碳、氮气的体积分数。

8. 已知氨合成塔进口气量 22000h⁻¹，装填催化剂 2.8m³。进、出塔气体中氨含量分别为 2.7% 和 14%，进塔惰性气体含量 15%（$y_{CH_4}=10\%$，$y_{Ar}=5\%$），氢氮比为 3，进塔气体温度为 142℃，试计算：

(1) 催化剂的生产强度和合成塔年产量（年以 320 天计）；（2）氨合成率；（3）出塔气体组成及气量；（4）出塔气体温度（忽略合成塔热损失）。

9. 某合成氨厂的合成塔氨产量 5800kg/h，进塔气体组成为 H_2 63.1％，N_2 21.4％，CH_4 8.4％，Ar 4.2％，NH_3 2.9％，出塔气体中氨含量 13％，合成塔装填催化剂 $3m^3$，试求：（1）空间速度；（2）每小时进入合成塔的气量及各组成气量；（3）出合成塔气体组成和各组成的气量。

10. 已知氨合成塔进口气量 $22000h^{-1}$，装填催化剂 $2.8m^3$。进、出塔气体中氨含量分别为 2.7％ 和 14％，塔惰性气体含量 15％（$y_{CH_4}=10\%$，$y_{Ar}=5\%$），氢氮比为 3，进塔气体温度为 142℃，试计算：（1）催化剂的生产强度和合成塔年产量（年以 320 天计）；（2）氨合成率；（3）出塔气体组成及气量；（4）出塔气体温度（忽略合成塔热损失）。

第十六章　合成氨全系统生产理论与实践同步教学

【学习目标】

1. 认识化工仿真操作系统，熟练应用程序，掌握复杂控制系统的投运和调整技术。

2. 通过仿真实训，提高对复杂化工过程动态运行的分析和决策能力，能够提出最优操作方案。

3. 在熟悉开停车和复杂控制系统的操作基础上，训练分析、判断事故和处理事故的能力。

4. 通过合成氨生产全系统仿真教学训练，基本达到合成氨生产操作的职业标准。

5. 明确工艺计算训练的任务和要求。

课题一　认识合成氨操作的仿真系统

任务1　了解仿真技术

仿真（simulation）是对代替真实事物体或系统的模型进行实验和研究的一门应用技术科学，按所用模型分为物理仿真和数字仿真两类。物理仿真是以真实物体或系统，按一定比例或规律进行微缩或扩大后的物理模型为实验对象，如飞机研制过程中的飞洞实验。数字仿真是以真实物体或系统规律为依据，建立数学模型后，在仿真机上进行的研究。数学模型是将真实物体或系统规律的相似实时动态特性进行数值化的描述，由人工建立的数学计算方法。仿真机是以现代高速电子计算机为主，辅以网络和多媒体等设备，由人工建造的模拟实际环境的硬件系统，它是数学模型软件实时运行硬件和软件环境。与物理仿真相比，数字仿真具有更大的灵活性。能对截然不同的动态特性模型做实验研究，为真实物体或系统的分析和设计提供十分有效而经济的手段。

过程仿真技术在合成氨生产的应用主要表现在以下几个方面。

1. 辅助设计

随着计算机技术的不断发展，仿真技术用于辅助设计已经越来越普遍。例如工艺过程设计方案的试验与优选；工艺参数的试验与优选；工艺过程设计的开、停车方案的可行性试验与分析；自动控制系统方案的试验、优选与调试；联锁系统和自动开、停车系统设计方案的试验与分析等。仿真技术应用于工程设计，不仅可以节省人力和物力，而且大大缩短了过程开发周期。对于新技术尽快实现工业化起着非常重要的作用。

2. 辅助生产

在合成氨生产中，仿真技术辅助生产在日益大型化的企业生产过程逐渐被采用。目前应用较多的有装置开、停车方案的论证与优选；工艺和自控系统改造的试验与方案的论证、分析；生产优化试验和生产优化操作指导；事故预定的试验和生产分析和处理的方案论证；紧急救灾方案试验与论证等。

3. 辅助培训

合成氨生产过程仿真培训是指以现代通用流程模拟系统仿真技术为基本手段，建立仿真化工装置——仿真机。

建立与真实系统相似的操作控制系统，模拟真实的生产装置，再现实际生产过程的动态特征，使操作能在非常逼真的环境下进行操作技能的训练。

由于仿真机使用的系统软件不同，仿真操作的界面和程序有所不同。但一般都有控制室画面（在工厂控制室能够看到的画面即 DCS 画面）、现场画面（需要在现场完成的动作通过此画面完成）和分析画面（显示工厂分析室的分析结果）。在操作程序上，一般设有运行模型、关闭模型、状态记忆、状态恢复、工况重选、事故设置、成绩显示、自诊断操作等。

利用仿真机能够帮助操作者更深刻地认识合成氨生产过程、领会基本理论和训练实际操作技能。它的作用主要是：

（1）帮助学员深入了解化工过程的操作原理，提高学生对典型化工过程的开、停车，正常操作及事故处理的能力；

（2）使学员掌握调节器的基本操作技能，初步熟悉 P、I、D 参数的在线整定；

（3）通过训练，使学员掌握复杂控制系统的投运和调整技术；

（4）使学员提高对复杂化工过程动态运行的分析和决策能力，通过仿真实训能够提出最优操作方案；

（5）在熟悉开、停车和复杂控制系统的操作基础上，可以训练学员分析、判断事故和处理事故的能力；

（6）科学、严格地考核与评价学员经过训练所达到的操作水平，以及相应的理论联系实践的能力。

仿真系统用于理论教学主要是通过 CAI 课件、教件和导件进行的，对于课堂教学中的难点的讲解是一个很好的补充，具有较强的互动性和自主性，有效地帮助学生学习和教师教学。

仿真教学可以作为学生实验、实习前的准备，供学生先行了解和熟悉工艺过程、操作方法与步骤，也可以配合理论课教学讲练结合。相对完整的工段级工艺过程仿真，对于解决学生生产现场实习操作难以了解的问题，训练学生的实际技能有很大帮助，同时极大地节省了实际操作训练的费用，避免了现场操作的不安全问题，是符合职业教育现状、解决学生实习实训的有效手段。

任务 2　启动学员站

利用学校化工仿真装置，进行以下项目的操作练习。

项目一　打开化工实习仿真软件

在仿真机上执行开始→程序→仿真系统→化工实习仿真软件。

项目二　选择培训参数

（1）培训工艺的选择　根据教学内容的安排，可以分别选择反应器单元、设备单元、复杂回路控制、复杂工艺（工段级）和复杂工艺（全系统即厂级）等仿真训练项目。

（2）培训项目的选择　根据教学内容的安排，可以分别选择冷态开车、正常停车和事故处理等。

（3）DCS 风格的选择　根据学校具体的仿真系统，可以分别选择 DCS、TDC3000、IA 和 CS3000 等风格的操作界面。

（4）认识教学系统及菜单功能

① 上部菜单栏　由工艺、画面、工具和帮助等项组成。

② 中部主操作区。

③ 下部状态栏　由 DCS 图和现场图等组成。

④ 最下部任务栏　由 DCS 控制系统和操作质量评分系统等组成。

（5）认识专用操作键盘。

课题二　合成氨全系统生产仿真实训

由于各地各生产厂所采用的工艺不同，通过介绍生产操作的一般性原则及要点，结合化工中试装置或仿真装置进行典型操作的模拟训练加以强化，将生产操作与技能训练相结合，通过理论与实际的结合，达到学以致用的目的。实际生产操作时可依据所在生产厂的岗位操作法进行现场操作。

合成氨生产过程最显著的特征就是过程高度的连续性和自动化。要求有理想的自动控制系统，以保证生产所需的正常运行和产品质量。计算机控制已在化工生产过程中得到了广泛的应用。因此，合成氨生产不仅需要工程技术人员，还需要众多的具有一定专业技术素质、能熟练进行合成氨生产岗位操纵的高级应用技术人才。而企业为了保证和维持生产过程的正常运转，限制学生在实习过程中进行实际操作，技能训练难以达到实践教学的目的。

这就造成了从事合成氨生产人员必须具有高水平的实际操作能力与缺乏实训手段的矛盾，通过合成氨生产过程仿真实训可以充分地解决这一矛盾。

现以 1998 年建成投产的以重质烃为原料，采用谢尔气化工艺技术生产合成氨的某大型氨厂为背景，介绍合成氨全系统开停车仿真操作的原则性步骤。

该仿真系统总体分为气化与炭黑回收，净化，合成及冷冻三个工段。其中气化包括三个主要步骤：以纯氧和过热蒸汽为气化剂的渣油不完全燃烧反应；在废热锅炉中回收废热，副产高压饱和蒸汽；用水洗涤原料气中生成的炭黑，炭黑用石脑油萃取法进行回收。净化工段包括鲁奇甲醇洗工艺、二段中温变换、液氮洗三部分。现以该仿真系统为例，介绍合成氨全系统开停车操作的原则性步骤。

第一部分　合成氨系统的开车操作

任务 1　气化及炭黑回收工段开车

项目一　气化炉的开车

1. 设置安全保护

（1）持久性安全保护　持久性安全保护系统有跳车室跳车、现场跳车、高压油泵跳车、废热锅炉液面跳车 4 个跳车机构。这些跳车机构在任何阶段均起作用。该系统的工艺参数及跳车条件如下：

工艺参数	跳车条件	设定值
跳车室跳车	按下按钮	—
现场跳车	按下按钮	—
高压油泵	跳车	—
废热锅炉液面	<LL ["低低" 位]	20％

（2）阶段 1 的安全保护　在开车期间，它引入了附加的安全保护。这些附加的安全保护是自动起作用的。因此，开车一旦进行到某个步骤，操作人员就没有超越它们的可能。在阶段 1 中起作用的各项安全保护，以后仍会起作用，除非它们在以后的阶段中被超越。此系统的工艺参数及跳车条件如下：

工艺参数	跳车条件	设定值
锅炉给水流量	＜LLL［"低低低"位］	10％
屏蔽蒸汽旁通	＜LL［"低低"位］	37.8kg/h
气化蒸汽旁通	＜LL［"低低"位］	277kg/h
喷头冷却水流量	＜LL［"低低"位］	50％
喷头冷却水流量	＞HH［"高高"位］	19m³/h
废热管板锅炉循环阀	未关闭	—

（3）阶段 2 的安全保护　阶段 2 的安全保护大体上和阶段 1 的安全保护相似，但包括各个氧气阀的阀位。其工艺参数和跳车条件如下：

工艺参数	跳车条件	设定值
开车检查	发现错误	—
锅炉给水流量	＜LL［"低低"位］	50％
急冷水流量	＜LL［"低低"位］	70％
通至大循环的高压油	阀未关	—
通至气化炉的高压油	阀未开	—
氧快关阀	未开	—
氧快开阀	未开	—
通至消音器的氧电动阀	未开	—
装置压力	＜LL［"低低"位］	0.60MPa，表压

（4）运行期间的安全保护　按涉及正常运行期间所有需要的工艺变量以及氧气阀的阀位，这些安全保护是在完成开车 30min 后，由安全保护系统自动使之起作用的。这样，操作人员就可以使气化炉的运行稳定化。

运行期间的安全保护系统一旦起作用，操作人员就没有超越它们的可能性。其工艺参数和跳车条件如表 16-1 所示。

表 16-1　主要工艺参数和跳车条件

工艺参数	跳车条件	设定值	工艺参数	跳车条件	设定值
油的流量	＜LL［"低低"位］	11.0m³/h	屏蔽蒸汽流量	＜LL［"低低"位］	50％
油的流量	＞HH［"高高"位］	20.6m³/h	油压	＞LL［"低低"位］	5.0MPa，表压
氧的流量	＜LL［"低低"位］	50％	油压	＞HH［"高高"位］	7.8MPa，表压
氧的流量	＞HH［"高高"位］	115％	油压	＜LL［"低低"位］	5.0MPa，表压
氧的流量	＜LLL［"低低低"位］	10％	油压	＞HH［"高高"位］	7.8MPa，表压

（5）升温安全保护　除了上述安全保护手段外，安全保护系统还另外有一些安全保护手段，它们仅在升温期间起作用。

在升温期间，操作方式是"手动"的，如表 16-2 所示的各种情况下，安全保护系统会使升温中断。

在从升温到开车以及最后到正常运行的各个不同阶段，安全保护系统是按喷头、气化炉升温以及工艺过程的命令逐步升级的。"开车超越"（start-up overrides）是累积的，因此，在正常运行条件下，所有的跳车功能都是有效的。

2. 设置操作方式

（1）手动方式　处于这种操作方式时，可在控制室通过各个按钮来打开和关闭各个阀门。

手动方式，主要是在开车之前，气化炉的准备、升温阶段，用于阀和控制系统的定位、试验。在这个试验期间，所有的断流阀都必须关闭，所有的介质与气化炉隔离；温度超过 900℃时，阀的试验停止。

虽然操作方式是"手动"的，升温喷头的运行和安全保护却是由逻辑处理的。

表 16-2　主要工艺参数安全保护系统的设定值

工艺参数	跳车条件	设定值	有效条件
锅炉给水流量	<LLL["低低低"位]	10%	
喷头冷却水	<LLL["低低低"位]	50%	温度>800℃
喷头冷却水	>HH["高高"位]	19m³/h	温度>300℃
升温烟囱的阀	未打开	—	温度>300℃
燃料气压力	<LL["低低"位]	0.35MPa,表压	—
空气压力	<LL["低低"位]	0.30MPa,表压	—
燃料压力	<L["低"位]	0.01MPa,表压	—
废热锅炉管板循环阀	未打开	—	
废热锅炉管板循环阀	未关闭	—	温度<800℃
控制室跳车开关	按下	—	温度>800℃
现场跳车开关	按下	—	
稳定的火焰	看不见	—	
废热锅炉的液位	<LL["低低"位]	—	温度<800℃

处于"手动"方式时，所有通常（在正常运行期间）会引发装置停车的工艺联锁和逻辑，都暂时不起作用。然而，安全保护的程序，却能在任何时候使气化炉保持安全状态。

（2）自动开车方式　处于这种操作方式时，执行一系列开车步骤，对气化炉及有关设施用惰性气体进行置换，并使之投入运行。

这个操作阶段，虽然被称为自动的，但在它的进程中，如果没有操作人员在一些关键点进行输入，它也无法完成。应该注意的是，处于"自动开车"方式时，有些停车逻辑还未能起作用（安全保护系统仍将作报警指示）。然而，随着开车过程的进展，不起作用的停车逻辑的数目逐渐减少，安全保护的程序也将逐渐提高。

（3）运行方式　处于这种操作方式时，安全保护系统应监测所有的工艺变量以及关键变量的偏离情况。如果这些参数偏离规定的安全范围，就将引发该生产线的停车。

（4）"断开"方式　只有在确认有"气化炉已跳车"信号时，才能选择这种"断开"方式。处于这种方式时，系统不起作用，虽然对停车系统的监测仍在进行。采用这种方式的主要目的是：在不使用气化炉时，消除阀的无关动作。

（5）停车方式　停车方式并不是一种严格意义的操作方式，但它是系统的主要组成部分之一，它提供一系列逻辑，使部分氧化炉安全地停车。在四种操作方式中，都各有不同的引发器（包括一个"紧急断开"开关）。停车系统的引发，并不改变操作方式。

（6）操作方式的选择　在集散控制系统（DCS）中，将设置软开关作为操作方式选择开关。例如通过触摸来选择一个开关，并按下"输入"键，将脉冲型输出送到逻辑系统（这个触摸区的功能禁止同时选择一个以上的开关）；引发停车方式的"紧急停车"开关，可在任何时候按下，但只能用键使之复位；"紧急停车"按钮，位于各个气化炉控制盘中，它装有一个盖，防止意外触动，控制室的屏幕上，总显示着当前的操作方式。

3. 开车准备

（1）气化炉喷头冷却水的准备　将锅炉水注入喷头冷却水罐，由分程控制将高压氮充压到 6.9MPa；关闭喷头冷却水管线上的排污阀及导淋阀，打开切断阀及喷头冷却水泵的进口阀，保持喷头冷却水系统运转正常；确认喷头冷却水罐液位自动调节（60%），喷头冷却水流量借助于喷头冷却水出口管线上的手动阀调整到 8~15m³/h；喷头冷却水温度先后用喷头冷却水罐的高压蒸汽管调节至 190℃左右。

（2）废热锅炉的准备　废热锅炉按要求处理后，通过加锅炉给水至正常液位处，调节阀投自动；检查关闭废热锅炉蒸汽出口阀，打开开工蒸汽阀，充压至 3.0MPa；检查确认管板循环阀处于打开位置。

4. 气化炉冷态升温

气化炉进行升温时，操作方式选择开关应调为"手动"；氧气、蒸汽、氮气、急冷水工艺介质的断流阀都必须关闭，直到自动开车和停车系统已检查完毕时为止；废热锅炉输出蒸汽阀关闭；升温烟囱打开。

① 气化炉温度低于200℃。温度低于200℃时，气化炉的升温使用升温喷头。这种升温喷头是固定在同心环型喷头的中心的。

用软管，将一次空气（A）和一次气体（G）连接到升温喷头上。气体的流量通过手动阀调节，并由流量计进行计量。类似地，空气的流量也通过手动阀调节。为了限制液化石油气体和空气的流量，分别安装了限流孔板，液化石油气主管线上装有双重断流阀和排气阀。这三个阀均与安全系统相连。如图 16-1 所示。

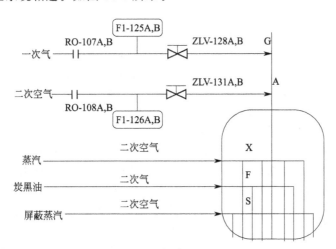

图 16-1　气化炉升温控制示意图

废热锅炉内必须注入锅炉给水，并预加压。锅炉给水由输入的蒸汽加热到一定的温度，避免烟道气中的水冷凝。

在气化炉升温期间，烟道气通往升温烟囱。因此，电动阀是打开的。在这一连续过程中，从气化节热器到炭黑洗涤塔，应保持无烟道气进入。

安全系统对升温喷头点火的所有条件进行检查核实。如果它们全部符合要求，屏幕上就会显示"升温喷头开车准备就绪"字样。这时，按点火器按钮使升温喷头开始工作。

② 气化炉温度高于200℃。气化炉按正常的升温顺序进行，用同心环型喷头进一步升温，同时让开车喷头继续工作。为了引发支持火焰，必须按"引地支持"按钮，让燃料气流至主喷头的油入口喷嘴（F），并让二次空气流入气化剂喷嘴（X）。为了确保气体能合适地烧尽，让一部分二次空气流入主喷头的屏蔽蒸汽喷嘴（S）。空气的流量比按57％的空气流往喷嘴（X）；43％的空气流往喷嘴（S）。集散控制系统（DCS）控制着用主喷头对气化炉进行升温的过程，根据斜坡函数控制设定值，从而控制燃料气的流量以及空气的流量。

③ 气化炉温度高于300℃。不论主喷头是否投入运行，喷头的循环冷却水系统必须投入运行。冷却水的最低温度应能防止潮气在喷头内部冷凝。喷头的冷却水应避免沸腾。

④ 温度低于500℃。气化炉的温度用 Ni-Cr-Ni 热电偶测量，超过500℃时，应该换用 Pt-Rh-Pt 热电偶。

⑤ 温度高于800℃。管板的冷却必须改善，其方法是通过锅炉给水管线，将新鲜的锅炉给水送至废热锅。

⑥ 温度高于900℃。喷头内部必须有通至气化剂喷嘴（X、S）的足够物流冷却。在升温期间，这一要求是用一定流量的二次空气来满足的。由于低流量会使气化炉升温而跳车，

因此常将高压氮接入（X喷嘴）。当流量过低时，高压氮会立即接入，对喷头进行冷却。

⑦ 当温度低于800℃。用同心环型喷头以及开车喷头进行再启动。必须按"升温再启动"按钮。如果需要的话，一次气体和一次空气的软管应再次连接到开车喷头上。

⑧ 气化炉温度高于1000℃。温度高于1000℃的气化炉继续升温，仅用同心环型喷头。

按"停升温喷头"按钮时，打开氮气，流入气化剂管线（X）。然后，空气管线和燃烧气管线上的所有阀门都关闭。现场操作人员将开车升温喷头拆下，并在主喷头的中心安装空心丝堵，将孔堵死。升温喷头的各个喷嘴用法兰盖封住。在这个阶段，气化炉的开车喷射器是调到使气化炉内稍有负压的。88%的空气流向喷嘴X，12%的空气流向喷嘴S。用斜坡函数继续使气化炉的温度升高到1100℃恒温，准备开车投料。

5. 开车前的准备工作

（1）启动高压给料泵   检查确认关闭渣油系统所有排放阀，打开渣油计量器前后切断阀，关旁路阀；渣油过滤器前后切断阀开；渣油预热器切断阀打开，关旁路阀；高压给料泵进出口阀关闭；加热管线切断阀打开。检查渣油伴热正常，盲板拆除。联系启动渣油输送泵送渣油，确认渣油经过渣油罐、加热管线，大循环线流程打通，建立渣油循环（升温后期即可进行）。此时应注意防止封闭加热线憋压。确认渣油循环正常后，向炭黑回收单元引渣油，启动碳油循环泵和炭油泵，渣油送至气化。

（2）洗涤塔进水建立循环   检查确认关闭洗涤塔排放阀及洗涤水管线上的导淋阀，开液位指示阀，开洗涤塔泵的机械密封水阀，联系废水处理单元启动返回水泵送水。启动洗涤塔循环泵打循环，洗涤塔的循环水冷却器检查投用。打开气液分离器底部排放阀，关闭急冷管反冲洗阀，现场投用急冷水过滤器，检查急冷水流量是否正常。急冷水正常后，关闭旁路阀，排尽急冷管炭黑分离器的水后，关闭底部排放阀。

（3）工艺蒸汽的准备（在升温后期即可进行）   确认进炉蒸汽各调节阀关闭，气化蒸汽总管的切断阀关，旁路关，调节阀前后切断阀关闭；确认蒸汽及气化剂炉头伴热正常，疏水正常，暖管结束，双切断导淋关闭；缓慢打开总管切断阀旁路，进行暖管。通过气化蒸汽调节阀放空至氧气、蒸汽消音器。暖管结束，排放处无水后升压，手动缓慢关小气化蒸汽调节阀，升压至蒸汽压力为7.0MPa后，全开总管切断阀，关旁路阀。

（4）氧气系统的准备   空分送来的氧气经压力调节阀放空。现场确认氧气管线试验时所加盲板拆除，各排液阀排液后关闭并加盲板，氧管线切断阀及旁路关闭。稍开旁路阀导气升压，经氧气电动放空阀放空（50%开度）；当切断阀前后压力相等时，全开切断阀，关旁路阀。氧气阀体放空阀前手动阀打开。设定氧气流量，保持少量氧气经氧气电动放空阀、氧消音器放空。氧预热器投用，保持小流量蒸汽通入，投油前调节预热后氧温升至230℃。

（5）检查装置压力及部分阀位   检查确认关闭炭黑分离器原料气放空前切断阀，洗涤塔出口火炬管线前截止阀。第一台气化炉开车时，洗涤塔出口煤气压力<1.0MPa，打开炭黑分离器出口原料气管线电动阀。

（6）拆除升温软管   确认炉温>1100℃，蒸汽放空开，按"停升温喷头2"按钮。气化蒸汽和屏蔽蒸汽旁通阀打开。空气及燃料气调节阀动作，进炉阀关闭。此时屏幕上显示操作提示："手动阀关闭，拆除软管接头"，现场拆除空气和燃料气软管，并加装盲板。现场确认关闭空气及燃料气各手动阀。

（7）关低压氮   手动阀喷射器停用，电动阀关闭，升温烟囱洗涤水停，同时关闭废热锅炉下游高压氮气阀。电动阀后加盲板，现场检查关闭急冷室的导淋阀，并加盲板。

6. 启动自动开车程序

（1）工作完成后按下"自动开车"按钮   操作方式选择为"自动开车"，屏幕上显示："自动开车"。

（2）工艺参数设定　设定急冷水量 18t/h、废热锅炉输出蒸汽总管压力为 10.4MPa，设定通往蒸汽消音器的压力，废热锅炉液位设定为 40%；废热锅炉压力（管外）用开工蒸汽升压至 3.0MPa。

（3）现场检查 CH_4 分析仪正常后打开切断阀。

（4）启动阶段Ⅰ　安全保护系统确认准备工作完成，屏幕上显示："阶段Ⅰ启动准备就绪"；确认屏幕上没有未处理信息后，按"启动阶段Ⅰ"按钮。

调整氧气流量（按 70% 负荷设定），通过高压渣油泵转速，调节渣油流量至 9.8t/h（按 70% 负荷设定）。确认现场已把氧气温度、渣油温度调节至正常值（230℃、257℃）时，按下"启动阶段Ⅰ"按钮。氮气吹扫自动进行，屏幕上显示："氮气吹扫正在进行"；3min 后结束，上述字样消逝。同时屏幕显示"流量和温度正常"。

（5）启动阶段Ⅱ　检查确认设定的蒸汽流量稳定，炉温＞900℃。屏幕上显示："阶段Ⅱ启动准备就绪"，按下"启动阶段Ⅱ"按钮，屏幕上显示："阶段Ⅱ开始"、"三分钟开车检查"、"流量和温度正常"、"操作安全保护超越"、"开车试验在进行"。

（6）投料

① 投汽。屏蔽蒸汽主阀开，气化蒸汽主阀、放空阀关闭。

② 投油。按"启动阶段Ⅱ"按钮延时 10s 后油阀切换。

③ 投氧。投油 10s 左右，确认油量、压力和阀位正常后，氧气阀体排气阀、氧放空阀开始关，关至 50% 时，氧气电动阀、氧气快关阀开，并在 22s 内切换完成，否则开车程序将终止。投急冷水：装置压力＞0.6MPa 后，急冷水调节器动作，流量增大至 19.37m³/h 时设定值。

④ 系统检查

| 装置压力 | ＞0.6MPa | 急冷水量 | 正常 |
| 氧放空阀 | 已关 | 氧气阀体排气阀 | 已关，符合要求 |

屏幕上"三分钟开车检查"、"开车试验在进行"字样消逝。否则，安全联锁将终止开车程序并启动停车程序。

⑤ 将操作方式切换为"运行"。操作人员在三分钟开车检查成功后，按下"运行"按钮，否则安全联锁将在阶段Ⅱ开始 30min 后自动切换为终止开车程序。

7. 开车后的调整

（1）压力调整　投料后废热锅炉产汽增加，投用锅炉给水蒸气比例控制器，现场关闭开工蒸汽切断阀，导淋打开；中控缓慢提高设定值，废热锅炉产汽压力逐渐升高；升高设定值的同时，也提高原料气压力，提压速率控制在 0.2～0.5MPa/min；最终原料气压力升压 5.4MPa，废锅压力升至 10.4MPa。

（2）工况调整　CH_4 分析仪投入运行，根据生产需要由 70% 负荷逐渐加量至要求负荷；调节氧油比〔正常 0.776m³（标）/kg 油〕、蒸汽油比（正常 0.355kg 汽/kg 油），炉温调节应保持气化炉最高点温度＜1350℃；调节急冷水量，使炭黑水中炭黑含量为 0.8g/L；调节洗涤塔水量（上段 36t/h，下段 112t/h），同时检查塔顶除沫器工作良好，原料气出口温度不超过 45℃。

（3）取样分析　分析人员取样分析炭黑水和洗涤塔出口原料气，工艺指标合格后方可向后Ⅰ序送气。

（4）检查各工艺条件　确认屏幕上无未处理信息及无联锁报警指示，将所有控制器从"手动"调为"自动"。

8. 送汽

（1）与后生产工序联系　原料气分析合格、气化操作正常后，联系后Ⅰ序做好受气准备。

（2）确认高压氮气阀关闭并加盲板。

（3）缓慢降低其设定值。

（4）缓慢打开后切断阀的旁路1寸阀均压 当指示一致时，且1寸阀全开，可全开切断阀，旁路1寸阀关闭。

（5）送气 缓慢增大设定值，向脱硫送气。开始时，每10min增加10000m³（标）/h，达到30%负荷后，每5min增加10000m³（标）/h原料气，气量增加应根据脱硫的要求进行。

（6）调节阀投自动 当原料气全部送到脱硫时，调节阀投自动。也可根据脱硫要求调整放空量。

9. 送蒸汽

（1）废热锅炉操作正常后操作人员做好接汽准备。

（2）投自动 中控将压力调节阀投手动并稍开启，现场缓慢开电动旁路阀，向后部卸压。当室内与室外显示值相同时，投自动。

（3）关旁路阀 现场逐渐全开电动阀后，关旁路阀。

（4）中控缓慢提高设定值直至蒸汽全部送到蒸汽过热器。

（5）将蒸汽调节投自动并设定为10.5MPa。

10. 气化炉开车注意事项

（1）开车前准备工作应仔细 认真检查氧、油等介质管线上的盲板拆除，疏水器工作良好，导淋根据开车要求正确开关。

（2）加强联系 开车时要加强各方面的联系，尤其是引入氧、蒸汽等介质。

（3）渣油等管线的伴管蒸汽应提前进入暖管。

（4）调节油温 渣油循环时，渣油预热器蒸汽可暂时不通或通少量，避免长时间循环油温过高。投油前大开预热蒸汽阀，调节油温至正常（257℃）。

（5）暖管 引蒸汽时应首先进行暖管，暖管时要缓慢进行。

（6）及时调节 投料后中控人员应及时调节，使系统压力高于0.6MPa后通入急冷水。

（7）开车后的压力调整要保持规定速率进行。

（8）逐渐加量 开车投料是按70%负荷调整原料量的，开车投料后逐渐加量至要求负荷。当一台气化炉运行，第二台气化炉开车时，应特别注意不能影响第一台气化炉的正常生产。启动建立渣油循环时，不得引起油总管压力大幅度波动；引氧气时，联系空分后缓慢加量，避免氧总管压力波动，甚至A炉联锁停车；原料气、蒸汽并网时，应先调节两个系列压力一致后方可并网。

项目二 炭黑回收的开车

1. 设置安全系统

设置安全系统，就可以在石脑油炭黑萃取器、旋转筛发生问题时以及出现油泡沫时，防止装置或设备受损。炭黑回收开车的安全系统分为安全系统Ⅰ和安全系统Ⅱ。

（1）安全系统Ⅰ 当工作参数与设定值有差异时，安全系统Ⅰ就会动作，其结果是：通向石脑油炭黑萃取器的炭黑水阀以及通向石脑油炭黑萃取器和混合罐的石脑油阀都关闭，有关物流停止，而油循环仍在运行。

（2）安全系统Ⅱ 通向石脑油冷凝器的冷却水流量太小时，或石脑油冷凝器油、蒸汽管线中的温度太高时，这个安全系统就被促动。负荷为100%时的报警设定值和停车设定值如表16-3所示。

表16-3 报警设定值和停车设定值

参数	报警	停车
闪蒸器的槽内温度	200℃	170℃
通向萃取器的炭黑水流量	50%(18.1t/h)	20%(7.3t/h)
通向萃取器的石脑油流量	50%(1.26t/h)	20%(0.5t/h)
混合罐中的液位	70%(高位),30%(低位)	90%
石脑油蒸气温度	50℃	80℃

确定这些设定值的理由是：闪蒸器的槽内温度太低，将意味着有水和炭黑颗粒一起从旋转筛被送往混合罐。

鉴于该水会导致闪蒸器内的油形成泡沫，因此，安全系统就自动关闭通向石脑油炭黑萃取器的炭黑水阀，并关闭通向石脑油炭黑萃取器的石脑油阀以及通向混合罐的石脑油阀，使这三股物流停止。

如果不可能在短时间内解决问题，那么，经过一段时间后，就应手动地使萃取器以及旋转筛的电动机停车。在任何情况下，如果由于油生成泡沫而发生报警，通向闪蒸器的新鲜渣油阀就关闭，油循环也停止。

送往石脑油炭黑萃取器的石脑油流量如果太大，就会生成黏性的黑色产物，从而会使石脑油炭黑萃取器以及旋转筛堵塞。

如果石脑油与炭黑之比太低，虽然也有炭黑颗粒形成，但离开旋转筛的水是不清澈的。

2. 开车准备

(1) 渣油系统的准备　按试车准备的项目检查炭黑油循环泵、渣油炭黑混合物料泵及所关联的设备。仪表具备开车条件。维持 $10m^3/h$ 流量，给闪蒸塔充液至 50%，启动炭黑油循环泵打循环；投用加热蒸汽，待炭黑油槽的液位上涨至 30% 时，启动油渣炭黑混合物料泵，与炭黑油槽构成循环。待炭黑油槽中液位上涨至 40% 时，关闭流量阀，闪蒸塔液位自动稳定在 30%，炭黑油槽自动稳定在 40%，闪蒸塔液相出口温度在 180℃，使渣油在炭黑系统内建立循环并稳定。启动消泡剂泵，加入适量消泡剂。

(2) 萃取系统的准备　手动打开炭黑系统压力调节阀，给 A 套充压至 0.25MPa，稳定后投自动。打开萃取塔、旋转筛轴封水，启动萃取塔、旋转筛，打开喷淋水。控制流量为 $1.5m^3/h$。关闭旋转筛喷淋水阀，投用吹扫蒸汽。控制室跳车、现场跳车投自动。当筛水沉降器液位上涨，投自动设定为 50%，打开炭黑水进萃取塔的前后切断阀。

(3) 石脑油系统准备　将石脑油从罐区送入石脑油罐，充液到 50% 投自动。启动石脑油泵，往石脑油罐打循环；打开石脑油汽提塔冷凝器冷却水阀。将混合罐上的液位调为 40%，而且设定为自动；将石脑油加到混合罐中，以使石脑油进入闪蒸塔。送到石脑油汽提塔的石脑油流量设定为 $1m^3/h$；汽提蒸汽量为 400kg/h，送到石脑油汽提渣油的流量为 $4.3m^3/h$；油循环到闪蒸器流量为 $25m^3/h$。将闪蒸塔底温度提高到 230℃，并经过炭黑油循环泵将循环渣油量增加到 $35m^3/h$，将送到混合罐中的石脑油流量增加到 $3m^3/h$。借助于回流石脑油量，将汽提塔塔顶温度控制在 150℃。控制好闪蒸塔的液位及炭黑油槽的液位，逐渐向气化单元送油，设定压力在 1.8MPa 上。如果这个压力提高了，新鲜渣油流量就会减少，减少的流量与直接送入闪蒸器的减压渣油的流量相等时调为"自动"。

3. 开车

检查确认各工艺指标正常并具备开车条件后，联系仪表检查安全联锁系统。

(1) 炭黑水罐准备受料　确认关闭炭黑水罐排放阀及顶部放空阀；打开炭黑水罐受炭黑水的切断阀，炭黑水罐中有 2% 的冷凝液，打开泵的入口阀；当气化开车后，炭黑水送至炭黑水罐，确认液位上涨至 10% 时，启动炭黑水泵，打开出口阀，稍开循环阀进行罐体循环；投用冷却器。打开炭黑水泵到萃取塔的切断阀，送炭黑水，当筛水沉降器的液位上涨至 30% 时，联系分析炭黑水浓度。

(2) 炭黑系统开车　将系统联锁切换在手动位置，按 70% 负荷投料，参照炭黑水分析的浓度，按油炭比在 6～8 范围之内，调整工艺，加入合适的消泡剂量 5～10L/h。投料后约 10min，在旋转筛下料口取样检查炭黑球的干湿、大小，及时调整石脑油和炭黑水量。当旋转筛下料口有炭黑球时，调整加入到混合罐中的石脑油量，从石脑油混合罐排放口取样，确认干湿度合适，设定为"自动"。密切注意闪蒸塔的温度，开大加热蒸汽，温度控制在

230℃，注意闪蒸塔的液位调整，防止发泡、液位不稳，必要时闪蒸塔的液位手动控制。

利用启动冷凝液泵调整脱气塔的液位稳定在50%，投用汽提蒸汽。从闪蒸塔闪蒸出来的石脑油及底部出来的一部分石脑油、炭黑油送入汽提塔中，将汽提蒸汽量逐渐增大，调整到50%，用塔顶石脑油回流液调整汽提塔的塔顶温度，严密注意气相温度的升高和塔内压力的变化。

萃取塔开车15min后，从旋转筛流下的水中如果仍含有炭黑，应逐步增加去萃取塔中的石脑油量。每次增加5%，直到水清澈为止后，调节阀调为"自动"。筛水沉降器排出的水，如果不清澈，一律排往炭黑水槽；筛水沉降器中的水清澈时，排往脱气塔中，调为"自动"，汽提蒸汽量调为正常流量的70%。待洗涤塔、脱气塔塔顶温度上升时，逐渐开大冷凝器的冷却水，确保石脑油被冷凝下来。

筛水沉降器石脑油淤渣室内出现液位时，启动淤渣泵，将淤渣送回淤渣室。液位设定为50%，当高于此值时，高位报警就自动地使用三通阀将淤渣送到萃取塔，低位时三通阀又通向淤渣室。

待开车正常后，将安全联锁投到"自动"位置。

任务2　净化工段开车

项目一　甲醇洗开车

1. 开车准备

（1）单元内所属设备及仪表经确认完好。

（2）控制室计算机控制阀于"手动"位置，处于关闭状态。单元内所有工艺阀门处于关闭状态，包括控制阀前后截止阀、旁路阀。

（3）确认单元内盲板位置正确无误（按流程图所标位置或特殊规定）。

（4）通过手动调节控制用氮气充压　保持原来置换时的阀门位置、各去火炬的压力调节器按规定设定好，打开各压力调节阀的前截止阀，有旁路的应关闭旁路阀；当空分出合格N_2后，开各部分充N_2阀充压。

① H_2S吸收塔系统充压。脱硫气去火炬压力调节器，压力设定为4.0～5.3MPa，慢开高压N_2线两道氮气截止阀。

② H_2S闪蒸塔充压。循环气排放压力调节器的压力设定为1.0～1.5MPa，稍开高压N_2线两道截止阀。

③ 甲醇水精馏塔和H_2S热再生塔的充压。酸性气体压力控制器压力设定为0.2MPa，稍开中压氮两道截止阀，为该系统充压。

④ CO_2吸收塔充压。将粗H_2排放至火炬的压力调节器，压力设定为4.0～4.7MPa。稍开高压N_2线的两个截止阀，给该系统充压。

⑤ CO_2再生塔充压。将循环气压力调节器设定为略大于或等于循环气排放压力，小于本段操作压力。稍开高压N_2线前后两截止阀，为该系统充压。

⑥ CO_2再生塔Ⅱ、Ⅲ、Ⅳ段充压。Ⅱ段闪蒸气压力调节器压力设定为0.3MPa；Ⅲ段闪蒸气压力调节器压力设定为0.1MPa；Ⅳ段闪蒸气压力调节器压力设定为0.03MPa；开中压N_2管线总阀，稍开Ⅱ、Ⅲ、Ⅳ段充N_2截止阀，给各段充压。

Ⅴ段闪蒸出口阀处于关闭状态。

（5）向系统内灌装甲醇。灌装前应具备的条件是有关设备的仪表及联锁已投用，各塔压力在设定范围之内，新鲜甲醇罐有充足合格的甲醇。

① 新鲜甲醇罐接收罐区来的甲醇。通知罐区送新鲜甲醇；稍开保安N_2两道截止阀；开入界区甲醇截止阀。

② 系统内各塔建立液位。H_2S 热再生塔上段建立液位；新鲜甲醇遥控阀及前后截止阀处于开启状态，近路阀关闭；按泵的操作程序启动新鲜甲醇泵；当 H_2S 热再生塔上段液位约 90% 时，停泵。

③ CO_2 吸收塔建立液位。按泵操作程序，启动贫甲醇泵，并保持泵的最小循环流量；开入 CO_2 吸收塔的流量调节阀后截止阀。流量调节器的设定流量应小于电机的允许最大输入功率，待 CO_2 吸收塔液位开始上升时，开该液位调节阀后截止阀，通过手动调节达到正常液位 50% 时切换到自动。

④ 再生塔建立液位。当Ⅰ段液位开始上升时，开该段液位调节阀前截止阀、手动调节阀，当液位达 50% 时投自动。

⑤ 二氧化碳再生塔Ⅴ段建立液位。手动液位调节阀，使液位稳定在 50%～60% 之间后投"自动"；投"非控液位的监控"系统。

⑥ H_2S 吸收塔上塔建立液位。开 H_2S 吸收塔上塔流量调节阀后截止阀及液位调节阀后截止阀，当五段建立足够的液位时，按泵操作说明启动 H_2S 吸收塔进料泵，保持最小回流，手动调节使液位稳定在 50% 后投自动。

⑦ H_2S 闪蒸塔建立液位。开 H_2S 闪蒸塔液位调节阀前截止阀及后阀，待该塔建立足够液位时，按泵操作法启动 H_2S 闪蒸塔甲醇泵，保持最小回流。调节甲醇回到 H_2S 热再生塔上段。此时已完成了主要洗涤回路的操作。加料程序完成后，单个回路应在设计能力的 60% 负荷下连续操作。在此阶段，从冷保温和甲醇损失角度出发，此系统最高温度不应超过 60℃。

2. 启动冷却系统

(1) 启动 CO_2 吸收塔进料泵　开入 CO_2 吸收塔中部后截止阀，并做好泵启动准备工作。按泵操作法启动泵，保持最小回流，先手动调节，待正常后投自动。投用再生塔Ⅰ段吸收甲醇，即：开流量调节阀前后截止阀，开泵级间出口阀，先手动调节至正常后投自动。

(2) 启动 CO_2 吸收塔循环泵　开入塔下部甲醇流量调节阀后截止阀，做好泵启动准备工作。待 CO_2 吸收塔液位正常后，启动 CO_2 吸收塔循环泵。

(3) 投用氨冷器　联系氨冷冻工序，送甲醇，送单元冷冻用液氨。

(4) 贫甲醇氨冷器投用　开氨冷器液位调节阀前后截止阀，关旁路阀及阀间放空。开氨冷器出口管线气氨截止阀。当氨冷冻工序送出液 NH_3 时，通过手动控制使 NH_3 液位为 2%～5%。

投用闪蒸甲醇氨冷器，投用循环氨冷器。

3. 启动加热系统

(1) 投用 H_2S 热再生塔及冷凝系统　在系统冷却的同时，投用热再生塔。投用热再生塔水冷凝器，H_2S 热再生塔下塔充液位。

(2) 投用热再生塔再沸器　排蒸汽冷凝液，开蒸汽流量调节阀前后截止阀。开疏水器前截止阀，开阀间排放阀，排尽再沸器内冷凝液后关闭阀间排放阀。开疏水器后截止阀，送出冷凝液。当塔底液位已建立时缓慢增加蒸汽量，以免产生再沸器振动。

正常时所确定的蒸汽流量，应使塔内的温度正好达到在塔内压力下的甲醇沸点。

4. 酸性气体冷凝系统的投用

(1) H_2S 吸收塔下塔充液位　开 H_2S 吸收塔下塔流量调节阀前后截止阀，通过流量调节器给下塔充液位；开 H_2S 吸收塔下塔液位调节阀前后截止阀，通过手动调节下塔液位至 50% 后投自动。

(2) 建立热再生塔回流　开回流罐液位调节阀前后截止阀，当回流罐液位约 50% 时，按泵操作法启动回流泵，并通过回流罐液位调节器将甲醇返回热再生塔顶，并达到设计值。

5. 原料气氨冷器和变换气氨冷器的投用

(1) 投用原料气氨冷器　排尽氨冷器出口工艺气管线积液，开氨液位调节阀前后截止阀。

（2）投用变换气氨冷器 确认氨冷器内无水，如果有水，通过导淋排放；开氨液位调节阀前后截止阀及出口气氨截止阀；通过调节氨液位调节器，使液位逐步增至10％。

6. 将原料气送入脱硫工序

将原料气送入脱硫塔应具备的条件是整个系统中，甲醇溶剂的含水量低于2％（质量分数），作为吸收剂的甲醇液温度低于$-20℃$。

（1）导原料气前的准备 原料气分离器、循环气分离器、原料冷却器的液位调节器做好准备；通过控制器将液NH_3注入氨蒸发器（原料气氨冷器），最大注入量为10％；将甲醇的循环量调定为正常运行值；设定有关阀门的开关。

① 入口管线。关闭气化单元压力调节器，拉开入口管线阀处的盲板，关闭该阀后截止阀及截止阀旁路阀。原料气经气化火炬压力调节器送火炬，送气的压力调节器的设定值应高于火炬压力控制器。

② 出口脱H_2S气管线。关闭去CO变换单元脱硫气手动遥控阀、该阀旁路阀。拉开遥控阀处的盲板。脱硫气管线上火炬压力控制器已做好准备，开该阀前截止阀、旁路截止阀，设定值应低于原料气管线上安全阀的泄放压力。

③ 高压N_2管线。供应高压N_2，并且使系统在接近操作压力下运行。关闭原料气管线上高压N_2截止阀，并插入滑动盲板。

开过滤器前后截止阀，开注入甲醇流量调节阀、前后截止阀，注入甲醇。

（2）导原料气 经与气化、甲醇洗工序联系后，非常缓慢地降低原料气管线上的压力控制器的设定值，使之降低到设计值，打开调节阀，打开原料气管线1寸旁路阀均压。

通过降低已脱硫气流中的火炬压力控制器的设定值，或通过提高原料气管线中的火炬压力控制器的设定值，将欲净化的气体送往脱H_2S甲醇洗单元。开始时气量是逐步增加的，每10min约增加10000m³（标）/h。达到30％标准气体负荷后，气量可增加得快一些，每5min约增加10000m³（标）/h。

通过H_2S脱除工序的气量应与变换单元开车所需气量相同。剩余的原料气应通过下游火炬压力控制器排火炬。

当H_2S闪蒸塔的压力控制器做出响应时，应关闭位于塔入口管线上的高压N_2截止阀并插入盲板。暂时将闪蒸气体通过控制器排放火炬。

当H_2S热再生塔上段塔底的液位降低时，"非控制液位监视系统"必须投入操作。送往热再生塔再沸器的加热蒸汽流量应调为正常操作值。

脱CO_2甲醇洗工序开车后，可按"通"酸性气体冷却器。在开车期间，损耗的甲醇量将大大超过正常运行消耗。酸性气体经过压力调节阀送往燃煤锅炉。如果煤锅不运行，酸性气体就必须经过压力调节器排放火炬。为确保H_2S和CO_2完全烧尽，应同时经压力调节器将脱硫气送火炬。

7. 送脱硫气去变换

当脱硫气分析合格后，即可与变换联系送气。

（1）均压 开遥控阀的1寸旁路阀均压，待两工序压力相等后，关1寸旁路阀。

（2）增加气量 提高脱硫气去火炬压力控制器设定值和原料气火炬压力控制器的设定值，逐渐增加气量。

8. 将变换气送脱CO_2甲醇洗

将变换气送脱CO_2甲醇洗应具备的条件是作为吸收剂的甲醇应低于$-20℃$，将甲醇各单循环调至正常运行值以及变换气氨冷器已建立10％的液位。

（1）准备工作 关闭粗H_2管线上的遥控阀及旁通阀，关闭变换气管线上的遥控阀及旁通阀，拉开滑动盲板。变换气冷却器的气体冷凝液排出系统，液位控制器已做好运行准备，打开调节阀前后截止阀，关旁路阀；变换气分离器液位调节系统、CO_2 吸收塔出口分离器液位调节系统已做好准备；火炬压力控制器已做好运行准备（其设定值必须低于安全阀的泄压压力）；关闭高压 N_2 供应截止阀，加盲板；通过流量控制器，开始将甲醇注入通向变换气冷却器的变换气管线中。

（2）导变换气　联系变换进行导气，开 CO_2 吸收单元上游阀的旁通阀均压；通过降低 CO_2 吸收单元下游的火炬压力控制器的设定值或提高 CO 变换单元系统下游的火炬压力控制器的设定值，引入变换气。由于 CO_2 吸收塔中的气液流向相反，塔盘上将积累一定液体，为保持 H_2S 热再生塔底部及 CO_2 再生塔解吸中段的液位，非控液位的监控系统中各串级系统必须起作用。当 CO_2 再生塔第一闪蒸段压力控制器作出响应时，关闭高压 N_2 供气点的截止阀并加盲板。闪蒸气暂时排放火炬，待排放压力调节器响应时，关闭中压 N_2 截止阀。

9. 给氮洗送脱碳气

当出 CO_2 吸收塔的净化气中的残余 CO_2 含量分析合格后，即可与氮洗联系送气。

（1）开循环气压缩机　当各个循环系统已经稳定，而且在 H_2S 闪蒸塔以及 CO_2 再生塔的第一闪蒸已有足够的闪蒸气时，进行循环气压缩机的开车操作。

（2）开 CO_2 鼓风机　按制造厂说明书中的规定，启动 CO_2 鼓风机。关闭鼓风机入口压力阀，如果来自第Ⅳ段的 CO_2 物流的流量太小，防喘振调节阀将自动打开，CO_2 将全部经过压力调节阀排到烟囱。

（3）投用甲醇洗涤塔　经废水处理单元的操作人员同意后，将锅炉给水送往甲醇洗涤塔，当塔底液位达到 50% 左右时，废水经液位控制器排至废水处理单元。

项目二　一氧化碳变换的开车

1. 开车准备

（1）所有的自控阀均应处于手动位置。

（2）建立水循环。

（3）用氮气对催化剂床层加热　通知空分送低压氮，注意低压氮系统的波动及调节。催化剂的升温应严格按照催化剂的升温曲线进行。

缓慢手动开流量调节阀，向工序送低压氮，对变换单元升压。升压速率控制在 0.1MPa/min，通往火炬的排气阀由设定压力 0.7MPa（表压）来控制其开度。

逐步增加氮气的流量，视床层温度变化情况，缓慢升压，调定氮气的流量达到 1500m³（标）/h，保持设定值 0.7MPa；根据催化剂的温度升高情况，逐渐加大氮气流量，最后将流量调定在 2500m³（标）/h。

升温速率控制在 30～50℃/h，加热介质与催化剂床层入口之间的最大温差应限定为 1.95℃。由于低压氮的温度在 100℃ 左右，利用这个压缩热，可以使催化剂床层温度均匀、和缓地升高到约 100℃。

（4）催化剂的还原　床层温度升高到 200℃ 后，就可配入 7.8MPa、449℃ 的蒸汽进行催化剂的还原操作。还原期间的温度、压力应严格按"催化剂还原期间的温度-压力"曲线控制。

暖管结束后，关导淋。手动慢开调节阀，向系统配入 7.0MPa 蒸汽。注意床层的温度变化及各段压差。由于注入的温度在 449℃，因此，应缓慢地注入蒸汽，防止催化剂床层的温度突然增高。

如果循环水温度超过 150℃，应通过压力调节器提高系统的压力，但决不能超压，防止过高的压力使蒸汽在催化剂床层上冷凝。

（5）氮气管线的切换　确认送入闸阀关闭，开管线上的截止阀及阀后导淋排放，确认无异物后关导淋阀，缓慢开入口闸阀，向系统注入 5.0MPa 氮气。关闭低压氮入口管线阀，停止送 3.9MPa 蒸汽，逐渐增大 7.0MPa 蒸汽流量，按照"催化剂还原期间的温度-压力"控制曲线图，使床层温度保持在 230～260℃范围内。

2. 原料气的引入

原料气引入变换工序时，应具备的条件是脱硫工序已正常、原料气温度小于 40℃。

（1）注入原料气　缓慢向 5.0MPa 氮气管线注入原料气，5min 后关，观察床层温度 30min。

在引入原料气的过程中，由于仅用 7.0MPa 的蒸汽加热，而原料气温度较低，因此在初引入时，可能会有冷凝液产生，应定期检查，并用增湿塔到 7.0MPa 管线上的导淋阀及时排放冷凝液。

（2）大量引入原料气　确认催化剂床层温度、压差正常后，大量引入原料气，密切注意变换炉进口温度及床层温度的变化情况。在引入原料气的同时，逐渐关闭 5MPa N_2 阀门，使 5.0MPa 的氮气气流逐渐完全切换为原料气，最后使氮气气流完全切断。

（3）催化剂床层继续升温　增加蒸汽流量，使催化剂床层继续升温，但要防止催化剂床的温度突然升高。

（4）均压　催化剂床层的入口温度达到 340℃时，开始发生变换反应。此时，应严密注意床层的温度。当床层的一段进、出口温度基本稳定时，使系统以小于每分钟 0.1MPa 的速率升压，与脱硫单元均压。

3. 变换炉各段炉温调整

（1）一段温度的调整　在变换反应开始后，控制蒸汽流量，使入变换炉的蒸汽原料气之比保持在正常值或略高于正常值，以稳定一段入口温度。

（2）二段温度的调整　在一段温度稳定后，应调整二段床的温度，使二段入口温度逐渐升高，达到工艺所要求的温度值。

4. 急冷喷淋装置的投用

在系统压力与脱硫单元平衡后，冷凝液泵将冷凝液送变换炉的三个急冷喷淋装置，并将冷凝液补充到饱和塔，以维持其液位稳定。冷凝液补入后，循环水量仍不能保证时，可经由开工补水管线继续补充。

5. 废水汽提塔投用

关闭蒸汽流量控制阀，并置于手动位置；打开相关的冷凝液汽提系统所有仪表的根部阀；开冷凝液液位控制阀的最后一道阀，关闭开工导淋；缓慢手动开塔底的蒸汽流量控制阀，送入低压蒸汽；逐渐增大低压蒸汽的流量，注意控制其最大流量不能超过 2500kg/h；在冷凝液分析合格后，向锅炉送水；系统稳定后，投用所有自控系统。

6. 催化剂的脱硫

催化剂在还原和稳定（确认操作条件正常，如原料气连续送入、操作温度正常、蒸汽与原料气之比合适）结束后，应进行脱硫。

（1）继续增大蒸汽流量　当变换炉的入口温度升高到 370～380℃，并使蒸汽原料气之比高于正常值时，变换炉的入口温度还可以继续提高，但应注意不得使一段床层出口温度超过 500℃，二段床出口温度超过 420℃。

（2）原料气流量应保持在 50000m³（标）/h。

（3）保持较高的蒸汽原料气比值　维持较高的蒸汽原料气比值在 24h 以上，直到变换出口气分析硫含量降到控制指标为止。大部分的硫将在最初的 24h 内脱除，完全脱硫时间需 2～3 天时间。当出口硫含量分析合格后，保持正常的蒸汽原料气之比。调整一段入口温度达到工艺所要求的范围之内，以保证达到正常变换率的最低温度。

项目三　液氮洗开车

（1）开车准备

①　系统检查　检查原料气管道上的盲板处于"通"的位置；原料气管道的旁路管道上手动阀后的盲板处于"通"的位置；富一氧化碳尾气管道上的开车管道上的盲板处于"通"的位置；低压氮气加热管道上盲板处于"盲"的位置。所有的阀门，除仪表根部阀，都处于关闭状态。

②　冷箱内珠光砂装填完成　控制去冷箱的干燥氮气，并由冷箱顶部泄压阀保证冷箱内 0.5MPa 的微正压，取样分析，保证冷箱内干燥合格。

③　分子筛吸附器的分子筛装填完成　两组分子筛至少各完成一次再生。
联系仪表，对各部分仪表试验完毕，并且合格可以投入使用，投入联锁系统。

④　液体一氧化碳/氮泵手动盘车完成　联系电气部分，给电机供电。

⑤　液氮单元进行吹扫　联系分析、仪表部门，开取样管和导气管上的手动阀，对各取样点管和导压管进行排放干燥。在各放空管道、出口和冷箱的各低点排放处取样分析，连续两次 $O_2 < 0.2\%$，$H_2O < 10mg/kg$，此时吹扫合格。

⑥　氮洗塔充压　联系机组氮压机送高压氮气，给氮洗塔充压，充压速率为 $0.1 \sim 0.2MPa/min$。高压氮气进入氮洗塔和原料气冷却器的合成气通道，保持塔内压力为 0.3MPa，塔内高压氮气经过各排放管道和各物流管道上的放空管道排至火炬系统。

⑦　关闭所有的液体排放管道上的手动阀。

⑧　氮洗单元的冷却和积液　高压氮气经过节流膨胀后，温度降低，氮洗塔内的氮气从塔顶出来，通过粗合成气管道进原料气冷却器的合成气通道，与通过节流膨胀后的低温氮气混合。混合后的氮气分成两股，一股经放空管线排至冷火炬总管；另一股经高压氮冷却的合成气通道，由合成气管道上的放空管线排至热火炬总管。

⑨　建立原料气冷却器和高压氮冷却器的气相循环　氮洗塔内的高压氮气经液体泵，进入原料气冷却器的富一氧化碳尾气通道和高压氮冷却器的富一氧化碳尾气通道，与正流的高压氮气换热，使之降温，复热后的氮气经高压氮冷却器排出，由放空管道上的压力控制阀控制排至热火炬。氮洗塔内的高压氮气经节流膨胀至 0.25MPa，节流降温后的氮气进入原料气冷却器和高压氮冷却器的富甲烷尾气通道，与正流的高压氮气进行换热。复热后的氮气经调节阀由放空管道排至热火炬总管。氮洗塔内高压氮气从进塔原料气返流，进入原料气冷却器的原料气通道，与正流的高压氮气进行换热。复热后的氮气经放空管道排至冷火炬总管。

⑩　建立原料气冷却器和高压氮冷却器的液相循环　当氮洗塔顶部的温度降至 $-120℃$，开启从空分单元来的液氮管道上的截止阀，联系空分单元送液氮。当放空阀可以排出液体后，关闭放空阀。调节压力控制器的给定值为 0.12MPa，并置于自动。液氮经液位控制阀，进入原料气冷却器液氮通道，与各物流通道中的氮气进行换热，使各物流通道中的氮气的温度降低，液氮气化，并与后部分气化的液氮一起进入原料气冷却器的气氮通道进一步换热。低压氮气进入高压氮冷却器的气氮通道，与正流高压氮气换热，使高压氮气的温度降低，复热后的低压氮气排至大气。

⑪　液氮洗系统调整　高压氮气的温度降至 $-130℃$，高压氮气从 5.0MPa 节流膨胀至 1.0MPa，即可有液氮开始产生。产生的液氮在冷却氮洗塔和管道蒸发。随着高压氮气温度的降低，节流膨胀后的液化氮气量不断增加，这些液氮进入氮洗塔内，塔体温度由上而下，逐渐降低。当塔底温度降至 $-170℃$ 时，产生的液氮在原料气冷却器内与高压氮气换热后而被蒸发，排至大气。同时高压氮气的温度得到进一步的降低。高压氮气温度降至 $-160℃$，关液体泵入口阀、去原料冷却器的旁路管道上的手动阀和去塔底富甲烷管道上的旁路阀。此时，产生大量的液氮，逐板回流。氮洗塔中部环开始积液，积液 10min，开去富甲烷尾气管道旁路上的手动阀和富甲烷尾气管道的排液手动阀，将中部塔环的液体排尽。然后关闭排液管道上的手动阀。中部塔环迅速积液，当中部塔环液位过高时，开旁路管道上的手动阀，维持中部塔环液位在 $80\% \sim 90\%$。在中部塔环积液的过程中，液氮从塔环底部的小孔流至塔

底，塔底开始积液，开塔底排液管道上的手动阀，将塔底液体排尽，然后关闭塔底排液管道上的手动阀，塔底重新积液，当塔底液位达到 30%，调节液位控制器，并置于自动模式。

⑫ 液体泵的冷却　当氮洗塔操作温度达到 −191℃，并且中部塔环液体达到 80%、底部液位达到 30%，开启冷却液体泵。

⑬ 分子筛吸附器的冷却　开氮洗塔放空管道上的手动阀；开出口管道上最小流量管道上的手动阀，并将其锁定常开；开压力调节器入口阀的旁路阀，使泵体得到充分冷却，并对泵体进行充液；稍开压力调节器的入口阀，逐渐关入口阀的旁路阀，直至入口阀全开。

（2）系统充压和原料气的导入

① 氮洗塔充压　当中部塔环液位达 80%～85% 时，给氮洗塔充压，充压速率 0.1～0.2MPa/min，使塔内压力升至 4.7MPa。在充压过程中，中部塔环的液位将有所下降，若液位不低于 70%，则可导入原料气，否则，应降压涨液，当中部塔环的液位达到 80%～85% 后，再重新充压。

② 关冷火炬总管管道上的手动阀。

③ 氮洗塔充压　开冷箱前温控阀的旁路阀，用原料气给氮洗塔充压。当达到低联锁值时，关冷箱温控阀的旁路阀。

④ 平衡冷量　通过冷箱前的温控阀，控制进入系统的原料气量，使单元内的冷量达到平衡。

⑤ 调节所有压力控制器的设定值并将它们置于自动模式。

⑥ 原料气流量由合成气管道上的放空压力控制阀自动控制　此时，导入氮洗塔的原料气含有的液体，将在塔下部的分离段进行分离，塔底液位由液位控制器自动控制。分离液体后的原料气，沿塔内的升气管进入氮洗塔的洗涤段，在洗涤段与回流的液氨进行传质、传热，洗涤原料气中的一氮化碳馏分、洗涤段中部塔环的液位由旁路管道上的手动阀控制。调节液氮量，使合成气中的一氧化碳含量在控制指标之内，使合成气达到合成系统要求的氢氮比。

⑦ 合成气去甲醇洗单元回收冷量　联系甲醇洗单元，开甲醇洗系统的冷合成气管道上的手动阀，并逐渐关闭其放空至冷火炬总管的手动放空阀；合成气去甲醇洗单元回收冷量。关闭放空至热火炬总管管道上的手动阀；当合成气温度与进入的高压氮气温度达到设定值后投入自动。

⑧ 合成气压缩机开车　工况稳定后，分别分析合成气中的 H_2/N_2 和 CO 含量，若氢氮比达到 $H_2/N_2 = 3:1$，且合成气中 CO 含量低于 10mg/kg，联系机组，开合成气管道上的旁通阀，让合成气压缩机进行中压循环。然后开合成气总管上的手动阀，关旁通阀。合成气进入合成气压缩机。压缩机增大负荷期间，去火炬放空的压力控制阀将自动关闭。

（3）将低压氮气的压力控制器投入自动。

（4）开富一氧化碳尾气管道上去火炬系统的手动阀，关闭放空至热火炬总管管道上的手动阀。

（5）调节富一氧化碳尾气管道上压力控制器，设定值为 5.3MPa，并置于自动模式。

（6）联系 CO 变换单元，准备送循环气。同时关闭旁路管道上的手动阀，富一氧化碳尾气送变换系统。

（7）联锁投入正常位置。

任务 3　合成及冷冻工段开车

项目一　开车准备

1. 系统引氨

（1）关闭冷冻系统的阀门　液氨从界区外缓慢引入氨受槽内。整个引氨过程要缓慢，防止速率太快，造成设备温度因闪蒸而急速下降。

（2）NH_3 气置换　由于系统用氮气置换，在开车前必须把氮气改用 NH_3 气，再进行置换。由于 N_2 密度大，用 NH_3 置换的过程中尽量在设备的低点排放。排放量要稳定且流量要小。用氨气置换氮气的设备，除冷冻系统外，还包括甲醇洗与空分的所有氨冷器与氨换热器以及管线。其置换流程由氨受槽→氨冷器→管线→冰机出口返回气管线→闪蒸槽→甲醇洗→换热器→空分氨冷器。

2. 冷冻系统的开车

（1）确认冰机无故障。

（2）启动冰机　主机启动，手动控制主机的转速，防止因流量小而发生喘振。

（3）将冷却水送入冷凝器的管内并排除空气。

（4）开启压缩机　启动透平，使压缩机开启，并且使转速尽快地通过透平与压缩机的临界转速区，达到调速器的最低转速。

（5）严格控制闪蒸槽液位　要注意观察压缩机各段出入口温度，并根据温度及时调整去闪蒸槽的液氨量，防止液位高位报警而使压缩机联锁停车。因此要求严格控制闪蒸槽内不得有高液面形成。

（6）闪蒸槽建立液面　向闪蒸槽内充液到正常位置，此项工作要在冰机启动前完成。冰机启动后要注意闪蒸槽液位，及时调节到正常范围内。

（7）开启冰机　冰机开启初期，一段入口压力的指示比较高，所以，该仪表保持手动控制，直到闪蒸槽内的压力保持相对稳定时为止。

（8）根据需要调高压缩机转速　关小防喘振阀以增大各段的压缩比，同时提高三段出口压力，使冷凝器与氨受槽正常操作，但在调节中不能节流到使压缩机发生喘振。

在操作中冰机的转速不能太高，要根据闪蒸槽内温度而定，转速太高，会使闪蒸槽温度升高，因此闪蒸槽的温度最好控制在 +2℃ 或稍高的温度，以此温度调节冰机的转速。

（9）排放燃烧积累在冷凝器和氨受槽内的惰气直到氨受槽的压力和温度相对应为止。排惰要缓慢，不能造成系统压力太大的波动。

（10）接收气氨　根据需要分别向空气与甲醇洗的有关氨冷器送出液氨，并做好气氨的接收工作。在初期，要根据需要送适当的液氨量，不能太多，防止返回气氨中带液氨，而造成闪蒸槽液位高报警使冰机停车。

项目二　合成系统的开车

1. 开启合成气压缩机

（1）开近路阀　在开机前把压缩机的入口压力控制器调定，使入口压力控制在 4.52MPa（绝压）左右，并全开合成气压缩机的近路阀。

（2）开旁通阀　用气体对合成回路加压，当压力接近 0.338MPa（绝压）时，稍开管线上的放空阀。调好排气量后，再用旁通阀调整压力。此时可以对废热锅炉送热水，利用废热锅炉热水提供的热量与压缩机出口气体的热量，对系统中的设备与管线升温。系统压力达到 6.9MPa 时，可进行催化剂的升温还原。

2. 加热炉开车

（1）N_2 置换　对加热炉的炉膛用 N_2 置换，并分析 $O_2 < 0.2\%$ 为合格。然后开燃料气入口挡板，进行通风，用蒸汽吹扫开工加热炉，确认燃烧室中无可燃气体。在联锁处于旁路时，关闭所有引火燃烧器和主燃烧器的阀门。

（2）联锁复位　引火燃烧集管的主燃烧集管的联锁复位，螺线管就打开阀门，然后两个燃料集管就被加压。引火燃烧气阀打开时，由操作人员就地点火，并调整好引火燃烧器。引火燃烧管的压力正常后应投联锁。燃料集管内建立起压力，由操作人员点燃一个或几个燃烧器。燃料集管压力稳定后投联锁。

在上述过程中，如果合成气失去流量，合成气流量低低位极限开关就会动作，所有的燃料器都停车。

开工加热炉与合成塔的流量变化，要求补偿调节合成气压缩机。为达到稳定状态，升温速率和循环量可根据需要调节炉子火力大小。在升温中要求开工加热炉出口温度与合成塔出口气的温度之差≤200℃。

3. 催化剂升温还原

催化剂的升温还原分为升温阶段、还原主期和还原末期三个阶段。

（1）升温阶段（40～343℃）　分两个阶段。首先是以每小时 15℃ 的升温速率升到220℃。此阶段主要是第一、二床层升温预还原催化剂，而对于第三段的 A、B 催化剂筐，主要是脱除催化剂本身的吸附水。卧式合成塔内共有四个催化剂筐，所以在还原中首先是由一段催化剂筐升温还原，按顺序再还原第二段、三段的 A 和 B 筐。因此操作中首先要调好一段催化剂的热点温度。随着一段床层温度的升高和还原进度的深入，二段床层温度也升高。通常是当一段床层进入还原主期后，二段床层仍在升温阶段，以此类推。

第二个阶段为 220～343℃。在此阶段中将有少量还原水形成，操作中要适当控制冷凝温度，防止温度太低而使管线结冰。一般是使系统中的氨含量保持在 3%（可参照氨水冰点曲线调节冷凝温度）。

在升温阶段初期，要防止出塔气热量被锅炉水带走；关闭蒸汽过热器的蒸汽出口阀，稍开蒸汽放空阀，将蒸汽旁通温度控制器设定到自动（设定温度值高于 4.15MPa 的饱和蒸汽温度 20℃），并从几个交替改变的排放点把锅炉上水排入废热锅炉，控制好液面。

当合成塔的出塔气温度达到 325℃ 时，把热量引入废热锅炉。在这个过程中要注意压力，并调节放空阀，以使锅炉随着温度的变化稳步提高压力。当蒸汽过热器出口压力（蒸汽）超过集气箱压力时，缓慢打开蒸汽出口阀，关蒸汽放空阀。

用合成气压缩机的调速器调节转速，以达到增减系统流量的目的。若要增加去开工加热炉燃烧气量时，一定要调节好合成气压缩机的返回量，防止机组喘振。同时要防止开工加热炉盘管流量少而使系统停车。

当塔壁温度差超过 55℃ 时，必须加大循环量，防止温差造成设备的损坏。

调节好闪蒸槽的温度。

（2）还原主期（343～460℃）　还原主期的出水量多，防止出水太快而影响催化剂的活性表面积与强度，必须严格控制塔的出水量。若出水量大时，可恒温操作，等出水量降到正常工艺范围内时，再缓慢升温。

当第一床层的热点温度达 400℃ 后，升温速率控制在≤1～2℃/h，直到第一床层的热点温度升到 427℃，然后恒温操作。第二床层与第三床层的热点温度可保持在 416℃，直到第一床层催化剂在 427℃ 的温度下完全还原为止。此时，需要增大循环气流量和新鲜气流量。加热炉与环形空间的流量均应控制在 6400kg/h 左右，以使第二床层的温度缓慢地升到427℃，并调整去第二床层内部换热器的流量，使床层保持 416℃。最后，再使三床的温度升到 427℃。

第一、第二床层温度达到 416℃ 后，合成率便会提高。主要原因是该催化剂层充填的是预还原型催化剂。为了把第一床层的热点控制在 460℃ 内，可采用加大循环量的方法，同时提高第二床层的入口温度。

随着氨收集槽内液位的升高，氨水将在液位控制下，经过 2 寸开车接口管线排出。排氨水过程要缓慢，防止排放量太大而造成系统压力波动，影响还原温度的稳定。在排氨水前稍开新鲜气，补充排液中压力的损失（也可稍增加合成气压缩机的转速），但排液后阀位与压缩机转速要复位。排液前要关闭下游的其他切断阀，防止氨水排入闪蒸槽内。

在实际操作中，要求稳定还原温度，严禁超速升温和催化剂层温度出现大波动。在调节一段催化剂筐温度时，要同时观察二、三段催化剂筐的热点温度。在操作中要调节好催化剂层的同平面温差与轴向温差。第一、二催化剂筐是预还原催化剂，预计轴向温差在 30℃ 以内，第三段的 A、B 筐是未还原催化剂，初期的轴向温差达到 50～70℃，随着还原的深入，温差会缩小到正常范围内。若轴向温差太小，可用增加循环流量的方法缩小轴向温差。还原中的同平面温差可控制在 5～7℃。还原中系统压力与气体成分由吹出阀控制。

（3）还原末期（460～490℃）　为了使整炉催化剂还原彻底，尤其是三段床层的 A、B 筐是未还原型催化剂，需要提高三段床层的温度。具体方法是：提高一、二床层的热点温度，且使热点稳定在 490℃，以此带动三段床层的温度；也可采用减少去合成塔内部第二中间换热器的流量，提高三段床层入口温度。

本阶段的升温速率可控制在 2～3℃/h。随着温度与压力的升高，水汽浓度逐渐降低，出水量减少。氨生成速率增快，生成热量会更多，此时要增加循环流量，逐渐关小去开工加热炉的燃料气量。在提高压力时，要分段进行，不要让压力升得太快而影响合成塔温度的稳定。第一阶段要有间隔时间，让温度稳定后再进一步提压。在减少开工加热炉的燃料气量时，要缓慢进行，理想的做法是在 3～4h 内将加热炉的燃料流量逐渐减到零。流经加热炉的气流停止时，关闭加热炉的入口阀，当出口管线温度等于合成塔入口温度 243℃ 时，就可启用第一床层入口的急冷。

4. 洗涤器建立液位

把氨收集槽液氨送往闪蒸槽。冰机系统做好排惰工作，控制去氨受槽的洗涤器的氨量。

5. 启动氨泵

确定氨泵无故障；启动氨泵，压力达到正常值时，打开出口阀，根据需要补送液氨。

6. 导气

催化剂还原结束后，缓慢增大新鲜气流量与合成气压缩机的转速，逐渐提高系统入口压力至 4.5MPa（压缩机入口）。调整回路循环流量以稳定合成塔温度。增加的循环流量，调整合成塔的急冷阀和中间换热器的流量，逐渐将日产量提高到设定值。

7. 冷冻系统调整

对冷冻系统进行调整以保持正常的闪蒸压力与温度相对应。

第二部分　合成氨系统的停车操作

任务 1　气化及炭黑回收工段停车

项目一　合成工段停车

1. 长期停车

（1）增加负荷　停车前 8h，适当增加负荷，把炭黑水罐及事故罐中的炭黑水拉至低液位（10%～15%）后，停止进料，手动关闭进萃取器的炭黑水和石脑油，装置停车。

（2）打空混合罐内液体　停止进料 15～20min 后，关进混合罐冲洗用石脑油阀，打空混合罐内液体。

（3）减少泵的外送水量　筛水停止后，及时调整脱气塔液位，补充冷凝液，维持脱气塔液位在 50%，同时减少泵的外送水量，保证泵在低负荷下正常运行。

（4）炭黑系统渣油内循环　适当关小加热蒸汽阀，保持闪蒸塔温度在180℃。当萃取器的炭黑水和石脑油停止进料后，稍开石脑油泵打循环，使石脑油汽提塔中石脑油回流量降低至最低流量0.3m³/h。联系渣油罐区调整渣油量，减小来炭黑的渣油量，维持炭黑系统内渣油循环。

（5）关小废水汽提塔、脱气塔的汽提蒸汽阀。炭黑水罐用泵维持。

2.短期停车

（1）停止萃取塔、旋转筛　关轴封水、喷淋水，停吹扫蒸汽，关闭吹扫蒸汽总阀。开大筛水沉降器阀，把筛水沉降器液位拉至最低后，手动关闭筛水沉降器阀，打开地下槽的阀，放空液位。关闭低压氮气切断阀，将萃取系统压力降至常压；脱气塔液位降至20％。

（2）停水泵　开脱气塔排水阀；炭黑水管线冲洗，关炭黑水泵出口阀；打开水阀，冲洗炭黑水冷却器管线，并排入地下槽，冲洗干净后阀门复原。

（3）渣油系统的处理　渣油系统维持运转，闪蒸塔温度维持在180℃，液位保持正常，压力保持在1.9MPa，渣油在炭黑系统循环稳定。如果渣油系统有检修项目时，应把闪蒸塔液位拉低或拉空后，停炭黑油循环渣油炭黑混合泵，停止渣油循环，处理管线及设备渣油。

项目二　炭黑回收系统停车

石脑油炭黑回收单元可以独立地运行，而不受气化单元的约束。

1.常规停车

（1）停车　停止送往石脑油炭黑萃取器的炭黑水物流以及石脑油物流。将炭黑颗粒从石脑油炭黑萃取器以及旋转筛送往混合罐。停石脑油炭黑萃取器以及旋转筛的电动机，使石脑油炭黑萃取器以及旋转筛排液，并用脱碳水进行冲洗。用石脑油对混合罐进行冲洗，然后停止石脑油油流，使混合罐缓慢地向闪蒸器排液。停石脑油汽提塔回流泵。石脑油汽提塔塔顶温度开始升高，表明闪蒸器内再没有石脑油蒸发。此时停止送往闪蒸器的汽提蒸汽，并停止送往石脑油炭黑浆预热器的加热蒸汽。

（2）停车后的处理　装置停车后，如果闪蒸器和炭黑油储槽都不需要打开，而且停车是短期的，那么，这些容器就不需要排液。停各台循环泵，用加热蒸汽使系统保持热状态。

2.长期停车

引入新鲜油并使之经过闪蒸器、炭黑油循环泵、石脑油炭黑浆预热器、石脑油汽提塔、炭黑油储槽。如果气化装置不再运行，来自炭黑油储槽的油，可经过炭黑油泵、高压原料泵输送，最后经过大循环送到罐区；或者经过污油罐、污油泵，最后送到罐区中的冲洗油罐。

将回水槽中的液位降到10％左右，并使水流往废水汽提塔，或是经过回水泵到炭黑洗涤塔，从炭黑洗涤塔排到炭黑水槽。回水槽中的水位降低时，就停废水汽提塔给水泵，并停止将蒸汽送入废水汽提塔。然后，使废水汽提塔排液。

3.紧急停车

（1）联锁停车　当联锁动作后，进混合罐的石脑油、进萃取塔的炭黑水及炭黑油循环泵的电磁阀断电，调节阀立即关闭，泵自停。操作人员应立即做如下工作。

查明停车第一信号，手动关闭进混合罐冲洗用石脑油阀、进萃取塔的炭黑水及石脑油阀，停炭黑油循环泵；打开炭黑水泵循环阀、石脑油泵循环阀，维持石脑油储槽液位在50％，液位上涨时，向事故槽排放，维持塔黑水罐低液位。及时调整脱气塔液位，使水泵正常运行。

（2）事故停车　当遇到重大设备故障、爆炸、火灾、系统堵塞等事故时，可采取手动紧急停车，按紧急停车按钮，进混合罐、萃取塔的炭黑水、石脑油等阀自动关闭；炭黑油循环泵停；同时停止发生事故的设备。渣油系统设备发生故障时，在停止设备的同时，手动关闭石脑油汽提塔、废水汽提塔汽提蒸汽。其余参照联锁停车。

如果气化系统仍在开车，气化用水可通过补充水管线补入到回水罐中。

① 停电。手动关闭物料阀，关闭各泵出口阀、渣油炭黑混合泵。恢复供电后，依次启动渣油系统、炭黑水系统、水处理系统、萃取系统，运转设备打循环。密切注意闪蒸塔中的渣油温度，如果低于 $80℃$ 仍不来电，应想办法排放存油。

② 停仪表风。各种调节阀回到停车位置，气开阀关闭，气关阀则打开，总控制室调节器不起作用，此时应用调节阀手轮或副线进料，做停车准备。由于控制室内所有气动指示表无指示，因此须参照就地表指示，就地排放混合罐液位，停渣油循环，将闪蒸塔液位拉空，停炭黑油循环泵。控制石脑油流量为 $0.5m^3/h$，将石脑油储罐排放到最低液位；打开废水汽提塔阀副线阀，排放废水汽提塔液位；总控室把所有调节器打到手动关闭状态，恢复供仪表风时，再按停车所处状态处理。

③ 停蒸汽。停止渣油循环，手动开大石脑油汽提塔回流石脑油量，将液位拉空。停炭黑油循环泵；关闭废水汽提塔、脱气塔、石脑油汽提塔的汽提蒸汽阀。

④ 停冷却水。关石脑油汽提塔、废水汽提塔、脱气塔的汽提蒸汽阀；密切注意各运行泵的轴承温度和密封油温度，如温度上升无法控制时，应停止渣油循环，密切注意各换热器超温、超压现象。

⑤ 停 N_2。按紧急停车状态处理即可。

任务 2　净化工段的停车

项目一　甲醇洗系统停车

1. 长期停车

（1）甲醇洗单元停车　甲醇洗单元的停车应取得甲醇洗系统上下游各装置操作人员的同意。当氨合成压缩机和氨合成工序停止运行时，合成气经火炬压力控制器排至火炬；脱 CO_2 工序可以和氮洗系统同时进行停车；氮洗停车减量时，粗 H_2 气通过火炬压力控制器送火炬；气化炉减负荷时，按比例减小脱 H_2S、脱 CO_2 工序中的甲醇洗量和送入热再生塔再沸器的蒸汽量。

（2）停循环气压缩机　按制造厂规定的停车程序，停循环气压缩机，使循环气经过压力控制器排放火炬。

（3）停 CO_2 鼓风机　按制造厂规定的停车程序，停 CO_2 鼓风机。通过降低位于 CO 变换单元下游的火炬压力控制器的设定值，使气体通过控制器排放火炬；关闭 CO_2 工序上游遥控阀及下游遥控阀；关闭旁通阀；打开通向 CO_2 吸收塔及 CO_2 再生塔第一闪蒸段高压氮气截止阀。

（4）停 CO_2 吸收塔供料泵及循环泵　关闭到变换气冷却器的注射甲醇及前后截止阀。手动关闭第一闪蒸段再吸收甲醇流量调节阀；停 CO_2 吸收塔供料泵，该泵出口流量控制器的调节阀由于流量低低位而自动关闭；停止送往 CO_2 吸收塔循环氨冷器的液氨物流，即关闭氨液位控制器的调节阀；停 CO_2 吸收塔循环泵；手动关闭泵出口流量控制器的调节阀。

（5）CO 变换系统按程序停车　通过提高位于 CO 变换系统下游的火炬压力控制器的设定值，或通过降低 H_2S 甲醇洗工序下游的火炬压力控制器的设定值，使气体经调节阀排放火炬。CO 变换系统按程序停车。

（6）关闭界区切断阀　通过提高位于脱 H_2S 甲醇洗工序下游的火炬压力控制器的设定值，或降低位于气化单元下游的火炬压力控制器的设定值，来停止通过甲醇洗单元的气流。关闭位于 CO 变换单元上游的界区切断阀。

各塔塔盘的甲醇储液，均集积在 H_2S 热再生塔及 CO_2 再生塔解吸段的两个非控制液位的槽内。当槽内液位升高时，"非控制液位的监控系统"投入动作，甲醇从系统中排出。为了防止新鲜甲醇罐满溢，关闭通向新鲜甲醇罐的切断阀，打开通向罐区的新鲜甲醇切断阀。

(7) 建立甲醇循环　将甲醇存量保留在甲醇洗单元内，其方法是使 H_2S 热再生塔或 CO_2 再生塔注满甲醇。应注意勿使甲醇进入汽提用氮气管。停止将甲醇注入 2 号原料气冷却器，关闭前、后截止阀。在甲醇洗系统最后停车之前，系统内所存的甲醇，均应在 H_2S 再生塔中彻底再生。甲醇的循环运行至少保持 3h。

(8) 停精馏系统蒸汽　再生工作结束后，停止热再生塔再沸器和精馏塔再沸器的供给蒸汽。为防止热再生系统中形成真空，应用低压 N_2 进行均压。

(9) 停 H_2S 吸收塔进料泵　流量控制器的调节阀自动关闭，关闭预洗段的流量控制器。

(10) 停精馏塔给料甲醇泵　关闭通向甲醇洗精馏塔的流量控制器的调节阀，手动关闭流量控制阀。停贫甲醇泵；流量控制器的调节阀自动关闭，当热再生塔回流罐液位控制器关闭时，停热再生塔回流泵；关闭通向热再生塔冷凝器的冷却水供应阀。停 H_2S 闪蒸塔甲醇泵；关闭通向 H_2S 热再生塔的液位控制器的调节阀。

(11) 停氨冷器　关闭原料气氨冷器液氨液位调节器的调节阀；关闭变换气氨冷器液氨液位调节器的调节阀；关闭贫甲醇氨冷器液氨液位调节器的调节阀；关闭闪蒸甲醇氨冷器液氨液位调节器的调节阀。

(12) 停甲醇洗涤塔　关闭去甲醇洗涤塔顶的锅炉给水流量控制器的调节阀。

2. 紧急停车

(1) 电源故障　停电使装置中所有的甲醇循环停止，应采取的措施是关闭界区切断阀，气体排放热火炬；通过降低设定值，或通过提高气化工段的原料气出口压力的设定值，使气流排放火炬；手动关闭 H_2S 吸收塔塔顶和塔底的液位调节阀，以防 H_2S 闪蒸塔发生溢流；关闭 CO_2 吸收塔的液位调节阀，以防第一闪蒸段产生溢流；使 H_2S 热再生塔中的液位以及 CO_2 再生塔解吸段中的液位保持在指示范围之内；关闭通向热再生塔再沸器及精馏塔再沸器的蒸汽供应阀；如果有高压氮气，须向甲醇洗单元内充压；应先使脱 H_2S 和脱 CO_2 单元的界区切断阀、调节阀和遥控阀关闭，再打开各单元的高压 N_2 供气阀，使系统处于压力状态下；关闭各个流量控制器的所有调节阀；关闭各泵出口侧的切断阀。

(2) 原料气中断　关闭 CO 变换系统上游界区切断阀；关闭脱 CO_2 甲醇洗单元下游的遥控阀；打开向脱 H_2S 甲醇洗单元和 H_2S 闪蒸塔的高压 N_2 供应阀；打开通向脱 CO_2 甲醇洗单元和 CO_2 再生塔第一闪蒸段的高压 N_2 供应阀；打开通向 CO_2 再生塔第二段和第三段的中压氮气供应阀；甲醇循环系统可以继续运行，以使解吸段的各个循环系统的物流均衡，所有的液位均应保持在指示范围内。

(3) 停仪表空气　仪表空气停止，使所有的调节阀都置安全位置；工艺气流和甲醇洗循环都已停止；停所有的泵，关闭出口侧的切断阀。

(4) 停蒸汽　热再生塔和甲醇水精馏塔都无法再运行，粗 H_2 气和脱硫气体中的 H_2S 含量将增加，此时需按正常停车处理。

氨冷冻系统发生故障：氨冷冻系统发生故障时，甲醇温度升高，气体纯度不合格。如果氨冷冻系统仍在运行，则甲醇洗系统可在减少气体负荷的条件下运行，此时只停循环气压缩机及 CO_2 鼓风机。如果冷冻单元停车，甲醇温度很快升高，气体纯度将受到严重影响，甲醇洗单元应按正常停车处理。

(5) 停止液氨物流　停止液氨物流，应注意出口温度，确保四段闪蒸气的设定值和三段压力控制的设定值大致相同，使四段闪蒸出来的 CO_2 量减到最低限度。

(6) 停锅炉给水　停锅炉给水时，CO_2 产品中残留的甲醇就无法脱除，应立即通知尿素装置操作人员，关闭流量控制器、液位控制器。如果尿素将要停车，经联系后停止将 CO_2 产品送往尿素压缩机，CO_2 产品将经过压力控制器排往烟囱，甲醇洗单元仍可继续运行。

(7) 循环压缩机发生故障　循环压缩机发生故障时，闪蒸气必须经过火炬压力控制器排放火炬烧掉。如果需要修理，入口和出口切断阀都必须关闭，整个管线系统都必须用低压 N_2 置换，此时应插入盲板使压缩机与系统隔开，甲醇洗单元可继续运行。

(8) CO_2 鼓风机发生故障　CO_2 鼓风机发生故障时，四段闪蒸气排放大气；通往尿素的 CO_2 产品将减少。如果需要检修，鼓风机就必须和整个系统隔离开，即关闭入口和出口切断阀，并将出、入口的法兰间插入盲板。甲醇洗单元仍可继续运行。

(9) (H_2S+COS) 和 CO_2 含量超标　记录分析仪是用来监测脱硫气中总硫含量 (H_2S+COS)、粗 H_2 气中 CO_2 含量的。当它们的含量超过最高允许值时，即会在监视器上发出报警信号，此时要及时采取对策，消除超标，无须停车。

项目二　变换系统停车

1. 长期停车

(1) 注意保持正常的蒸汽原料气之比　与脱硫工段同步降低负荷，并通知脱碳工序，降负荷到 70%；下游的工艺设备（包括合成气压缩机）将逐个地停车。缓慢将原料气导入火炬放空，切断去后工序物流；继续减少原料气流量，使原料气流量降低到负荷的 50%。当变换炉入口温度降到 300℃ 时，继续减小原料气流量。确认无异物后，关导淋阀，缓慢向原料气管线引入 5.0MPa 的氮气，通知空分单元注意 5.0MPa 氮气的波动情况，稳定工况。停止三个急冷装置的冷凝液喷淋，按停车规程，切除自控。分离器的液位如超出 50%，可通过入口导淋线上的导淋排放到 50%。

(2) 废水汽提塔停车　开废水冷提塔底部的排放导淋，关塔底的蒸汽流量控制阀，加大向大气排放。按照停车规程先后停冷凝液泵及汽提塔底泵，切除冷凝泵的自控。

(3) 继续减少原料气流量　增大 5.0MPa 氮气的流量，使原料气完全切换为 5.0MPa 氮气。减少 7.0MPa 蒸汽注入量，变换炉的温度将逐渐降低。逐渐降低系统的压力，但要保证降压速率不得大于 0.1MPa/min。同时，应注意停蒸汽前要按照"催化剂还原期间的温度-压力"控制曲线，调整好系统的压力。变换炉温度降到 200℃ 时，停止 7.0MPa 蒸汽的注入，连续注入氮气，控制降温速率小于 50℃/h，使床层温度进一步降低，直到达到所要求的环境温度。

(4) 分析 $CO+H_2<0.5\%$（体积分数）后，停止向系统送入 5.0MPa 氮气，使系统保持微正压，催化剂床处于氮气的保护之下。

(5) 停冷却器的冷却水，停脱盐水预热器的锅炉给水。

(6) 停冷凝塔、增湿塔的水循环　开两塔出口导淋排水并按停车规程，停增湿塔及冷凝塔泵。

(7) 停止向低位废锅送水　确认回水干净后，关闭水管线上的阀门及导淋，关顶部管线上的放空阀。

(8) 变换炉的停车处理　变换炉停车后，如不更换催化剂，应做氮封处理。确认变换炉内压力为正常后，在出、入口法兰处加临时盲板；接临时充氮线，对炉内充氮气，保持微正压。做好床层温度记录，如有异常，立即报告并采取处理措施。

更换催化剂的处理方法：催化剂要在冷却到 120~150℃ 后，以还原状态卸出。为防止催化剂卸出时氧化而出现高温，应在氮气的保护下进行。卸出的催化剂应该用水淋湿并装入钢桶内。卸催化剂前，变换炉底部准备好保护氮气的氮气接管；变换炉顶部准备更换的入孔盖板（带排气阀的临时盖板）；准备好金属溜槽，用于输送来自催化剂卸出口的催化剂；准备好与软水相连的软管，用于催化剂卸出时淋湿催化剂以及催化剂卸出后的容器冲洗；准备好用于耙催化剂的耙子和用于盛装催化剂的铁桶。确认催化剂床层温度降到 120~150℃ 后，经临时氮气注入管线，从变换炉底部注入氮气，使带微正压的氮气自下而上通过催化剂床；在变换炉入口和出口法兰处加临时盲板；将金属溜槽安装在催化剂的卸出口处；将顶部入孔盖板换成带排气阀的临时盖板。以上各项准备工作完成后即可拆除催化剂卸出口处的法兰盖，然后打开支承板，在催化剂开始流入催化剂溜槽时，用水将催化剂淋湿，防止氧化和扬尘，同时装桶。

（9）冷凝液汽提塔的处理　当液位降到10%以下之前，冷凝液汽提塔应停车完毕；按停车规程停汽提塔底泵，关其出、入口阀，通过控制汽提塔塔底出口管线上的排放阀，保持其液位正常；停止向汽提塔送低压蒸汽；开汽提塔顶部的压力阀向大气排放；按停车程序停冷凝液泵，关闭汽提塔的冷凝液入口阀，切除两泵的自控；设定调节阀压力在0.2MPa，关汽提塔底部出口管线上的排放阀保压；在泵停运后，应开开工导淋及冷凝液泵的入口处的导淋排放，当液位达到50%时，关开工导淋及泵入口导淋。

（10）系统保压　以每分钟小于0.2MPa的速率使系统卸压，达到3.0MPa时，系统保压；降压过程中，注意床层温度及压差，并注意观察分离器液位的变化，必要时，通过开工导淋及冷凝液泵的入口导淋调节。

2. 紧急停车

以下状况发生时，应做紧急停车处理，同时应通知气化炉后部各工序做紧急停车处理。爆炸或着火；原料气大量泄漏；断电、断水、断仪表空气；原料气带水严重或过氧；催化剂粉化造成阻力猛涨。

项目三　氮洗单元的停车

1. 正常停车

（1）联系甲醇洗单元和合成单元及机组部分准备停车　单元减负荷至50%；联系空分单元，停止液氮的输入，关闭液氮管道上的手动阀；调节各压力控制器的设定值，并将它们置于手动；关闭富CH_4尾气排出管道上的手动阀；关闭富CO尾气排出管道上的手动阀；切除联锁，确认各调节阀关闭；检查氮洗塔液位，若液位过高，可通过排液管道排至液体排放罐；联系甲醇洗单元，切除送液氮洗单元的原料气，通过甲醇洗单元后放空阀排至火炬。

（2）停液体泵　停电机，关闭出口阀；关入口阀；开入口管道上的排液阀。

（3）关闭去合成气压缩机的合成气管道上的手动阀。

（4）切除分子筛吸附器自动控制用手动控制　分别完成一次再生循环。

（5）停送高压氮气。联系机组、氮压机，停送高压氮气。

（6）随时准备开车。单元内保冷、保压不排液，根据情况，随时准备开车。

2. 长期停车

若单元停车时间超过24h，应视为长期停车，并应做如下处理。

（1）排液　通过各排液管道，将塔内和各物流程管道中的液体排至液体排放罐中，液体在排放罐中不断蒸发，蒸发气体进入火炬，加热升温后，送至火炬燃烧。

（2）长期停车解冻升温　冷箱内单元排液泄压后，将低压氮气加热管道上的盲板置于"通"的位置，并从低压氮气加热管道上接一软管，至冷箱前原料气管道上的手动阀上。

① 开低压氮气加热管道上的盲板。开低压氮气加热管道上的盲板前后手动阀和原料气管道上软管后的手动阀，热低压氮气进入原料气管道和合成气管道。并通过高压氮气冷却器和原料气冷却器的各自通道进入氮洗塔，然后从各物流管道和氮洗塔的排液管道及放空管道排至火炬系统。对换热器和氮洗塔及各附属管道进行回温加热解冻，升温速率应小于15℃/h，直到所有排出口的温度达到环境温度。

② 解冻。当进入单元的解冻氮气的露点与各出口氮气的露点相同，水含量达到工艺指

标时，解冻就完成了。此时关闭各排出口阀门，保证系统内有正压的氮气，以利于下次开车。

③ 关闭加热氮气管道上的手动阀，关闭原料气管道上加热氮气软管后的手动阀。

（3）将原料气管道的盲板、原料气管道旁路管道上的盲板、富 CO 尾气放空至冷火炬管道上的盲板、加热氮气管道上的盲板置于"盲"的位置。

3. 紧急停车

下列情况之一，应采取紧急停车。

（1）停电　停电将造成以下工艺参数变化：从甲醇洗单元来的原料气量小于联锁值；高压氮气的压力低于联锁值；高压氮气中的氧含量超标；分子筛后原料气温度高于－55℃。

（2）无法控制的情况　单元内发生火灾、爆炸或其他危险。单元联锁停车后，关闭冷箱内所有的联锁阀门；确认第一联锁信号，分析事故原因，并弄清楚能否立即恢复开车。适当进行塔底液体排放，防止塔内液位过高。如能立即恢复开车，则停止排液，重新导气开车；如果不能立即恢复开车，则按短期停车处理，单元保冷、保压不排液，然后根据故障情况，确定恢复开车所需时间，采取相应的措施。

单元内因发生意外情况，不能立即排除，且具有险情的，应立即手动紧急停车，并立即报告，根据情况采取相应的措施。

任务 3　氨合成及冷冻工段的停车

项目一　正常停车

1. 合成系统的停车

（1）减少新鲜气量　接到停车通知后，逐渐减少新鲜气量，直到气量减为正常生产流量的 60%～75%，操作中应防止因减量过快而造成系统压力与合成塔温度的大波动。调节合成压缩机的气量，防止因减量而发生喘振。同时使合成塔催化剂层温度慢慢下降，使合成塔催化剂层降温速率控制在 50℃/h 以内。当合成塔出口温度低于废热锅炉的过热蒸汽温度时，切断蒸汽过热器的蒸汽送出阀，并打开蒸汽放空阀，维持好废热锅炉的泡包液面。

（2）合成塔的降温　用循环流量来控制合成塔的降温速率，直到合成塔催化剂层温度≤200℃时，按合成压缩机的操作法停止合成压缩机的转速。

（3）排液　排尽分离器的液氨，排液要缓慢，防止收集槽超压。氨收集槽的液氨排往闪蒸槽，用作停车补偿，并根据一段闪蒸槽的液位状况，部分氨排尽后，关闭循环水阀门。分离器的液氨排尽后，关闭排液阀。

（4）置换　当系统压力降到 0.5MPa 时，系统通氮置换。系统完成卸压后，合成塔充纯氮保持正压。

在系统停车中，注意合成塔塔壁温度是否正常。如果塔壁温度≤38℃时，系统压力必须降到 6.966MPa（绝压）。正常情况下，塔壁温度在 38℃以上时，要卸压到 5MPa 以下。

2. 冷冻系统停车

（1）冷冻系统停车　冷冻系统的停车是在合成系统停车之后，而且确认空分、甲醇洗单元已停车，才能安排冷冻系统的停车。在合成回路终止循环、合成压缩机停车后，冷冻系统要及时打开气阀，使冷冻压缩机改为返回气全循环运转。注意冰机各段入口温度与流量，防止发生喘振现象。

（2）氨冷器排液　在甲醇洗、空分单元停车前，关小去界外氨冷器的液氨阀。甲醇洗、空分单元停车后，氨冷器中的液氨液位降到零。在甲醇洗、空分单元停车后，关闭外送液氨阀。

（3）停止氨泵　用氨泵排尽冷冻系统闪蒸槽、收集槽与氨受槽内的液氨。然后停止氨泵运转。

（4）停冰机　对冰机减速运转，在确认系统内无液氨后，停止冰机运转，按冰机操作法执行停车步骤。

（5）置换　若系统无检修项目，液氨可留在冷冻系统内。若系统要检修，则要排尽液氨。卸压后用 N_2 对系统置换。

（6）关闭氨冷凝器冷却水阀门　若在冬季停车时，冷却水阀不得关死，要保持流量，防止冻裂设备、管线。如在夏季，循环水系统停车，则要排尽管线、设备内积水，然后用氮对设备吹除，吹尽残留水分。

项目二　紧急停车

1. 合成系统紧急停车

（1）合成压缩机突然停车时　隔离调节阀会自动关闭，把压缩机与合成系统隔离。打开开工放空管线上的放空阀，以 2.45MPa/h 的速率把系统压力降到 0.396MPa。利用放空的流量把合成塔催化剂层的热量带出来，使合成塔催化剂层温度缓慢下降，同时使合成塔体保持温热，以减少温差过大的可能性。

（2）设备故障而停气　若合成压缩机运行正常，由于前面工艺设备故障而停气，则使合成系统循环降温。若停车时间长，则按正常停车处理；若马上能恢复生产，则以最大限度维护催化剂层温度，便于来气后能及时导气投产；根据情况调节好废热锅炉汽包的液位。根据合成塔出口温度，及时切断外供蒸汽，并打开蒸汽放空阀。

2. 冷冻系统紧急停车

手动停冰机；关闭冰机各段入口阀门；关闭氨收集槽去各闪蒸槽液氨阀；维持好各闪蒸槽的液面，若液位高，要及时用氨泵排往氨储罐；关闭外送液氨与返回气氨阀门；查明停车原因，消除缺陷后，冰机系统做好开车准备。

拓展训练与思考

1. 论述化工岗位操作的任务、责任及义务。

2. 举例说明化工安全生产的重要性。

3. 谈谈化工仿真操作的原理并结合本校的设施说明各部分的结构及作用。

4. 结合本校单元操作的实训设施说明工艺操作中主要设备操作控制要点。

5. 结合仿真操作实训，说明串级控制的工作原理和操作方法。

6. 合成氨全系统开车时各工段要做哪些前期准备？写出其操作步骤。

7. 写出合成氨生产中各种停车步骤及注意事项。

8. 结合仿真实训分别画出气化及炭黑回收的 PID 工艺流程图，并说明其开停车操作控制要点及安全操作注意事项。

9. 结合仿真实训画出净化工段中甲醇洗、一氧化碳变换、液氮洗的 PID 工艺流程图，并说明其开停车操作控制要点及安全操作注意事项。

10. 结合仿真操作，讨论并说明合成及冷冻工段开停车都要做哪些准备工作？写出其操作步骤。

11. 结合仿真实训归纳气化及炭黑回收工段的主要设备、仪表及报警值、各类阀门的工位号及用途说明。

附　　录

一、中华人民共和国法定计量单位

我国的法定计量单位是以国际单位制（SI）为基础，一切属于国际单位制的单位都是我国的法定单位，国际单位制的基本单位、导出单位、词头，以及可与国际单位制单位并用的我国法定计量单位，分别列于表1～表5。

表 1　SI 基本单位

量的名称	单位名称	单位符号	量的名称	单位名称	单位符号
长度	米	m	热力学温度	开[尔文]	K
质量	千克（公斤）	kg	物质的量	摩[尔]	mol
时间	秒	s	发光强度	坎[德拉]	cd
电流	安[培]	A			

注：1. 圆括号中的名称，是它前面的名称的同义词，下同。

2. 无方括号的量的名称与单位名称均为全称。方括号中的字，在不致引起混淆、误解的情况下，可以省略。去掉方括号中的字即为其名称的简称，下同。

3. 本标准所称的符号，除特殊指明外，均指我国法定计量单位中所规定的符号以及国际符号，下同。

表 2　包括 SI 辅助单位在内的具有专门名称的 SI 导出单位

量 的 名 称	SI 导出单位		
	名　称	符　号	用 SI 基本单位和 SI 导出单位表示
[平面]角	弧度	rad	$1rad=1m/m=1$
立体角	球面度	sr	$1sr=1m^2/m^2=1$
频率	赫[兹]	Hz	$1Hz=1s^{-1}$
力	牛[顿]	N	$1N=1kg \cdot m/s^2$
压力,压强,应力	帕[斯卡]	Pa	$1Pa=1N/m^2$
能[量],功,热量	焦[耳]	J	$1J=1N \cdot m$
功率,辐[射能]通量	瓦[特]	W	$1W=1J/s$
电荷[量]	库[仑]	C	$1C=1A \cdot s$
电压,电动势,电位(电势)	伏[特]	V	$1V=1W/A$
电容	法[拉]	F	$1F=1C/V$
电阻	欧[姆]	Ω	$1\Omega=1V/A$
电导	西[门子]	S	$1S=1\Omega^{-1}$
磁通[量]	韦[伯]	Wb	$1Wb=1V \cdot s$
磁通[量]密度,磁感应强度	特[斯拉]	T	$1T=1Wb/m^2$
电感	亨[利]	H	$1H=1Wb/A$
摄氏温度	摄氏度	℃	$1℃=1K$
光通量	流[明]	lm	$1lm=1cd \cdot sr$
[光]照度	勒[克斯]	lx	$1lx=1lm/m^2$

表 3　由于人类健康安全防护上的需要而确定的具有专门名称的 SI 导出单位

量 的 名 称	SI 导出单位		
	名　称	符　号	用 SI 基本单位和 SI 导出单位表示
[放射性]活度	贝可[勒尔]	Bq	$1Bq=1s^{-1}$
吸收剂量 比授[予]能 比释动能	戈[瑞]	Gy	$1Gy=1J/kg$
剂量当量	希[沃特]	Sv	$1Sv=1J/kg$

表 4　用于构成直进倍数单位与分数单位的 SI 词头

因　数	词头名称		符　号	因　数	词头名称		符　号
	英文	中文			英文	中文	
10^{24}	yotta	尧[它]	Y	10^{-1}	deci	分	d
10^{21}	zetta	泽[它]	Z	10^{-2}	centi	厘	c
10^{18}	exa	艾[可萨]	E	10^{-3}	milli	毫	m
10^{15}	peta	拍[它]	P	10^{-6}	micro	微	μ
10^{12}	tera	太[拉]	T	10^{-9}	nano	纳[诺]	n
10^{9}	giga	吉[咖]	G	10^{-12}	pico	皮[可]	p
10^{6}	mega	兆	M	10^{-15}	femto	飞[母托]	f
10^{3}	kilo	千	k	10^{-18}	atto	阿[托]	a
10^{2}	hecto	百	h	10^{-21}	zepto	仄[普托]	z
10^{1}	deca	十	da	10^{-24}	yocto	幺[科托]	y

表 5　可与国际单位制并用的我国法定计量单位

量 的 名 称	单位名称	单位符号	与 SI 单位的关系
时间	分	min	$1\text{min}=60\text{s}$
	[小]时	h	$1\text{h}=60\text{min}=3600\text{s}$
	日（天）	d	$1\text{d}=24\text{h}=86400\text{s}$
[平面]角	度	°	$1°=(\pi/180)\text{rad}$
	[角]分	′	$1'=(1/60)°=(\pi/10800)\text{rad}$
	[角]秒	″	$1''=(1/60)'=(\pi/648000)\text{rad}$
体积	升	l,L	$1\text{L}=1\text{dm}^3=10^{-3}\text{m}^3$
质量	吨	t	$1\text{t}=10^3\text{kg}$
	原子质量单位	u	$1\text{u}\approx1.660540\times10^{-27}\text{kg}$
旋转速率	转每分	r/min	$1\text{r/min}=(1/60)\text{s}^{-1}$
长度	海里	n mile	$1\text{n mile}=1852\text{m}$（只用于航行）
速率	节	kn	$1\text{kn}=1\text{n mile/h}=(1852/3600)\text{m/s}$（只用于航行）
能	电子伏	eV	$1\text{eV}\approx1.602177\times10^{-19}\text{J}$
级差	分贝	dB	
线密度	特[克斯]	tex	$1\text{tex}=10^{-6}\text{kg/m}$
面积	公顷	hm^2	$1\text{hm}^2=10^4\text{m}^2$

二、法定单位与其他单位的换算关系

见表 6。

表 6　法定单位与其他单位的换算关系

量	其他单位		法定计量及其倍数、分数单位		换算系数
	名　称	符　号	名　称	符　号	
长度			米	m	
			厘米	cm	$1\times10^{-2}\text{m}$
			毫米	mm	$1\times10^{-3}\text{m}$
	埃	Å			$1\times10^{-10}\text{m}$
	英寸	in			25.4m
	英尺	ft			30.48cm
面积			平方米	m^2	
			平方厘米	cm^2	$1\times10^{-4}\text{m}^2$
	平方英寸	in^2			6.4516cm^2
	平方英尺	ft^2			9.29030m^2
体积,容积			立方米	m^3	
			升	L(l)	$1\times10^{-3}\text{m}^3$
			立方厘米	cm^3	$1\times10^{-6}\text{m}^3$
	立方英寸	in^3			16.387cm^3
	立方英尺	in^3			$2.83168\times10^{-2}\text{m}^3$

续表

量	其他单位		法定计量及其倍数、分数单位		换算系数
	名　称	符　号	名　称	符　号	
速率	英尺每秒 英尺每小时	ft/s ft/h	米每秒 千米每小时	m/s km/h	0.277778m/s 0.3048m/s 84.6667×10⁻⁶m/s
质量			千克(公斤) 吨	kg t	1×10³kg
密度			千克每立方米 千克每升	kg/m³ kg/L	1×10³kg/m³
质量流率(量)			千克每秒 千克每小时 升每分	kg/s kg/h L/min	2.77778×10⁻⁴m³/s 1.66667×10⁻⁵m³/s
功率	尔格每秒 千克力米每秒 千克力米每小时	erg/s kgf·m/s kgf·m/h	瓦[特]	W	也可以表示为 J/s 1×10⁻⁷W 9.80665W 2.72407×10⁻³W
发热量式能量	千卡每千克 千克力米每千克	kcal/kg kgf·m/kg	焦[耳]每千克	J/kg	4186.8J/kg 9.80665J/kg
比热容、比熵	千卡每千克开[尔文] 千克力米每千克开[尔文]	kcal/(kg·K) kgf·m/(kg·K)	焦[耳]每千克开[尔文]	J/(kg·K)	4186.8J/(kg·K) 9.80665J/(kg·K)
体积热容	千卡每立方米开[尔文]	kcal/(m³·K)	焦[耳]每立方米开[尔文]	J/(m³·K)	习惯用 J/(m³·℃) 4186.8 J/(m³·K)
传热系数	千卡每平方厘米秒开[尔文] 千卡每平方米小时开[尔文]	kcal/(cm²·s·K) kcal/(m²·h·K)	瓦[特]每平方米开[尔文]	W/(m²·K)	41868W/(m²·K) 1.163W/(m²·K)
热导率	卡每厘米秒开[尔文]	kcal/(cm·s·K)	瓦[特]每米开[尔文]	W/(m·K)	418.68W/(m·K)
体积流率(量)			立方米每秒 千克每小时	kg/s kg/h	2.77778×10⁻⁴kg/s
压力(压强)	达因每平方厘米 巴 标准大气压 工程大气压 千克力每平方厘米 千克力每平方米 毫米水柱 毫米汞柱	dyn/cm² bar atm at kgf/cm² kgf/m² mmH2O mmHg	帕[斯卡]	Pa	0.1Pa 0.1MPa 101.325kPa 0.0980665MPa 0.0980665MPa 9.80665Pa 9.80665Pa 133.322Pa
动力黏度	泊 厘泊 千克力秒每平方米	P=1dyn·s/cm² cP kgf·s/m²	帕[斯卡]秒	Pa·s	也可用 N·s/cm² 表示 1×10⁻¹Pa·s 1×10⁻³Pa·s 9.80665Pa·s
运动黏度	斯托克斯 厘斯托克斯 二次方英尺每小时	St cSt ft²/h	二次方米每秒	m²/s	1×10⁻⁴m²/s 1×10⁻⁶m²/s 2.58064×10⁻⁵m²/s
能、功、热	尔格 千克力米	erg kgf·m	焦[耳] 千瓦小时	J kW·h	也可用 N·m,W·s, Pa·m³ 表示 3.6MJ 1×10⁻⁷J 9.80665J

三、化肥催化剂分类和命名

见表 7。

表 7　前石油化学工业部颁布的化肥催化剂分类和命名（HGI-1139—78）

类　别	类别代号	催化剂名称	名称代号	型　号	原用型号
脱硫	T	脱砷剂	T1	T101	待定
		加氢转化催化剂	T2	T201	SH-2
				T202	Fe-Mo
				T203	辽河（CMK）
				T204	辽河（NMK）
		氧化锌脱硫剂	T3	T302	0902
				T303	辽河（HT2）
				T304	SZ-1
		脱氯剂	T4	T401	
转化	Z	天然气一段转化催化剂	Z1	Z102	CN-2
				Z103	辽河（RKS-1）
		天然气二段转化催化剂	Z2	Z203	辽河（RKS-2）
				Z204	CN-4
		炼厂气蒸汽转化催化剂	Z3	Z301	SL-1
		轻油蒸汽转化催化剂	Z4	Z401	D110
				Z402	SO22
				Z403H	辽河（RKM）
				Z404	SO33
		重油蒸汽转化催化剂	Z5	Z501	待定
变换	B	中温变换催化剂	B1	B103	辽河（SK）
				B104	C4-2
				B106	C6
				B107	S7
				B109	C9
				B110	C10
		低温变换催化剂	B2	B201	0701
				B202	0702
				B203	辽河（LSK）
				B204	0704
甲烷化	J	甲烷化催化剂	J1	J101	0801
				J102	0802
				J103H	辽河（PK）
				J104	0804-1
				J105	0804-2
氨	A	氨合成催化剂	A1	A103	辽河（KMI）
				A103H	KMIR
				A104	KMII
				A104H	KMIIR
				A106	A6
				A109	A9
				A110	A10
		温和条件下氨合成催化剂	A2	A201	待定
醇	C	高压甲醇催化剂	C1	C102	M-2
				C103	辽河（SMK）
		联醇催化剂	C2	C202	72-2
				C207	72-7
		低温甲醇催化剂	C3	C301	待定
				C303	辽河（LMK）
		中压甲醇催化剂	C4	C401	待定

续表

类　别	类别代号	催化剂名称	名称代号	型　号	原用型号
酸	S	硫酸生产用钒催化剂	S1	S101	V1
				S102	V2
				S105	V5-2
				S106	VA
		硝酸生产用铂催化剂	S2	S201	铂网
				S202	钴系

四、我国合成氨厂生产用的几种重质油的组分

见表8。

表8　我国合成氨厂所用重质油的化学组分　　　　　单位：mg/kg

油品种类和使用工厂	组　　分										
	质量分数/%							mg/kg			
	C	H	N	O	S	A	H₂O	Na	Cl	Ni	V
中型厂											
南化公司南京化肥厂	84.4	11.58	0.92	1.37	1.4	0.03					
湖北省化工厂	84.0	12.10	0.05	0.60	2.7	0.1					
大庆石化总厂	86.0	12.56	0.50	0.60	0.3						
大型厂											
镇海化肥厂	86.3	11.60	0.95	0.44	1.09	0.04		24.18		43.90	2.35
乌鲁木齐石化	86.51	12.20	0.69	0.38	0.24	0.07		29.0	45.0	39.0	<1.0
化肥厂											
宁夏化工厂	86.48	12.56	0.29	0.41	0.19	0.08		76.0		0.9	1.9
大连化工公司合成氨厂	86.30	12.60	0.40	0.42	0.20			41.0	85.0	8.3	<0.2
内蒙古化肥厂	86.70	12.10	0.50	<0.5	0.17	0.04	0.3	12.0		43.90	2.35
兰化公司化肥厂	87.02	11.78	0.41	0.62	0.17	0.08		24.18	12.0	31.0	3.60
九江石化化肥厂	85.90	12.20	1.04	0.39	0.45	0.12	0.3	50.0			
石油沥青											
中国台湾省											
中国石油公司高雄厂	83.02	10.19	0.41	0.07	6.31	0.01				45.0	150.0

注：A—沥青质。

五、氨的饱和蒸气压及有关性质

见表9。

表9　氨的饱和蒸气压及有关性质

温度/℃	蒸气压/MPa	液氨密度/(kg/L)	气氨密度/(g/m³)	蒸发潜热/(kJ/kg)
−30	0.1235	0.6777	0.038	1358.6
−20	0.1966	0.6650	1.604	1328.4
−10	0.3005	0.6520	0.390	1296.4
0	0.4437	0.6384	0.352	1262.4
5	0.5328	0.6317	0.108	1244.6
10	0.6354	0.6247	4.859	1226.1
15	0.7525	0.6175	0.718	1206.9
20	0.8857	0.6103	0.694	1189.6
25	0.0361	0.6028	0.975	1166.7
30	1.2053	0.5952	9.034	1145.5
35	1.3947	0.5875	10.431	1123.4
40	1.6060	0.5795	12.005	1100.5
45	1.8406	0.5713	13.774	1076.8
50	2.1002	0.5629	15.756	1056.3

六、液氨产品的规格

中国国家标准（GB 536—88），规定液氨产品的规格如表 10 所列。

表 10 液氨产品的规格

项 目		指 标		
		优等品	一等品	合格品
氨含量/%	≥	99.9		
残留物/%	≤	0.1(重量法)	99.8	99.6
水分/%	≤	0.1	0.2	0.4
油含量/(mg/kg)	≤	5(重量法)	—	—
		2(红外光谱法)	—	—
铁含量/(mg/kg)	≤	1		

七、合成氨生产中常见有毒物质在车间空气中的最高容许浓度

见表11。

表 11 常见有毒物质在车间空气中的最高容许浓度

编号	物 质 名 称	最高容许浓度/(mg/m³)	编号	物 质 名 称	最高容许浓度/(mg/m³)
1	一氧化碳	30	10	三氧化铬，铬酸盐(换算	0.05
2	氨	30		为 Cr_2O_3)	
3	硫化氢	10	11	三氧化二砷及五氧化二砷	0.3
4	甲醇	50	12	煤尘(游离 SiO_2 10% 以	10
5	氰化氢(皮)	0.3		下)	
6	氧化氮(换算为 NO_2)	5	13	尿素(粉尘)	10
7	石脑油	100	14	硝铵(粉尘)	10
8	汽油	350	15	碳铵(粉尘)	10
9	酚(皮)	5	16	焦炭	10

注：1. 表中最高容许浓度是工作地点空气中有害物质场所不应超过的数值。

2. (皮)为除经呼吸道吸收外，尚易经皮肤吸收的有毒物质。

3. 一氧化碳的最高容许浓度在作业时间短暂时可予以放宽；作业时间 1h 以内，一氧化碳浓度可达到 50mg/m³；作业时间半小时以内，一氧化碳可达到 100mg/m³，15～20min 以内可达到 200mg/m³。在上述作业条件下反复作业时，两次作业之间，需间隔 2h 以上。

4. 本表所列毒物的检查方法，应按卫生部批准的《车间空气监测检验方法》。

八、合成氨生产中常见有毒物质的理化特性

见表12。

表 12 常见毒物的理化特性

毒物名称	化学式	形态、色、嗅觉	熔点/℃	沸点/℃	气体蒸气相对密度(空气=1)	密度(4～20℃)/(g/cm³)	水中溶解度/(g/100g 水)
一氧化碳	CO	无色、无臭气体	−205	−191.5	0.97	—	0.0044(℃)
氨	NH_3	无色、刺激臭味气体	−77.7	−33.4	0.59	0.76(−33.4℃)	52.0(20℃)
硫化氢	H_2S	无色、有臭鸡蛋味气体	−82.9	−61.8	1.18	—	0.66(0℃)
二氧化氮	NO_2	棕色、有刺激臭气，在低温下为黄色液体(N_2O_4)	−93	21.2	1.59		微溶
二氧化碳	CO_2	无色、无味、无臭气体，高浓度时略带酸味	—	−78.5	—	1.524	88
氮气	N_2	无色、无味，不燃烧、不助燃的惰性气体		−196			

毒物名称	化学式	形态、色、嗅觉	熔点/℃	沸点/℃	气体蒸气相对密度（空气＝1）	密度（4~20℃）/(g/cm³)	水中溶解度/(g/100g 水)
甲烷	CH₄	无色、无臭气体	−182.48	−161.49	0.55	0.415(−164℃)	微溶
甲醇	CH₃OH	无色、有刺激臭味可燃气体	−97.1	64.7	1.10	0.7913	∞
氰化氢	HCN	无色液体，具有苦杏仁特殊气味	−14.2	25.7	0.93	0.688	∞
酚	C₆H₅OH	白色结晶，特臭固体	41	181.8	3.25	1.050(4~50℃)	6.7(16℃)，∞(65℃以上)
三氧化二砷	As₂O₃	白色结晶或粉末，俗称砒霜，易溶于碱液生成亚砷酸盐	—	193 升华	—	—	难溶
氧气	O₂	无色、无臭气体	218.4	−182.97	1.429(0℃)	1.14	6.97(0℃)
铬	Cr	钢灰色、硬金属	1615	2200	—	7.1	不溶

九、合成氨生产中常见毒物对人体的危害及中毒症状

见表13。

表 13　常见毒物对人体的危害及中毒症状

毒物名称	主要侵入人体途径	对人体的危害及中毒症状
一氧化碳(CO)	呼吸道	使血红蛋白失去氧能力，导致组织缺氧。轻度急性中毒，有头疼、头晕、心跳加快、恶心、呕吐、全身无力等症状。严重时，昏迷，呼吸麻痹。当浓度达到1408mg/m³ 时，几分钟便意识丧失，死亡
氨(NH₃)	呼吸道、皮肤	低浓度有刺激作用，眼鼻有辛辣感、流泪、咳嗽等。引起结膜炎、角膜炎和气管炎。高浓度时可引起肺充血、肺水肿。浓氨水接触皮肤可引起灼伤，溅入眼内可引起严重碱烧伤、角膜溃烂
硫化氢(H₂S)	呼吸道	是强烈的神经毒物。对黏膜亦有明显的刺激作用。低浓度时，刺激眼结膜及上呼吸道黏膜。高浓度时，可引起昏迷、恶心、呕吐咳嗽、排尿困难、昏迷、抽搐、最后呼吸麻痹而死亡。极高浓度时可发生"电击样"中毒死亡
二氧化碳(CO₂)	呼吸道	低浓度时对呼吸中枢有兴奋作用，产生头昏、头疼、眼花、耳鸣等，高浓度时有显著毒性及麻痹作用，急性中毒造成气急、血压升高、肌肉痉挛、缺氧窒息死亡
甲烷(CH₄)	呼吸道	只有单纯性窒息作用，一般情况下空气中甲烷含量增加只能引起头痛，当空气中甲烷含量达 25%~30% 时，人出现窒息前症状，如头昏、呼吸加速、脉速、注意力不易集中、乏力、肌肉协调运动失常、甚至窒息
甲醇(CH₃OH)	呼吸道、皮肤	轻度中毒时为头痛、眩晕、乏力、恶心、呕吐等。急性中毒时出现昏迷、植物神经功能失调、痉挛、瞳孔散大等。长期接触可引起视力减退，甚至失明
氰化氢(HCN)	呼吸道、皮肤、消化道	本品为剧毒物质，易蒸发，呼吸吸入后，产生头昏、头痛、恶心、呕吐症状，严重时痉挛、窒息、呼吸停止死亡。浓度在 300mg/m³ 时，突然吸入立即死亡
酚(C₆H₅OH)	呼吸道、皮肤	本品属高毒类，对皮肤和黏膜有强烈腐蚀作用，皮肤接触可引起皮疹、炎症、变色、乳头瘤、坏死腐烂，吸入时引起头晕、头疼、失眠、恶心、呕吐、严重者引起肝、肾损害
三氧化二砷及其盐类（As₂O₃等）	呼吸道、皮肤、消化道	本品属高毒类，误服中毒后，开始口感金属味，继而发生恶心、呕吐、腹泻、虚脱。严重时出现中枢神经症状、兴奋妄躁、四肢疼痛性痉挛、意识模糊、昏迷，可因呼吸中枢麻痹而死亡。胃肠症状好转后，可发生多发性神经炎、中毒性肝炎或中毒性心肌炎，以及皮肤瘙痒、皮疹等症状。长期吸入者除一般性神经衰弱症状外，主要表现皮肤黏膜病变及胃肠道症状，多发性神经炎，尚可致鼻咽干燥，鼻炎，甚至鼻中隔穿孔，也可引起喉炎，神经炎症，患者四肢麻木，行走困难，肌肉萎缩，严重者消化系统可发生肝肿大、黄疸、肝硬变导致循环系统紊乱

续表

毒物名称	主要侵入人体途径	对人体的危害及中毒症状
铬（Cr）	呼吸道、皮肤	吸入铬酸雾和可溶性铬盐尘埃有强烈刺激作用，对皮肤和黏膜的局部损害而引起皮炎、湿疹和溃疡，经呼吸道吸入侵害上呼吸道，引起溃疡、糜烂甚至穿孔，长期接触可发生头痛、消瘦、贫血、消化障碍、肾脏损害等
氮气（N₂）	呼吸道	惰性气体。含量较高时会使空气中氧含量减少，导致人呼吸困难，属于窒息性毒物，严重时能导致缺氧窒息死亡
氩气	呼吸道	惰性气体。含量较高时会使空气中氧含量减少，导致人呼吸困难，属于窒息性毒物，严重时能导致缺氧窒息死亡
煤尘	呼吸道	长期吸入煤尘可引起胸闷咳嗽，呼吸困难，并会引起发气管炎、胸膜炎、肺气肿，引起肺部病变
重油，润滑油	皮肤	刺激黏膜皮肤，流泪、流涕，引起皮疹、皮炎、皮肤过度角化、疣性增殖，甚至皮肤癌瘤，也可出现体温、血压下降的症状

十、氨的 *p-H* 图

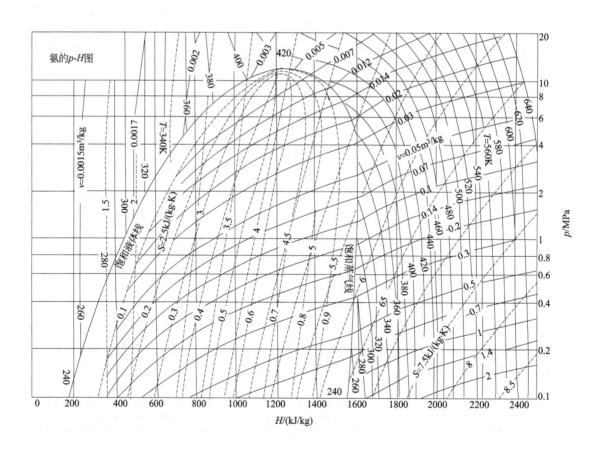

$H/(\text{kJ/kg})$

十一、空气的 *T-S* 图

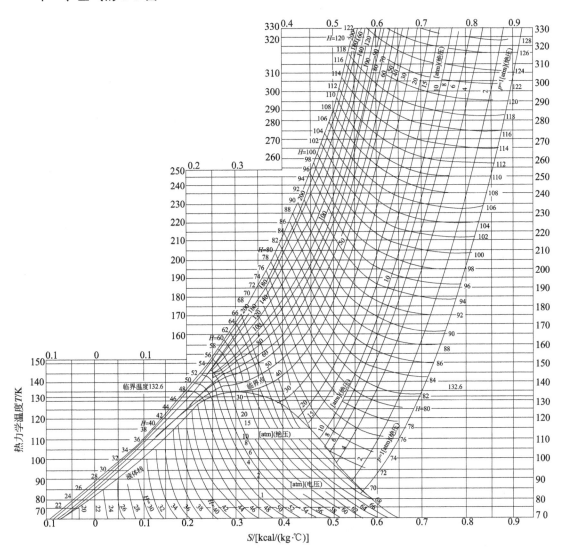

$S/[\text{kcal}/(\text{kg}\cdot{}^{\circ}\!\text{C})]$

参 考 文 献

[1] 陈五平主编. 无机化工工艺上册. 北京：化学工业出版社，2000.
[2] 陈五平主编. 无机化工工艺学. 第 3 版. 北京：化学工业出版社，2002.
[3] 徐宏主编. 化工生产仿真实训. 北京：化学工业出版社，2010.
[4] 王师祥，杨保和编著. 小型合成氨厂生产工艺与操作. 北京：化学工业出版社，1998.
[5] 大连工学院. 合成氨生产工艺. 北京：石油化学工业出版社，1978.
[6] 周绪美，姚飞，黄大编. 合成氨仿真实习教材. 北京：化学工业出版社，2001.
[7] 赵忠祥主编. 氮肥生产概论. 北京：化学工业出版社，1995.
[8] 施湛青主编. 无机物工艺学. 北京：化学工业出版社，1981.
[9] 张俊主编. 化工企业常用国家职业技能培训与考核鉴定标准及新技术应用实施手册. 北京：当代中国音像出版社，2004.
[10] 沈浚主编. 化肥工学丛书：合成氨. 北京：化学工业出版社，2001.
[11] 中国化工安全卫生技术协会组织编写. 中型氮肥生产安全操作与事故. 北京：化学工业出版社，2000.
[12] 程桂花主编. 合成氨. 北京：化学工业出版社，1998.
[13] 陈性永. 操作工. 北京：化学工业出版社，1997.
[14] 曾之平，王扶明主编. 化工工艺学. 北京：化学工业出版社，2001.
[15] 王小宝主编. 无机化学工艺学. 北京：化学工业出版社，2000.
[16] 廖巧丽，米镇涛主编. 化学工艺学. 北京：化学工业出版社，2001.
[17] 杨春升. 小型合成氨厂生产操作问答. 北京：化学工业出版社，1998.
[18] 孙广庭，吴玉峰等编. 中型合成氨厂生产工艺与操作问答. 北京：化学工业出版社，1985.
[19] 王云杰，栗小燕. 如何更好地应用栲胶脱硫法. 小氮肥，2004 (7).
[20] 赵育祥编. 合成氨生产工艺. 北京：化学工业出版社，1998.
[21] 田铁牛主编. 化学工艺. 北京：化学工业出版社，2002.
[22] 曾之平，王扶明主编. 化工工艺学. 北京：化学工业出版社，1997.
[23] 朱宝轩，霍琪编. 化工工艺基础. 北京：化学工业出版社，2004.
[24] 郑广俭，张志华主编. 无机化工生产技术. 北京：化学工业出版社，2003.
[25] 郑广俭，张志华主编. 无机化工生产技术. 第 2 版. 北京：化学工业出版社，2010.
[26] 张弓主编. 化工原理. 北京：化学工业出版社，2004.
[27] 陈五平主编. 无机化工工艺学. 北京：化学工业出版社，2002.
[28] 陈炳和主编. 毕业综合实践. 北京：化学工业出版社，1996.
[29] 许世森，张东亮，任永强编著. 大规模煤气化技术. 北京：化学工业出版社，2006.